中国石化员工培训教材

油田企业设备管理

中国石化员工培训教材编审指导委员会　组织编写

本书主编　谢永金

中国石化出版社

内 容 提 要

《油田企业设备管理》为《中国石化员工培训教材》系列之一，以实际应用为核心，突出“新知识、新技术、新工艺、新方法”的应用。教材分为综述、设备管理机构与职责、设备前期管理、设备使用管理、设备维修管理、设备管理信息系统、设备资产经营管理、设备综合管理八大部分内容，知识体系涵盖了设备管理全过程各个阶段的主要知识点与工作要求。

本书既是油田企业设备管理人员的学习用书，也是从事设备管理研究的参考用书。

图书在版编目(CIP)数据

油田企业设备管理／谢永金主编.
—北京：中国石化出版社，2014.9
中国石化员工培训教材
ISBN 978-7-5114-3030-4

Ⅰ.①油… Ⅱ.①谢… Ⅲ.①油田-设备管理-职工培训-教材 Ⅳ.①TE9

中国版本图书馆 CIP 数据核字(2014)第 202561 号

中国石化出版社出版发行
地址：北京市东城区安定门外大街 58 号
邮编：100011　电话：(010)84271850
读者服务部电话：(010)84289974
http://www.sinopec-press.com
E-mail：press@sinopec.com
北京柏力行彩印有限公司印刷
全国各地新华书店经销
*
787×1092 毫米 16 开本 19.5 印张 490 千字
2014 年 12 月第 1 版　2014 年 12 月第 1 次印刷
定价：58.00 元

中国石化员工培训教材编审指导委员会

序

中国石化是上中下游一体化能源化工公司，经营规模大、业务链条长、员工数量多，在我国经济社会发展中具有举足轻重的作用。公司的发展，基础在队伍，关键在人才，根本在提高员工队伍整体素质。员工教育培训是建设高素质员工队伍的先导性、基础性、战略性工程，是加强人才队伍建设的重要途径。

当前，我们已开启了建设世界一流能源化工公司的新航程，加快转变发展方式的任务艰巨而繁重，这对进一步做好员工教育培训工作提出了新的更高要求。我们要以中国特色社会主义理论为指导，紧紧围绕企业改革发展、队伍建设和员工成长需要，以提高思想政治素质为根本，以能力建设为重点，积极构建符合中国石化实际的培训体系，加大重点和骨干人才培训力度，深入推进全员培训，不断提高教育培训的质量和效益，为打造世界一流提供有力的人才保证和智力支持。

培训教材是员工学习的工具。加强培训教材建设，能够有效反映和传递公司战略思想和企业文化，推动企业全员学习，促进学习型企业建设。中国石化员工培训教材编审指导委员会组织编写的这套系列教材，较好地反映了集团公司经营管理目标要求，总结了全体员工在实践中创造的好经验好做法，梳理了有关岗位工作职责和工作流程，分析研究了面临的新技术、新情况、新问题等，在此基础上进行了完善提升，具有很强的实践性、实用性和较高的理论性、思想性。这套系列培训教材的开发和出版，对推动全体员工进一步加强学习，进而提高全体员工的理论素养、知识水平和业务能力具有重要的意义。

学习的目的在于运用，希望全体员工大力弘扬理论联系实际的优良学风，紧密结合企业发展环境的新变化、新进展、新情况，学好用好培训教材，不断提高解决实际问题、做好本职工作的能力，真正做到学以致用、知行合一，把学习培训的成果切实转变为推进工作、促进改革创新的实际行动，为建设世界一流能源化工公司作出积极的贡献。

二〇一二年七月十六日

前　言

根据中国石化发展战略要求，为加强培训资源建设、推进全员培训的深入开展，集团公司人事部组织梳理了近些年培训教材开发成果，调研了企业培训教材需求，开展了中国石化员工培训课程体系研究。在此基础上，按职业素养、综合管理、专业技术、技能操作、国际化业务、新员工六类，组织编写覆盖石油石化主要业务的系列培训教材，初步构建起中国石化特色的培训教材体系。这套系列教材围绕中国石化发展战略、队伍建设和员工成长的需要，以提高全体员工履行岗位职责的能力为重点，把研究和解决生产经营、改革发展面临的新挑战、新情况、新问题作为重要目标，把全体员工在实践中创造的好经验好做法作为重要内容，具有较强的实践性、针对性。这套培训教材的开发工作由中国石化员工培训教材编审指导委员会组织，集团公司人事部统筹协调，总部各业务部门分工负责专业指导和质量把关，主编单位负责组织培训教材编写。在培训教材开发和编写的过程中，上下协同、团结合作，各级领导给予了高度重视和支持，许多管理专家、技术骨干、技能操作能手为培训教材编写贡献了智慧、付出了辛勤的劳动。

《油田企业设备管理》为培训类型的教材，在编写时坚持以职业能力为导向，以实际应用为核心，突出"新知识、新技术、新工艺、新方法"的应用。教材分为综述、设备管理机构与职责、设备前期管理、设备使用管理、设备维修管理、设备管理信息系统、设备资产经营管理、设备综合管理八大部分内容，知识体系涵盖了设备管理全过程各个阶段的主要知识点与工作要求，既是油田企业设备管理人员的学习用书，也是从事设备管理研究的参考书。

《油田企业设备管理》教材由江汉油田负责组织编写，主编谢永金，副主编赖景阳、亓和平、黄仲华，参加编写人员有胜利油田：刘炜光、朱方正、王平林、崔兴勋、高守华，江汉油田：彭长江、宋彬、文元平、谭明锋、郭家英，中原油田：张超平、周和平、丁继东、牛跃进、李文星、朱建科、段卫锋、段常勇、袁红霞、朱文琪、尹绍顺，西北局：郭红军、崔汝东，西南局：储威、演春、李德强、刘学虎，江苏油田：朱宏、卢群辉、税理中、黄强，上海海洋局：陆兴达、朱湘平。本教材已经由集团公司人事部组织审定通过，主审刘炜光，参加审查人员李海营、刘功农、金健民、刘金亭、崔兴勋。审定工作得到了江汉油田资产装备处、江汉油田职工培训中心等单位的大力支持，中国石化出版社对教材的编写和出版工作给予了通力协作和配合，在此一并表示感谢。

由于本教材涵盖的内容较多，不同企业之间也存在着差别，编写难度较大，加之编写时间紧迫，不足之处在所难免，敬请各使用单位及个人对教材提出宝贵意见和建议，以便教材修订时补充更正。

目　录

第1章 综 述

1.1 设备概述

1.1.1 设备与资产的定义

在国外，设备工程学把设备定义为“有形固定资产的总称”，它把一切列入固定资产的劳动资料，如土地、建筑物(厂房、仓库等)、构筑物(水池、码头、围墙、道路等)、机械(工作机械、运输机械等)、装置(容器、蒸馏塔、热交换器等)，以及仪器、工具等都包含在其中。在我国，只有直接或间接参与改变劳动对象的形态和性质，并在长期使用中保持其原有形态的劳动资料才被看作设备。

不同的企业和单位，对设备的定义不尽相同。一般情况下，设备一词即可指单台设备也可指成套设备，即为完成某种功能而将机电装置及其他要素有机组合起来的集合体。如果将成套设备理解为“系统”，则组成这一成套设备的单台设备即为“子系统”，再继续分解则成为部件、零件和材料。因此，成套设备是设备的集合体，但不是简单的集合体，而是把多台设备有机地组合成为一个系统。

根据中国石油化工集团公司设备管理办法的规定，设备管理的对象是指用于油田勘探开发、石油炼制和石油化工生产、产品销售及其他生产运营的机器、工艺设备、工业管道、动力设备、机修设备、起重运输设备、仪器仪表、工业建筑物和构筑物等。

所谓资产，是指经济主体拥有或控制的能以货币计量的，并且能够给经济主体带来经济效益的经济资源。从其定义看，资产具有以下特征：①资产必须是经济主体拥有或控制的。②资产必须能以货币计量。③资产是能够给经济主体带来经济利益的资源。按资产存在的形态分类，可分为有形资产与无形资产。有形资产是指那些具体实体形态的资产，包括机器设备、房屋建筑物、流动资产等。无形资产是指那些没有实物形态，但在很大程度上制约着企业物质产品生产能力和产品质量，主要包括专利权、商标权、非专利技术、土地使用权、商誉等。

固定资产是指企业使用期限超过1年的房屋、建筑物、机器、机械、运输工具以及其他与生产、经营有关的设备、器具、工具等。不属于生产经营主要设备的物品，单位价值在2000元以上，并且使用年限超过2年的，也可作为固定资产，具体规定各行业和单位有所不同。

固定资产是企业的劳动手段，也是企业赖以生产经营的主要资产。从会计的角度划分，固定资产一般被分为生产用固定资产、非生产用固定资产、租出固定资产、未使用固定资产、不需用固定资产、融资租赁固定资产、接受捐赠的固定资产等。

设备属于固定资产的范畴，并且是固定资产的重要组成部分。但设备不一定都属于固定资产。个别设备，如油田开发上所用的电动潜油泵虽然列入设备统计范围，在有的油田企业却因检泵周期短，将其划入高值易耗品。

1.1.2 设备分类

设备分类的方法很多，可以根据不同的需要，从不同的角度加以选择。常用的方法有：

(1) 按设备的用途分类，对于工业生产企业来说，可以分为生产工艺设备、辅助生产设备、科研试验设备、办公设备、生活福利设备等。生产工艺设备是指直接参加工业生产工程的设备，即用来改变劳动对象的形状或性能，使劳动对象发生物理或化学变化的设备。如机械工业企业中的金属切削机床、锻压设备、铸造设备、热处理设备等；化学工业中的加热炉、合成塔、反应釜、压缩机等；石油企业中的石油钻机、井下作业机、水泥车、压裂车、地震仪、测井仪、录井仪、注水泵、抽油机等。

(2) 按设备的使用范围分类，可以分为通用设备和专用设备。通用设备是指适用于国民经济不同行业(部门)的设备，如金属切削机床、电机、变压器、运输车辆等。这种设备属于国家规定的标准系列，一般由专业性的工业企业生产供应。专用设备是指适用于某些部门或行业的某一特定工业生产过程的设备，如钢铁工业的高炉，纺织工业的纺纱机，石油工业的抽油机等。

(3) 按设备在生产中的重要程度分类，可以分为关键设备、主要设备和一般设备。关键设备又称重要设备，是指在生产过程中起主导、关键作用的设备，这类设备一旦发生故障，会严重影响产品质量、生产均衡、人身安全、环境保护。石油企业常说的“精大稀关”设备是指精密、大型、稀有、关键设备。主要设备是指在生产过程中起主要作用的设备。一般设备是指结构简单、维修方便、数量众多、价格相对较低的设备。

(4) 按设备的技术状况分类，可以分为完好设备、带病运转设备、待修在修设备、待报废设备等。

(5) 按设备的技术水平分类，可以分为国际先进水平设备、国内先进水平设备、国内一般水平设备、国内落后水平设备。

(6) 按设备的实际使用状态分类，可以分为未投产设备、在用设备、闲置设备、停用设备、库存封存设备等。

(7) 按设备的耗能种类分类，可分为耗电设备、耗油(汽油、煤油、柴油、原油、渣油等)设备、耗煤设备、耗气设备等。

(8) 按设备需要安装与否分类，可分为非安装设备、安装设备。在油田企业，石油钻机、井下作业机、特种车辆通常划分为非安装设备，而抽油机、注水泵、输油泵等设备通常划分为安装设备。当然，有些设备既有移动式的，也有固定式的，如热采锅炉。移动式热采锅炉配套车辆底盘或专用底盘，固定式热采锅炉安装在注汽站内。

1.1.3 设备的作用

现代意义上的设备诞生以来，对人类设备的发展与进步产生了巨大推动作用，我们的工作和生活已经与设备密不可分了。设备的作用，主要从以下几个方面认识：

(1) 设备是工业革命的起点。蒸汽机、纺纱机的发明和成功应用，由此成为18世纪工业革命的起点。

(2) 设备是人类社会发展的重要标志物。人们常说的蒸汽机时代、电气时代、信息时代主要是以设备技术发展为标志的。设备作为生产资料，不仅是人类劳动力发展的测量器，而且是劳动借以进行的社会关系的指示器。

（3）设备是社会生产关系的发生器。马克思主义哲学告诉我们，物质决定意识，经济基础决定上层建筑。社会生产力发展水平的迥然不同，必然产生不同的社会组织结构。正如马克思在《哲学的贫困》中所说，“手推磨产生的是封建主为首的社会，蒸汽磨产生的是工业资本家为首的社会”。

1.1.4 设备的发展趋势

第二次世界大战以后，由于科学技术的飞速进步以及世界经济发展的需要，新的科学技术成果不断应用于设备，使得设备的新技术含量急剧增加，设备现代化水平空前提高，呈现以下趋势：

（1）现代设备通过大型化或微型化、高速化、精密化、自动化，向着性能更加高级、技术更加先进、架构更加综合、作业更加连续、工作更加可靠的方向发展。

（2）随着科学技术进步的不断加快，现代设备为企业提高劳动生产率、保证产品质量、节约能源和降低原材料消耗、创造经济效益、提高市场竞争力发挥着越来越重要的作用。

（3）设备的社会化程度越来越高。由于现代设备融汇的科学技术成果越来越多，涉及的科学知识门类越来越广，单靠某一学科的知识往往无法解决现代设备的重大问题。而且由于设备技术先进、结构复杂、零部件的品种数量繁多，设备从研究、设计、制造、安装调试到使用、维修、改造、报废各个环节要涉及不同行业的许多企业。改善设备性能，优化设备效能，不仅需要企业内部有关部门的共同努力，而且也需要社会上各行业和企业的协作配合，因此设备工程已成为一项社会系统工程。

1.1.5 设备带来的挑战

现代设备的出现，给企业和社会带来了巨大好处，推动了企业生产力的持续发展，在增加产品产量和品种、提高产品质量和性能、充分利用生产资源、减轻工人劳动强度、提高劳动生产率方面成效显著，从而创造了巨大的社会财富，取得了明显的经济效益和社会效益。但是另一方面，它也给企业和社会带来一系列新问题。

（1）购置设备需要大量投资。由于现代设备技术先进、性能优良、结构复杂、设计和制造费用很高，故设备投资费用的数额十分巨大，许多大型设备的价格一般达数十万元之多，进口的先进设备价格更昂贵。

（2）维持设备运行需要大量费用。首先是现代设备的能源消耗量大，支出的能耗费用高。其次是维修费用居高不下，一个设备资产原值超过亿元的企业，年设备维修费用通常就要达到几百万元，甚至更高。

（3）设备故障造成的损失急剧增加。由于现代设备的工作容量大，生产效率高，作业连续性强，一旦发生故障停机，造成生产中断，就会带来严重后果和巨额经济损失。

（4）设备事故带来严重后果。现代设备往往是在高转速、高负荷、高温、高压和强腐蚀状态下运行，设备承受的压力大，设备的磨损、腐蚀也大大增加。如 1986 年，前苏联切尔诺贝利核电站 2 号反应堆发生严重设备事故，不仅造成 80 亿卢布的重大经济损失，而且造成大范围的环境污染和严重的社会灾难。

（5）设备现代化与管理落后的矛盾日益突出。主要包括操作简单化与维修复杂化的矛盾，设备投入大与设备资源配置不合理的矛盾，设备维修费用高与维修资源限制及过剩维修的矛盾等。

1.2 石油设备

石油设备主要包括物探仪器与设备、测井仪器与设备、地质录井仪器、定向井仪器、陆上石油钻机、井下作业机、采油机械、注水泵、注汽锅炉、海洋平台、船舶等，现简要介绍如下。

1.2.1 物探仪器与设备

与其他物探方法相比，地震勘探具有精度高、分辨率高、勘探深度大等优点，是目前石油勘探中一种最为有效的勘探方法。地震勘探就是用人工方法激发地震波，通过对采集的地震波进行处理研究，了解地震波在地层中的传播规律，查明地下的地质情况，为寻找油气提供依据。地震勘探基本上可分为野外数据采集、室内资料处理、地震数据解释三个阶段。

地震勘探涉及的装备种类繁多，涉及的范围广，包括卫星定位仪、地震钻机、各种震源车、放线车、地震仪器车等，其中直接用于野外地震数据采集的专用设备，称之为地震勘探仪器装备。地震勘探仪器包括震源、检波器、地震仪三大部分，震源激发地震波，检波器接收地震波并把它转换成电信号，地震仪对电信号进行放大滤波再把它记录下来成为地震勘探采集的原始资料。地震勘探仪器是地震勘探中最重要的设备，目前我国石油系统使用的全部是数字地震仪，按数据传输方式主要分为有线遥测地震仪和无线遥测地震仪。

地震勘探技术的发展，导致对地质构造的描述向更深、更小、更薄的方向延伸，物探采集装备的发展与地震勘探技术的发展相互推动，其发展的必然趋势是：信号测量的高分辨率、良好的动态范围、强的抗干扰能力及更多道数和高采样率等。地震仪器技术的发展趋势主要体现在以下几方面：首先，随着计算机技术的不断发展，单主机道能力由原来的千道接收能力上升到万道接收能力，使得万道采集成为现实，基本能满足地球物理方法对单炮信息量的要求；其次，网络技术逐步成熟，提高了克服复杂地表的能力和放炮能力；再次，常规地震采集系统不断完善，向高精度、高指标、降低噪音和抗干扰方向发展，即单站单道采集方式；第四，全数字地震采集系统通过多次试验和技术工艺的逐步成熟，逐步被地球物理学家和用户认可。全数字地震采集系统的灵魂是数字的、矢量的传感器。与常规的地震采集系统相比，既实现了检波器的数字化，又抛弃了传输中的模拟线缆部分，因此成为全数字系统。目前正式推出的产品有美国I/O公司的SYSTEM4和法国塞舍尔公司的408UL-DSU系统。由于全数字采集系统传感器的低失真，大动态范围，传输电缆甩掉了常规系统中的模拟信号传输部分，降低了噪音，避免了电磁干扰，避免了传输串音，提高了记录的信噪比。实现了信号测量的高分辨率、良好的动态范围、强的抗干扰能力及更多道数和高采样率等，是理想的采集系统。

1.2.2 测井仪器与设备

石油测井是利用物理学方法解决油田地质问题和油藏工程问题的应用技术学科。测井贯穿于油田勘探开发全过程，是一种井下油气勘探方法，是准确发现油气藏和精确描述油气藏的重要手段，其测试数据是油气储量及产量评估不可缺少的科学依据。对于探井和生产井测井，主要装备为数控测井系统，主要承担声波、电阻率、放射性等孔、渗、饱常规测井项目；高分辨率多任务测井系统，其功能等同于国外的成像测井系统，除可以完成常规测量项目外，还可以进行声、电、核、磁等成像测井项目和地层倾角等特殊测井项目。引进的主要装备有哈里伯顿公司的成像测井系统和阿特拉斯公司的成像测井系统。动态测井目前主要的装备数控测井系统，主要用于剩余油饱和度的监测；VCT-2000 数控测井系统主要用于两个剖面的测试；便携式井间同位素监测设备，主要用于注水井的动态监测。

射孔就是采用聚能爆炸的原理，利用射孔弹打穿金属套管和水泥环，在井筒和地层间建立油气的流动通道。取心就是将地层的原始岩样取出来供实验室化验分析，以确定该地层的油气显示。

1.2.3 石油钻机

石油钻机是石油勘探过程中和石油开发过程中用于钻勘探井和生产井的大型成套设备。石油钻机的任务是打开(建设)通向地下油(气、水)层的通道——井筒。老型的机械钻机主要由井架及底座、天车、游车大钩、水龙头、转盘、绞车、泥浆泵、动力机组等八大总成件组成，俗称钻机八大件。石油钻机主要包括动力系统、起升系统、循环系统、旋转系统、井控系统等。

动力系统主要为整套钻机提供及传递动力，一般配有大功率柴油机或柴油机发电机组。起升系统决定了钻机的最大可钻载荷，常规起升系统由绞车-游动系统-井架组成。循环系统是用泵将工作介质从地面输送至井下后再返回地面，介质在地面经过处理，再输送至井下，介质在地面与井下反复循环的过程中，完成给定的任务。钻机循环系统的心脏是泥浆泵(目前主要使用三缸单作用往复泵)，此外还包括地面管线、立管、水龙带、钻井液净化系统(振动筛、离心机、除砂器、除泥器等)、钻井液搅拌装置、储液罐等。旋转系统的任务是旋转钻具，带动井底的钻头转动，破碎岩石，使井筒向地下延伸。旋转系统一般包括转盘、水龙头等。顶部驱动装置是钻井旋转系统的新发展。使用顶部驱动装置时，转盘不工作，由顶部驱动装置从方钻杆顶端直接驱动钻具。井控系统的任务是防止井下高压流体喷出井筒引发井喷事故。

以下是 ZJ50DBS 钻机基本参数：

最大钩载	3150kN
名义钻深范围(ϕ127mm 钻杆)	5000m
最大钻柱重量	180t
绞车额定输入功率	1200kW(1630HP)
绞车档数/钩速	无级调速/0~1.2m/s
提升系统绳系/绳径	6×7/ϕ35mm
泥浆泵功率/台数	F-1600 泵/3 台
转盘开口名义直径	952mm(37½in)
转盘档数/转速	无级调速/0~300r/min
井架型式及有效高度	K 型前开口 45m
钻台面高度/净空高度	9m/7.62m
柴油发电机组	CAT3512B/SR4B 3×1200kW
辅助发电机组	1×300kW(VOLVO 机组)
固控罐总容积/数量	350m^3/6 个罐

备注：ZJ50DBS 中的 D——电动；B——变频；S——数控。

1.2.4 采油机械

在我国，人工举升方式常利用安装在井下的各种泵，将地下原油举升到地面。这种人工举升方式称为井下(深井)泵举升方式。所用的机械设备类型较多，其中抽油机—深井泵是用得最多的人工举升机械。井下泵的类型较多，目前最常用的类型有往复泵(包括柱塞泵和活塞泵)、离心泵(井下离心泵均做成多级的，一般可达 100 级以上)、螺杆泵(井下所用的螺杆泵多为单螺杆泵)等。

不同的井下泵与动力、传动系统的组合可以形成多种多样的人工举升设备，下面介绍两种主要的类型:

(1) 抽油机—抽油杆—深井泵装置(机械传递动力)。这种抽油设备的名称较多，如抽油机—深井泵装置，有杆抽油设备、抽油机采油设备等。这种设备是由地面的抽油机将原动机的高速旋转变为抽油杆的低速上下往复运动，再由抽油杆带动井下的往复式深井泵工作。游梁式抽油机包括电动机、减速箱、连杆、曲柄、以及支架、平衡块等。抽油机除了游梁抽油机外，还有无游梁抽油机，如链条抽油机、皮带抽油机等。

(2) 电动潜油泵抽油装置。目前使用电传动向井下供应动力的人工举升设备为电潜泵。电潜泵的井下电动机经保护器与井下多级离心泵相连。经地面变压器、控制柜的电流由电缆输送至井下，驱动电潜泵工作。

潜油电泵系统由地面设备、电力传输和井下机组三大部分组成。地面设备包括变压器、控制柜(变频柜)、接线盒等。电力传输由动力电缆、引接电缆等组成。井下机组由潜油电机、保护器、分离器(或吸入口)和多级离心泵组成。根据需要，一般井下还要安装扶正器、单流阀、泄流阀、传感器等装置。为适应不同生产套管的油井，潜油电泵系统被设计成不同的规格系列。

1.2.5 注入设备

在采油过程中，油层的压力是不断下降的。注水设备的任务是通过注水井向油层注水，补充地层能量，保护地层压力，以提高采油速度和采收率。注水系统的主要执行设备是注水泵，包括多级离心式注水泵和往复泵。离心式注水泵排量一般在 100~550m^3/h，压力一般在 10~18MPa。注水用的往复泵多为三缸、五缸柱塞泵，这种泵可以达到很高的压力，而且在小排量时有较高的效率。近几年开始应用六缸、十缸水平对置式大排量柱塞泵。这种泵的曲轴每一个偏心轮上对称装有两条连杆，曲轴每转一周，两条连杆分别做功一次，比单置式增加一倍水量，比相同压力、排量的离心泵泵效。在注聚合物类的化学驱油剂时，一般采用低排量的往复泵，因为离心泵的高速旋转会破坏聚合物的性质。

开采高粘或重质原油时，采用湿蒸汽发生器向井下注入高压蒸汽，以提高原油的流动性。注蒸汽设备的正式名称为湿蒸汽发生器，有时也称为热采锅炉或注汽锅炉，其基本形式为火焰直接加热、强制循环、单管直流卧式锅炉，运行工作压力一般为 7~21MPa，产汽能力 7.2~23t/h。为使锅炉不易结垢，输出蒸汽干度定为 80%的饱和蒸汽(水蒸发后的残留物可由 20%的湿气带出)。目前 30t/h、50t/h 大吨位湿蒸汽发生器，26MPa 超临界湿蒸汽发生器，以及高干度注汽锅炉、过热注汽锅炉陆续研制成功并投入使用。

1.2.6 井下作业设备

(1) 通井机。通井机的任务包括两个方面：一是排除井下故障，如油管、抽油杆断脱、抽油泵损坏，油管柱泄漏，井下沙堵、蜡堵、蜡卡，打捞井下落物等。二是改变油井生产条件，例如自喷井转抽油井时向井下下入新的举升设备，井下条件变化时改变抽油泵的型号或下入的深度，改变抽油杆的尺寸，甚至改变人工举升设备的类型（如抽油泵改电潜泵）等。通井机属于小修作业机，有履带式通井机、轮胎式通井机等。履带式通井机一般不配带井架，其动力越野性好，适用于低洼泥泞地带施工。轮胎式通井机可配带自背式井架，行走速度快，施工效率高，适合快速搬迁的需要。

（2）修井机。修井机的任务是进行油井大修。油井大修包括对现有油井进行改造，如加深井底、堵塞井底、井壁开窗侧钻等，也包括油井出现严重故障后的修复工作，如修补井下由于地层挤压和腐蚀而损坏的套管等。修井机产品已经系列化，形成最大静载荷 300~2250kN，其动力、绞车、传动全部装载于载车上，移运安装快捷方便，底盘越野性能强，作业稳定可靠，满足 1000~9000m 井深的各种修井作业要求，配套钻台及附件可以完成侧钻及中浅井钻井作业。自走式修井机主要由自走式底盘、动力及传动机构、车载绞车系统、车载井架、液气电控制系统及转盘旋转系统等组成，底盘行走和车上作业机构都由车台发动机驱动。

1.2.7 钻采特车

钻采特车包括固井车及其配套车、酸化压裂车及其配套车、清蜡车、压风机车等。

固井设备的任务是保护加固井筒。方法是在井筒内下入套管，然后在套管与井筒壁之间挤入水泥浆，水泥浆凝固后使套管固定，并密封被钻穿的岩层。固井设备的主力设备是水泥车，主要用于油气田深井、中深井、浅井的各种固井作业，可完成自制水泥浆、注水泥、替泥浆、碰压等工作，也可用于洗井和一般的浅井的压裂施工。小型固井设备多为单机单泵配置，使用维护成本低，适用于浅井固井作业。高压大排量固井设备多采用双机双泵配置，稳定可靠，适用于中深井固井作业。

压裂设备的任务是用液体将井下油、气层压出裂缝，以增加油、气层的导流能力，从而使油气井增产、注水井增加注水量。具体的做法是从地面将排量大大超过地层吸收能力的压裂液体导至井下油、气层，在油气层憋起高压，液体压力与地层压力之差超过岩石的强度后，便可使油气层产生裂缝。酸化设备的任务是将酸液导至井下油、气层处，使酸与射孔孔眼附近的堵塞物和地层发生反应，增大孔隙，从而达到使油气井增产、注水井增加注水量的目的。压裂车组通常由压裂车、混砂车、仪表车、管汇车和运砂车等组成的，形成 800 型、1000 型、1800 型、2000 型和 2500 型系列，3000 系列江汉四机厂正在研制开发之中，能够满足各种深度、地层和作业工况油气井的压裂、防砂作业。江汉四机厂 2500（YLC140-1860）型压裂泵车采用车装结构，配置 2235kW（3000HP）发动机和 2085kW（2800HP）五缸压裂泵，最高工作压力达到 140MPa（20000psi）。整机包括载车底盘、车台发动机、液力变速箱、五缸柱塞泵、高低压管汇、液气路系统和网络控制系统等部件。整机具有超高压力、超大功率和连续作业的特点，适用于油气田超深井、深井、中深井的各种压裂、酸化泵注作业。

1.2.8 海洋设备

海洋设备种类较多，包括各类海洋船舶和海洋平台。

1. 海洋船舶

海洋船舶是能航行或停泊于水域进行运输或作业的交通工具，按不同的使用要求而具有不同的技术性能、装备和结构型式，属于一种主要在地理水中运行的人造交通工具。另外，民用船一般称为船，军用船称为舰，小型船称为艇或舟，其总称为舰船或船艇。内部主要包括容纳空间、支撑结构和排水结构，具有利用外在或自带能源的推进系统。外型一般是利于克服流体阻力的流线性包络。

船舶是由许多部分构成的，按各部分的作用和用途，可综合归纳为船体、船舶动力装置、船舶舾装三大部分。

船体是船舶的基本部分，可分为主体部分和上层建筑部分。主体部分一般指上甲板以下的部分，它是由船壳(船底及船侧)和上甲板围成的具有特定形状的空心体，是保证船舶具有所需浮力、航海性能和船体强度的关键部分。船体一般用于布置动力装置、装载货物、储存燃油和淡水，以及布置其他各种舱室。为保障船体强度、提高船舶的抗沉性和布置各种舱室，通常设置若干强固的水密舱壁和内底，在主体内形成一定数量的水密舱，并根据需要加设中间甲板或平台，将主体水平分隔成若干层。

船舶动力装置包括：推进装置——主机经减速装置、传动轴系以驱动推进器(螺旋桨是主要的型式)。为推进装置运行服务的辅助机械设备和系统，如燃油泵、滑油泵、冷却水水泵、加热器、过滤器、冷却器等；船舶电站，它为船舶的甲板机械、机舱内的辅助机械和船上照明等提供电力；其他辅助机械和设备，如锅炉、压气机、船舶各系统的泵、起重机械设备、维修机床等。通常把主机(及锅炉)以外的机械统称为辅机。

船舶舾装包括舱室内装结构(内壁、天花板、地板等)、家具和生活设施(炊事、卫生等)、涂装和油漆、门窗、梯和栏杆、桅杆、舱口盖等。

船舶的其他装置和设备中，除推进装置外，还有锚设备与系泊设备；舵设备与操舵装置；救生设备；消防设备；船内外通信设备；照明设备；信号设备；导航设备；起货设备；通风、空调和冷藏设备；海水和生活用淡水系统；压载水系统；液体舱的测深系统和透气系统；舱底水疏干系统；船舶电气设备和其他特殊设备(依船舶的特殊需要而定)。

2. 海洋平台

海洋平台是指用于海上油气资源勘探、开发的各类平台的统称。按其结构特性和工作状态可分为固定式、活动式和半固定式三大类。固定式平台的下部由桩、扩大基脚或其他构造直接支承并固着于海底，按支承情况分为桩基式和重力式两种。活动式平台浮于水中或支承于海底，能从一井位移至另一井位，接支承情况可分为着底式和浮动式两类。近年来正在研究新颖的半固定式海洋平台，它既能固定在深水中，又具有可移性，张力腿式平台即属此类。

固定式平台包括桩基式平台和重力式平台。桩基导管架平台由上部结构(即平台甲板)和基础结构组成。上部结构一般由上下层平台甲板和层间桁架或立柱构成。甲板上布置成套钻采装置及辅助工具、动力装置、泥浆循环净化设备、人员的工作、生活设施和直升飞机升降台等。基础结构(即下部结构)包括导管架和桩。桩支承全部荷载并固定平台位置。桩数、长度和桩径由海底地质条件及荷载决定。基础结构应在使用载荷和环境载荷的作用下，确保平台的整体稳定，使平台能够正常地进行海上作业。

活动式平台包括着底式平台和浮动式平台。着底式平台包括坐底式平台和自升式平台。最早的活动平台采用钻井驳船。后来随着海洋石油钻探水深的不断增加，钻井驳船进一步发展成坐底式平台，它由沉垫、立柱和平台甲板三部分组成，适用于水深为5~30m而且海底比较平坦的场合。沉垫可以是整体式，也可以是分离式。向沉垫内灌水，平台即下沉坐落在海底。把水排出，平台就能浮起，故这种平台又有沉浮式之称，要求沉得下，坐得稳，浮得起。自升式平台是由一个驳船式船体和若干能升降并能起支撑作用的桩腿组成，船体有足够的浮力以运载钻井设备和给养到达工作地点。作业时平台被桩腿支撑并抬升到海面以上。转移时，把桩腿拔起，驳船式船体下降浮于水面，即可拖运到另一地点。自升式平台分为插桩自升式和沉垫自升式。桩腿可插入海底，也可在桩腿下面设置“桩靴”或独立的小沉垫。桩腿结构可以是封闭壳体式，也可以是构架式。桩腿升降机构，有电动液压式和电动齿轮齿条式。船体平面形状可以是三角形、矩形或五边形，其特点是浮运方便，作业时稳定性好，适用水深为5~90m。这种平台的应用较广。

1.2.9 油田企业设备特点

(1) 油田从勘探到开发，从陆地到海洋，设备种类繁多，型号规格各异，设备资产数额巨大。如造一台50名水深海洋钻井平台则需投入资金4.5亿元以上，购买一套2500型压裂车组需要投入资金2亿元，其中2500型单台压裂泵车(输出水功率2500马力)的价值就高达1800万元以上。

(2) 油田设备点多、线长、面广，野外作业，许多设备处于高温高压、易燃易爆和强腐蚀、有毒有害物质的苛刻环境之中，设备安全管理要求严格。

(3) 油田设备技术飞速发展，机电仪一体化设备正成为设备发展的主要技术轨道，设备研制开发和制造技术水平对于油田企业勘探开发工艺水平的提高具有重要支撑作用。

(4) 装备的可靠性要求高。油田设备要求适应油田工作环境和交变载荷的需要，设备要经得起现场的考验，必须结实、耐用。例如围绕抽油机及其配套动力电机、拖动装置方面的创新每年可谓不少，但真正经得起现场长期检验的则少多了。

(5) 单兵作战能力要强。油田设备大多以一套机组或一个设备单元形成工作主体，许多单位远离基地，要求现场工作人员必须熟悉设备，能够现场处理一些常见的设备管理问题。

1.3 设备管理概述

1.3.1 设备管理的定义

设备管理，是以设备为研究对象，追求设备综合效率和设备寿命周期费用的经济性，应用一系列理论、方法(如系统工程、价值工程、设备磨损及补偿的理论、设备的可靠性和维修性的理论、设备状态监测和诊断技术等)，通过一系列技术、经济、组织措施，对设备一生的实物运动和价值运动进行全过程(从规划、设计、制造、选型、购置、安装、使用、维护、修理、改造、报废直至更新)的科学管理。

1.3.2 设备管理的特点

设备管理除了具有一般管理的共同特征外，与企业的其他职能管理相比，还有以下一些特点：

(1) 技术性。作为企业的主要生产手段，设备是物化了的科学技术，是现代科技的物质载体。因此，设备管理必然具有很强的技术性。首先，设备管理包含了机械、电子、液压、光学、计算机等许多方面的科学技术知识，缺乏这些知识就无法合理地设计制造或选购设备；其次，正确地使用、维修这些设备，还需掌握状态监测和诊断技术、可靠性工程、摩擦磨损理论、表面工程、修复技术等专业知识。可见，设备管理需要工程技术作为基础，不懂技术就无法搞好设备管理工作。

(2) 综合性。设备管理的综合性表现在：

① 现代设备包含了多种专门技术知识，是多门科学技术的综合应用。

② 设备管理的内容是工程技术、经济财务、组织管理三者的综合。

③ 为了获得设备的最佳经济效益，必须实行全过程管理，它是对设备一生各阶段管理的综合。

④ 设备管理涉及物资准备、设计制造、计划调度、劳动组织、质量控制、经济核算等许多方面的业务，汇集了企业多项专业管理的内容。

(3) 随机性。许多设备故障具有随机性，使得设备维修及其管理也带有随机性质。为了减少突发故障给企业生产经营带来的损失和干扰，设备管理必须具备应付突发故障、承担意外突击任务的应变能力。这就要求设备管理部门信息渠道畅通，器材准备充分，组织严密，指挥灵活；人员作风过硬，业务技术精通；能够随时为现场提供服务，为生产排忧解难。

(4) 全员性。现代企业管理强调应用行为科学调动广大职工参加管理的积极性，实行以人为中心的管理。设备管理的综合性更加迫切需要全员参与，只有建立从行政一把手到生产第一线工人都参加的企业全员设备管理体系，实行专业管理与群众管理相结合，才能真正搞好设备管理工作。

1.3.3 设备管理的作用

(1) 设备管理是企业生产经营管理的基础工作。现代企业依靠机器和机器体系进行生产，生产中各个环节和工序要求严格地衔接、配合。生产过程的连续性和均衡性主要靠机器设备的正常运转来保持。设备在长期使用中的技术性能逐渐劣化(比如运转速度降低)就会影响生产定额的完成，一旦出现故障停机，更会造成某些环节中断，甚至引起生产线停顿。因此，只有加强设备管理，正确地操作使用，精心地维护保养，进行设备的状态监测，科学的修理改造，保持设备处于良好的技术状态，才能保证生产连续、稳定地运行。反之，如果忽视设备管理，放松维护、检查、修理、改造，导致设备技术状态严重劣化、带病运转，必然故障频繁，无法按时完成生产计划、如期交货。

(2) 设备管理是企业产品质量的保证。产品质量是企业的生命，竞争的支柱。产品是通过机器生产出来的，如果生产设备特别是关键设备的技术状态不良，严重失修，必然造成产品质量下降甚至废品成堆。加强企业质量管理，就必须同时加强设备管理。

(3) 设备管理是提高企业经济效益的重要途径。企业要想获得良好的经济效益，必须适应市场需要，产品物美价廉。不仅产品的高产优质有赖于设备，而且产品原材料、能源的消耗、维修费用的摊销都和设备直接相关。这就是说，设备管理既影响企业的产出(产量、质量)，又影响企业的投入(产品成本)，因而是影响企业经济效益的重要因素。一些有识的企业家提出“向设备要产量、要质量、要效益”，确是很有见地的，因为加强设备管理是挖掘企业生产潜力、提高经济效益的重要途径。

(4) 设备管理是搞好安全生产和环境保护的前提。设备技术落后和管理不善，是发生设备事故和人身伤害的重要原因，也是排放有毒、有害的气体、液体、粉尘，污染环境的重要原因。消除事故、净化环境，是人类生存、社会发展的长远利益所在。加强发展经济，必须重视设备管理，为安全生产和环境保护创造良好的前提。

(5) 设备管理是企业长远发展的重要条件。科学技术进步是推动经济发展的主要动力。企业的科技进步主要表现在产品的开发、生产工艺的革新和生产装备技术水平的提高上。我国加入 WTO 以后，竞争更加激烈，企业要在激烈的市澈争中求得生存和发展，需要不断采用新技术，开发新产品。一方面，“生产一代，试制一代，预研一代”；另一方面，要抓住时机迅速投产，形成批量，占领市场。这些都要求加强设备管理，推动生产装备的技术进步，以先进的试验研究装置和检测设备来保证新产品的开发和生产，实现企业的长远发展目标。

由此可知，设备管理不仅直接影响企业当前的生产经营，而且关系着企业的长远发展和成败兴衰。作为一个致力于改革开放潮流、面向 21 世纪的企业家，必须摆正现代设备及其管理在企业中的地位，善于通过不断改善人员素质，充分发挥设备效能，来为企业创造最好的经济效益和社会效益。

1.3.4 设备一生管理的主要内容

国际上普遍认为，设备管理是指全寿命周期的管理，因此也叫 LCM(Life Circle Management)。全寿命周期管理有三重含义，一是在三维空间上的全寿命周期管理；二是突出在浴盆曲线不同阶段的不同管理特色；三是全寿命周期的费用管理。

广义全寿命周期管理始于设备的规划，终于设备的淘汰，包含设备的可行性研究、选型决策、购置合同管理、安装调试、初期管理、设备运行、清扫、点检、保养、修理、技术改造、淘汰以及备品备件管理等内容。

三维空间上的全寿命周期管理涉及空间维、资源维和功能维，加上全寿命周期本身的时间维，就形成四维系统。空间维即从生产环境、车间、生产线、设备、总成(部件)，直到零件，由表及里，步步深入，涉及空间维上的各个要素。资源维是涉及与设备相关各种资源，包含信息、人力、材料、备件、动力能源、水、气、汽等要素，这都是设备和管理上不可或缺的资源要素。功能维指管理功能，即计划、组织、实施、控制、评价、反馈等内容，这也是广义的 PDCA 循环过程。从这种意义上说，设备管理是典型的系统工程。

设备的浴盆曲线又称为故障率曲线，包含初始故障期、偶发故障期(也称随机故障期)和耗损故障期三部分。因为其形状似浴盆，故称浴盆曲线。浴盆曲线有点像人的一生。初始故障期就像人的童年和幼年时期，偶发故障期像是人的青壮年时期，而耗损故障期像是人的老年期。

在初始故障期，因为机械处于磨合阶段，啮合不顺，润滑油污染快，紧固件也容易松动，电气系统处于元件的初始“时效老化”时期，容易出现电参数的漂移或偏差，加上操作的熟练度不够，因此出现故障的频率较高，此时的设备管理特色应该着重于对设备的检查、记录、紧固、调整、润滑、磨合期的油品替换、控制生产负荷逐渐达到设计值。

偶发故障期的设备运行较为顺畅，但部分短寿命周期的易损零件会出现劣化，此时的管理特色是注意设备的清扫、检查、润滑、调整、堵漏、防腐，同时要研究设备劣化条件，控制劣化，进行设备的健康管理。例如，某厂对柴油机进行“健康”管理，即对进入设备系统的燃油、润滑油、冷却水和空气进行滤清处理，称为“四清”管理，可以有效控制设备性能劣化，延长设备寿命达 3 倍多。对那些周期性的损耗件，还要进行局部深度保养及修理，包括调整、修复或者换件。

耗损故障期，部分零件或者总成已经进入快速劣化阶段，有的失去设计功能，有的可能导致安全事故，有的造成能源消耗过量，也有的可能造成环境破坏，除了应该做好常规清扫、检查、润滑、调整、堵漏、防腐之外，还要注意可裁剪式纠正性维修，对设备进行局部改造和不拘泥于原有设计结构，立足于根除故障的主动维修，以便恢复设备功能，达到根除某些固有故障的效果。

狭义的设备全寿命周期费用，包括设置费、维持费和处理费三大部分。其中设置费的构成为设备的调研费、招投标费、采购投入、运输、安装、调试、人员培训以及试生产发生的所有费用；而维持费则包括设备的维护保养、修理换件、润滑材料、冷却介质、环保投入以及能源消耗的费用；而处理费包括设备的拆卸、废弃物环保处理等费用。

设备全寿命周期的费用管理始于设备的规划阶段。某些设备价格昂贵，初始采购费用较高，但因为可靠性高，能源消耗少，修理换件少，故障停机少，其全寿命周期费用反而会较低；反之，某些设备初始采购费用低，但由于可靠性较差，故障频发，换件频繁，或者耗能高等，使得全寿命周期费用较高。因此，设备前期管理不能仅看初始投入，而要思考寿命周期费用的经济性，以寿命周期费用最小化作为决策依据。

广义的设备寿命周期维修管理将从设备的设计开发阶段开始。

(1) 概念与产能研究阶段。设定设备可靠性，评估长周期维修直接和间接费用，对应的维修组织分析。

(2) 设计阶段。设备位置安排，可维修性的思考；备件的标准化与互换性；潜在故障应对——设备保修问题；项目建设安装与运行的交流沟通；预计未来问题(包括运行及将来操作中问题)。

(3) 购置阶段。按可维修性与可靠性标准评价购置项目，要评价：新装置与旧装置的互换；新旧装置可互换的备件选择以及清单；预防维修指南；可能的故障与停机诊断维修程序；详细安装与拆装图纸；材料清单与图纸；人员的维修技能培训；故障诊断的工具。

(4) 项目建设与安装。维修主管工程师、技术人员参与项目建设安装测试、试车全过程，通过拍照、录像，了解设备细节，积累设备拆装知识，为今后维修做好技术准备。

(5) 试车。设备的试车调校过程是了解设备的好机会，供应商工程师的经验和做法要记录，录像和拍照，存档作为未来大修理的参考。

(6) 运行。计划与控制：正确操作指南，自主维护规范设计；利用率控制与度量，确定利用率目标；维修策略，预防维修计划及其实施；将维修经验嵌入备件库存管理，控制库存，精确采购；资源配置分析，承包商选择程序建立；成本控制，维修活动费用标准化。

(7) 淘汰与更新。技术经济分析，积极促进设备技术更新，也避免不当淘汰。

综上所述，设备的全寿命周期管理既包含全寿命周期各个阶段管理的特色内容，还包含依照其不同阶段故障特点的管理对策，同时包含全寿命周期费用优化的内涵。设备管理工作，实际上是一项具有科学性、系统性和实践性的工作。

1.4 设备管理沿革与发展史

1.4.1 世界设备管理发展史

自从人类使用机械设备以来就伴随着设备管理工作，并随着科学技术的发展而不断变革、进步。与企业管理发展历程相适应，设备管理的发展大致经历了三个主要阶段。

（1）事后维修阶段。工业革命之前，工场(厂)生产是以手工业为主，生产规模小，技术水平低，使用的设备和工具比较简单，谈不上现代意义上的设备维修与管理。18世纪后期，随着企业采用机器生产的规模不断扩大，机器设备的技术日益复杂，维修机器的难度与消耗的费用也不断增加，由此产生了设备维修问题。由于当时设备结构简单，修理相对方便，修理工作一般都由操作人员兼管，而且都是在设备发生故障后才进行维修。所谓事后维修，就是指机器设备在生产过程中发生故障或损坏之后才进行修理。随着工业生产的发展，结构复杂的设备大量投入使用，修理难度越来越大，技术要求也越来越高，操作工无法兼顾维修工作，于是设备修理逐步从生产中分离出来，维修工人也与生产工人分开，形成独立的维修队伍，这样做的结果一是便于管理，提高维修水平；二是有利于提高工效。事后维修制经历了一个漫长的发展过程，在西方工业国家一直延续到20世纪30年代，在我国则直到20世纪50年代初仍实行事后维修制。

（2）预防维修阶段。随着流水生产线的出现和设备技术的日趋复杂，任何一台主要设备或主要生产环节出现故障，都会造成巨大的损失，特别是在钢铁、煤炭、石油、化工、电力、汽车制造等流程作业的企业里，突发性故障造成的直接和间接损失越来越严重。由于事后维修使得故障停机时间过长而无法保证设备的正常使用，在这种情况下出现了为防止突发故障而对设备进行预先修理的“预防性”修理模式，即预防维修制。由于这种修理安排在故障发生之前，是可以计划的，所以也叫做计划预修。

在这个阶段中，世界上形成了两大设备维修体系。一个是前苏联的“计划预修制”，在苏联、东欧、中国等国家得到广泛应用；另一个是美国的“预防维修制”，在西欧、北美、日本等国家得到推广。

前苏联的计划预修制是在20世纪30年代提出来的，经过几十年的实践和总结逐步完善起来的。计划预修制是以设备的磨损规律为基础制定的，有它科学性、合理性的一面。按照计划预修制的理论，影响设备修理工作量的主要因素是设备的开动台时，合理的开动台时是预防性维修的依据。一系列定期检查、小修、中修和大修等组成的修理周期结构以及计算各种修理消耗定额的修理复杂系数构成了计划预修制的两大基础。计划预修制的不足之处在于：片面强调定期修理而忽视了设备的实际状态，往往导致设备的使用前、后期分别出现维修过剩和维修不足的现象；只注重专业人员对维修的作用而忽视了操作人员的有效参与，导致修理与维护、保养的失调。

美国的预防维修制于1914年福特汽车厂建成第一条流水装配线后开始实施，到20世纪50年代初期在西方国家得到普遍推广。美国预防维修制的基本内涵是对设备故障采取“预防为主”的方针，加强设备使用时的维护保养，在设备发生故障前进行预防性维修，以减少突发故障停机产生的直接及间接损失。预防维修制以设备的日常检查和定期检查为基础并据此确定修理内容、方式和时间，由于没有严格规定的修理周期，因而有较大的灵活性，但出现了日常检查、定期检查过于频繁，更换零件过多，维修费用过大的问题。1954年，美国通用电气公司等一些企业对原来的预防维修制做出调整，于是出现了将预防维修与事后维修结合起来的“生产维修制”，即对主要生产设备实施预防维修，一般设备则实施事后维修，既减少了故障停机的损失，降低了维修费用，又节省了大量不必要的检查工作，取得了良好的维修经济性。

（3）综合管理阶段。20世纪60年代以后，西方工业国家不断探索、研究新的现代设备管理理论，并付诸实践，现代科学技术和现代管理科学的成就也为现代设备管理的发展提供了良机，使得设备管理进入一个新的阶段，即综合管理阶段。集中体现综合管理思想的设备管理理论与模式有美国的后勤工程与管理（Logistics Engineering）、英国的设备综合工程学（Terotechnology）、日本的全员生产维修（Total Productive Maintenance）和德国的综合管理（Integrierte Anlagenwirtschaft）。

上述新观念、新理论奠定了现代设备管理的基础，引起世界各国的极大重视。20世纪80年代以后，我国也开始推广并研究以设备综合工程学与全员生产维修为主体的设备综合管理，并在设备管理与实践中取得明显成效。

国外设备管理理论与实践最有代表性的是英国的设备综合工程学和日本的全员生产维修。

1.4.2 我国设备管理发展史

解放以来，我国工业交通企业的设备管理工作，大体上经历了从事后维修、计划预修到综合管理，即从经验管理、科学管理到现代管理三个发展阶段。

1. 经验管理阶段（1949~1952年）

从1949年到第一个五年计划开始之前的3年经济恢复时期，我国工交企业一般都沿袭旧中国的设备管理模式，采用设备坏了再修的做法，处于事后维修的阶段。

2. 科学管理阶段（1953~70年代）

1953年，我国第一个五年建设计划开始实施。在前苏联的援助下，我国开展了以156个重点项目为中心的大规模经济建设。这时，也全面引进了前苏联的设备管理制度。根据“计划预修制（IIIIP）”的模式建立各级设备管理组织，培训设备管理人员和维修骨干，按照修理周期结构安排设备的大修、中修、小修，推行“设备修理复杂系数”等一整套技术标准定额，把我国的设备管理从事后维修推进到定期计划预防修理阶段。由于实行预防维修，设备的故障停机大大减少，有力地保证了我国工业骨干建设项目的顺利投产和正常运行。

1958年开始的“大跃进”，由于“左”的错误思想泛滥，使国民经济建设遭到严重挫折，设备管理工作也蒙受了重大损失。当时，经济建设片面追求高速度、高指标，重生产轻维修，挤掉设备维修搞制造；重使用轻管理，设备管理机构被撤消，管理制度被废弃，“小马拉大车”，随意拼设备。其结果，导致设备大批失修、损坏，企业生产力遭到严重破坏。

以后，1962年开始了“三年调整”，直到文化革命之前，在周恩来总理的直接关怀下，纠正了挤维修、拼设备的错误，恢复和发展专业维修工厂和配件生产工厂，整修了遭到严重损伤的机器设备，恢复各种规章制度，使设备的技术状况很快得到好转，设备管理工作逐步恢复正常。同时在“以预防为主，维护保养和计划检修并重”方针的指导下，广大职工还创造了“专群结合，专管成线，群管成网”、“三好四会”、“润滑五定”、“定人定机”、“分级保养”等一系列具有中国特色的好经验、好办法，使我国的设备管理与维修工作在“计划预修制”的基础上有了重大的改进和发展。

文化革命的10年里，国家蒙受了极大的灾难，设备管理与维修工作又遭到了空前的损失：管理制度废弃，管理机构瓦解，管理人员流散，技术资料丢失，设备严重失修、生产濒于瘫痪。粉碎“四人帮”之后，经过企业整顿、设备整修，设备管理与维修才逐渐重新进入恢复和发展的新阶段。

3. 现代管理阶段(80 年代至今)

20 世纪 60~70 年代是世界经济迅速发展的时期，同时，国际上设备管理的理论与实践也出现了重大发展。我国由于文化大革命的干扰，失去了一个发展经济的好时机，设备管理和国际先进水平的差距拉大。党的十一届三中全会制定了改革开放的基本路线，为我国发展经济开创了一个崭新的历史时期。

在党的基本路线指引下，一些企业和行业率先起步，引进国外现代设备管理的理论和方法，探索赶上国际先进水平的途径。比如，1979 年 9 月，机械工业部在长春第一汽车厂召开现场会，推广该厂试行日本“全员生产维修(TPM)”的经验。同年 10 月，机械工业部又派人去印度参加 1979 年国际设备工程会议，了解国外设备管理发展状况。从 1979~1982 年，该部先后在长春、株洲、银川、北京等地举办企业设备科长学习班，介绍英国设备综合工程学，日本 TPM 等现代设备管理理论和方法，组织一批企业试点推行，摸索经验。航空工业部从 1980 年开始连续举办设备综合管理培训班，用 3 年时间把所属企业的设备副厂长、总工程师、机动科(处)长轮训了一遍。编译出版了“国外设备工程译文集”，系统介绍国外设备管理。并且总结出 171 厂等抓设备更新改造、促进企业提高经济效益的典型经验广为宣传，普及现代设备管理的思想和方法。与此同时，许多行业、地区也逐步开展了这项工作。

1981 年 4 月，国务院领导对人大副委员长胡厥文先生加强设备管理工作的建议作了重要批示。从此，我国的设备管理工作日益受到党和国家领导、政府主管部门和企业界的关注，走上了健康发展的道路。十多年来，国家为改进设备管理做了大量工作：

(1) 建立健全管理机构。1981 年国家决定在国家经委内设立设备管理维修办公室(后改为设备处)，作为统筹全国设备管理工作的办事机构；1982 年建立中国设备管理协会，作为协助政府加强与企业联系的社会经济团体；1988 年，国家又成立了国家国有资产管理局，从价值形态上强化对生产设备等国有资产的管理。现在，全国 30 个省、市、自治区和国务院工业交通各部门都先后设置了设备管理机构及专职管理人员。在中国设备管理协会组织下，各地和各行业先后成立设备管理协会，专业组织也日臻完善。

(2) 制定设备管理法规。1981 年国家经委着手制定《国营工业交通企业设备管理试行条例》，1983 年发布实施。经过 3 年试行，总结经验、修改补充，1987 年 7 月国务院正式发布了《全民所有制工业交通企业设备管理条例》。从此，我国设备管理工作进入了依法治理的新阶段。各地区、各部门还制定出条例的实施细则，使企业设备管理工作有法可依、有章可循。

(3) 中央领导重要题词。继国务院领导对胡厥文先生的建议作了批复之后，1986 年 7 月，李鹏同志在全国第二次设备管理维修工作座谈会上发表了重要讲话。特别是 1990 年 7 月发表的党和国家领导人对设备管理工作的题词，更是集中体现了国家对设备管理工作的重视和关怀。江泽民总书记的题词是：加强企业设备管理，提高企业装备素质。李鹏总理的题词是：工欲善其事，必先利其器。维护设备完好，保护企业生产力，等等。近 10 位中央领导同志集中地对设备管理工作亲笔题词，不仅在我国设备管理工作的历史上没有先例，就是对于全国其他战线的工作，也不多见。这些题词包含了非常丰富的内容，充分肯定了设备管理的重要作用，指明了我国设备管理工作的方向和任务，同时也给全国设备管理战线的广大职工以巨大鼓舞。

(4) 配合深化改革，推进设备管理。随着我国经济建设的发展和经济体制改革的逐步深化，国家经委曾于 1982 年、1986 年和 1992 年三次召开全国设备管理工作会议，总结交流经验，围绕国家经济工作中心部署任务，强化措施，不断推进设备管理工作。比如，宣传、贯彻《设备管理条例》，全面推行设备综合管理；落实厂长、经理任期目标和承包合同中的设备管理考核指标，防止企业的短期行为；推进设备的修理、改造与更新相结合，加快企业技术进步；开展闲置设备调剂，提高设备利用率，配合"质量品种效益年"和"双增双节"活动，做好设备管理工作等等。这样，设备管理工作不仅有力地促进了企业发展生产、提高效益，同时也带来了自身面貌的巨大变化。

① 设备技术状况明显改善。据全国31个部委统计，设备完好率从"六五"期末的85%提高到"七五"期末的90%，设备故障停机率普遍下降。

② 装备素质有了提高。据冶金工业部统计，全国重点钢铁企业具有国际国内先进水平的设备在设备总量中所占的比重，从1985年的13%提高到了1990年的28%。

③ 目标管理、网络技术、价值工程、ABC分类法、计算机辅助设备管理等设备管理现代化方法和设备状态监测、故障诊断技术等各种维修先进技术的广泛应用，大大推进了设备管理现代化的进程。

（5）组织竞赛评比，树立先进典型。国家经委、计委和中国设备管理协会曾于1986年、1988年、1990年连续三届组织评选全国设备管理优秀单位的活动。全国各地区、各行业的企业自下而上广泛参加竞赛，推动了企业深入贯彻《设备管理条例》，开展设备管理现代化，促进企业优质高产、提高经济效益。通过三届评优，涌现出全国设备管理优秀单位316个，其中56个是"三连冠"单位。此外还有上千个部级、省级优秀单位。这些设备管理的排头兵，为各行各业树立了学习样板，促进了全国设备管理水平的提高。

（6）开展教育培训，提高人才素质。推进现代设备管理需要有大批现代化的设备管理人才和技术人员。10年来，政府各级主管部门与各级设协花大力气举办了不同层次、不同类型的短期培训班，宣讲试行条例和正式条例，普及现代设备管理知识和先进技术，提高在职设备管理干部、技术人员的业务水平。

1984年，国家经委和航空工业部在西安成立了中国设备管理培训中心，作为国家培训高、中级设备管理干部、设备工程技术人员的基地。8年来，该中心已培训各级设备管理人员5000余人；1987年，经国家教委批准，在西北工业大学、江苏工学院首先设立设备工程与管理本科专业，现在全国已发展到6所高等学校；开办设备工程与管理专修科的已有中国设备管理培训中心、长春地质学院、北京经济学院等16所院校；西北工业大学等院校1990年开始招收设备工程与管理方面的硕士研究生。这些措施对于加速我国高、中级设备管理干部后续队伍的成长，起到了很大作用。

（7）加强信息交流，发展国际合作。在国内，《中国设备管理》杂志（中国设备管理协会主办，1986年创刊）以及《设备管理与维修》杂志（中国机械工程学会设备维修分会主办，1980年创刊）等刊物已经成为宣传国家政策，研讨管理理论与实际工作，交流经验、信息的重要园地。在国际上，10年来我国已与欧洲国家维修团体联盟、日本设备维修协会、意大利维修协会以及瑞典、美国、俄罗斯等许多国家和地区的维修团体建立了联系。多次派人出国考察学习、参加国际会议，同时也邀请了许多国外专家来华讲学、交流。我国设备管理已经进入了一个健康发展的现代管理阶段。

1.4.3 石油行业设备管理发展史

建国初期，石油工业在苏联专家的帮助指导下，由原来的事后维修改变为为计划预防维修，并建立了严管重罚的设备管理约束机制。上世纪六十年代，在极其困难的条件下，石油工人不等不靠，积极探索适合石油设备管理特点的新路子，实施了岗位责任制、巡回检查制和维护保养制等一系列行之有效的规章制度，在紧张的石油大会战中创造了“定人定机”、“四懂三会”、“五定润滑”和“分级保养”等许多好办法、好制度，使石油工业设备管理水平有了进一步的提高。

十年内乱，油田设备管理和维修工作受到了空前破坏，油田的设备管理机构一度被撤销，设备管理工作几乎陷入瘫痪状态，设备的完好率降到历史最低点。

党的十一届三中全会以后，设备管理工作重新被提到了议事日程。在相对高度集中的计划经济体制下，设备更新改造的资金投入明显加大，组织开展了机修会战，恢复了设备管理的各项检查与评比，设备技术素质得到改善。20世纪80年代引进了电动钻机、修井机、压裂车、水泥车、大型高速离心式注水泵、大型离心式压缩机、以及大型运输车辆等。油田各级机修厂站在确保油田设备及时维修、现场设备抢修方面发挥了重要作用，但由于受当时客观条件的制约和“大而全”、“小而全”组织体系的影响，造成各级机修厂站设置过多、过散。

1987年7月国务院《设备管理条例》颁布实施后，石油工业部制定了实施办法，油田企业制定了实施细则，开展了设备管理评优和上水平、上等级活动，全员设备管理开始普及和推广，设备管理的各项工作开始走向规范化、制度化。1990年以后，随着企业经营机制的转变和改革的不断深化，设备管理工作坚持把取得良好的设备投资效益作为设备管理工作的根本出发点和落脚点，注重设备资源优化配置，充分挖掘现有设备资源潜力，持续开展了向设备管理要质量、要效益活动，设备使用效益明显提高。

中石化、中石油重组改制后，油田企业设备投资力度不断加大，设备技术进步明显加快，设备管理工作逐步从生产后勤保障走到企业生产经营的前沿，不仅以完好可靠的设备保证企业生产正常进行，而且为企业提高市场竞争力、提高生产技术水平和经济效益服务，提高了设备运行的可靠性和经济性。

大庆油田推行了以设备一生为对象创建效益型设备管理模式，主要内容是优化前期管理、强化中期管理、活化后期管理和夯实基础工作，提高设备管理水平四个方面；辽河油田结合自身设备特点和管理实际，提出推行“一体两翼”设备管理模式，即以做好常规管理为一体，规范管理体系；以强化重点管理和突出特色管理为两翼，夯实基础工作，拓展创新理念。装备管理量化评审考核，是中原油田深化经济体制改革过程中探索出的装备管理新方法。胜利油田为适应石油勘探开发、QHSE、降本增效工作、精细化管理对装备需求和设备管理的要求，推行了设备“十字管理法”，即优配、监测、润滑、安稳、高效。设备“十字”管理法是具有节点管理的目标体系、责任体系、运行体系和考核体系。推行设备“十字”管理法，必须以效益为中心，既要优化要素，也要优化过程，注意在动态中协调要素与整体的关系，从而达到系统总体功能的最优化。

1.5 设备管理理论基础和发展动态

1.5.1 现阶段我国设备综合管理的形成过程及理论依据

国务院1987年颁发的《设备管理条例》，标志着我国设备综合管理的形成，是我国设备管理工作历史经验的基本总结和重要发展。

(1) 建国以来，经过几十年的建设，我国工业固定资产数量急剧增长，其中设备资产占有较大比重。特别是改革开放以后，我国引进并建成了一批技术设备先进的现代化大型企业，这些技术设备是进行四个现代化建设的重要物质技术基础。随着生产过程机械化、自动化程度的不断提高，企业的经济效益愈来愈依赖于设备运行的可靠性、设备管理的质量与工作水平。因此，加强企业设备管理成为我国工业企业的共同追求。

(2) 党的十一届三中全会以后，党的工作重点和全国人民的注意力转移到了社会主义现代化建设上来，转到了以提高经济效益为中心的建设轨道上来。为适应国民经济发展的需要，设备管理工作自然地被提到了议事日程。按理说，设备管理工作从此可以在康庄大道上迅速发展了。但是，实际情况是有的企业好了伤疤忘了疼，他们为了单纯追求产值、产量，追求眼前利益，重生产、轻维修，出现了拼设备等现象。这种现象引起了国家有关部门的高度关注和重视，提出了加强设备管理工作的七项要求。因此，在企业管理不断发展的同时，要求规范设备管理和加强设备管理的法制建设。

(3) 国务院《设备管理条例》的起草背景十分清楚，就是在党的十一届三中全会路线的指引下，为适应党的工作重点的转移，适应改革、开放、搞活、管好的形势需要，采取经济立法的手段，规定我国设备管理工作的基本方针、政策、任务和工作要求，使企业设备管理工作有法可依，确保设备管理工作更好地为提高企业产品质量、降低物质消耗、保证安全生产、增加经济效益提供可靠的物质技术保障。

(4) 为了根本扭转长期以来企业设备管理工作的被动状况，国务院《设备管理条例》从战略的高度出发，提出了把取得良好的设备投资效益作为设备管理的任务目标。这是一切经济工作要以提高经济效益为中心的方针在设备管理工作上的具体体现，也是我国设备管理工作的根本出发点和落脚点。

(5) 条例起草期间，正是我国设备管理引进国外设备和技术的集中时期，英国的设备综合工程学和日本的全员生产维修开始传播和接受，同时在设备管理上我国也有专群结合的优良传统，因此在总结我国设备管理有效经验的基础上，充分借鉴了国外先进设备管理理念与方法，经过综合提炼而形成了具有中国特色的设备综合管理理论与模式，其精髓是“三条方针”，“四项任务”和“五个原则”。

“三条方针”是依靠技术进步，促进生产发展和预防为主。

“四项任务”是保持设备完好，改善和提高技术装备素质，充分发挥设备效能，取得良好的投资效益。

“五个原则”是：①设计、制造和使用相结合；②维护和计划检修相结合；③修理、改造与更新相结合；④专业管理与群众管理相结合；⑤技术管理与经济管理相结合。

1.5.2 现代化设备管理的理论基础

1. 系统工程

所谓系统，是指具有特定功能的、相互间具有有机联系的诸多要素所构成的一个有机整体。系统一般具有集合性、相关性、目的性、动态性、适应性等特性。设备可以看成是从外界输入原料和能源，进行加工处理，对外界输出产品或能源的系统。

系统工程的主要任务是根据总体协调的需要，把自然科学和社会科学中的基础思想、理论、策略和方法等从横的方面联系起来，应用现代数学和电子计算机等工具，对系统的构成要素、组织结构、信息交换和自动控制等功能进行分析研究，借以达到最优化设计，最优控制和最优管理的目标。

2. 可靠性工程

可靠性工程是提高系统（或产品或元器件）在整个寿命周期内可靠性的一门有关设计、分析、试验的工程技术。系统可靠性是指在规定的时间内和规定条件（如使用环境和维修条件等）下能有效地实现规定功能的概率。系统可靠性不能仅仅依靠对系统的检验和试验来获得，还必须从设计、制造和管理等方面加以保证。首先，设计是决定系统固有可靠性的重要环节，制造部门力求使系统达到固有的可靠性，而管理则是保证系统的规划、设计、试验、制造、使用等阶段都按科学的程序和规律进行，即对整个系统研制实行严格的可靠性控制。

设备的可靠性是指系统、设备或零部件等在规定的条件下和规定的时间内完成规定功能的能力。提高设备的可靠性可以减少故障，延长设备的使用寿命，对确保企业安全生产和经济效益有着不可忽视的作用。设备的可靠性工程注重研究设备的故障规律，实现设备的可靠性设计、可靠性试验、可靠性使用、可靠性维修，使提高可靠度所消耗的费用和由于不可靠而造成的损失费用之和最小。在设计阶段，可应用可靠性工程预测不同方案的可靠度进行优化处理；在使用阶段，则可分析设备系统的故障规律，队对不同的维修策略进行优化选择。

可靠性管理是现代设备管理的重要组成部分。设备在设计、制造阶段形成的固有可靠度固然是设备系统最基本、最重要的方面，但只有通过使用、维修阶段的可靠性管理，使设备系统的使用环境、使用条件、维修条件符合规定的要求，才能实现设备系统的可靠性，对设备的可靠性管理是贯穿其全过程的综合管理。评估设备的可靠性应注意设备的环境条件、使用条件和维护保养条件。

3. 摩擦学

摩擦学是研究表面摩擦行为的学科。摩擦学是研究相对运动的相互作用表面间的摩擦、润滑和磨损，以及三者间相互关系的基础理论和实践（包括设计和计算、润滑材料和润滑方法、摩擦材料和表面状态以及摩擦故障诊断、监测和预报等）的一门边缘学科。世界上使用的能源大约有 1/3~1/2 消耗于摩擦。

对于设备管理来说，研究摩擦学的目的在于掌握设备的磨损规律，以及控制和减少设备的维修费用。

4. 设备状态监测与故障诊断

随着计算机和电子技术的飞跃发展，生产设备正向高速、高负载和高自动化程度的方向发展，但由设备故障所导致的事故的严重程度也大幅增加，产生了严重的社会影响。为此，保证设备的安全运行、及时发现隐患、消除和避免故障是一个十分迫切的问题。状态监测和故障诊断是提高设备的安全性、降低事故的损失、减少维护成本、提高经济效益的有效方法，对确保设备的安全运行、提高产品质量、节约维修费用以及防止环境污染均起到重要作用。因此，在生产中运用设备状态监测和故障诊断技术，可降低设备突发故障的发生和维修费用的减少，给企业带来巨大的经济效益。

5. 设备寿命周期费用理论

寿命周期费用 LCC（Life Cycle Cost）是指产品论证、研制、生产、使用和退役各阶段一系列费用的总和，它是 20 世纪 60 年代提出的概念。通常我们在购买任何产品时，往往主要着眼于如何使采购费便宜些，或者在选择一个项目时，主要关注完成项目所需的成本。然而，各国的大量事实证明，固定资产的维持费（使用费、维修及保障费、动力费等）常常会远远超过采购费。许多种产品的维持费高达其采购费的10~100倍。因此，对产品或项目进行全寿命费用估计，采用寿命周期费用的观点进行产品的采购或者项目方案的选择，具有十分重要的意义。

6. 工程经济学

工程经济学(Engineering Economics)是工程与经济的交叉学科，是研究工程技术实践活动经济效果的学科。即以工程项目为主体，以技术—经济系统为核心，研究如何有效利用资源，提高经济效益的学科。工程经济学研究各种工程技术方案的经济效益，研究各种技术在使用过程中如何以最小的投入获得预期产出或者说如何以等量的投入获得最大产出；如何用最低的寿命周期成本实现产品、作业以及服务的必要功能。

设备在其寿命周期内各个环节均有费用的支出及不同方案的比较，如何使费用支出经济、合理，求得最佳的决策方案，都需要用到工程经济学的相关理论和方法。

1.5.3 现代设备管理发展动态

1. 设备综合工程学(Terotechnology)

1）设备综合工程学产生的背景

设备综合工程学是英国人丹尼斯·巴克斯提出来的。1970年，在美国洛杉矶召开的国际设备工程年会上，英国维修保养技术杂志社主编丹尼斯·巴克斯发表了题为《设备综合工程学——设备工程的改革》的著名论文，第一次提出了“设备综合工程学”这个概念，其原意为“具有实用价值或工业用途的科学技术”。

1967年，英国政府设立了维修保养技术部。为了有力地推行设备综合工程学这一新兴学科在工业中的应用，1970年，英国政府在工商部下设置了“设备综合工程学委员会”，作为政府行为对设备工程进行计划、组织、领导。这个委员会曾对515家企业作了调查，并对其中80家企业进行了详细调查，写出了调查报告。调查结果表明，英国制造业在1968年间设备维修保养直接费用总额约为11亿英镑，而且由于故障停机造成了10亿英镑的损失。该年度全英维修费用总额为110亿英镑，占全国总产值的8%，比英国制造业年度新投资总额的2倍还多。报告认为，每年因维修保养不良，英国每年损失约为2亿~3亿英镑。如果对设备管理工作加以改善，每年可以节约2亿~2.5亿英镑。

1974年，英国工商部给这门学科下了如下的定义：“为了求得经济的寿命周期费用而把适用于有形资产的有关工程技术、管理、财务及其业务工作加以综合的学科，就是设备综合工程学，涉及到设备与构筑物的规划和设计的可靠性与维修性，涉及设备的安装、调试、维修、改造和更新，以及有关设计、性能和费用信息方面的反馈”。1975年4月，英国政府还成立了“国家设备综合工程中心”，该中心通过刊物介绍设备综合工程典型实例，并召开各种研讨会以推动设备综合工程学科的发展。

2）设备综合工程学的要点

（1）追求寿命周期费用的经济性。有些设备的设置费较高，但维持费却较低；而另一些设备，设置费虽然较低，但维持费却较高。因此，应对设备一生设置费和维持费作综合的研究权衡，以寿命周期最经济为目标进行管理。研究表明，设备一出厂已经决定了设备整个寿命周期的总费用。也就是说，设备的价格决定着设置费，而其可靠性又决定着维持费。一台机械性能、可靠性、维修性好的设备在保持较高的工作效率的同时，在使用中的维修、保养及能源消耗费用也较低。反之，如果只考虑购入价格便宜，忽视设备的可靠性、维修性和安全、环保等方面的问题，就会带来故障频繁、停机损失增加，危害安全、环境污染等问题，而解决这些问题所需的投资数额往往更大。因此，设备使用初期的决策，对于整个寿命周期费用的经济性影响甚大，应对设备前期管理给以足够的重视。

（2）综合技术、经济和管理因素，对设备实行全方位的管理。设备综合管理包含工程技术管理、组织管理和财务经济管理三方面的内容。首先，设备是科学技术的产物，涉及科学技术的各个领域，要管好用好这些设备，需要多种科学技术知识的综合运用。其次，近年来不断涌现和发展起来的管理科学，如系统论、运筹学、信息论、行为科学及作为管理工具的计算机系统，日益成为设备综合管理的手段。设备从研制开发到报废处理的全过程都应运用科学的管理手段，也只有科学管理才能搞好设备综合管理。再次，企业的经营目标是提高经济效益，设备管理也应为这个目标服务。设备综合工程就是以最经济的设备寿命周期费用，创造最好的经济效益。一方面，要从设备整个寿命周期综合管理，降低费用开支；另一方面，要努力提高设备利用率和工作效率。总之，设备的技术、经济、管理这三个侧面，是相互联系的一个整体。其中，技术是基础，经济是目的，管理是手段。只有三者结合，才能实现综合管理的目标。

（3）重视设备的可靠性和维修性。设备的可靠性是指设备在规定的使用时间内、规定的使用条件下能够无故障地实现其规定功能的能力，也就是要求设备使用时准确、安全、可靠。设备的维修性是指设备维修的难易程度。维修性好的设备，应该是结构简单，零部件组合合理，通用化、标准化程度高、互换性强，易于检查、拆卸方便、易于排除故障等。

设备综合工程学是在维修工程的基础上形成的，它把设备可靠性和维修性问题贯穿到设备设计、制造和使用的全过程，即在设计、制造阶段就争取赋予设备较高的可靠性和可维修性，使设备在后天使用中长期可靠地发挥其功能，力求不出故障或少出故障，即使出了故障也要便于维修。设备综合工程学把可靠性和可维修性设计，作为设备一生管理的重点环节，它把设备先天素质的提高放在首位，把设备管理工作立足于最根本的预防。

（4）强调发挥设备一生各个阶段的效能。这是系统论等现代管理理论在设备管理上的应用。设备管理是整个企业管理系统中的一个子系统，它是由各式各样的设备单元组合而成的。每台设备又是一个独立的投入产出单元。从空间上看，每台设备是由许多零部件组成的集合体；从时间上看，设备一生是由规划、设计、制造、安装、使用、维修、改造、报废等各个环节组成，它们互相关联，互相影响，互相作用。运用系统工程的原理和方法，把设备一生作为研究和管理的对象，从整体优化的角度来把握各个环节，充分改善和发挥各个环节在全过程中的机能作用，才能取得最佳的技术经济效果。

（5）重视设计、使用和费用信息的反馈。为了提高设备可靠性、可维修性设计和做好设备综合管理，必须注重信息反馈。设备使用单位向设备设计、制造单位反馈设备使用过程中发现的性能、质量、可靠性、维修性、资源消耗、人机配合、安全环保等方面的信息，帮助设备设计、制造单位改进设计和工艺，提高产品质量。设备制造单位也可通过用户访问、售后服务、技术培训等，帮助使用单位掌握设备性能、正确使用产品，同时收集用户的意见和建议。另外，设备使用单位内部职能部门之间、基层车间之间也要有相应的信息反馈，以便做好设备综合管理与决策。

2. 全员生产维修

全员生产维修被认为是日本版的综合工程学，其基本概念、研究方法和所追求的目标与综合工程学大致相同，也是现代设备管理发展中的一个典型代表。

（1）全员生产维修的发展过程。日本的设备管理，在20世纪50年代以前处于事后维修阶段。之后，从美国先后引进了预防维修、生产维修等管理体制，进入了预防维修阶段。60年代，引进了美国的维修预防、可靠性工程、维修性工程和工程经济学，形成了在设计阶段考虑设备的可靠性、维修性、经济性的生产维修阶段。70年代，引进美国的行为科学、系统工程、后勤学和英国的设备综合工程学，形成了有日本特色的全员生产维修体系。80年代，日本重视开发和利用设备状态监测与诊断技术，进入了以状态监测为基础的阶段。

战后日本的设备管理大体经历以下四个阶段：事后修理阶段、预防维修阶段、生产维修阶段和全员生产维修阶段。

① 事后修理（BM）阶段（1950年以前）。日本在战前、战后的企业以事后维修为主。战后一段时期，日本经济陷人瘫痪，设备破旧，故障多，停产多，维修费用高，使生产的恢复十分缓慢。

② 预防维修（PM）阶段（1950~1960年）。50年代初，受美国的影响，日本企业引进了预防维修制度。对设备加强检查，设备故障早期发现，早期排除，使故障停机大大减少，降低了成本，提高了效率。在石油、化工、钢铁等流程工业系统，效果尤其明显。

③ 生产维修（PM）阶段（1960~1970年）。日本生产一直受美国影响，随着美国生产维修体制的发展，日本也逐渐引入生产维修的做法。这种维修方式更贴近企业的实际，也更经济。生产维修对部分不重要的设备仍实行事后维修（BM），避免了不必要的过剩维修。同时对重要设备通过检查和监测，实行预防维修（PM）。为了恢复和提高设备性能，在修理中对设备进行技术改造，随时引进新工艺、新技术，这也就是改善维修（CM）。

到了20世纪60年代，日本开始重视设备的可靠性、可维修性设计，从设计阶段就考虑到如何提高设备寿命，降低故障率，使设备少维修、易于维修，这也就是维修预防（MP）策略。维修预防的目的是使设备在设计时，就赋予其高可靠性和高维修性，最大可能地减少使用中的维修，其最高目标可达到无维修设计。日本在60年代到70年代是经济大发展的10年，家用设备生产发展很快。为了使自己的产品在竞争中立于不败之地，他们的很多产品已实现无维修设计。

④ 全员生产维修（TPM）阶段（1970年至今）。TPM（Total Productive Maintenance）又称全员生产维修体制，是日本前设备管理协会（中岛清一等人）在美国生产维修体制之后，在日本的Nippondenso电器公司试点的基础上，于1970年正式提出的。

在前三个阶段，日本基本上是学习美国的设备管理经验。随着日本经济的增长，在设备管理上一方面继续学习其他国家的好经验，另一方面又进行了适合日本国情的创造，这就产生了全员生产维修体制。这一全员生产维修体制，既有对美国生产维修体制的继承，又有英国综合工程学的思想，还吸收了中国鞍钢宪法中工人参加、群众路线、合理化建议及劳动竞赛的做法。最重要的一点，日本人身体力行地把全员生产维修体制贯彻到底，并产生了突出的效果。

（2）全员生产维修的定义和特点。1971年，日本维修工程师协会（JIPE）对TPM下的定义是：①以达到设备综合效率最高为目标；②确立以设备一生为对象的全系统的预防维修；③涉及设备的计划部门、使用部门、维修部门等所有部门；④从领导者到第一线职工全体参加；⑤通过小组自主活动推进预防维修。

从以上定义来看，TPM具有以下特点：①全效率——追求设备的经济性。TPM的目标是使设备处于良好的技术状态，能够最有效地开动，消除因突发故障引起的停机损失，或者因设备运行速度降低、精度下降而产生的废品，从而获得最高的设备输出，同时使设备支出的寿命周期费用最节省。也就是说，要把设备当作经济运营的单元实体进行管理，用较少的费用(输入)获得较大的效果(产出)，达到费用与效果比值的优化。②全系统——包括设备设计制造阶段的维修预防，设备投入使用后的预防维修、改善维修，也就是对设备的一生进行全过程管理。③全员参加——设备管理不仅涉及设备管理和维修部门，也涉及计划、使用等所有部门。设备管理不仅与维修人员有关，从企业领导到一线职工全体都要参加，尤其是操作者的自主维修更为重要。

(3) 全员生产维修的基本思路与综合效率。全员生产维修的基本思路：TPM 的基本思路在于通过改善人和设备的素质来改善企业的素质，从而最大限度地提高设备的综合效率，实现企业的最佳经济效益。

提高设备效率的含义：提高设备效率是指从时间和质量两个方面来掌握设备的状态，增加能够创造价值的时间和提高产品的质量。

提高设备效率的主要途径有：①从时间方面看，增加设备的开动时间；②从质量方面看，增加单位时间内的产量以及通过减少废品来增加合格品的数量。

提高设备效率的最终目的，就是要充分发挥和保持设备的固有能力，也就是维持人和机器的最佳状态——极限状态。这里所说的极限状态是指达到最大限度的状态。追求设备的“零缺陷、零故障、零事故”和“使废次品为零”的目标，就是要及时发现和消除设备事故隐患，充分发挥设备效能，使设备资源实现最佳经济效益。

影响设备效率的六大损失：①故障损失，是指由于突发性故障或慢性故障所造成的损失，它既有时间损失(产量减少)，也有产品数量的损失(发生废次品)。②作业调整损失，是指由于工装、模具更换调整而带来的损失。③小故障停机损失，是指由于短时间的小毛病所造成的设备停机或“空转”状态带来的损失。④速度降低损失，是指设备的设计速度和实际运行速度之差所造成的损失。⑤工序能力不良的损失，是指由于加工过程中的缺陷发生废次品及其返修所造成的损失。⑥调试产生的损失，是指从开始生产到产品稳定生产这一段时间所发生的损失。为了提高设备效率，TPM 通过坚持开展操作者自主维修来彻底消除六大损失。

综合效率的计算：日本的 TPM 综合效率规定为时间开动率、性能开动率与合格品率三者的乘积。即：

$$设备综合效率=时间开动率\times性能开动率\times合格品率$$

TPM 考核综合效率不仅重视设备的实际开动时间，同时也重视产品的加工质量。这样处理更为切合企业生产经营的实际需要，要求也更加严格。在日本的 TPM 活动中，希望企业的设备开动率>95%，性能开动率>90%，合格率>90%，这时，设备综合效率才能达到 85%。

(4) 全员生产维修的主要做法。

① 自主维修(PM 小组活动)。日本学者中岛清一把“操作者的自主维修(小组活动)”看作是“TPM 最大的特点”。TPM 从上到下向全体人员灌输“自己的设备由自己管”的思想，使每个操作人员掌握能够自主维修的技能，并且采取了开展 PM 小组活动这种组织形式。

PM 小组活动的主要内容有：A 根据上级的 PM 方针，制定小组的工作目标。B 开展 5S 活动。C 填写点检记录，根据所得数据分析设备的实际技术状况。D 为提高设备生产效率，减少六大损失，分析故障原因，研究改进对策。E 组织教育培训，提高成员技能。F 检查小组目标完成情况，进行成果评价。

② 5S 活动。开展 5S 活动是日本 TPM 自主维修中的一项重要内容。“5S”是指整理、整顿、清洁、清扫和素养。由于这五个词的日文读音罗马拼音字母的第一个都是 S，所以称为“5S”活动。5S 的具体含义是：A 整理——把紊乱的东西收拾好，不用的东西清除掉。B 整顿——把物品分类整齐存放，需用的时候能够马上拿到手。C 清扫——及时打扫，不让尘土、油污、杂物存留。D 清洁——经常保持机器设备和操作现场的清洁卫生，使粉尘、烟雾、废液等充分排出。E 素养——有良好的举止作风，讲礼貌、守纪律；决定了的事情一定要遵守。前 4 个 S 要靠第 5 个 S 来保证和提高。如果企业上下人人都能执行“决定了的事一定要遵守”这一准则，设备的操作规程、安全规程、产品质量标准、交货期等都能认真履行，企业就必定能够实现优质、高产、低耗和安全。

③ 点检。开展点检是 TPM 自主维修中的另一项重要内容。所谓点检，是指按照一定的标准，对设备的规定部位进行检测，使设备的异常状态和劣化能够早期发现。设备点检一般分为日常点检和定期点检等。

日常点检检查周期多为每天、每周，一般都在一个月以内。主要由操作人员负责，以人体五官感觉为主，实施点检的主要依据是点检卡片。定期点检，检查周期一般在一周或一个月以上，主要由专业或维修人员负责，依靠人体五官和专门仪器检查，定期点检卡一般由设备技术人员编制。

由上述分析可知，日本 TPM 重视预防维修，并强调操作人员的积极参与。根据日本的经验，60%~80%的故障可以通过点检早期发现。日本还把设备的预防维修与人体的预防医疗加以对比，认为设备管理相当于“设备健康”的管理。人体的预防医疗有日常预防、健康检查、早期治疗等环节，设备的预防维修也有日常维护、定期检查和预防修理等措施。人的健康首先应该由自己来关心，设备的“健康”也必须由使用设备的人员来关心。通过操作工人的清扫、加油、调整与日常检查以及专职维修人员（设备医生）的定期检查（健康检查）、预防修理（早期治疗），就可以延缓劣化、减少故障，提高设备效率，延长设备的使用寿命。

④ 局部改善。设备故障的类型很多，既有规律性故障，也有无规律的突发故障。因此，单靠实行预防修理还不能完全消灭故障，故 TPM 十分重视对设备进行局部改善。所谓局部改善，是指对现有设备局部地改进设计和改造零部件，以改善设备的技术状态，更好地满足生产需要。

局部改善有两种类型。一是群众性的局部改善活动，它与操作工人的自主维修紧密结合，由操作工人组成的 PM 小组针对设备的一般缺陷列出课题、分析研究，提出合理化建议。然后，自己动手逐个解决诸如漏油、点检不便、不安全、工具与零件存放不便等缺陷。工厂把合理化建议实现的建树作为评估各单位 TPM 开展效果的重要指标。二是对于设计制造上较大的后遗症或重点设备上的问题，由设备管理部门、维修部门、生产现场人员组成设计小组，针对问题花大力气改进设计、消除缺陷，达到要求的技术状况。

日本设备维修协会（JIPM）还把提高设备效率的局部改善、建立自主维修体制、建立计划维修体制、提高操作人员和维修人员技能，建立设备使用初期管理体制列为开展 TPM 的五大支柱，且对后面三个环节也相当重视。

1998 年由欧洲维修联盟组织在克罗地亚召开的欧洲第 14 届国际维修会议上，把推广全员生产维修作为大会的主题内容。

3. 规范化全面生产维护在我国的推行

李葆文教授提出的全面规范化生产维护（Total Normalized Productive Maintenance，简称

TnPM)，是以设备综合效率和完全有效生产率为目标，以全系统的预防维修为载体，以员工的行为规范为过程，以全体人员参与为基础的生产和设备保养维修体制。

简而言之，TnPM 是中国式的 TPM，是洋为中用的 TPM，是以规范为台阶引导的 TPM，也是适应中国国情的 TPM。

TnPM 主张行为规范化、流程闭环化、控制严密化和管理精细化。TnPM 规范化的范畴包括：①设备现场管理规范化；②设备维修管理规范化；③设备前期管理规范化；④备件管理规范化；⑤设备技术改造规范化；⑥设备专业管理规范化。

TnPM 的重要特点是对企业设备防护体系的整体设计，即 SOON 体系的建立。即通过策略(Strategys)—现场信息采集与分析(On-site-information)—维修组织与资源配置(Organizing)—保养和维修行为规范(Normalizing)四个环节，建立严密的防护体系，达到设备最高产能和效率的释放及最低运行成本的目标。

近年来，TnPM 已在我国钢铁、石油、化工、汽车、家电、造纸、卷烟、建筑施工、机械加工等多个行业自主推进并成功实施，在提升企业装备管理水平的同时取得了明显的经济效益。但是，推行 TPM 和 TnPM 一定要注意与本企业多年来形成的优良传统和管理文化相结合，切忌邯郸学步，否则事倍功半。

1.6 现代设备管理模式

1.6.1 现代设备管理模式定义及分类

石油工业是资金密集和技术密集型工业产业，集中体现在设备的先进性、大型化和高价值上。油田设备种类繁多，机型复杂，施工环境多种多样，设备保障和管理难度较大。多年来设备管理工作的实践使我们认识到，必须运用系统的理论和方法，创造性地探索建立符合现代企业要求的油田设备精细管理模式，努力实现设备安全经济运行。集中体现现代设备管理思想的管理理论与管理模式有日本的全员生产维修(Total Productive Maintenance)、TNPM、设备管家系统、胜利油田的设备“十字”管理法、大庆油田的质量效益型设备管理模式、辽河油田“一体两翼”设备管理模式等。

在企业中，将行之有效的设备管理实践加以总结提升，形成对企业设备管理具有指导和借鉴作用的设备管理体系，均可称为设备管理模式。

从企业发展历程来看，设备管理模式同样可分为传统管理模式、系统(综合)管理模式和现代人本主义管理模式。

从设备管理模式覆盖范围看，可分为综合设备管理模式和专业设备管理模式。

1.6.2 典型企业设备管理模式简介

1. 设备管家系统

1) 企业扁平化管理变革需要“基于点检的设备管家制度”为支撑

市场经济环境下，企业要立于不败之地，管理的重心必定要下移、管理的层次要呈扁平化架构并各司其职，即：①高层领导掌管企业发展的方向，为未来发展做决策；②中层干部主持发展目标的分解，为明天作业做准备；③基层主管肩负计划目标的兑现，为今天事务做安排。基层主管的工作是企业最根本基础的工作，正所谓“竞争在市场”，而“竞争力在现场”。强化基层管理的有效措施主要有两条——在生产作业方面，要建设以班组长为核心的现场管家体制；在设备维修方面，要建设以点检员为核心的设备管家体制。

2）当今企业设备管理不适应时代发展需求的种种表现

除去那些滞后时代的、指令性的、大一统的粗放设备管理条文，因其并不符合企业设备实际情况，使企业难以实现经济和有效管理的可能性之外，企业自身在管理上也存在有一定的问题。

（1）企业对传统的管理模式，特别是传统设备管理模式没有足够的反思，其后遗症是条块分割、分工太细，表现在：

① 企业产品生产运作时“重生产、轻维修”的安排，形成了企业生产和设备分段管理的现实。企业有了成绩是归生产系统的，有了问题是处罚你设备系统没商量，造成了企业“产品生产”与“设备维修”两大板块之间人为的矛盾；

② 企业设备管理的目标与当今企业的发展战略目标不一致：设备系统是只管“设备完好”，生产系统是不管“设备维护”，设备管理的重点还没有完全转移到为“产品生产线的设备”上来、还没有真正转变到要“服务于产品的全面生产维修”的方向上来。

（2）企业设备管理的责任者不明确，重担压在领导者身上。

① 不明确或没有设专职掌握设备运行状态的责任者；

② 在与操作工掌握的设备运行信息方面存在沟通障碍；

③ 不了解设备状态，致使事故、紧急抢修多而疲于奔命；

④ 不指明由谁来“主治”，结果往往是“谁也治、谁也不全治”。

（3）设备维修成本意识不强。对有隐患设备的维修对策比较单一，缺乏针对成本、安全等维修策略的考虑，甚至不惜以挤掉设备维修时间或增大维修费用为代价，维修方式仍维持在计划检修和“以换代修”的定期更换的阶段。

① 不善于针对性的按企业成本和维修策略来实施维修；

② 不善于改良维修，习惯重复更换简单恢复性的修理；

③ 不善于对社会维修协作力量的挖掘，利用率比较低。

（4）企业设备理论基础落后，管理基础薄弱。基于摩擦磨损机理和以运行时间为主要依据的计划检修，已不能准确反映日益现代化设备的实际情况；同时，员工能干但不愿做检修记录的现象普遍存在。这就造成如下困境：

① 缺乏对维修项目，特别是“工时、工序”实绩的积累；

② 缺少维修设备基础数据，不得已就一揽子对外去承包；

③ 缺乏对故障的统计和分析，不明确设备管理主攻方向；

④ 缺少多面手，设备系统员工专业面窄，岗位定员偏多。

3）企业建立“以点检为核心的设备管家体系”的迫切性、必要性

（1）我国改革开放的形势，各行各业处于神速发展的时期，企业领导班子的年轻化、知识化，极具强盛的战斗力和前瞻性、以追求企业上档次和誓当行业排头兵的雄心壮志；企业关心先进理念的导入和人才的引进，推进企业文化和关注质量管理；努力提升企业管理的水平和推进先进的计算机管理；在国内、外市场经济激烈竞争的形势下，重视核心竞争力的培养和提高，产品不断更新和增加；随着企业产品的升级换代，生产装备也进行了更新换代，引进了或购置了国内、外先进的上档次的设备。目前，企业生产设备还处于“年轻”时期，及时地加强设备管理，让有责任心的当代年青人将重担挑起来，对我国的可持续发展有决定

性的重大意义。否则，现在错过机遇，等到有了隐患和故障，再检讨也后悔莫及了。

(2) 我国企业已进入先进制造业的行列，先进的生产力与现行的生产关系不相适应的后果是，会永远落后于世界的同行。因此，必须要按市场经济的规律，理顺关系，将管理重心下移，加强企业的基层基础建设，特别是企业的设备基础建设。

(3) 新时期的年轻一代，有基础、有能力，经过有计划的培训，可以而且应该给他们压重担，让他们挑大梁，完全可以把企业产品生产线(即主作业线)上的设备，托付给他们，让他们管起来。

(4)“他山之石，可以攻玉”。其一，改革、创新是企业发展永恒的主题，世界各国都有先例，如：德国的计划经济体制，实施了近两年左右就向市场经济体制过度了；美国是实施计划预修制最早的国家之一，不久，其通用电气公司就从维修的经济性出发，把计划预修制向生产维修制推进并替代了原有的制度，实现了使“设备的故障损失和修复故障的维护修理费用的总和为最小”的一种设备维修保养方法。其二，国、内外的各行各业，为了管理好内部事宜，都设有“管家”的做法，日本企业推进的 TPM 中，担任设备点检的点检员，虽然没有说，实质上就是企业设备的“管家”。

4) 怎样才能搞好企业的设备管家体系

(1) 企业领导高瞻远瞩，认真学习我国“科学发展观”和“可持续发展战略”的理念及国家相关部门的要求，把握好企业发展的同时，坚实企业的后方，要“解放”自己，建立设备管家体系；“领导”的问题实质是个“定位”的问题，如果你权力下放不了，你就职位下放，你去当“设备管家”，就是你当了“管家”，你也要将上述的理念，作为指导思想并努力贯彻到企业产品作业线设备的相关管理工作中去。

(2) 组织建立以设备管理系统的专职点检人员为组长，与生产作业系统的日常点检人员和工程技术系统的精密点检人员三部分人员，组成这三位一体的虚拟的“设备管家”团队，对分管的产品作业线设备，实施独立自主、全面、全方位的管理，运用“点检定修”的手段，做到“预知状态、超前管理”，认真负责、当家理财，确保生产任务的顺利完成。

(3) 以“管理八原则”作为设备管家实施管理的基础，用“管理八原则”的思路和方法，推进企业产品作业线设备的管理工作(具体的“管理八原则”在下篇详述)。

(4) 管理重点是：企业产品作业线(主作业线)上的关键设备(有隐患的设备)和其上的状态控制点。

(5) 贯彻“企业参加的生产维修”的精神，企业组织推行产品作业线设备的分层、分级管理，并积极安排好作业人员“自主维修”工作和“服务于产品作业线设备”的活动。

(6) 按照点检实务是点检前期五确定、点检作业五要素，开展设备管家的本职工作，对管辖的关键设备及其状态控制点，必须严格、精准地控制其“四大标准”(维修技术标准、点检作业标准、润滑技术标准和维修作业标准)的实施。

(7) 按照企业的发展战略总目标和任务、年季度生产计划，控制好管辖的设备，并在时间、地点、费用、数量、质量、环保、安全及其他特殊的要求上，认真做到“用户满意”，确保企业产品对外订单或合同任务的顺利完成。

(8) 努力按照科学发展观办事，对所管辖产品作业线设备，实施针对性按“预防维修和预知维修”相结合的方针，按照“预知状态、超前管理”的原则，对其隐患要有预测能力，要将其处理在突发故障前，确保生产设备的安全、顺行。

(9) 做好设备相关信息的记录、数据的收集和整理，积累经验和倾向性资料，全面掌握所管辖区域设备的运行状态。

（10）本着“团结、协同、和谐、进取”的愿望，将企业设备管家体系中的三方面人员、企业的设备检修系统的人员以及企业各个部门的相关人员，围绕着企业文化及用户满意，拧成一股合力的绳，目标一致面对并战胜激烈竞争的现实。

（11）要彻底地改变传统“管设备，不管费用”的分工陋习和一些企业乱砍、乱压维修费用的做法，企业费用居高不下，就拿维修费当替罪羊，殊不知，如此无知走进恶性循环怪圈。必须积累维修作业的费用数据，强化维修过程的成本管理，对不同部位采用相对应不同的维修策略和成本核算，做到既完成任务，又降低维修费用，又好又快地完成任务。

（12）加强学习，不断充实自己的全面素质和设备管理知识，按时、有准备地参加企业每月定期举办的设备管理研讨会，认真报告所管辖区域设备的实际状态，共同分析设备的问题和故障、隐患处理的结果，共享企业设备管理的成果。

2. 大庆油田质量效益型设备管理模式

大庆油田是中国最大的陆上油田。大庆油田加强设备全过程管理，从优化前期管理、强化中期管理、活化后期管理、夯实基础工作四个方面入手，建立了一套全过程控制、规范化运作的效益型设备管理模式。

（1）优化前期管理方面，主要是坚持从提高投资效益出发，优化增量资产配置，重点抓加强设备投资前期论证、加大采购管理力度、加强重大设备效益评估三个环节。

（2）强化中期管理方面，主要是从保证设备安全高效运行出发，在管好、用好、修好设备三个方面下功夫，包括强化设备检查制度、提高设备监测手段、提高设备润滑技术水平、推广设备节能降耗技术和提高设备维修质量。

（3）活化后期管理，主要是通过采取灵活有效措施，进一步加强后期管理，使设备创效能力得以最大限度地发挥。包括加大技术改造力度，挖掘设备创效能力；盘活存量设备资产，充分发挥设备潜能；适时做好报废处置，降低设备运营费用。

（4）夯实基础工作方面，一是建立严密的管理体系，二是持续推进制度化建设，三是开展设备运营写实活动。通过统计分析，掌握了同类型不同厂家设备的寿命期年均费用，得到了设备年均总费用与使用寿命的关系曲线。四是完善了设备全过程管理信息化平台，实现了资源共享、无域化办公功能，促进了信息资源互补，提升了信息数据的价值；同时，为管理者决策分析提供了全面翔实的数据统计、预测、分析等技术手段，提高了设备管理的科学决策水平。

3. 胜利油田“十字”管理法

在继承优良设备管理传统和学习借鉴现代管理的基础上，胜利油田设备管理工作与时俱进，总结提炼出了设备“十字”管理法（优配、监测、润滑、安稳、高效）。经过实践检验和探索完善，设备“十字”管理法成为一套全过程控制、规范化运作的质量效益型精细管理模式，这是油田不断探索新形势下搞好设备管理工作有效途径与方法的结晶，也是油田推行设备管理持续创新的成果。

1）设备“十字”管理法的由来

随着社会不断进步和企业管理的发展，油田设备管理面临的环境在发生深刻变化：

（1）随着石油装备技术日新月异的发展，机电仪一体化设备不断增多，设备管理的技术含量不断增加，设备的复杂程度越来越高，对设备管理和人员素质的要求也越来越高。

（2）以人为本理念的确立与和谐社会的建立，QHSE 体系的推行，对设备本质安全化水平和设备管理标准提出了更高要求。

(3) 随着企业管理的不断深化和细化，量化管理已经成为企业管理发展的必然要求，追求设备投资效益最大化成为设备管理的重要组成部分。

(4) 在企业生产经营成本总体紧张的情况下，设备更新改造欠账较多，设备维修费用投入不足，设备管理面临资金保障不足的形势更加严峻，如何利用有限资源做好设备管理保障工作成为一个不容回避的现实问题，如何在设备的成本、安全、效益之间做好决策和管理给油田各级设备管理人员提出了一个巨大挑战。

为此，我们跟踪企业理论发展动态，借鉴企业管理的先进思想，不断融入新的理念；学习国内兄弟企业设备管理的先进经验，不断汲取新的营养；总结基层单位搞好设备管理的一些好做法，不断赋予新的内涵。在设备管理创新方面持续有所建树的驱使下，总结提炼了设备"十字"管理法，适应了企业精细管理要求，使设备管理工作更好地与生产、安全、效益紧密结合起来，不仅能为搞好设备管理工作提供有效指导，而且成为设备管理上水平、出效益的重要抓手。

2) 设备"十字"管理法的基本含义与内容

(1) "优配"，即优化设备资源配置，努力实现设备投资回报最大化。主要包括优化设备增量配置管理和优化设备存量处置管理。优化增量配置方面包括制定设备配备标准、依据配备标准在宏观上对整个油田设备进行资源优化配置，在微观上对基层单位的设备合理配置，实现设备品种、数量、结构等方面组合的最优化，积极做好设备选型论证、新装备研制开发和设备技术改造工作，设备投资有效率100%。优化设备处置管理包括推行设备集中使用和专业化管理、设备调剂调拨和报废管理。要求设备综合利用率>72%，设备资产闲置率<2%。

(2) "监测"，即设备监督和检测。通过建立与完善设备监督与检测"两个体系"，切实提高设备健康管理水平。监督体系是指建立定期设备检查与随机设备抽查相结合的设备监督检查模式，设备检查计划执行率100%。设备检测是掌握设备技术状态，判定故障位置、原因和损坏程度的主要手段，能为实施设备管理与维修对策提供科学依据。设备检测体系是设备检测与故障诊断体系的简称，应贯穿到设备的设计、制造、安装、调试、投产验收、试运行、使用、维修与改造的全过程，开展的项目主要有设备在线检测、强制性设备安全技术性能检测、设备点检、设备查体等业务。通过制定各类设备检测计划，确保设备检测体系有效运行，设备检测计划完成率100%，从而及时掌握设备动态，了解设备缺陷和劣化趋势，采取适当的维修策略和方法，降低设备维持费用。

(3) "润滑"，即在传统"五定"润滑基础上向经济科学的全面润滑管理转变，确保设备良好润滑。全面润滑管理内容主要包括润滑管理体系、职责、润滑站点的管理、油品存储与发放、设备用油管理、设备换油保养、油品监测、设备不解体清洗等内容。要求润滑站建设达标率100%，油品选用符合率100%，油品使用合格率100%，油品检测及时率100%，不解体清洗计划完成率100%。

(4) "安稳"，即提高设备本质安全化水平和实现设备的安全平稳运行。加强设备前期质量管理，确保设备监造到位、验收合格，设备监造实施率100%，验收执行率100%；加强设备现场管理，探索延长设备无故障运行间隔期的有效方法，确保设备平稳运行，内容包括设备操作管理、设备现场管理、设备隐患管理、设备维修管理等。实现设备综合完好率>95%，故障停机率<1%，大型设备责任事故发生率<0.1%，重大、特大设备责任事故率

为零。

（5）“高效”，即高效运行设备和高效管理设备。高效运行设备是指实现设备与工艺合理匹配，主机与动力机、辅机合理匹配，实现节能降耗目标，包括实施设备优化运行、开展长寿高效设备竞赛与星级设备评比、推行设备单机核算、开展设备经济技术分析等内容。要求设备优化运行符合率>95%，设备单机核算推行计划完成率100%，设备经济技术分析开展达标率100%。高效管理设备，是指建立高效畅通的设备管理机制和支撑手段，提高设备利用率和使用效益，包括设备管理组织体系建设、设备制度标准建设、设备人才培养、设备信息化建设、设备绩效考评等内容，要求设备制度覆盖率100%，设备培训合格率100%，设备人才达标率100%，设备信息化建设达标率100%，设备绩效考评执行率100%。

3）设备“十字”管理法的解读

（1）设备“十字”管理法是一个不可分割的整体。设备“十字”管理法中的“优配、监测，润滑、安稳、高效”既有各自的明确含义与内容，又能相互补充，相得益彰。“优配”是搞好设备管理的基础和前提，“监测”是实施设备管理的基本手段和依据，“润滑”是机动设备的命脉，“安稳”是根本要求和重要使命，“高效”既是实施工具又是保障体系，也是追求目标。因此，践行设备“十字”管理法要抓住“优配、监测，润滑、安稳、高效”这个主线，把握好执行力这个主题，明确规范管理和精细管理这两个着眼点，坚持依靠科技进步、促进生产发展和预防为主的方针，努力向设备安全经济管理和运行要效益。

（2）设备“十字”管理法是一套建立在实践基础上的科学体系。设备“十字”管理法具有节点管理的目标体系、运行体系、责任体系和考核体系，在组织机构和职责保障的前提下，以设备资源和技术进步为基础，把效益作为设备管理工作的出发点和落脚点，坚持设备安全可靠和低耗高效并举，建立能够覆盖设备一生管理内容并按照规范程序运行的完整系统。因此，推行设备“十字”管理法，必须以效益为中心，既要优化要素，也要优化过程，注意在动态中协调要素与整体的关系，充分发挥设备管理的整体功能，从而达到系统总体功能的最优化。

（3）设备“十字”管理法是设备管理的传承和发展。长期以来，国内企业在设备管理上一直执行传统的设备“十字”作业法（清洁、润滑、紧固、调整、防腐）。这种作业方法对单机设备管理至今依然有效并仍需继续坚持。随着企业效率效益意识的提高和QHSE体系的推行，以设备完好为主题的“十字”作业法不能完全满足新形势的要求。因此，设备“十字”管理法是操作层面设备“十字”作业法的传承与发展，是在设备管理层面的拓展与提升。

（4）推行设备“十字”管理法是一个设备管理理念转变的过程。在管理意识上由技术型转变到经济技术型，并努力向经营效益型发展，把设备当做经济运营的单元实体进行管理，做到少投入多产出。在工作定位上从生产后勤保障的角色走到企业生产经营的前沿，不仅关心设备的投入，更关心设备的使用效益和回报。设备管理不仅要面向生产现场，更要面向企业的产品经营市场；不仅为企业经济效益、产品质量和安全生产服务，更要为提高产品开发能力、市场竞争能力、应变能力和自我发展能力服务。这是设备管理职能的重大变化。既是范围的拓宽，更是层次的提升。

（5）推行设备“十字”管理法是一个设备管理机制转变的过程。在设备配置上由满足生产需求型向收益最大化转变，在运作机制上由粗放管理型向精细效益型转变，在设备维护上由事后维修向适应性维修和以可靠性为中心的维修转变，在现场管理上由被动整改型向提前预防型转变。

（6）推行设备“十字”管理法是设备管理的精细化过程。“精”就是要抓住关键环节，细就是要具体量化，关键在于实行刚性的制度，规范人的行为，强化责任的落实，严格考核和兑现。设备“十字”管理法提出后，首先在胜利采油厂、桩西采油厂和物探公司试点，并取得明显成效。经过多次讨论修订，“十字”管理法不仅包括了设备管理的相关制度、标准和规范，而且涵盖了设备管理的目标、责任、运行和考核，内容更加充实完善，要求更加具体明确，细化了设备管理单元，努力确保设备管理各项工作高效、准确、到位地落实。

4）认真践行设备“十字”管理法

（1）“优配”上精调细研，确保设备投资取得良好效益。

① 做好新增设备资产的优化配置管理。

一是做好设备购置规划与计划。根据胜利油田东部油区特点，提出了控制设备总量、提高设备档次、走精机高效之路的中长期发展目标，开发设备力争实现设备构成总量的“三个三分之一”（国际先进水平三分之一，国内先进水平三分之一，国内一般水平三分之一）的目标。在充分酝酿的基础上，油田逐步制定主要专业设备配置标准，根据生产和市场开发的实际需要合理确定生产设备的配置。重大、关键设备购置前认真开展技术、经济论证，对设备的适用性、可靠性、维修性、安全环保性和经济性提出明确要求，坚持质量第一、性能价格比最优、综合成本最低的购置原则选用设备。几年来，通过引进一批国外先进设备、研制一批先进实用设备、改造一批高耗低效设备、淘汰一批“两高两差”设备，优化了设备总量。2007 年以来，投资 16 多亿元更新改造钻机 59 套，钻机结构趋于合理，目前胜利钻井已具备各种井型、不同区域施工能力，钻机整体技术水平大幅度提升。为了保证海洋生产安全顺利进行，针对船舶结构不合理的实际情况，近几年加大船舶结构调整力度，去年国内回收油能力最大的溢油回收船和 9000 匹马力多用途工作船先后建成投产，1 艘 8000HP 和 2 艘 5000HP 多用途工作船建造项目顺利启动，使油田海上油区的抢险救助、消防、溢油回收和远距离拖航初步形成综合保障体系。

二是加快油田装备技术的优化进程，研制开发油田亟需的石油专业装备。充分调动有关单位和专家的力量，注重和国内外高水平的企业合作，加大新技术装备的研发力度，使设备管理工作直接走到了企业生产经营的前面。根据不同油区的地层压力和施工工艺需求，组织研制了整体式和分体式通井机、分体式修井机 3 种带压作业机，通过了集团公司技术鉴定。2009 年完成 154 口井的油水井带压作业工作量，井控安全率 100%，施工成功率 95.4%，减少溢流排放 6 万方，提高油井生产时率 3%，增油 12816t，节约压井费和环境治理费 650 万元。今年计划完成 400 口井的带压作业工作量，成果将进一步扩大和巩固。为配合油田深层稠油开采配套技术研究，协同有关处室和生产厂家研制了具有国际先进水平的 26MPa 超临界注汽锅炉和具有国内领先水平的 30t 过热注汽锅炉。钻井工程技术公司联合胜利测井伟业公司研制开发的具有自主知识产权的 SDM 无线随钻侧斜仪已在 13 口定向井施工中使用，效果达到同类进口仪器技术水平，造价节省三分之一。地质录井公司引进、消化、吸收国内外先进录井技术，研制开发出色谱仪、综合录井软件、录井仪数据采集接口等核心产品，实现了录井仪器装备自主研发的系列化、规模化。在集团公司石油工程部的大力支持和关怀下，2009 年地质录井公司被确定为集团公司录井设备研发中心。

三是持续开展设备技术改造，优化在用设备的技术配置，提高设备的使用效率。借鉴和吸收国内外同行业先进装备技术，对性能下降、工艺匹配不良的设备进行技术改造，探索走出一条投资少、见效快的装备发展新路子。根据节约型社会和循环经济的要求，积极推广各种节能减排新装备、新技术。胜利发电厂按照轻重缓急原则，实施了40多项重大技术改造，在技术改造中积极实施以技术组合型为主体的技术创新，使胜利发电厂主要经济技术指标达到全国一流电厂水平。

② 做好设备存量资产的处置管理。

一是开展设备集中管理，有偿使用。以设备资源的高效利用为核心，进一步优化设备的资源配置，提高设备的利用率，在物探仪器、活动注汽锅炉、危险品运输车辆等设备上实行专业化集中管理、有偿使用，有效降低了设备需求数量和配件的储备量，节省了不必要的设备投资，提高了设备的安全性、完好率和使用效益。如物探公司成立了仪器管理中心、机械设备管理中心等设备专业化管理单位，实行设备集中管理、租赁使用，跟踪服务，仪器利用率大幅度提高，仅此一项年挖潜增效可达800万元以上。

二是加强设备调剂和调拨管理，盘活存量设备资产。油田每年对每类设备的使用调研不少于两次，对于利用率不高或是参数不适合工况需求的设备，在油田内部及时进行调剂使用，确保以最小的投入满足生产需要，使原来的部分闲置设备和低效设备成为高效创效设备。

三是加强设备报废管理。制定设备报废技术标准，严格报废设备程序管理，对二级单位申请报废的设备认真组织技术鉴定，设备报废处置有序运行。

(2)“监测”上精查细找，努力提高设备健康管理水平。

① 完善设备监督检查体系。设备监督检查体系包括定期设备检查和随机设备督查。定期设备检查制度包括油田年审、二级季检、三级月检、基层周检。其中油田年审和二级季检结果与各单位设备管理年终评比挂钩，三级单位的月检、基层周检都与当月奖金挂钩，根据检查结果奖罚分明。油田高度重视设备综合检查工作，将油田设备年审，作为系统检验各单位设备管理工作开展情况的重要手段和考核依据。每年成立由设备专家组成的年审团，采取分专业分系统进行年审的方法，真正做到专家考核。逐步采用设备诊断技术，使设备年审从主要依靠感官经验的定性检查向主要依靠科学仪器的定量检查转变，从着重外观检查和局部解体检查向着重内在技术性能的不解体检查转变。油田制定了设备现场管理监督检查办法，聘任了现场监督员，配备了必要的检测仪器和数码相机，按照不定时间和地点、不事先通知、不需要陪同的“三不”原则，坚持开展设备监督检查，督查结果及时反馈到二级单位，并在设备处网页上公布和设备例会上曝光。二级单位制定完善了设备监督检查细则，确保设备监督检查的覆盖范围和检查力度，始终把监督的重拳出击在设备管理的薄弱环节，不断提高监督的针对性和有效性。目前，全油田已经构筑成了一个较为完整的、覆盖油田主要生产单位的设备现场监督体系。

② 完善设备检测体系。分级成立了油田设备监测站、二级单位设备监督站和三级设备督查组，形成了一套较为完整的三级设备检测体系。油田设备监测站仪器配备较为完善，检测手段齐全，已升级冠名为“中国石化油田企业设备检测中心”，具备了在中石化范围内开展井架检测、润滑油检测等多项业务的资质和能力。对于影响油田生产的关键设备以及对安全要求程度较高的设备逐步纳入强制检测的范畴，使重点设备处于受控状态。到目前为止，设备监测站建立80多台大型动力设备的光谱数据库、铁谱直读数据库及分析铁谱图库，注意总结设备磨损的内在规律，在部分大型设备上预先诊断设备故障的部位和程度，提出不同工况下的换油周期和维修建议，对设备的运行及维护起到了有效的指导作用。二级单位设备监督站和三级设备督查组配备了方便实用的泵效测试、温度测试、振动测试、噪声测试等设

备检测仪器，对设备进行全面测试，坚持依靠数据说话，掌握设备运行动态，及时提出设备整改意见。

(3)"润滑"上精耕细作，确保设备实现良好润滑。

① 强化润滑基础管理，完善润滑管理体系。每年制定润滑工作计划，明确责任，分级管理。主要生产设备现场配有润滑图(表)，确保选用符合设备要求的润滑油品。制定了润滑工作规范，促进油品升级换代。对进入油田的润滑产品严格把关。针对使用散装机油存在的质量不稳定、易污染等问题，将散装机油换成桶装油，不仅设备运转正常，而且节省了材料费用，得到钻井基层单位的一致认可。

② 重视润滑站建设，发挥润滑站作用。在特车大队、作业大队、固井公司、运输大队，以及其他活动设备集中管理的单位建立具备油品存储、密闭加注、不解体清洗、油品检测功能的润滑站。其他单位建立具备油品存储、密闭加注的润滑点。

③ 探索润滑检测有效方式，注重润滑检测效果。根据 ABC 分类管理原则，实施分级检测。检测的主要方式依据设备的重要性分为定量分析化验、定性快速监测和试纸监测等。离心注水泵、修井机、压裂车、油气集输压缩机、进口柴油发电机组等大型设备开展油品定量化验，按质换油，其他设备实行定期监测，按期换油。实际工作中，对大型设备一般采用定量化验与定性化验相结合的方式，如修井机每运转 300~400h 送样定量化验，中间采用斑点试纸进行加密性检测，时间间隔通常为 120h，这样既能及时发现问题，又可降低化验工作量和费用。

④ 坚持润滑技术创新，提高润滑管理水平。为大型离心注水泵站配备了高效真空滤油机，做到了油品检测与油品过滤净化处理同步实施，延长了润滑油换油周期。为采油厂配备了抽油机清洗换油车，对抽油机减速箱进行清洗、抽汲，并及时添加机油，逐步实现了抽油机用油的有效管理和按质换油，使用效果良好。积极推广应用发动机润滑系统免拆清洗技术，改善了发动机的性能，有效延长了机油更换时间和发动机使用寿命。

(4)"安稳"上精雕细刻，努力提高人机系统可靠性。

① 注重设备前期质量管理，实现设备本质安全化。充分发挥设备专家的作用，从设备计划、方案设计、配套标准到系统布置，都进行精心论证；从设备采购中的技术谈判到商务谈判，都全程参加；从关键部件的性能测试到安全防范装置的配备，都进行周密考虑；按照技术协议和标准，对大型装备制造环节进行质量监控。对钻井设备，聘请第三方监理公司从材料、部件采购到制造工艺全过程进行监督。为及时解决 ZJ120 钻机安装调试过程中的各种技术问题，油田先后派出 7 批人员紧盯施工现场，确保了设备按期投产。对海洋设备，聘请第三方检验，并成立海洋设备监造项目组，制定监造和验收大纲，实行甲方驻厂监造，确保设备建造进度与质量。26MPa 超临界湿蒸汽发生器试制是集团公司深层稠油开采配套技术研究的子项目。设备管理处组织有关单位从设备本体、电气仪表、安全检验等六个方面进行监造、安装和调试，多次组织调试投产协调会、应急程序审查会，对影响设备使用的 38 个问题提出整改方案。该设备投产以来，运行良好，见到了明显增油效果。

② 注重建章立制，努力实现设备操作标准化。油田各级设备管理部门制定了设备操作规程、保养规程和巡回检查规程，并及时进行修订完善，不断提高规程的适应性和可操作性。油田设备专标委将石油专用钻井平台、电动钻机、可控震源等 45 种重点设备的操作规程列入企业标准体系，为实现设备操作标准化提供了技术支撑。积极开展设备操作人员的上岗换岗培训，严格实行设备持证上岗制度。同时，建立设备管理示范区和操作示范区，制作

标准化操作录像带，并通过开展多种形式的技能竞赛活动，激发职工参与活动的积极性，稳步提高职工"四懂三会"方面的水平。加强各类事故应急预案的编制和演练，通过开展有针对性的事故分析及实战演习，不断增强岗位工人的应急处理能力。

③ 加强设备现场管理，保障设备安稳运行。重视小革新、小发明在现场设备上的具体应用，重视不同设备故障停机分析和同一设备在不同生命周期阶段的故障停机规律研究，坚持搞好持续改善，努力减少设备停机、调整待机等损失。建立超期服役设备台账，严格超期服役设备管理程序，加强对超期服役设备的监控跟踪，确保老化设备运行的安全可靠。在强化发电设备、石化设备、大型钻机、油气集输设备等大型关键装置和安全要害部位管理的同时，毫不放松供电、供水、供汽及机电控制装置的管理，以不断提高整个机组运行的可靠性。特别加强了海洋设备的管理，重视海上设备使用维护和检测评估，在关键生产装置上配备了专职安全工程师、机械工程师，确保海洋设备安全运行。

④ 注重设备隐患整改，确保设备安全可靠运行。结合集团公司设备大检查、油田设备年审和"三化三零"等活动，各单位认真开展设备自查整改，做到检查一台、整修一台、验收一台，检查整修不留死角。对自查中发现的设备缺陷，按照 A、B、C 分类管理方式，落实责任。A 类缺陷由二级单位负责解决，B 类缺陷由三级单位解决，C 类缺陷由基层队站和班组解决。倘若发现了 A 类质量缺陷，则要实施质量否决和处罚，设备必须在隐患整改完毕后方可使用。倘若发现了 B 类缺陷，或者 C 类缺陷超过规定的数量时，均要实施质量处罚。胜利发电厂在全厂范围内应用设备缺陷管理系统，对缺陷的发现、录入、认领、消缺验收、统计考核实现了全过程在线管理，确保了设备长周期安全运行。

⑤ 做好设备维修管理，保护好企业生产力。一是完善设备维修制度，油田新制定了设备维修管理办法，并将《设备维修送修、出厂验收管理标准》上升为油田企业标准。二是规范维修管理，重视维修资金预算、修理计划的编制和审批，严格送修前的检查、修理过程的监督和修竣后的验收。三是强化维修厂的资质管理，每年对维修厂综合评价，实行末位淘汰。四是推行设备维修项目招标选厂制，实行阳光操作，货比三家。2007 年以来油田累计组织设备维修招标 73 次，维修金额 24637 万元，节省资金 1934 万元。五是结合季节变化，适时组织开展春季、雨季和冬季设备整修。如在雨季设备整修活动中，各单位对钻机、通井机、特种车辆等大型关键设备进行台台整修，对排涝设备、消防设备等进行台台检查试运，加强电气设备的除湿防潮工作，确保了设备完好可靠。六是挖掘内部维修潜力，积极应用维修新技术、新工具，大力开展修旧利废和修改代制，提高自身设备维修水平，有效压缩了外委修理费用。总之，从维修策略、流程、标准、执行、控制、检查、验收等方面实现全面管理，追求最佳维修效益。

（5）"高效"上精打细算，精益求精，确保设备管理多出效益。

① 适时动态分析优化，努力实现设备高效运行。

一是不断实施设备经济优化运行。根据工况及时调整优化设备运行参数，确保设备在高效区运行，努力实现设备之间、设备和工艺最佳匹配。针对注水站运行工况不合理的情况，实施离心注水泵叶轮拆级改造和在同一个注水站配置不同排量的离心泵，并注重电机和泵的合理匹配，降低了注水单耗。油气集输总厂针对东营压气站离心机耗电量大的问题，探索得出不同季节离心机的合适出口压力，适时调整离心机参数，节电效果明显。胜利发电厂开展了高效低负荷煤粉燃烧器研究，合作研制了百叶窗式水平浓淡燃烧器，解决了锅炉低负荷稳燃问题，煤种适应性得到加强，锅炉效率提高 0.49%，经济效益显著。

二是坚持开展长寿高效设备竞赛和星级设备评比。为实现设备管理与安全生产、成本效益的有机结合，充分展现设备管理的成效和水平，每年坚持组织开展长寿高效设备竞赛和星级设备评比。在好中选优的基础上，2009 年评出 62 台长寿高效设备，32 台星级设备。这些设备运行时间长、维持费用低，使用效益十分显著。

三是积极推行设备单机经济核算。在运输大队、特车大队和工程施工等单位推行设备单机核算制，将设备完好、材料油料消耗、维修费用发生等内容与设备承包人员的奖金直接挂钩，有效地保证了设备完好和使用效益的统一。孤东采油厂特车大队建立设备定期技术评估模式，根据设备分类分级管理方法，排出成本投入的优先顺序，测算盈亏平衡点和经营安全率，成本投入得到了有效回报。东辛采油厂对全厂 286 台汽油车辆近 3 年的行驶公里数进行了逐台统计，对 30 余种车型的百公里耗油指标进行核算，重新标定了各单位汽油计划指标，月度汽油消耗稳中有降。

四是开展设备经济技术状况分析，提升设备精细管理水平。为及时掌握设备运行状况，设备管理处统一制定了设备经济技术状况分析规范，从内容、格式等多方面进行了详细规定，按专业分专题每季度开展设备经济技术分析，不仅了解和掌握设备运行动态，而且提出了改善设备配置、维修保养和运行管理的对策措施，为进一步提高设备本质安全和精细管理水平打下了基础。

② 加强保障体系建设，实现设备高效管理。精干高效的组织体系是实施设备高效管理的重要保障。建立健全责权统一、精干协调的设备管理队伍，形成了专群结合、上下贯通的网络体系，实现了机构健全、人员到位、职责明确、运行有效的管理机制。油田设备管理委员会每年下发一系列文件，内容包括设备管理经济技术指标考核办法、设备年审安排、长寿高效及星级设备竞赛、设备状态监测工作计划、设备管理培训计划等。设备管理处每年制定详细的重点工作预案，按照岗位分工责任到人，目标清晰，措施具体。油田坚持每季度召开一次机动例会、二级单位每月组织一次机动例会，及时传达设备管理动态信息，相互交流管理经验。油田建立了 23 个专业的设备专家队伍并不断调整充实。结合油田设备管理工作，每年年初专家组制定设备资源优化配置、设备技术性能评估、新技术推广应用等研究课题，年底进行考评验收，充分发挥设备专家的参谋、助手和决策支持作用。在专家组长年底述职评比的基础上，润滑、作业和特车等 3 个专家组去年被评为油田优秀设备专家组，5 个专家组被评为先进专家组。

科学规范的制度标准是实现设备有序高效管理的重要保障。建立健全完善的规章制度是实现设备管理的必要条件。好的管理必须有一套好的制度做支撑。我们坚持从建章立制入手，建立完善了设备一生全过程管理的法规体系，制定了设备选型论证、使用维修、租赁使用、报废处置等多项设备管理制度。2009 年设备管理处对 40 项设备管理的规章制度进行了专门梳理讨论，废止了 16 项年限较长、与现状不符的制度；整合 8 项约束效能重叠的制度；保留或修订 16 项指导意义较好的制度，新增了《设备监造验收管理规定》，进一步提高了设备管理制度的规范性和可操作性。

重视人才培养是实现设备高效管理的人力资源保障。坚持业务培训与学历教育相结合、脱产学习和业余学习相结合的原则，采取多种途径加强对设备管理人员的培训，培养造就了一支素质高、技术精、业务强的设备专业队伍。探索建立操作证分级管理的有效形式，将电动钻机、注氮设备、80t 以上修井机和 700 型以上压裂车等重要设备岗位操作人员的培训提升到油田层面，培训合格后及时发放了设备操作证，并坚持年度审验制度。各二级单位结合自身生产建设特点，开展形式多样的培训工作，实行了“一日一题、一周一课，一旬一练、一月一考，一季一比”等“五个一”培训制度，组织开展了“小课堂、小讲座、小竞赛”等形式的专业技术培训活动。通过培训，提高了广大设备管理、操作和维修人员的业务技能，为设备管理工作的开展奠定了良好基础。

信息建设是实现设备高效管理的重要手段。不断加大硬件投入和软件开发力度，逐步实现设备检测和诊断信息的共享，建立完善以管理数据和实时数据为基础的设备动态信息库，逐步增加关键、主要设备监控的信息量，提高了对关键、主要设备状态和趋势的控制能力，以更多、更准确的受控点实现生产全过程的实时监控、设备经济技术分析和设备安全稳定长周期运行。设备管理信息系统全面涵盖了设备一生技术管理和经济管理的需求，实现了设备信息网上传递、设备配置网上查询、设备审批网上流转，设备管理工作网上布置，大大提高了工作效率，使信息化成果高效、快捷地服务于基层、服务于领导决策。

严格绩效考评是实现高效管理的重要监督手段。按照全面覆盖、简化高效、责权对等和便于监督考核的原则，设备管理处制定了设备管理量化考核办法，将日常每项工作的完成情况量化成具体的考核评比指标，每月考核，年底综合考评，实行末位警示，提高了设备管理工作的严肃性和可操作性。各单位按照系统节点管理要求，制定了详细的设备考评体系，为确保设备管理规范运行和精细管理提供了有效支撑。

设备“十字”管理法，是胜利油田推行精细管理形势下搞好设备管理的有效抓手，需要有一个建立、发展和完善的过程。今后设备管理工作思路是，以提高设备运行质量和降低设备寿命周期费用为主题，践行“优配、监测、润滑、安稳、高效”的设备“十字”管理法，做好设备增量资产的优化配置，充分挖掘现有设备资源潜力，全面推进设备操作标准化、设备本质安全化、设备运行合理化，努力向设备精细管理要效益。

4. 辽河油田“一体两翼”设备管理模式

中国石油辽河油田公司提出并实施了“一体两翼”设备管理模式。

（1）“一体”是指以做好常规管理为一体，健全设备管理体系。包括：①人员队伍体系建设：充实管理力量，实施设备归口管理，加强技术教育与培训。②规章制度体系建设：整合修订规章规程，理顺管理业务程序，规范管理与操作行为。③考核评比体系建设：管理检查评比体系，经济技术评价体系。

（2）“两翼”中的一翼是指以强化重点管理为翼，夯实设备管理基础。包括：①推行“五位一体”设备现场管理方式（将设备现场管理归纳为”润滑、软化水、回场检查、强制一保、档案资料等五项基础工作）。②开展设备安全隐患治理。③开展设备管理技术攻关。如超稠油开发地面设备不适应问题，井下抽油管杆泵修复工艺落后问题。④开展设备挖潜创效活动，坚持“盘活资产挖一块，节约挖潜省一块”。

（3）“两翼”中的另一翼是指以突出特色管理为翼，推进设备创新管理。①推行设备全面集中预算管理：全面推行设备购置、租赁、修理、挖潜、报废、处置等六个设备管理关键环节的集中预算管理，包括预算标准管理、预算执行管理、预算考核管理。②创新设备现场基础管理方法。设备检查站，现场设备固定编号。③推广“一加一”设备状态监测管理模式：我方现场检测+技术支持方培训与指导分析。④在机采、注水、输油、注汽系统大力实施设备节能减排。⑤积极开展燃料结构调整。加热炉、热采锅炉“以煤代油”，水煤浆、石油焦、渣油等。

参考文献

1 张友城．现代企业设备管理[M]．北京：中国计划出版社，2006：1~230.

2 马世宁．现代设备维修技术[M]．北京：中国计划出版社，2006：1~234.

3 杨志伊．设备状态监测与故障诊断[M]．北京：中国计划出版社，2006：1~278.

4 亓和平．崔金兰，油田企业设备管理[M]．北京：中国石化出版社，2005：1~284.

5 张友城．现代设备综合管理[M]．北京：奥林匹克出版社，2003：1~367.

6 亓和平，刘长儒．油田设备使用管理手册[M]．山东东营：石油大学出版社，2001：1~615.

7 胡先荣．现代企业设备管理[M]．北京：机械工业出版社，1998：1~241.

8 李葆文．国外设备管理与维修概论[M]．广州：华南理工大学出版社，1997：1~226.

9 张翠凤．工业企业现代设备管理[M]．广州：华南理工大学出版社，1997：1~244.

10 潘国栋，于贵才，李玉全．全过程管理，规范化运作，努力构建效益型设备管理模式[J]．中国设备工程，2009(8)：5~7.

11 李晶．辽河油田"一体两翼"设备管理模式实践(一)[J]．中国设备工程，2009(5)：18~19，68.

12 李晶．辽河油田"一体两翼"设备管理模式实践(二)[J]．中国设备工程，2009(6)：24~27.

13 亓和平．践行设备"十字"管理法，努力向设备精细管理要效益[J]．中国设备工程，2012(1)：20~23.

14 刘炜光，等．浅析市场经济条件下设备管理机制的转变[J]．中国设备管理，1997(7)：13~14.

第2章 设备管理机构与职责

2.1 设备管理机构的设置原则

为加强中国石油化工集团公司(以下简称集团公司)设备管理工作，提高设备管理水平，保障设备安全经济运行，促进集团公司经济效益稳步增长，依据国家有关设备管理工作的方针、政策和相关法律、法规，必须建立健全的设备管理机构与网络。

为了做到设备管理统筹规划，合理配置，择优选购，正确使用，精心维护，科学检修，适时更新和改造，安全运行和保护环境，不断改善和提高企业技术装备水平，满足设备长周期运行要求，努力实现寿命周期费用最经济、设备综合效能和安全可靠性最高、系统效益最大化的目标，必须建立一套科学管理、统一领导的管理机构。设备管理机构的设置原则如下：

1. 实现统一领导、分级管理原则

建立企业设备管理机构，应根据现代化、社会化、国际化大生产的要求，有利于加强企业设备系统的集中统一指挥。企业内部在厂长(或经理)的领导下，设备管理工作由主管设备的副厂长(或副经理)统一指挥。企业内部各级设备管理组织，要按照设备副厂长(或副经理)统一部署开展各项活动，协调工作，相互配合，以保证企业设备管理系统能够正常、有序地进行工作。统一领导要与分级管理相结合。各级设备管理组织在规定职权范围内处理有关的设备管理业务，并承担一定的经济责任。这样不仅可以充分调动各级设备管理组织的积极性，还可使设备副厂长(或副经理)集中精力研究和解决重大问题，诸如制定企业设备管理发展的战略与决策，企划企业整体技术装备素质的提高，收集国外同行业设备技术现代化与设备管理现代化的信息等。

2. 实现企业生产经营目标和设备管理分目标的原则

设备管理机构应有利于实现企业生产经营目标与设备系统的分目标，配备人员力求选择具有精明能干、工作作风过硬、高度责任心、服务到位和知识面广博的人才，做到安全、高效和节约管理设备的分目标。

3. 合理分工，相互协作，贯彻责权利相统一的原则

设备系统的机构应从各项管理职能的业务出发，在机构之间进行合理分工，划清职责范围，并在此基础上加强协作与配合。由于设备管理和各项专业管理之间都有内在的联系，因此，在实现企业生产经营目标与设备系统分目标的过程中，必须注意它们之间的横向协调。同时，设备管理各类机构的责、权、利要适应。责任到人就要权力到人，不能有权无责，也不能有责无权，并相应规定必要的奖惩办法。

4. 设备生命周期综合管理原则

要贯彻设备综合管理基本制度的要求，即设计、制造与使用相结合；维护与计划检修相结合；修理、改造与更新相结合；专业管理与一般管理相结合；技术管理与经济管理相结合等。

2.2 各级设备管理部门职责

2.2.1 集团公司层面的职责

（1）集团公司与中国石油化工股份有限公司（以下简称股份公司）共同成立设备管理领导小组，由股份公司1名领导任组长，在集团公司总经理和股份公司总裁领导下全面负责集团公司的设备管理工作，集团公司、股份公司有关部门负责人为设备管理领导小组成员。

设备管理领导小组的职责是：贯彻国家有关设备管理的方针、政策和法律、法规，制定集团公司、股份公司设备管理的工作方针、目标、制度，决策处理集团公司、股份公司设备管理中的重大问题，审核批准集团公司、股份公司设备管理工作计划和年终评比结果。

（2）设备管理领导小组下设办公室，负责集团公司、股份公司设备的综合管理。办公室设在股份公司生产经营管理部，由1名分管设备管理工作的副主任兼任设备管理办公室主任。

设备管理办公室的职责是：负责落实设备管理领导小组的决策，联系国家有关部门，传达、贯彻、落实国家有关设备管理工作的方针、政策和相关法律、法规，负责集团公司、股份公司设备管理工作的统一规划，综合协调、指导有关部门的设备管理工作，组织设备管理检查和年终评比，组织制定、修订集团公司、股份公司设备管理制度。

（3）集团公司油田企业经营管理部以及受托行使集团公司管理职能的股份公司各事业部是分管业务范围内设备管理工作的主管部门。上述部门要加强设备管理的组织领导，明确1名班子副职分管设备管理工作。根据工作需要，可设设备管理处室或设备管理岗位。

（4）集团公司财务计划部、人事教育部、安全环保局、工程建设管理部、外事局等应根据其职责范围，在相应环节各负其责，做好设备管理工作。集团公司如有必要可将设备管理的部分职能委托股份公司代管。股份公司科技开发部、物资装备部、信息系统管理部、各事业部等部门应根据集团公司委托行使相应的管理职能。

（5）油田企业经营管理部设备管理职责：

① 贯彻执行国家有关设备管理工作的方针、政策和法律、法规，贯彻集团公司关于设备管理工作的要求，落实有关部署、安排。制定、修订分管业务范围内设备管理的制度、规程、标准、规定，制定主要设备管理工作的考核指标和考核管理办法。

② 组织新技术、新工艺、新设备、新材料的推广应用，加强科学管理，做好设备管理骨干人员技术培训工作，组织设备技术考察，不断提高设备管理水平，促进装备技术进步。

③ 会同股份公司油田勘探开发事业部组织油田企业设备检查、达标升级和考核评比工作。

④ 组织或参与对分管企业上报的重大、特大设备事故的调查分析，帮助企业恢复生产并制定防范措施，参与事故处理。

⑤ 帮助企业解决自身难以解决的重大设备技术问题，组织开展重大设备技术攻关。

⑥ 提出分管业务范围内设备中长期发展和更新改造规划建议或意见，制定年度设备管理工作计划并组织实施。

⑦ 组织分管油田企业设备投资计划中重大关键装备的技术谈判工作，并参与技术经济论证以及设备使用后的效益评估工作。

⑧ 提出分管油田企业年度更新改造建议计划，监督检查设备更新改造计划的执行情况和设备修理费的使用情况。

⑨ 负责设备管理基础工作、设备技术数据库管理和设备汇总、统计、分析工作。

⑩ 负责组织分管油田企业设备调剂、报废、处置的协调工作。

⑪ 协助物资装备部对分管油田企业设备供应商网络进行管理，对集团公司内部机械制造、修理企业进行协调指导。

2.2.2 油田企业层面的职责

(1) 企业是设备管理的主体，要加强设备管理工作的领导。各企业由1名副经理(副局长、副厂长)分管设备管理工作(存续企业、分<子>公司并存的单位原则上由1名副经理<副局长、副厂长>统一分管设备管理工作)。大型和特大型企业根据工作需要，可设设备副总工程师，协助分管领导负责设备技术管理工作。各企业应设设备管理部门(存续企业、分<子>公司并存的单位原则上共设1套设备管理机构)，配备精干高素质的设备管理专业人员并保持相对稳定，形成健全的设备管理组织体系。企业分管副经理(副局长、副厂长)主要职责：

① 在企业经理(局长、厂长)的领导下，负责企业的设备管理工作。贯彻执行国家和集团公司有关设备管理的方针、政策、法律、法规、标准、规范、制度，制定本企业的设备管理目标、规划和措施，提高企业生产装备技术水平、运行水平和企业经济效益。

② 依据国家和集团公司的有关法律、法规、标准、制度等，负责编制本企业各项设备管理制度、规定、细则，并督促贯彻执行。

③ 协调组织主要生产装置停工检修、主要设备大修计划的制定和审批，并检查执行情况；负责审批重大设备更新计划。

④ 审查企业修理费、设备更新费使用计划，经企业经理(局长、厂长)审批并报集团公司批准后，认真组织实施，确保合理使用。

⑤ 组织或参与上报集团公司设备事故的调查分析和提出处理建议。

⑥ 参与企业重点基本建设、重大技术改造项目方案的审查和竣工验收。

⑦ 审查设备报废及外调、租赁等。

⑧ 组织开展设备检查评比。

⑨ 加强设备管理队伍建设，指导各级设备管理人员的技术培训，不断提高人员素质。

⑩ 负责推广应用新技术、新工艺、新设备、新材料及先进的施工机具，推广网络技术、状态监测、故障诊断、计算机等现代化设备管理技术，不断深化设备管理内涵。

(2) 企业成立设备管理委员会，设立设备管理部门(处室)，指导协调单位设备管理工作。企业设备管理委员会职责：

① 认真贯彻执行国家、行业和企业的有关标准、规范和规程，根据本单位情况审核、审批设备管理部门制定的设备管理制度。

② 根据单位生产计划和中长远规划审批设备管理部门的年度和中长远计划，指导和协调职能部门对规划、计划项的调研、选型、技术谈判、监造和验收的准确实施。

③ 审批单位年度考核计划，并和所属设备管理单位签署考核协议，审定设备管理先进单位和个人。

(3) 设置一套健全的设备管理部门(处室)。设备管理部门(处室)职责：

① 贯彻执行国家和上级设备管理的方针、政策、法规和办法，并根据本企业经营管理

要求的实际情况制定设备管理制度，制定重点生产装备安全操作使用规程、维护保养要求和其他管理规范。

② 掌握全企业设备(含生产、多种经营、科研)的数量、价值分布及使用技术状况，重点管理单台(套)对生产经营活动有重要影响的设备和国家规定的控购设备。

③ 负责制定全企业设备长期规划(与国家五年计划同步)，年度设备申请计划和更新改造计划；负责审核从属单位设备长期规划和年度更新改造申请计划并监督组织实施。

④ 审批各从属单位大型成套设备的大修理年度计划、船舶坞修以上等级的修理计划，并监督检查执行情况。

⑤ 根据中石化折旧提取管理办法，负责企业本部设备折旧费的计提及设备更改资金的使用。落实设备分类折旧年限和设备折旧费的计提办法，监督检查各单位设备资产保值、增值情况及相关措施和办法，监督从属各单位设备更改资金的筹集和使用。

⑥ 指导和督促设备管理制度的执行，组织领导设备管理评优活动和红旗设备评选活动，抓好典型，总结交流推广设备管理和维修工作的先进经验和方法。

⑦ 负责设备购置需求计划和进口零配件需求计划的审核工作。

⑧ 在分管领导的主持下，负责组织重大设备购置、引进的技术经济论证、可行性研究、选型和技术谈判；配合物资供应部门进行重大设备的监造、安装调试和验收工作。

⑨ 负责企业拟报废专业设备的技术鉴定工作；负责多余、闲置设备的对外转让和报废设备的变卖工作。

⑩ 会同有关部门做好设备管理人员的技术业务培训及考核工作，提高管理水平；负责设备管理理论、方法和设备维修新技术、新工艺的普及推广。

⑪ 积极协助企业公会、安全管理等处室开展安全生产、劳动竞赛和技能比赛等工作。做好保险理赔工作，对带有普遍性的设备事故进行研究、分析，提出预防性改进措施。

⑫ 加强设备资产的价值形态和实物形态管理，监督、检查设备的使用管理；负责统计、数据分析管理工作，建立设备原始数据微机管理系统，建立和保存大型成套生产设备的账、卡和技术档案，并按规定向上级及时、准确地报送设备统计资料和有关报告。

2.2.3 二级单位的职责

(1) 为加强设备管理工作，二级单位成立设备管理委员会。

① 认真贯彻执行国家、行业和企业的有关标准、规范和规程，根据本单位情况审核、审批设备管理部门制定的设备管理制度。

② 根据单位生产计划和中长远规划审批设备管理部门的年度和中长远计划。

③ 审批单位年度考核计划，并和所属设备管理单位签署考核协议，审定设备管理先进单位和个人。

(2) 设立设备管理部门(科室)，指导协调单位设备管理工作。由1名二级单位分管领导负责设备管理工作，设备管理部门实施设备管理工作。设备管理部门设置经理1名，专职设备主管1名，根据单位规模设置设备专职管理员若干名。

① 贯彻执行上级有关部门的法令、法规、办法、制度，根据本单位的情况制定设备管理细则。

② 熟悉掌握本单位设备的分布和技术状况，重点抓好主要生产设备的管理，深入基层现场解决生产过程中设备使用和维护保养的疑难问题。根据生产、科研需要，组织设备的平

衡调度。

③ 负责本单位设备购置计划和设备更新改造、大修理计划编制和上报工作，经局设备管理部门审批后组织实施，实地监督检查设备承修单位的修理质量并负责修理设备的验收工作。

④ 参与本单位生产经营方针的研究、制定和部、局管设备的技术经济论证、选型工作，负责设备备配件申请计划，保证生产需要。

⑤ 指导、检查本单位的设备使用、日常维护保养工作，领导设备点检工作；负责建立设备技术档案，及时收集整理设备运行、维护、保养、修理、事故等方面的原始资料记载存档，并进行分析研究，提出改善管理的办法和措施。

⑥ 负责多余闲置设备封存的组织工作，对封存设备做到定期检查，按时保养；审批封存设备的启用和队管设备的对外转让工作。

⑦ 负责报废设备的技术鉴定工作，编制报废设备申请并转报上级设备管理部门审批。对报废设备及时与财务部门核对销账。

⑧ 建立健全本单位设备台账、卡片及主要设备技术档案。做好与计划财务部门的设备资产账的查对核实工作，保证两账与实物相符。编制主要设备完好率、利用率、机械故障停机率和事故率的图表。掌握主要设备运转机时、技术状况和能耗的原始记录。建立设备原始数据库，及时准确地呈报上级管理部门所要求的各种统计报表、资料。

⑨ 协同计划财务部门做好设备资产的价值形态管理工作，按规定计提设备折旧率，安排设备购置资金的使用。

⑩ 负责重大设备事故的检查处理，并按规定要求内容和时间向有关部门报告，落实处理意见；参与特大设备事故的调查分析、处理、填报事故报告，对带有普遍性的设备事故提出预防性改进措施。

⑪ 负责设备现场管理。制止违章作业，严禁乱拆、乱卸设备零部件，不得将设备随意拆套使用。

⑫ 负责对投产设备的产品质量进行监督，把好设备购置质量最后一关，对设备的设计、制造、维修、使用等方面存在的问题，向上级管理部门提供反馈信息。

⑬ 负责组织本单位设备管理评优、“红旗设备”竞赛活动，抓好典型经验的总结上报和推广工作。

⑭ 配合有关部门组织好维修、操作人员岗位培训、技术考核工作，组织颁发设备操作证书。

(3) 设置三级管理单元，二级单位下属各分队以分队领导全面负责设备管理工作并设置专职或兼职设备管理员 1 名，其职责如下。

① 贯彻执行国家、行业和企业的有关标准、规范和规程，根据本单位情况制定设备管理制度。

② 熟悉掌握本单位设备的分布和技术状况，重点抓好主要生产设备的管理，根据勘探和科研工作需要，组织实施内部协调和调拨。

③ 负责设备购置需求计划、更新改造计划、大修理计划的编制和更新选型论证工作，经上级部门审批后负责组织实施实地监督检查设备承修单位的修理质量并负责修理设备和新购置设备的验收工作。

④ 负责编制单位特种设备的校验和测试计划，监控设备使用单位实施计划、回收、校验以及测试报告存档。

⑤ 指导、检查本单位的设备使用及日常维护保养工作，负责建立设备技术档案，并进

行分析研究，提出改善管理的办法和措施。

⑥ 建立健全本单位设备台账，保证账账相符，账物相符。正确及时呈报上级管理部门所要求的各种统计报表资料。

⑦ 根据本单位生产计划，落实设备配件，保证生产需要。

⑧ 负责报废设备的技术鉴定工作，审核下属单位设备报废申请并向上级单位提出设备报废申请，在获准批复后负责报废设备的对外转让工作。

⑨ 参与设备事故的调查、分析、处理工作，对带有普遍性的设备事故提出预防性改进措施。

⑩ 负责组织本单位设备管理检查和评优等活动，抓好典型经验的总结上报和推广工作。对设备管理不善的单位或个人提出改进意见，必要时采用书面形式报告设备管理委员会。配合和协助劳动人事部门对设备使用，维修人员进行岗位培训，技术考核工作。

（4）二级单位下属单位专职或兼职设备管理员主要职责。

① 认真贯彻执行上级设备管理工作的方针、政策、法规、规程、标准和制度，督促操作人员遵守操作规程，抓好设备的日常点检和维护保养工作，经常检查落实执行情况。

② 掌握本部门设备技术状况，负责建立、保存设备技术档案，认真填写设备的运转、维护保养、修理、故障(事故)等动态记录和妥善保存原始资料，定期上报，积极提出改进意见、措施和建议。

③ 根据设备运行时间或行驶里程等技术状况，编报设备更新改造、设备维修计划和零配件计划，经上级批准后参与组织修理计划的实施。

④ 负责对一般设备事故进行分析处理，及时如实上报设备事故。对重大事故应保护好现场，立即详细地向上级报告事故情况，积极配合事故的调查和处理，分析总结事故原因并采取有效预防措施。

⑤ 认真监督、检查操作人员遵守操作规程，制止设备保养细则，组织班组进行日常保养和点检工作。

⑥ 制止设备的违章作业，严禁乱拆、乱卸设备零部件和拆套使用，保证在用(备用)设备的完整性。

⑦ 执行上级设备部门的设备调度决定，保证调出设备随机备品、工具、技术资料齐全，并随机转移交接受单位，同时到设备管理部门办理设备变动调拨手续。对备用和更换的设备妥善保管。

⑧ 组织全员参与设备管理，开展“红旗设备”竞赛活动，使设备经常保持完好状态，充分发挥设备效能。

⑨ 对报废设备提出申请，填写报废申请书并在设备管理部门指导下对报废设备进行初步的技术鉴定工作。

⑩ 建立全部设备的台账及修理、保养、运转及事故记录；建立原(燃)材料消耗的原始记录，定期向设备管理部门申报。

⑪ 配合上级管理部门和单位组织岗位技术练兵，技术培训和考核上岗工作，严格执行操作人员持证上岗制度。

2.3 设备管理人员配备要求

（1）配备精干高素质的设备管理专业人员并保持相对稳定，形成健全的设备管理组织体系。

设备管理人员应具有涉及到法律、法规、技术、财务、安全、环保和海关等过硬的业务知识；应具有任劳任怨的为民服务精神；应具有抵抗外来腐蚀的工作作风；应具有冷静处理突发事件的工作能力；应不断学习自我提高各涉及领域的知识等。管理人员要求相对稳定，保持健全的设备管理组织体系。

(2) 根据各级层面的规模大小，在管理人员数量上覆盖全部设备的归口管理。

由于企业经营范围、规模大小的差异，设备种类、使用数量的不同，主要系统设备科技含量的区别，要求在人员配备上从数量、专业和学历兼顾考虑，以保证有效覆盖全部设备的归口管理。

(3) 根据生产经营不同领域的特殊性，要求配备覆盖全专业的管理人员。

由于企业生产经营不同领域的特殊性，在专业管理人员的配备上要求全专业覆盖，避免在技术上留有死角。合理配备专业管理人员在解决设备更新改造、检维修等方面能大大提高效率，在生产中起到至关重要作用。

(4) 根据国际化经济活动越来越广泛的趋势，在具备国际经营的企业中要求配备国际型专业人才，以加强对于进口设备的全生命周期管理。

(5) 对于活动设备回场检查和机械设备润滑（油水）管理等需配备专职（或兼职）管理人员。

(6) 企业设备管理部门应配备高素质的专业技术人员主管故障诊断和状态监测工作。

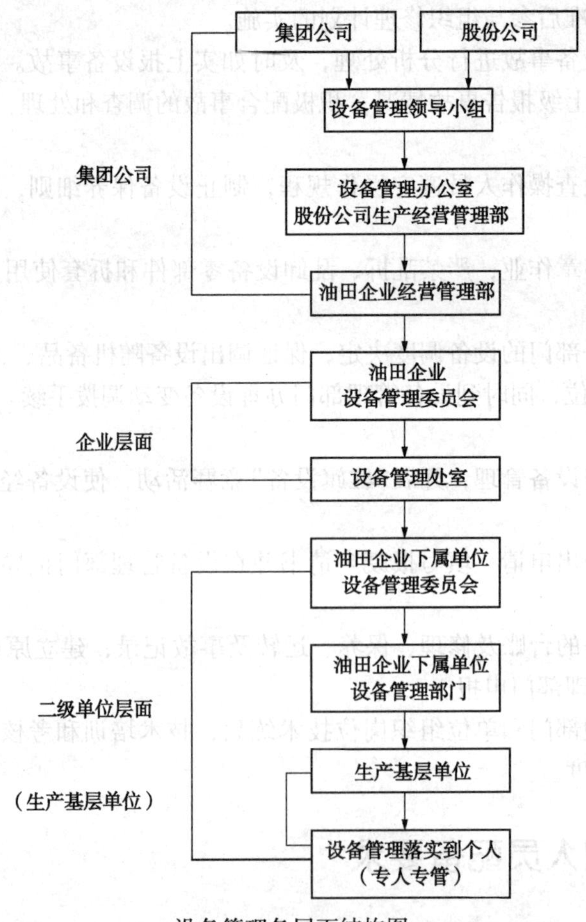

设备管理各层面结构图

第 3 章　设备前期管理

3.1　设备前期管理概述

设备的前期管理是从规划到投产这一阶段的全部工作。包括设备方案的构思、调研、论证和决策；自制设备的设计和制造；外购设备的采购、订货、监造；设备安装、调整、试运验收；效果分析、评价和信息反馈等。

3.1.1　设备前期管理的重要意义

从设备一生的全过程(设备全过程管理)来看，设备的规划对设备一生的综合效益影响较大。维修固然重要，但就维修的本质来说是事后的补救，而设计制造中的问题，在单纯的维修中往往无法解决。

一般来说，降低设备成本的关键在于设备的规划、设计与制造阶段。因为在这个阶段设备的成本(包括使用的器材、施工的工程量和附属装置等的费用)已基本上决定了。显然，精湛优良的设计会使设备的造价和寿命周期费用大为降低，并且性能完全达到要求。

设备前期管理若不涉及外购设备的设计和制造，设备的寿命周期费用一般无法直接控制。所以，首要的任务就是要把握设备的规划决策和外购设备的选型购置两个关键环节，做好了这一部分工作，就抓住了前期工作的关键。

设备的前期管理是技术性、经济性很强的工作，加强设备前期管理的意义在于：

(1) 设备前期管理决定了几乎全部寿命周期费用的90%，直接影响到产品的成本和利润。设备的寿命周期费用是设置费和维持费的总和。设备的设置费是以折旧的形式转入产品成本的，构成产品固定成本的重要部分，使用费(包括动力费和操作工人工资等)则直接影响着产品的变动成本。设备寿命周期费用的大小，直接决定着产品制造成本的高低，决定着产品竞争能力的强弱和企业经营的经济效益；而设备寿命周期费用的近90%，则取决于设备的规划、设计与选型阶段的决策。欲求在保证设备的技术性能、满足生产使用要求的前提下使设备的寿命周期费用最小，就必须做好设备规划选型决策前的方案论证和可行性分析工作，在满足生产技术要求下，设法降低设备的设置费和维持费。这样才能以较低的寿命周期费用，取得较高的综合效益。

(2) 设备前期管理决定了企业的技术装备水平和设备的系统功能，也直接影响到企业的生产效率和产品质量。设备的规划合理，设备的选择得当，就能为企业掌握和应用先进的技术装备奠定良好基础，就能使企业的生产经营目标顺利实现；如果决策失误，选择不当，必将妨碍企业生产的正常进行和经营目标的实现，影响企业的顺利发展。

(3) 设备前期管理决定了设备的实用性、可靠性和维修性，从而影响到设备效能的发挥和有效度。设备的生产效率，精度性能，可靠程度如何，生产是否适用，维修是否方便，使用是否安全，能源节省或浪费，对环境有无污染等，都决定于规划和选择。如果规划、选型得当，将可使设备长期稳定地运转，使设备的有效利用率得到提高，使产品生产工艺对设备的各项要求得到满足，使生产在保证产品质量的条件下顺利进行；反之，精度性能不能满足产品生产工艺要求，可靠性差，维修不便，故障不断，修理频繁，安全事故时有发生，修理停歇时间增长，必将严重影响生产的正常进行。

综上所述，设备前期管理不仅决定了企业技术装备素质，同时也决定了设备的投资效益。搞好这一过程的管理，将为设备从投产使用直至报废的后期管理创造良好的条件。

3.1.2 设备前期管理的内容

(1) 设备规划方案的调研、制定、论证和决策；

(2) 设备市场货源调查和信息的收集整理和分析；

(3) 设备投资规划的编制、费用预算、资金筹措及实施程序；

(4) 设备投资效果分析、评价和预测；

(5) 设备投资风险与防范；

(6) 设备的选型、订货、合同管理；

(7) 租赁设备的选择、租赁合同的签订和管理；

(8) 自制设备的设计、制造，外购设备的建造、验收；

(9) 设备的安装及调试。

3.1.3 设备前期管理的工作程序

设备前期管理按照工作时间先后可分为规划、实施和总结评价三个阶段。

规划阶段主要是进行规划构思、初步选择、编制规划、评价和决策。本阶段工作的重点是进行规划项目的可行性研究，确定设备的规划方案。

实施阶段主要是进行设备的设计制造，或者是进行选型(招标)、订货和购置等工作，并对这些工作加以管理。如设备正式使用前的人员培训、检查验收和试运行等的管理。本阶段工作的重点是尽可能的缩短设备的投资周期，及时发挥设备的投资效益。

总结阶段主要进行设备在规划、设计制造或选型采购、安装调试、使用初期等阶段的数据和信息的搜集、整理、分析和反馈，为以后企业设备的规划、设计或选型提供依据。

3.2 设备规划与可行性研究

设备的规划是企业整个经营规划的重要组成部分，设备规划的成败首先取决于企业经营策略的正确与否。企业能够根据市场预测制定出一个切合企业实际的发展规划或经营策略，是保证设备规划成功的先决条件。

在企业总体规划的基础上，设备规划才可以进行。设备规划要服从企业总体规划的目标。为了保证企业总体目标的实现，设备规划要把设备对企业竞争能力的作用放到首要地位。同时还应兼顾企业节约能源、环境保护、安全、资金能力等各方面的因素进行统筹平衡。

3.2.1 设备的规划

设备规划是指根据企业经营方针、目标，考虑生产发展和市场需求、科研、新产品开发、节能、安全、环保等方面的需要，通过调查研究，进行技术经济的可行性分析，并结合现有设备的能力、资金来源等综合平衡，以及根据企业更新、改造计划等而制定的企业中长期设备投资的计划。它是企业生产发展的重要保证和生产经营总体规划的重要组成部分。

企业设备规划即设备投资规划，是企业中、长期生产经营发展规划的重要组成部分。制定和执行设备规划对企业新技术、新工艺的应用，产品质量提高，扩大再生产，设备更新计划以及其他技术措施的实施，起着促进和保证作用。

3.2.2 编制设备规划的依据

（1）生产发展的要求。依据企业生产经营规划和发展战略、年度生产、科研、技措、新产品、新工艺等计划，围绕提高产品质量和产品的更新换代，扩大品种，质量升级或赶超国内及世界先进水平，增强企业竞争力，提出设备技术引进和技术改造项目等要求。

（2）设备技术状况的要求。根据设备的有形和无形磨损、维修费用、运行费用、故障停机增高等原因而提出的更新或改造要求。

（3）安全生产、改善劳动条件和环境保护的要求。

（4）国内、外新型设备的发展和科技信息。

（5）国家政策的要求。

3.2.3 设备规划的编制程序

设备规划就是按上述依据，通过初步的技术经济分析来确定设备改造、更新和新增规划的项目及进度计划。设备规划的编制，由设备管理部门负责，自上而下的进行编制，编制程序如下。

（1）由设备使用部门、工艺部门和设备管理部门根据提高产量、质量、降低成本、改进工艺、扩大品种要求提出设备更新、改造建议。

（2）由规划部门汇总各部门的项目申请。进行综合平衡，提出企业经济效益和社会效益最佳的设备规划草案，送交设备、安全、环保、工艺、财务、劳动教育、生产等部门会审。

（3）由规划部门根据会审意见修改规划草案，编制设备规划，报领导和主管部门批准后下达设备管理部门组织实施。

3.2.4 设备购建项目的可行性研究

所谓的可行性分析是对购建项目的重大问题事先进行的详细调查研究和系统分析比较，从技术、经济上全面论证各种方案的可行性，从中选出最优方案。通过可行性研究，可以减少企业投资的盲目性，避免由于事先考虑不周而出现重大方案变动或返工造成的损失，加强投资的可靠性。投资额较大的项目必须在可行性分析报告经过权威部门审查批准后才能正式签约。

可行性分析报告还是各种评估的依据，如向银行申请贷款，银行对企业的评估依据；环保部门审查项目对环境影响评估的依据；企业未来组织管理、机构设置、职工培训等安排的依据。

1. 设备购建项目可行性研究报告编制规范

中国石油化工集团公司在继续坚持“少投入、多产出，适时投入，快速产出”投资决策原则基础上，进一步确定了“量入为出、控制总量，集中决策、调整结构，优化项目、增加回报”的投资工作方针。为了适应社会主义市场经济发展，顺应经济全球化趋势，满足中国石化有效发展、国际化经营的需要，依据国家有关法律、法规变化，反映资本市场对集团公司在项目投资决策上的要求，根据中国石化现行投资决策方针，本着强化前期研究、谨慎资本投资、提升竞争能力、增加投资回报的原则，制订了购建项目可行性研究报告编制规定。具体要求参见《中国石油化工集团公司暨股份公司石油化工项目可行性研究报告编制规定》及《中国石油化工股份有限公司非安装设备购置项目可行性研究报告编制规定》。

2. 可行性研究的主要内容

可行性研究报告是可行性研究工作的总结性文件，其内容应包括可行性研究的各个主要方面，就设备投资项目来说，可行性研究报告的主要内容包括：①总论；②市场预测；③资源条件评价；④建设规模与产品方案；⑤厂址选择；⑥技术方案、设备方案和工程方案；⑦主要原材料、燃料供应；⑧总图布置、场内外运输与公用辅助工程；⑨能源和资源节约措施；⑩环境影响评价；⑪劳动安全卫生与消防；⑫组织机构与人力资源配置；⑬项目实施进度；⑭投资估算；⑮融资方案；⑯项目的经济评价；⑰社会评价；⑱风险分析；⑲研究结论与建议。

可行性研究报告的内容可概括为三大部分。首先是市场研究，包括产品的市场调查和预测研究，这是项目可行性研究的前提和基础，其主要任务是要解决项目的"必要性"问题；第二是技术研究，即技术方案和建设条件研究，这是项目可行性研究的技术基础，它要解决项目在技术上的"可行性"问题；第三是效益研究，即经济效益的分析和评价，这是项目可行性研究的核心部分，主要解决项目在经济上的"合理性"问题。

市场研究、技术研究和效益研究共同构成项目可行性研究的三大支柱。

3.3 设备购建投资评价方法

3.3.1 货币时间价值

货币时间价值是指货币随着时间的推移而发生的增值，也称为资金时间价值。货币的时间价值来源于资金进入社会再生产过程后的价值增值。资金的增值与期初资金的数量以及运动周期的长短有关。因此，资金的时间价值常用单位时间内资金的增值率(即利率)来表示。

货币的时间价值概念有三个要点：一是货币的时间价值反映了一定量的资金在不同时点上的价值量的差额，其实质是资金周转使用后的增值额；二是货币的价值增值是在其被当作投资资本的运用过程中实现的；三是货币的时间价值量与时间的长短同方向变动。货币的时间价值涉及五个要素，即现值、终值、时间长度、利率及计息方式。

资金的时间价值是一个十分重要的概念，不仅在评价方案时必须考虑，而且对人们树立经济观念，进行技术经济决策，都极为重要。

(1) 现值(P)是指未来某一时点上的一定量资金折算到现在所对应的金额。

(2) 终值又称为将来值(F)是现在一定量的资金折算到未来某一时点所对应的金额。

现值和终值概念可以适当推广。对于所分析的任意一段时间，资金在起始时刻的价值量都可以称为现值；资金在终了时刻的价值量都可以称为终值。一定量资金的终值与现值的差额即为资金的时间价值；连接现值和终值并实现两者相互折算的百分数称为折现率。现实生活中"本金"、"本利和"的说法相当于资金时间价值理论中的"现值"和"终值"概念，利息和利率类似于资金时间价值的绝对数和相对数形式，利率经常被当作折现率使用。现值和终值对应的时点之间可以划分为若干个计息周期。

(3) 年金(A)是每隔相等时间间隔收到或支付相同金额的资金。

年金按其每次收付款项发生的时点不同，可以分为普通年金(后付年金)、即付年金(先付年金，预付年金)、递延年金(延期年金)、永续年金等类型。

普通年金是指从第一期起，在一定时期内每期期末等额收付的系列款项，又称为后付年金。

即付年金是指从第一期起，在一定时期内每期期初等额收付的系列款项，又称先付年金。即付年金与普通年金的区别仅在于付款时间的不同。

递延年金是指第一次收付款发生时间与第一期无关，而是隔若干期(m)后才开始发生的系列等额收付款项。它是普通年金的特殊形式。

永续年金是指无限期等额收付的特种年金。它是普通年金的特殊形式，即期限趋于无穷的普通年金。

3.3.2 货币时间价值的计算方法

1. 资金等值的含义

在货币时间价值的计算中，等值是一个十分重要的概念。资金等值是指在时间因素的作用下，不同的时间点发生的绝对值不等的资金具有相同的价值。例如，现在的 100 元与一年后的 110 元，数量上并不相等，但如果将这笔资金存入银行，年利率为 10%，则两者是等值的。

因此，在对各种技术经济论证或投资方案进行评价时，必须将在不同时间的现金流量，按照一定的利率或收益率换算为同一时点(时间基点)的货币值，才能进行比较。至于换算到哪个时点上，要根据当时的各种已知条件而定。

2. 计算公式

以 P 表示本金(现值)，i 表示折现率(通常用利率替代)，F 表示终值，n 为计息期期数，A 表示年金。

1) 一次性支付现值与终值的关系

(1) 一次性支付现值计算公式：

$$P = \frac{F}{(1+i)^n} \tag{3-1}$$

式中 $\frac{1}{(1+i)^n}$——复利现值系数，记作 $(P/F, i, n)$。

(2) 一次性支付终值计算公式：

$$F = P \times (1+i)^n \tag{3-2}$$

式中 $(1+i)^n$——复利终值系数，记作 $(F/P, i, n)$。

2) 年金现值和年金终值的计算

(1) 普通年金的现值和终值的计算。

① 等额支付系列年金终值公式：

$$F = A \cdot \frac{(1+i)^n - 1}{i} \tag{3-3}$$

式中 $\frac{(1+i)^n-1}{i}$——年金终值系数，记作（F/A，i，n）。

② 等额支付系列偿债基金公式。普通年金终值计算公式经过移项变形，可以得到偿债基金公式：

$$A=F\cdot\frac{i}{(1+i)^n-1} \tag{3-4}$$

式中 $\frac{i}{(1+i)^n-1}$——偿债基金系数记作（A/F，i，n），是年金终值系数的倒数。偿债基金计算公式的含义是，在利率为 i 的情况下，如果第 n 期期末需要清偿的债务为 F，那么每期期末需要提存的准备金为 A。

③ 等额支付系列年金现值公式

$$P=A\frac{(1+i)^n-1}{i(1+i)^n} \tag{3-5}$$

式中 $\frac{(1+i)^n-1}{i(1+i)^n}$——等额支付系列年金现值系数，记作（$P/A$，$i$，$n$）。

④ 等额支付系列资金回收公式。普通年金现值计普通年金现值计算公式经过移项变形，可以得到每期资本回收额公式算公式经过移项变形，可以得到每期资本回收额公式

$$A=P\frac{i(1+i)^n}{(1+i)^n-1} \tag{3-6}$$

式中 $\frac{i(1+i)^n}{(1+i)^n-1}$——等额支付系列资金回收系数，记作（$A/P$，$i$，$n$）。

（2）即付年金现值系数和终值系数。即付年金又称先付年金，是指从第 1 期起，在一定时期内每期期初等额收付的系列款项。即付年金与普通年金的区别在于，即付年金的收付行为发生在每期期初，而普通年金的收付行为发生在每期期末。

$$即付年金现值系数=(1+i)\times 普通年金现值系数 \tag{3-7}$$

$$即付年金终值系数=(1+i)\times 普通年金终值系数 \tag{3-8}$$

（3）递延年金。如果在所分析的期间中，前 m 期没有年金收付，从第 $m+1$ 期开始形成普通年金，这种情况下的系列款项称为递延年金。计算递延年金的现值可以先计算普通年金现值，然后再将该现值视为终值，折算为第 1 期期初的现值。递延年金终值与普通年金终值的计算相同。

（4）永续年金。普通年金的期数 n 趋向于无穷大时形成永续年金。永续年金不计算终值。

$$永续年金现值=\frac{A}{i} \tag{3-9}$$

3.3.3 不确定性分析

技术经济分析的对象和具体内容，是对可能采用的各种技术方案进行分析和比较，事先评价其经济效益，并进行方案选优，从而为正确的决策提供科学的依据。由于对技术方案进行分析计算所采用的设备投资费用、维持费、和使用期等技术经济数据大都是来自预测和估算，有着一定的前提和规定条件，所以有可能与方案实现后的情况不相符合，以致影响到技

术经济评价的可靠性。为了提高技术经济分析的科学性，减少评价结论的偏差，就需要进一步研究某些技术经济因素的变化对技术方案经济效益的影响，并提出相应的对策。

项目的不确定性及风险因素可归纳为以下几类：通货膨胀和物价变动、技术装备和生产工艺变革、生产能力的变化、建设资金和工期的变化、国家经济政策和法规的变化等。不确定性分析主要有盈亏平衡分析、敏感性分析、概率分析等三种方法，其中盈亏平衡分析只用于财务评价，敏感性分析和概率分析可同时用于财务评价和国民经济评价。当然并非每一项目都要经过这三种方法，主要视对项目的怀疑程度而定。

1. 盈亏平衡分析

盈亏平衡分析(Break-even analysis)又称保本点分析或本量利分析法，是根据产品的业务量(产量或销量)、成本、利润之间的相互制约关系的综合分析，用来预测利润，控制成本，判断经营状况的一种数学分析方法。也是在项目的不确定性分析中常用的一种方法。

投资项目的经济效果，会受到许多因素的影响，当这些因素发生变化时，可能会导致原来盈利的项目变为亏损项目。盈亏平衡分析的目的就是找出这种由盈利到亏损的临界点，据此判断项目风险的大小以及对风险的承受能力，为投资决策提供科学依据。

盈亏平衡分析有线性盈亏平衡分析和非线性盈亏平衡分析。当产销量的变化不影响市场销售价格和生产成本时，成本与产量、销售收入与销量之间呈线性关系，此时的盈亏平衡分析属于线性盈亏平衡分析。当市场上存在垄断竞争因素的影响时，产销量的变化会导致市场销售价格和生产成本的变化，此时的成本与产量、销售收入与销量之间呈非线性关系，所对应的盈亏平衡分析也就属于非线性盈亏平衡分析。实际工作中，线性盈亏平衡分析最常用，因此这里主要介绍线性盈亏平衡分析的方法。

盈亏平衡分析的基本方法是建立成本与产量、销售收入与销量之间的函数关系，通过对这两个函数及其图形的分析，找出平衡点。

以 Q_0 表示年设计生产能力，Q 表示年产销量，p 表示单价，F 表示年固定成本，v 表示单位变动成本，t 表示单位产品销售税金及附加。则可建立以下方程：

年度销售收入函数：
$$TR = p \cdot Q \tag{3-10}$$

年度总成本费用函数：
$$TC = F + v \cdot Q + t \cdot Q \tag{3-11}$$

年度总利润函数：
$$\begin{aligned} B &= TR - TC \\ &= p \cdot Q - (F + vQ + t \cdot Q) \\ &= (p - v - t)Q - F \end{aligned} \tag{3-12}$$

令 $B = 0$，即 $(p - v - t)Q - F = 0$，可解出用不同指标表示的保本点：

(1) 以产量(销量)表示的保本点 $BEP(Q)$：

$$BEP(Q) = \frac{F}{p - v - t} \tag{3-13}$$

(2) 以生产能力利用率表示的保本点 $BEP(f)$：

$$BEP(f) = \frac{BEP(Q)}{Q_0} \times 100\% = \frac{F}{(p - v - t)Q_0} \times 100\% \tag{3-14}$$

(3) 销售收入表示的保本点 $BEP(TR)$：

$$BEP(TR) = BEP(Q) \cdot p = \frac{F}{p - v - t}p \tag{3-15}$$

(4) 以达到设计生产能力时的销售单价表示的保本点 $BEP(P)$：

$$BEP(P)=\frac{F}{Q_0}+v+t \tag{3-16}$$

线性盈亏平衡分析如图 3-1 所示。

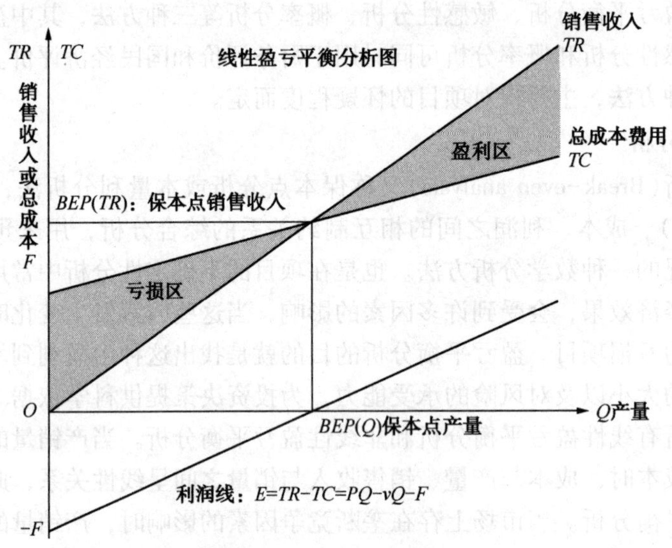

图 3-1 线性盈亏平衡分析图

TR 曲线与 *TC* 曲线的交点横坐标就是盈亏平衡点(*BEP*)。交点左边为亏损区；右边为盈利区。盈亏平衡点 *BEP* 越小，表明项目的抗风险能力越强。

实际生产经营状况离盈亏平衡点越远，经营就越安全，抗风险能力越强。

2. 敏感性分析

敏感性分析是指从众多不确定性因素中找出对投资项目经济效益指标有重要影响的敏感性因素，并分析、测算其对项目经济效益指标的影响程度和敏感性程度，进而判断项目承受风险能力的一种不确定性分析方法。

1）敏感性分析的目的

(1) 找出影响项目经济效益变动的敏感性因素，分析敏感性因素变动的原因，并为进一步进行不确定性分析(如概率分析)提供依据。

(2) 研究不确定性因素变动如引起项目经济效益值变动的范围或极限值，分析判断项目承担风险的能力。

(3) 比较多方案的敏感性大小，以便在经济效益值相似的情况下，从中选出不敏感的投资方案。

根据不确定性因素每次变动数目的多少，敏感性分析可以分为单因素敏感性分析和多因素敏感性分析。

2）敏感性分析的步骤

(1) 确定分析的经济效益指标。评价投资项目的经济效益指标主要包括：净现值、内部收益率、投资利润率、投资回收期等。

(2) 选定不确定性因素，设定其变化范围。

(3)计算不确定性因素变动对项目经济效益指标的影响程度，找出敏感性因素。

（4）绘制敏感性分析图，求出不确定性因素变化的极限值。

3）单因素敏感性分析

每次只变动一个因素而其他因素保持不变时所做的敏感性分析，称为单因素敏感性分析。单因素敏感性分析在计算特定不确定因素对项目经济效益影响时，须假定其他因素不变，实际上这种假定很难成立。可能会有两个或两个以上的不确定因素在同时变动，此时单因素敏感性分析就很难准确反映项目承担风险的状况，因此尚必须进行多因素敏感性分析。

4）多因素敏感性分析

多因素敏感性分析是指在假定其他不确定性因素不变条件下，计算分析两种或两种以上不确定性因素同时发生变动，对项目经济效益值的影响程度，确定敏感性因素及其极限值。多因素敏感性分析一般是在单因素敏感性分析基础进行，且分析的基本原理与单因素敏感性分析大体相同，但需要注意的是，多因素敏感性分析须进一步假定同时变动的几个因素都是相互独立的，且各因素发生变化的概率相同。

敏感性分析是一种动态不确定性分析，是项目评估中不可或缺的组成部分。它用以分析项目经济效益指标对各不确定性因素的敏感程度，找出敏感性因素及其最大变动幅度，据此判断项目承担风险的能力。但是，这种分析尚不能确定各种不确定性因素发生一定幅度的概率，因而其分析结论的准确性就会受到一定的影响。实际生活中，可能会出现这样的情形：敏感性分析找出的某个敏感性因素在未来发生不利变动的可能性很小，引起的项目风险不大；而另一因素在敏感性分析时表现出不太敏感，但其在未来发生不利变动的可能性却很大，进而会引起较大的项目风险。为了弥补敏感性分析的不足，在进行项目评估和决策时，尚须进一步作概率分析。

3. 概率分析

概率分析是通过研究各种不确定性因素发生不同变动幅度的概率分布及其对项目经济效益指标的影响，对项目可行性和风险性以及方案优劣作出判断的一种不确定性分析法。概率分析常用于对大中型重要若干项目的评估和决策之中。

概率分析，通过计算项目目标值(如净现值)的期望值及目标值大于或等于零的累积概率来测定项目风险大小，为投资者决策提供依据。

1）概率分析的指标

（1）经济效果的期望值。

（2）经济效果的标准差。

2）概率分析的方法

进行概率分析具体的方法主要有期望值法、效用函数法、模拟分析法以及德尔菲法等。

（1）期望值法。期望值法在项目评估中应用最为普遍，是通过计算项目净现值的期望值和净现值大于或等于零时的累计概率，来比较方案优劣、确定项目可行性和风险程度的方法。

（2）效用函数法。所谓效用，是对总目标的效能价值或贡献大小的一种测度。在风险决策的情况下，可用效用来量化决策者对待风险的态度。通过效用这一指标，可将某些难以量化、有质的差别的事物(事件)给予量化，将要考虑的因素折合为效用值，得出各方案的综合效用值，再进行决策。

效用函数反映决策者对待风险的态度。不同的决策者在不同的情况下，其效用函数是不同的。

(3) 模拟分析法。模拟分析法就是利用计算机模拟技术，对项目的不确定因素进行模拟，通过抽取服从项目不确定因素分布的随机数，计算分析项目经济效果评价指标，从而得出项目经济效果评价指标的概率分布，以提供项目不确定因素对项目经济指标影响的全面情况。

(4) 德尔菲法。德尔菲法是一种集中众人智慧进行科学预测的风险分析方法。德尔菲法是美国咨询机构兰德公司首先提出的，它主要是借助于有关专家的知识、经验和判断来对企业的潜在风险加以估计和分析。

3）概率分析的步聚

(1) 列出各种欲考虑的不确定因素。例如销售价格、销售量、投资和经营成本等，均可作为不确定因素。需要注意的是，所选取的几个不确定因素应是互相独立的。

(2) 设想各不确定因素可能发生的情况，即其数值发生变化的几种情况。

(3) 分别确定各种可能发生情况产生的可能性，即概率。各不确定因素的各种可能发生情况出现的概率之和必须等于1。

(4) 计算目标值的期望值。可根据方案的具体情况选择适当的方法。假若采用净现值为目标值，则一种方法是，将各年净现金流量所包含的各不确定因素在各可能情况下的数值与其概率分别相乘后再相加，得到各年净现金流量的期望值，然后求得净现值的期望值。另一种方法是直接计算净现值的期望值。

(5) 求出目标值大于或等于零的累计概率。对于单个方案的概率分析应求出净现值大于或等于零的概率，由该概率值的大小可以估计方案承受风险的程度，该概率值越接近1，说明技术方案的风险越小，反之，方案的风险越大。可以列表求得净现值大于或等于零的概率。

3.3.4 设备购建投资评价方法

技术经济分析的重要内容，是对拟将采用的技术方案预先进行经济效益的计算与评价。在经济效益评价中，有单方案经济评价和多方案经济评价。所谓单方案是指为达到某个既定目标，仅考虑用一种技术方案，对其经济效益的评价即是单方案经济评价。而实际上为了满足某个需要或既定目标，可以采用几种不同的技术方案，这些方案彼此可以互相代替以达到同一目的。在这种情况下，既要研究各方案自身的经济效益，又要分析和比较各方案之间的相对经济效益，从而选出最优方案，这就是所谓的多方案经济评价。

设备投资项目的经济评价指标一般可分为时间性指标、价值性指标、比率性指标三类。

1. 时间性评价指标

投资回收期，也称为投资偿还期或投资返本期，是指技术方案实施后的净收益或净利润抵偿全部投资额所需的时间，一般以年表示。

1）静态投资回收期法

不考虑资金时间价值因素的投资回收期，称为静态投资回收期。

投资回收期是反映技术方案清偿能力的重要指标，希望投资回收期越短越好，其一般计算公式为：

$$\sum_{t=0}^{P_t} (CI - CO)_t = 0 \tag{3-17}$$

式中　P_t ——以年表示的静态投资回收期；

CI ——现金流入量；

CO ——现金流出量；

t ——计算期的年份数。

如果投产后每年的净收益 $(CI-CO)_t$ 相等，即

$$(CI-CO)_1=(CI-CO)_2=\cdots=(CI-CO)_t=Y$$

或者用年平均净收益计算．则静态投资回收期的计算可简化为

$$P_t=\frac{I}{P} \tag{3-18}$$

式中 I ——总投资；

Y ——年平均净收益。

投资回收期的起点，一般从建设开始年份算起，也可以从投产年或达产年算起，但应予注明。

判别标准：求得的技术方案的投资回收期 P_t 应与部门或行业的标准投资回收期 P_s 进行比较。当 $P_t<P_s$ 时，认为技术方案在经济上是可以考虑接受的；当 $P_t>P_s$ 时，认为技术方案在经济上不可取。

静态投资回收期法经济含义直观、明确，计算方法简单易行。明确地反映了资金回收的速度，是投资者十分关心的指标之一。投资回收期的长短，在一定程度上反映了投资风险性的程度，也意味着项目盈利能力的大小。常用于方案的初选或概略评价，是项目评价的重要辅助性指标。

但是，由于没有考虑资金的时间价值，所以，计算方法不科学，计算结果不准确，以此为依据的评价有时不可靠。没有反映投资回收后项目的收益和费用，而任何投资的目的不仅是收回投资，更主要的是要有收益。因此，静态投资回收期没有全面地反映项目的经济效益，难以对不同方案进行正确的评价和选择。

2）动态投资回收期法

在采用投资回收期对项目进行评价时，为了克服静态投资回收期法未考虑资金时间价值的缺点，应采用动态投资回收期法。动态投资回收期，是指在考虑资金时间价值条件下，按一定利率复利计算，收回项目总投资所需的时间，通常以年表示。

该方法是以现值法计算各时期资金流入与流出的净现值，由此计算出当其累计值正好补偿全部投资额时所经历的时间。这也是动态投资回收期计算。

$$\sum_{t=0}^{P'_t}(CI-CO)_t(1+i)^{-t}=0 \tag{3-19}$$

或

$$\sum_{t=0}^{P'_t}Y_t(1+i)^{-t}=0 \tag{3-20}$$

式中 P'_t ——动态投资回收期；

Y_t ——每年的净收益或净现金流量；

i ——贷款利率或基准收益率。

动态投资回收期也可直接从财务现金流量表中计算净现金流量现值累计值求出。其计算式为：

$$P'_t = [\text{净现金流量现值累计值开始出现正值的年份数}]^{-1}$$

$$= \left[\frac{\text{上年净现金流量现值累计值的绝对值}}{\text{当年净现值流量现值}}\right] \tag{3-21}$$

如果项目每年的净收益可用平均净收益表示，或者能将各年净收益折算为年等额净收益 Y，设 I 为总投资现值，则动态投资回收期 P'_t：的计算可简化为：

$$P'_t = \frac{\lg\left(1 - \frac{I \cdot i}{Y}\right)}{-\lg(1+i)} \tag{3-22}$$

判别标准：将计算出的项目动态投资回收期 P'_t 与标准投资回收期 P_s 或行业平均投资回收期比较。当 $P'_t \leqslant P_s$ 时，表示项目在经济上可接受；反之，一般认为该项目不可取。

动态投资回收期法与静态法相同，经济意义明确、直观。由于考虑了资金的时间价值，计算方法科学、合理，所反映的项目风险性和盈利能力也更加真实、可靠，是对投资方案进行技术经济评价的重要指标。

动态投资回收期法与静态投资回收期法相比，当年净收益各不相同时，计算方法和过程较为复杂。没有反映投资收回以后项目的收益、项目使用年限和项目的期末残值等，不能全面地反映项目的经济效益。

静态投资回收期法和动态投资回收期法的评价标准相同，均应满足小于或等于 Ps。但前者的计算较简便，所以通常先快捷地计算静态投资回收期。在投资回收期不长的条件下，用静态法也可获得较可靠的结论。若静态投资回收期较长，这时动态投资回收期与静态投资回收期相差较大，应进一步计算动态投资回收期。

2. 价值性评价指标

价值性指标反映一个项目的现金流量相对于基准投资收益率所能实现的盈利水平。最主要最常用的价值性指指标是净现值及净年值。

1）净现值法

净现值法是动态评价最重要的方法之一。它不仅考虑了资金的时间价值，也考虑了项目住整个寿命周期内收回投资后的经济效益状况，从而弥补了投资回收期法的缺陷，是更为全面、科学的技术经济评价方法。

净现值是指技术方案在整个寿命周期内，对每年发生的净现金流量，用一个规定的基准折现率 i_0，折算为基准时刻的现值，其总和称为该方案的净现值(NPV)。

$$NPV = \sum_{t=0}^{n} (CI - CO)_t (1 + i_0)^{-t}$$

$$= \sum_{t=0}^{n} CF \cdot (1 + i_0)^{-t} \tag{3-23}$$

如果每年的净现金流量相等，投资方案只有初始投资 I，则净现值可用等额分付现值公式导出为：

$$NPV = CF \frac{(1 + i_0)^n - 1}{i_0 (1 + i_0)^n} - I$$

$$= CF \cdot (P/A,\ i_0,\ n) - I \tag{3-24}$$

式中 NPV——净现值；

i_0——基准折现率；

CI——现金流入；

CO——现金流出；

CF——净现金流量；

n——项目方案的寿命周期。

其中，$(CI-CO)_t=CF_t$ 称为第 t 年的净现金流量；$(1+i_0)^{-t}$ 称为第 t 年的折现因子，$CF_t\,(1+i_0)^{-t}$ 叫做第 t 年的净现金流量现值。

净现值是反映技术方案在整个寿命周期内获利能力的动态绝对值评价指标。对于投资者来说，投资的目的除了要收回全部投资外，主要是期望能获得额外的盈利。净现值 NPV 直观、明确地体现了投资的期望。所以，净现值是表示项目经济效益最重要的综合指标之一。

判别标准：将净现值指标用于单方案评价时，如果 $NPV \geqslant 0$，方案通常可取；而用于多方案评价时，当各方案投资额的现值相等时，净现值最大的方案最优。因此，也可按净现值的大小对项目排队，优先考虑净现值大的项目。

2）净年值法

净年值是指将方案寿命期内逐年的现金流量换算成均匀的年金系列就是换算成等额净年金。净年值的计算公式为：

$$NAV = NPV(A/P,\ i,\ n)$$

$$= \left[\sum_{t=0}^{n} CF_t\,(1+i_0)^{-t}\right]\left[\frac{i_0\,(1+i_0)^{n}}{(1+i_0)^{n}-1}\right] \tag{3-25}$$

当方案只有初始投资 I，而每年等额净收益为 CF，方案寿命周期结束时的残值为 F 时，上式可简化为：

$$NAV = CF + F(A/P,\ i_0,\ n) - I(A/P,\ i_0,\ n) \tag{3-26}$$

应用净年值法来评价对比方案时一般是以净年均值为标准，故也称为净年均值法。

判别标准：项目方案的净年值 $NAV \geqslant 0$，表明方案可行；当讨 $NAV<0$ 则方案一般不可按受。在比较多方案时，因为净年值的大小体现了方案在寿命周期内每年除了能获得设定收益率的收益外，所获得的等额超额收益。所以，净年值法对于寿命不相等的各个方案进行比较和选择，是最便捷的方法。

3. 比率性评价指标

1）内部收益率法

内部收益率是使净现值等于零时的折现率，反映了投资的使用效率。其表达式为：

$$\sum_{i=0}^{n}(CI-CO)_t\,(1+IRR)^{-t}=0 \tag{3-27}$$

式中　IRR——内部收益率。

当 $t=1,\ 2,\ \cdots,\ n$ 时，上式是一个高次方程，不能采用一般的代数方法求解。求解 IRR 的一种算法是公式试算法。通常当试算的 i 使得净现值在零值左右摆动（前后两个净现值反号），且前后两次计算的 i 值之差足够小（一般不超过 1%~2%，最大不超过 5%）时，可用内插法近似求出内部收益率 IRR。内插公式为：

$$IRR = i_1 + \frac{NPV_1}{NPV_1 + |NPV_2|}(i_2 - i_1) \tag{3-28}$$

式中　$i_1,\ i_2$——使净现值由正转为负的两个相近的折现率，且 $i_2 > i_1$；

NPV_1，NPV_2——i_1，i_2 时的净现值，且 $NPV_1 > 0$，$NPV_2<0$。

求解 IRR 的另一种方法是图解法。即先分别算出几个具有代表性的折现率 i 所对应的净现值，然后画出净现值函数曲线，该曲线与折现率坐标的交点即为所求的内部收益率 IRR。

判别标准：计算出内部收益率 IRR 后，应与基准收益率 i_c（或 MARR）相比较，以判断其经济可行性。

对单方案来说，内部收益率越高，经济效益越好。则：若 $IRR \geqslant i_c$（或 MARR），则认为方案在经济上是可取的；若 $IRR<i_c$（或 MARR），则认为方案在经济上是不可取的。

在多方案比选中，若各个方案的内部收益率 IRR_1，…，IRR_n 均大于基准收益率 i_c，则此时应采用增量投资分析法，即计算 ΔIRR，当 $\Delta IRR \geqslant i_c$ 时，选择投资大的方案，当 $\Delta IRR \leqslant i_c$，选择投资小的方案，依次进行比较，最后一个方案就是最合理的方案。

2）净现值比率法

用净现值评价投资项时，没有考虑其投资额的大小，因而不能直接反映资金的使用效率。为此，引入净现值比率作为净现值的辅助指标。

净现值比率，又称净现值率或净现值指数，它是指净现值与投资额的现值之比值。其计算公式：

$$NPVR = \frac{NPV}{I_p} = \frac{NPV}{\sum_{n=0}^{n} I_t \cdot \frac{1}{(1+i_0)^t}} \tag{3-29}$$

式中 NPVR——项目方案的净现值比率；

I_p——项目方案的总投资现值；

I_t——项目方案第 t 年的投资；

NPV——净现值；

i_0——基准折现率；

CI——现金流入；

CO——现金流出；

CF——净现金流量；

n——项目方案的寿命周期。

净现值比率反映了方案的相对经济效益。即反映了资金的使用效率，它表示单位投资现值所产生的净现值、也就是单位投资现值所获得的超额净效益。

判别标准：用净现值比率评价方案时、当 $NPVR \geqslant 0$ 时，表示方案可行；当 $NPVR<0$，方案一般不可行。用净现值比率进行方案比较时，以净现值较大的方案为优。

净现值法不仅能考虑了资金的时间价值，而且计算了项目整个寿命周期的现金流量，因而较全面地反映了项目方案的经济效益状况。

评价多方案时，可初选净现值最大的方案较优，但还应计算净现值比率指标，才能正确地反映资金的使用效率，选出效益最优的方案。

用净现值和净现值率评价和比较方案时，各方案的寿命周期应基本相同，才能满足可比性。对不同寿命周期方案的比较，应采用适宜的方式将其寿命周期转换或折算成相同年限。

3.4 设备选型

3.4.1 设备的选型原则

设备选型是指根据生产工艺要求及市场情况，按照选型原则，提出可供选择的方案，择优选购所需设备的过程。合理的选择设备，可使有限的资金发挥最大的经济效益，因此是企业经营决策中的一项重要工作。

设备选型应遵循的原则是：经济上合理，技术上先进，生产上适用。其中主要是经济上合理，因为不适用的设备其经济上肯定是不合理的。所谓适用，是指所选的设备必须适合企业现生产产品和待开发产品生产工艺的实际需要。至于技术上先进，则是指既不可脱离企业实际需要而一味追求技术上先进，更不能选择技术落后的设备，一切要从经济效益出发。

3.4.2 设备选型应考虑因素

(1) 生产能力。在选择一台设备时，其生产能力应能满足生产现状对它的要求，并在可预见的将来也是可以胜任的。设备生产能力的使用过度或不充分均是不可取的，购置一台很快就会超负荷的设备无疑是不明智的。同样，购置一台拥有始终不需要的过高生产能力的设备，尤其当设备的价格较为昂贵时更是不可取的。因此，在选择设备时，应从具体的生产需要求出发，客观地评价需购设备的性能，生产效率及生产能力等因素，使所购设备的生产能力得以充分合理地使用。

(2) 可靠性。谁也不希望购置一台老出故障的设备，因为这不仅会造成损失，而且还会严重影响生产的正常运行，尤其是在生产连续性越来越强、市场竞争越来越激烈的今天。因此，设备的可靠性是设备选型时的一个重要考察因素。

(3) 可维修性。所谓可维修性是指设备易于(便于)维修的特性。尽管现在已出现了许多无需维修的设备，但对绝大多数的设备来说，故障总是难以避免的。因此，在选择设备时，可维修性就应作为一个重要评价因素，在其他因素基本一致的情况下，应选结构合理，易于检查、维护和修理的设备。

(4) 互换性。在可能的情况下，新购置的设备在备件供应、维护、操作等方面应与企业现有设备互有关联，尽量相同或相似。

(5) 安全性。由于设备的安全性对企业的生产、人员的安全等方面关系重大，在选择设备时应慎重评价。

(6) 配套性。在设备日益复杂、精密的今天，许多设备只有配套完备的辅助设备，才能充分发挥作用。因此在选择主机设备时，要把辅助设备的配套情况及其利用率作为重要因素来予以考虑。

(7) 操作性。设备的日趋复杂、精密并不意味着操作也日趋复杂。过分复杂的操作往往易于造成操作人员的疲劳和失误，以及人员培训费用的增加，所以应选择操作容易简便的设备。

(8) 易于安装。在选购设备前，应对设备的安装地点进行考察。对于一些大型设备，还需考察运输路线，选择合适的、易于安装的设备。

(9) 节能性。设备的节能包括两方面的涵义：一是指对原材料消耗的节省，二是指对能源消耗的节省。节能不仅是降低产品成本的需要，也是我们的基本国策。

(10) 对现行生产组织的影响。选购设备，尤其是选购先进、精密、复杂的设备时，应充分考虑其对现行生产组织的影响。例如当购置了数控机床或加工中心时，无疑会对现行的工艺准备、生产计划、现场监控人员的组织等方面带来影响，这些均应在设备购进之前予以充分评价。

(11) 交货。充分考虑供货厂家的信誉及交货期，选择信誉好和交货期有保证的厂家。

(12) 备件的供应。当设备由于磨损或发生故障而需要维修和更换零部件时，备件是否齐备就会成为能否尽快恢复生产的重要因素。因此，在选购设备时应充分考虑备件的供应情况，尤其对于进口设备更需如此。

(13) 售后服务。选择设备供应厂家时应考查他们提供安装、调试、人员培训及维修服务的条件，有着良好售后服务条件的设备运行就会有充分保证。

(14) 法律及环境保护。选购设备时要遵守国家和地方政府的有关法令和政策，同时要注意与环境的协调性，不要购置与政策和自然环境不相容的设备。

设备的选型应该基本考虑上述各个方面的因素，但在实际选型工作中，在上述有些项目条件相同或者根本不涉及的情况下，也可以仅仅选择若干项目对不同方案进行比较，不一定包含上述所有的项目。

3.4.3 设备选型步骤

(1) 信息收集和预选。将国内外相关设备产品目录、样本、广告、说明书及其他用户和相关专业人员提供的信息汇总，从中筛选出可供选择的机型和生产厂或供应商。这也是预选过程。

(2) 技术交流。通过与预选机型的生产厂或供应商进行技术交流，详细了解产品技术参数、随机附件、价格、供货周期、付款方式、软件及随机技术资料与图纸供应、人员培训、保修年限和售后服务等情况，然后进行分析比较，从中选出较符合需求的几个机型和厂家。

(3) 论证决策。对上一步选出的几个机型及生产厂家进行更进一步的了解，必要时进行产品试验，并与各生产厂家针对相关技术、价格及服务等问题进行洽谈，将一切需要了解的情况调查清楚后做好记录，然后进行技术经济分析，由设备、工艺、计划和使用单位等进行综合评价，选出理想的机型和厂家作为第一方案，但也要准备第二、第三方案，以便应对订货过程中出现的新情况。

以上步骤对于重要设备必须遵循，但对于简单设备、一般设备可以适当简化。对于重要设备的选型，可以采用国际上惯用的招标方式，保证以最有利的条件获得理想的设备。国外引进设备的选型应注意不同国家的商业习惯。可以向已进口此设备的企业了解情况，避免谈判中的误解。国外厂家习惯于按照用户工艺要求配置主机和附件，提出报价书，对此应加以分析。另外国外设备一般更新较快，应定购足够的易损备件和维修技术资料。

3.5 设备订货

设备的订货是根据企业投资规划中最后决策所列出的设备明细，与中标制造厂家或设备选型阶段所确定的制造厂家，按质量、数量、价格、交货期等的要求进行磋商，最后签订订货合同。

设备的采购方式包括招标、竞争性谈判、单一来源采购、询价等多种。

3.5.1 技术谈判

技术谈判以设备管理部门和使用单位为主，由相关技术人员组成谈判小组，与设备选型阶段所确定的制造厂家、供应商就设备的相关技术要求进行协商，在达成共识的基础上签订技术协议，作为合同的附件。

谈判可以直接涉及合同的有关条款。一份完整的合同技术附件应该包括：项目的产品大纲、生产能力、技术参数；技术规格的说明和卖方的供货范围；按照卖方设计由买方委托加工(或自加工)的供货范围；买卖双方的设计加工；买卖双方需要相互提供的技术资料及交付日期；卖方的技术保证指标值及试验方法；设备的设计、制造标准，质量控制标准和检验标准，包括合同中所选用的中国标准或国际标准；合同项目的总进度计划；双方技术人员的派遣计划和买方人员的培训计划；分项目价格表；卖方保密格式；买方保密格式；其他双方认为需要明确的内容，如产品的合作制造，设备所涉及有关专利和技术诀窍的使用问题等；设备的运输、包装及损坏保险。

在此阶段买方技术人员应对技术附件的范围及细项进行认真质疑，防止意外和人为疏漏发生。在技术谈判圆满完成之后，双方可以草签技术协议(合同附件)。

3.5.2 设备招标

设备的招标就是企业(招标人)在筹措设备时，通过一定的方式，事先公布采购条件和要求，吸引众多能够提供该项设备的制造厂商(投标人)参与竞争，并按规定程序选择交易对象的行为。招标投标必须遵循公开、公平、公正、择优和诚实信用的原则。推行招标采购，让众多供应商公开竞争，以最合理的价格获得最合适的设备。

1. 招标方式

目前国际上采用的招标方式大体上有三种类型：公开性招标、限制性招标和两段招标。

1) 公开性招标

公开招标是一种无限竞争性招标。招标活动是在公共监督之下进行的，先由招标单位在国内外主要报纸及有关刊物上刊登招标广告，也可以直接寄达某些公司，凡是对该项招标项目感兴趣的合格的投标者都有同等的机会了解投标要求并参加投标，以形成尽可能广泛的竞争局面。

公开招标的招标文件中规定了开标日期、时间及地点，并在有招标机构的决策人员及投标人在场的条件下当众开标。各投标人的报价和投标文件的有效性均应公布，并由招标机构所有决策人员在每份标书的报价总表上签字，防止有人修改报价。审议投标书和报价及决定授标均应根据公平的原则，按规定程序秘密进行，在此期间，评标组织可以要求投标人澄清某些问题，但不得要求或接受变更标价。只有选出中标人后，通过议标和商签合同时，根据双方要求，方可适当调整最后的合同价格。由于采用公开方式，一方招标，多方投标，形成典型的买方市场，使招标人有充分的挑选余地以取得最有利的成交条件。

公开招标是目前世界上最普遍采用的成交方式，政府投资的项目多采用这种方式。公开招标便于需购置设备的企业在市场上找到最有利于自己的供货厂家；同时由于公开选标便于公众监督，因而较为公平合理。

公开招标既有国际竞争性招标，也有国内竞争性招标，还有两者混合形式。国内竞争性招标的广告一般仅限于刊登在国内报纸及官方杂志，广告语言可以使用本国语言；招标文件及投标文件均可用本国文字编写；投标报价及付款一般使用本国货币；投标银行及履约银行保函均可由本国银行出具；仲裁在本国进行。在不希望或不需要外商参与的情况下，政府倾向于国内竞争性招标；此外，一些小的项目，由于外商缺乏兴趣，一般也采用国内竞争性招标。

2）限制性招标

限制性招标是一种有限竞争性招标，又称为特别邀请招标。

限制性招标一般不在报刊上登广告，而是根据招标人自己积累的经验、相关资料介绍或由咨询公司提供制造厂商的名单，如果是世界银行或其他机构资助的项目，招标人须征得其同意后，向某些资信较好的厂商发出邀请，经过对应邀人的资格审查后，通知其提出报价、递交投标书。这种招标对象是经过选择的厂商，基本上能保证招标的质量和时间，手续简便，从而可以节约招标时间及费用。缺点在于选拔范围有限，在邀请时有可能漏掉一些在技术及报价上有竞争能力的厂商。

限制性招标中被邀请参加投标的厂商一般不少于三家，以保证价格上的竞争性。

3）两段招标

两段招标实质上是公开招标与限制性招标的结合，也可以称为两阶段竞争性招标。第一阶段按公开招标方式进行，经过开标、评标后，再邀请报价较低的或最有资格的数家厂商进行第二阶段投标报价，最后确定中标者。如果在第一阶段的报价中最低标价在标底范围内，即可进行定标而无需作第二阶段报价。

两段招标方式一般适用于下列情况：

（1）在第一阶段报价、开标、评标之后，如最低标价超出标底20%，且经过减价后仍达不到要求时，可邀请其中标价最低的数家厂商再作第二阶段投标报价。

（2）对于某些技术复杂的设备采购或工程，在事先没有准备完整的技术规格的情况下，可考虑采用两段招标。在第一阶段招标中，投标者根据一般招标规格提出技术投标（不包括投标价格），该技术投标应对招标的技术规格各方面问题做出完整的描述，并在规定投标截止日期前以密封形式提交给招标者。开标之后，招标者通过对技术规格进行评估，集各家之长制订出标准的技术规格再发给投标者。第二阶段招标中，投标者根据标准技术规格最终的招标文件进行投标，其后的程序与公开招标相同。

2. 招标投标程序

一般来说，招标投标需经过招标、投标、开标、评标与定标等程序。

1）招标

公开招标应当发布招标通告。招标公告应当通过报刊或者其他媒介发布。招标通告应当载明下列事项：①招标人的名称和地址；②招标项目的性质、数量；③招标项目的地点和时间要求；④获取招标文件的办法、地点和时间；⑤对招标文件收取的费用；⑥需要公告的其他事项。

招标人或招标投标中介机构可以对有兴趣投标的法人或者其他组织进行资格预审，但应当通过报刊或者其他媒介发布资格预审通告。资格预审通告应当载明下列事项：①招标人的名称和地址；②招标项目的性质、数量；③招标项目的地点和时间要求；④获取资格预审文件的办法、地点和时间；⑤对资格预审文件收取的费用；⑥提交资格预审申请书的地点和截止日期；⑦资格预审的日程安排；⑧需要通告的其他事项。上述预审应当主要审查有兴趣投标的法人或者其他组织，是否具有圆满履行合同的能力。有兴趣投标的法人或者其他组织应当向招标人或者招标投标中介机构提交证明其具有圆满履行合同的能力的证明文件或者资料。招标人或者招标投标中介机构应当对提交资格预审申请书的法人或者其他组织作出预审决定。

采用邀请招标程序的，招标人一般应当向三家以上有兴趣投标的或者通过资格预审的法人或者其他组织发出投标邀请书。

采用议标程序的，招标人一般应当向二家以上有兴趣投标的法人或者其他组织发出投标邀请书。

招标人或者招标投标中介机构根据招标项目的要求编制招标文件。招标文件一般应当载明下列事项：①投标人须知；②招标项目的性质、数量；③技术规格；④投标价格的要求及其计算方式；⑤评标的标准和方法；⑥交货、竣工或提供服务的时间；⑦投标人应当提供的有关资格和资信证明文件；⑧投标保证金的数额或其他形式的担保；⑨投标文件的编制要求；⑩提供投标文件的方式、地点和截止日期；⑪开标、评标、定标的日程安排；⑫合同格式及主要合同条款；⑬需要载明的其他事项。

招标人或者招标投标中介机构在招标文件中，可以规定投标人在提交符合招标文件要求的投标文件的同时，提交备选投标文件，但应作出说明，并规定相应的评审和比较办法。

招标文件规定的技术规格应当采用国际或者国内公认、法定标准。招标文件中规定的各项技术规格，不得要求或者标明某一特定的专利、商标、名称、设计、型号、原产地或生产厂家，不得有倾向或排斥某一有兴趣投标的法人或者其他组织的内容。

招标人或者招标投标中介机构应当按照招标公告或者投标邀请书规定的时间、地点出售招标文件。招标文件售出后不予退还。除不可抗力原因外，招标人或者招标投标中介机构在发布招标公告或者发出投标邀请书后不得终止招标。

招标人或者招标投标中介机构需要对已售出的招标文件进行澄清或者非实质性修改的，一般应当在提交投标文件截止日期 15 天前以书面形式通知所有招标文件的购买者，该澄清或修改内容为招标文件的组成部分。

招标公告发布或投标邀请书发出之日到提交投标文件截止之日，一般不得少于 30 天。

对于同一招标项目，招标人或者招标投标中介机构可以分两阶段进行招标。第一阶段，招标人或者招标投标中介机构应当要求有兴趣投标的法人或者其他组织先提交不包括投标价格的初步投标文件，列明关于招标项目技术、质量或其他方面的建议。招标人或者招标投标中介机构可以与投标人就初步投标文件的内容进行讨论。第二阶段，招标人或者招标投标中介机构应当向提交了初步投标文件并未被拒绝的投标人提供正式招标文件。投标人或者招标投标中介机构根据正式招标文件的要求提交包括投标价格在内的最后投标文件。

2）投标

投标人应当按照招标文件的规定编制投标文件。投标文件应当载明下列事项：①投标函；②投标人资格、资信证明文件；③投标项目方案及说明；④投标价格；⑤投标保证金或者其他形式的担保；⑥招标文件要求具备的其他内容。

投标文件应在规定的截止日期前密封送达到投标地点。招标人或者招标投标中介机构对在提交投标文件截止日期后收到的投标文件，应不予开启并退还。招标人或者招标投标中介机构应当对收到的投标文件签收备案。投标人有权要求招标人或者招标投标中介机构提供签收证明。

投标人可以撤回、补充或者修改已提交的投标文件；但是应当在提交投标文件截止日之前，书面通知招标人或者招标投标中介机构。

3）开标

开标应当按照招标文件规定的时间、地点和程序以公开方式进行。开标由招标人或者招标投标中介机构主持，邀请评标委员会成员、投标人代表和有关单位代表参加。

投标人检查投标文件的密封情况，确认无误后，由有关工作人员当众拆封、验证投标资格，并宣读投标人名称、投标价格以及其他主要内容。

投标人可以对唱标做必要的解释，但所作的解释不得超过投标文件记载的范围或改变投标文件的实质性内容。开标应当作记录，存档备查。

4）评标与定标

评标应当按照招标文件的规定进行。

招标人或者招标投标中介机构负责组建评标委员会。评标委员会由招标人的代表及其聘请的技术、经济、法律等方面的专家组成，总人数一般为5人以上单数，其中受聘的专家不得少于2/3。与投标人有利害关系的人员不得进入评标委员会。

评标委员会负责评标。评标委员会对所有投标文件进行审查，对与招标文件规定有实质性不符的投标文件，应当决定其无效。

评标委员会可以要求投标人对投标文件中含义不明确的地方进行必要的澄清，但澄清不得超过投标文件记载的范围或改变投标文件的实质性内容。

评标委员会应当按照招标文件的规定对投标文件进行评审和比较，并向招标人推荐一至三个中标候选人。

招标人应当从评标委员会推荐的中标候选人中确定中标人。中选的投标者应当符合下列条件之一：①满足招标文件各项要求，并考虑各种优惠及税收等因素，在合理条件下所报投标价格最低的；②最大满足招标文件中规定的综合评价标准的。

除采用议标程序外，招标人或者招标投标中介机构不得在定标前与投标人就投标价格、投标方案等事项进行协商谈判。

招标人或者招标投标中介机构应当将中标结果书面通知所有投标人。招标人与中标人应当按照招标文件的规定和中标结果签订书面合同。

3.5.3 商务谈判及合同签订

商务谈判以设备采购主管部门为主，在前期技术谈判的基础上就数量、交货期、付款方式、运输方式、到站等进行进一步协商，最终签订正式合同。合同的内容应注意以下几点：

（1）合同的签订必须以技术协议为依据。

（2）必须明确表达双方的意见，文字准确无漏洞。

（3）合同必须符合国家的《合同法》。

（4）合同必须考虑可能发生的各种变动因素，并列入防止和解决办法。

（5）签订合同必须手续完备，填写清楚，包括供需主管部门和双方的通信地址、结算银行全称、货物到达站、运输方式，以及产品名称，规格型号、数量、标的额、交货期、付款方式、签订日期等，不要漏填或误填。最后加盖财务上规定的合同章才能生效。

设备的主合同，尤其是对于成套设备、流程设备、大型设备，一般应包括以下内容：

（1）主机、辅机设备名称、型号、规格的详细说明。

（2）各项目订货数量。

(3) 交货日期、地点、运输方式。

(4) 分项目价格、总价格。

(5) 付款方式和付款条件。

(6) 供货范围，包括主机、标准附件、特殊附件、随机备件。

(7) 随机附带的参考技术资料、技术说明书、维修资料、设备图纸、计算机软件及其份数。

(8) 卖方提供的技术服务：人员培训、安装调试等。

(9) 质量验收标准和验收程序，重要设备应规定验收分成6个环节进行：即①由买方派员赴生产厂现场监督生产和检验，②装箱前的检查，③到达目的地(口岸)后的开箱外观检验，④无负荷试车验收，⑤负荷试车验收，⑥精度检查验收。

(10) 设备保修期限及保修内容，卖方提供的售后技术服务期限及其内容。

(11) 卖方在合同签署后一定期限内应提供的设备重量说明及外形尺寸图、基础布置图，以便买方在设备到达之前做好安装准备。

(12) 人力不可抗拒的事故及处理方式。

(13) 双方违约罚款、争议的仲裁方式。

各个项目的合同文本，随项目的不同。也可以有所不同。订货合同及协议书，订货过程中的往返电函凭证，都应妥善保管，以便在订货过程中查询，并作为解决供需双方可能发生矛盾的依据。

3.6 设备监造

3.6.1 设备监造的意义

设备监造工作在我国起步较晚，但随着改革开放的深入及我国加入WTO组织，一切工作都要与国际接轨，设备监造工作的必要性和可行性越来越明显，并且逐渐被越来越多的采购商所接受。

一般来说，由于受各方面因素的制约，用户只能对订购的设备，尤其是较为复杂的大型设备进行出厂检查与验收，具体的制造过程根本无法掌握，所以根据设备的类别和重要程度不同，可以由业主单位派遣监理工程师或委托第三方，对设备设计的合理性、选材的正确性、工艺方案的可行性、制造过程执行工艺的准确性、检验工作的真实性等进行全面的过程监督检查，就可以有效地保证产品质量。监造通常采用全面跟踪、过程检验、工厂验收等方式。

对设备的生产过程实施监造主要有以下意义：

(1) 对设备生产、检验的全过程进行监督，有利于更好的确保设备质量。

(2) 有助于生产商制造工艺的规范与合理。

(3) 可指导生产商检验、试验方法的完善，保证监测结果的准确可靠。

(4) 有助于业主与生产商的相互沟通与信息交流。

3.6.2 监造工作的实施与管理

1. 签订监造合同

监造方应与委托方签订设备制造阶段的委托监理合同，而且应成立由总监理工程师和专业监理工程师组成的项目监理机构，并进驻设备制造现场。监造方必须尽最大努力在设备制造过程中提供高水平的专业技术服务，注重过程质量，实施制造过程的控制，确保设备按照设计要求生产。

2. 监造前准备

项目监理机构进驻设备制造现场后，在设备制造开始前应做好以下准备：

（1）熟悉设备制造图纸及有关技术说明和标准，掌握设计意图和各项设备制造的工艺规程以及设备采购订货合同中的各项规定，并应组织或参加制造单位组织的设备制造图纸的设计交底。

（2）编制设备监造大纲。

（3）审查与设备制造有关的各种资料。包括设备制造生产计划和工艺方案；拟采用的新技术、新材料、新工艺的鉴定书和试验报告；设备制造的检验计划和检验要求，确认各阶段的检验时间、内容、方法、标准以及检测手段、检测设备和仪器；主要及关键零件的生产工艺设备、操作规程和相关生产人员的上岗资格，并对设备制造和装配场所的环境进行检查；设备制造的原材料、外购配套件、元器件、标准件以及坯料的质量证明文件及检验报告，检查设备制造单位对外购器件、外协加工件和材料的质量验收。

3. 对设备制造、装配过程的监控

项目监理机构根据不同类型设备和制造的不同阶段，选派本行业具有一定知名度、高素质的专业技术人员或专家进行全过程监控。对主要及关键零部件的制造工序应进行抽检或检验。对制造工艺及工艺执行情况严格把关，组织专家会同制造厂家的技术员共同协商解决工艺中存在的问题，制定更合理可行、更具可操作性和指导性的工艺方案，以工艺制度约束工人操作，从而保证设备制造的过程质量。

要求设备制造单位按批准的检验计划和检验要求进行设备制造过程的检验工作，做好检验记录，并对检验结果进行审核，及时指出存在的内在质量问题和隐患。如果认为不符合质量要求，指令厂方按标准进行整改、返修或返工，以达到设计要求。

在设备的装配过程中，项目监理机构要对整个过程进行检查和监督，参加设备制造过程中的调试、整机性能检测和验证，符合要求后予以签认。如果在设备制造过程中需要对设备的原设计进行变更，则要审核设计变更，并审查变更引起的费用增减和制造工期的变化。

4. 设备的包装与运输

在设备运往现场前，项目监理机构还要指定专人检查设备制造单位对待运设备采取的防护和包装措施。并检查是否符合运输、装卸、储存、安装的要求，以及相关的随机文件、装箱单和附件是否齐全。

5. 定期报告设备制造情况

监造方要定期书面报告制造过程情况，使用户能及时了解设备在制造过程中存在的问题、解决办法、处理结果，了解设备制造进度，利于工作安排。

6. 编写设备监造工作总结

在设备监造工作结束后，监造单位要根据监造过程的实际情况写出设备监造工作总结，实事求是地对监造中发现的问题做出全面回顾，对设备质量及性能做出公正评价，让用户在使用设备时心中有数。

设备的监理和监造除了做好设备制造企业的进度、造价、材料、制造质量控制之外，还应对设备质量保修期，项目暂停、复工，项目变更，费用索赔，项目延期、延误，合同争议，合同解除等项目履行监理职责。

监理、监造体系在我国才刚刚开始，市场尚不够成熟，监理公司的人员结构也不尽理想，因此企业在选择监理、监造公司时，重点要考察该公司的资质、人才状况，监理经验等项目，以保障设备监理、监造的质量。

3.6.3 设备监造资料

(1) 设备制造合同及委托监理合同；
(2) 设备监造规划；
(3) 设备制造的生产计划和工艺方案；
(4) 设备制造的检验计划和检验要求；
(5) 分包单位资格报审表；
(6) 原材料、零配件等的质量证明文件和检验报告；
(7) 开工、复工报审表、暂停令；
(8) 检验记录及试验报告；
(9) 报验申请表；
(10) 设计变更文件；
(11) 会议纪要；
(12) 来往文件；
(13) 监理日记；
(14) 监理工程师通知单；
(15) 监理工作联系单；
(16) 监理月报；
(17) 质量事故处理文件；
(18) 设备制造索赔文件；
(19) 设备验收文件；
(20) 设备交接文件；
(21) 支付证书和设备制造结算审核文件；
(22) 设备监造工作总结。

3.7 设备验收、调试及后评价

3.7.1 设备的验收

设备的验收一般可分为设备完整性验收和设备技术性能验收。

1. 设备完整性验收

设备到货后应按照采购合同和装箱单及时开箱验收，设备的到货(开箱)验收以完整性验收为主，主要内容包括：设备实物验收、技术资料验收、商务手续验收。

1) 设备实物验收

(1) 设备的外观及包装情况。包装箱、内包装是否损坏。

(2) 到货设备型号、规格、附件是否与合同相符。

(3) 对于部件、零件非组装包装的，检查其是否与装箱单相符。

(4) 零件外观是否有锈蚀、损坏现象。

2) 技术资料验收

设备技术资料包括：质量合格证明文件、设备使用说明书、图纸、操作保养手册、零部件图册、以及需要填写反馈回厂家的保修单、服务卡等。

3) 商务手续验收

商务手续的验收应严格按照国家有关部门的规定进行验收。厂方提供设备使用和落户的证明文件及各种费用证明，应手续齐备。特殊设备应具备国家相关部门的证明文件。进口设备应有海关、商检等部门的报关、许可证等文控手续和证明。

设备开箱检验后若发现有破损、缺件或严重锈蚀等情况，应立即找有关部门进行公正检查，填写公证检验报告，拍摄实物照片等。或与供货商共同签署开箱检验记录，以便向生产厂家联系赔偿、修复、更换、增补的具体事项。

2. 设备技术性能验收

设备的技术性能验收可按以下步骤进行：

(1) 空载试运。设备安装(到货)后进行空运转试车，由设备管理部门会同工艺部门和使用部门，对设备安装精度的保持性，对设备传动、操纵、控制、润滑、液压、气动等系统是否正常、灵敏、可靠，对有关技术参数和运转状态参数(如噪声、振动等)进行检查，必要时签署无负荷试车验收报告。

(2) 负荷试运。主要检查设备在负荷作用下的技术性能。在负荷试验中应着重检查设备的振动、噪声、机件(如轴承)的温度，液压气动系统的泄漏、润滑系统的泄漏，操纵、传动、控制、自动功能、安全环保装置是否正常、稳定、可靠。

(3) 试生产运行。设备负荷试运后，设备暂时移交使用部门按合同规定的时限进行试生产运行。主要检查设备的可靠性、设备及部件因设计不足导致异常损坏、易损易耗件的使用寿命等。

各阶段的验收工作均应细致、严肃，认真记录，必要时可通过拍照、录像取证。凡属于设备原设计、制造加工质量、包装运输问题，应及时向出产厂、供应商提出补救和索赔，并延期验收。

国外进口设备开箱检查时，应通知国家商检部门派员参加，如发现质量或数量短缺问题，由国家商检部门出证，与贸易渠道交涉索赔。按照一般惯例，合同规定在货物到达口岸3个月之内，用户可以凭国家商检部门证明，对质量及短缺问题索赔。对必须安装、试车后才能发现的问题，可以凭国家商检证明在1年内索赔。因此，用户对进口设备应及时开箱检验，及时安装试车，避免过晚发现问题，超过规定索赔期限。

3. 办理索赔

索赔是业主按照合同条款中有关索赔、仲裁条件，向制造商和参与该合同执行的保险、运输单位索取所购设备受损后赔偿的过程。不论国内订购还是国外订购，其索赔工作均要通过商检部门受理经办方有效，同时索赔亦要分清下述情况。

(1) 设备自身残缺，由制造商或经营商负责赔偿。

(2) 属运输过程造成的残损，由承运者负责赔偿。

(3) 属保险部门负责范畴，由保险公司负责赔偿。

(4) 因交货期拖延而造成的直接与间接损失，由导致拖延交货期的主要责任者负责赔偿。

按照中国现行的检验条例规定，进口设备的残损鉴定，应在国外运输单据指明的到货港、站进行；但对机械、仪器、成套设备以及在到货口岸开箱后因无法恢复其包装而会影响国内安全转运者，方可在设备(机械，仪器)使用地点结合安装同时开箱检验；凡集装箱运输的货物(仪器、设备)，则应在拆箱地点进行检验。不过，凡合同中规定需要由国外售方共同检验或到货后发生问题需经外方派员会同检验的，一定要在合同规定的地点检验。所以，报检地点必须是验收所在地。

另外，一般合同的商务条款中所指“索赔有效期”即买卖双方共同认定的商品复验期(即合同规定买方在设备到货后有复验权)，复验期的具体时间视设备规模、类别的不同而异，由买卖双方商定，一般为6~12个月，报检人若超过上述期限进行报检，则检验部门可拒绝受理，即丧失索赔权。

经各个环节的检验，证明设备确实合乎合同要求，则由设备管理部门和生产使用部门正式签字验收。

3.7.2 设备的安装调试

1. 设备的安装

按照生产工艺所确定的设备平面布置图及安装技术规范的要求，将已经到货并经开箱检验的外购设备或改造、自制设备安装到规定的基础上，达到安装规范的要求，并经过调试、运转、验收使之达到生产工艺的要求。

设备安装工作由工程主管部门提出安装计划、进度等。由安装施工部门组织技术人员、机修工、操作者、起重工等相关人员实施。

2. 设备的调试

通用设备的调试工作包括清洗、检查、调整、试运等环节。单机小型设备的调试一般由生产厂家或使用单位组织进行。精、大、稀、关设备、成套设备以及特殊情况下的调试，由相关部门组织设备生产厂家及相关技术人员、机修工、操作者等实施。

设备的试运转一般可分为空载试验、负荷试验、精度试验三种。

(1) 空载试验：是为了检验设备的安装精度的保持性，设备的稳固可靠性，传动、操纵、控制等系统在运行中状态是否正常。

(2) 负荷试验：试验设备在数个标准负荷工况下进行试验，在有些情况下可结合生产进行试验。在负荷试验中应按规范检查轴承的温升，考核液压系统、传动、操纵、控制、安全等装置工作是否达到出厂的标准，是否正常、安全、可靠。不同负荷状态下的试运转，也是新设备进行磨合所必须进行的工作，磨合试验进行的质量如何，对于设备使用寿命影响极大。

(3) 精度试验：一般应在负荷试验后按说明书的规定进行，既要检查设备本身的几何精度，也要检查其工作(加工产品)的精度。这项试验大多在设备投入使用两个月后进行。

对于成套设备，在单机完成以上试验后，还要对整套系统进行联合试运，以检验整套系统运行的稳定性与可靠性。

设备试运转后应做好各项检验工作的记录，分别由使用部门、设备管理部门和档案管理部门存档。

3.7.3 设备投资项目后评价

设备投资项目后评价是对已实施完成的项目的目的、执行过程、效益、作用和影响所进行的系统的客观分析。设备投资项目后评价时，主要是收集、分析、整理项目决策和建设过程中以及项目运行一定时期后实际发生的各类技术经济数据、资料等有用的信息，并加以认真分析研究和归纳总结，确定投资效益的目标是否达到，项目规划是否合理；通过分析评价找出项目成败的原因，总结经验教训，对项目实施运营中出现的问题提出改进建议，并及时有效地反馈信息，为未来项目的决策和提高完善投资决策管理水平提出建议，从而达到提高投资效益的目的，为搞好以后的决策打下基础。

1. 设备投资项目后评价的基本方法

项目后评价主要采用定性和定量相结合的方法。最基本的常用方法是有无对比法，包括前后对比，预计和实际对比，有无项目的对比等。通过对比找出变化和差距，度量项目的真实影响和作用。

项目后评价的有无对比是指将项目前期的可行性研究报告的技术经济指标、预测结论，与项目的实际运行结果相比较，发现变化和分析原因。后评价的关键就是要分清楚“有项目”和“无项目”，做到投人与产出的效果口径一致，即要做到所度量的效果是真正由项目实施而产生的，剔除其他因素(项目外)的影响。

2. 项目后评价的主要内容

设备投资项目的后评价主要包括技术性能、市场、投资、工程项目管理和经济效益等方面的后评价。

(1) 技术后评价，是对工艺技术流程和技术装备选择的可靠性、适用性、经济合理性等进行的再分析。通过对照可行性研究报告的指标与投产运行的实际完成情况等方面的对比，进行总结评价。

(2) 市场后评价，是对项目产品竞争能力的评价。具体就是对项目的最终产品的销售情况和产品市场分布做出评价。

(3) 投资后评价，是对项目投融资方式的分析。重点分析项目投资额度的变化、融资方式的不同组合对项目经济效益的影响。主要分析项目各阶段的总投资变化情况，投资变化的主要因素，融资方式和结构对项目投资及生产运营的影响，与条件基本相似的投资项目相比较，分析工程投资水平高低等。在具体评价中，应认真分析各阶段投资和建设规模的变化，找出具体原因分析融资方式的不同对效益和项目运营情况的影响，总结降低投资的经验，充分有效地实现投资效益最大化。

(4) 项目管理后评价，是对项目的可行性研究报告预计情况和实际执行情况进行比较和分析，找出差别，分析原因。明确授权、落实责任完善的项目管理模式，对于投资项目的顺利实施必不可少。主要包括工程建设管理和机制、工程进度和实施情况、工程物资采购和造价控制等。

(5) 经济效益后评价，经济效益后评价是对项目的财务指标进行分析。投资项目的成功与否主要是看项目的经济效益。项目的经济效益主要通过内部收益率、投资回收期、税后利润、销售收人等财务指标来衡量，并与可研的预计目标进行比较，具体分析项目效益增减的主要因素。通常是把项目稳定生产一年后的实际效益与项目可行性研究报告中的预计目标相比较。

(6) 其他后评价。一般包括社会效益、可持续性等方面的后评价。

3.8 设备资源优化配置

设备资源根据时序可分为存量和增量两部分。存量是指以前所拥有的设备资源总量，增量是指即将拥有的设备资源补充量。设备资源优化配置是指为了实现设备投资回报最大化，优化设备资源增量配置，盘活设备资源存量，提高设备资源的使用效率。

设备资源配置是否优化，其标准主要是看设备资源的使用是否带来了生产的高效率和企业经济效益的大幅度提高。优化配置设备资源是一个多目标规划及评价问题，任何一个配置方案的优劣比较，必须依托于一定的评价标准及体系。因此，企业应根据实际情况首先建立一套科学、规范的评价体系，以此作为优化设备配置的依据。

一般情况下，设备资源的配置应本着“优化增量、盘活存量、提高质量、控制总量”的原则，首先考虑盘活设备资源的存量，同时考虑优化设备资源的增量。

3.8.1 存量设备资源的优化

由于生产的发展、技术的进步、工艺条件的变化以及工程设计的失误，造成部分设备利用率较低或长期闲置。设备管理部门应多渠道优化盘活存量设备，提高设备的投资效益。

1. 专业化集中管理

设备集中管理是通过设备专业化集中管理，使设备资源达到优化配置，设备效能充分发挥，不断提高在用设备的完好率和利用率。设备集中管理与分散管理相比具有以下优点：

(1) 设备专业化集中管理后，设备实现了统一调配，可以充分现有发挥现有设备资源的潜力，设备的利用率有很大提高。与分散管理相比，设备的配置总量将有所下降。

(2) 设备专业化集中管理后，由于实现了资源的共享，可以减少配件的储备。

(3) 设备专业化集中管理后，管理人员、操作人员及维护保养人员也实现了专业化，可以较好的实现设备的标准化操作、合理的维护保养，提高设备的完好率和管理水平。

但油田企业生产有其特殊性，设备集中管理实施过程中，要因地制宜，因设备的不同区别对待，做到聚散有度。

2. 闲置设备的调剂利用

闲置设备是指企业固定资产中连续停用一年以上或新购进厂二年以上不能投产或变更计划后不用但仍有使用价值的设备(国家及有关部门明令不得作为闲置设备除外)。对企业来说，闲置设备是利用率低的设备，不一定技术性能差，可能对另外一个企业来说，就是“优质资产”。设备闲置不但造成了资源浪费，企业还要付出管理及维护费用。设备管理部门应定期对设备的使用情况进行调研、分析，对利用率不高或是参数不适合工况需求的设备进行调剂，调整不合理的设备配置结构，促进闲置设备的合理流动，实行闲置设备再配置，提高了设备利用率。

3. 设备改造

设备的技术改造也叫做设备的现代化改装，是指应用现代科学技术成就和先进经验，改变现有设备的结构，装上或更换新部件、新装置、新附件，以补偿设备的无形磨损和有形磨损。通过技术改造，可以改善原有设备的技术性能，增加设备的功能，使之达到或局部达到新设备的技术水平，提高生产效率和设备的现代化水平。设备技术改造具有以下特点：

(1) 针对性强。企业的设备技术改造，一般是由设备使用单位与设备管理部门协同配合，确定技术方案，进行设计、制造的。这种做法有利于充分发挥他们熟悉生产要求和设备实际情况的长处，使设备技术改造密切结合企业生产的实际需要，所获得的技术性能往往比选用同类新设备具有更强的针对性和适用性。

(2) 经济性好。设备技术改造可以充分利用原有设备的基础部件，比采用设备更新的方案节省时间和费用。此外，进行设备技术改造常常可以替代设备进口，节约外汇，取得良好的经济效益。

(3) 现实性大。一个国家所拥有的某种设备总量，总是远大于年产这种设备的能力。也就是说，不待原有设备全部更换完毕，初期更新的设备又早已陈旧不堪了。可见，单靠设备更新这种方式显然难以满足企业发展生产的要求。因此，采用设备技术改造具有很大的现实性。

由此可知，应用先进的科学技术成果对原有设备进行技术改造。是与设备更新同等重要的补偿设备无形磨损并提高装备技术水平的重要途径。

4. 设备报废

根据设备报废技术标准和工作程序及时对符合条件的设备进行报废，努力减少不良设备资产，降低维护费用，确保安全生产。

3.8.2 增量设备资源的优化

增量设备的配置应以配置科学和使用高效为目标，控制设备总量，提高设备档次，走精机高效之路。企业要根据生产和市场开发的实际需要，合理确定生产设备的配置，制定主要设备配置标准。

由于受多年来粗放管理的影响。油田企业增量设备资源管理还不完善。主要表现在：

(1) 增量设备管理与存量设备管理脱节。在企业设备管理过程中存在着“重增量投入、轻存量优化”的倾向，没有在盘活存量的高度上考虑增量的投入。

(2) 投资多头管理缺乏有效统一控制。在实际工作中，油田企业由于管理部门专业分工不同，缺乏有效的统一控制，存在着增量资产投资多头管理的问题。

(3) 部分增量资产的购置选型缺乏必要的分析，存在盲目性。造成不必要的损失，选型不合理，造成技术先进的设备利用率不高。

针对上述问题，油田企业增量设备资源的优化应从以下几个方面入手：

(1) 实现增量设备和存量设备的互补。以加强存量管理作为增量投入的依据。通过加强设备存量管理，定期分析企业存量设备的配置结构存在的问题，分析设备闲置的原因，存量管理的信息是增量投入的最好依据。

(2) 强化增量设备建设项目评价。增量设备建设项目评价贯穿增量资产投资管理的整个过程。在开展增量设备建设项目评价时，不仅要注重项目的前期评价，还要重视项目的中期评价和后期评价工作。在投资管理中加强可行性研究和项目评价的组织管理工作尤为重要。首先要紧密结合生产实际，注重优化选型，特别是对重大装备项目，成立投资论证专家组，从技术性、经济性、实用性和安全环保等方面进行综合评价，以保证重大项目投资的科学合理，有效提高了投资效益。同时对已实施的重大装备投资决策进行后评估。根据设备实际运行情况，按预期的各项经济、技术指标，逐项进行对比分析，查找决策中的失误，不断改进和加强设备投资管理。

3.9 设备更新与改造

3.9.1 设备更新与改造的内涵

随着设备在生产中使用年限的延长，设备的有形磨损和无形磨损日益加剧，故障率增加，可靠性相对降低，导致使用费上升。其主要表现为，设备大修理间隔期逐渐缩短，使用费用不断增加，设备性能和生产率降低。当设备使用到一定时间以后，继续进行大修理已无法补偿其有形磨损和全部无形磨损；虽然经过修理仍能维持运行，但很不经济。解决这个问题的途径是进行设备的更新和改造。

从广义上讲，补偿因综合磨损而消耗掉的机械设备，就叫设备更新。它包括总体更新和局部更新，即包括：设备大修理、设备更新和设备现代化改造。从狭义上讲，是以结构更加先进、技术更加完善、生产效率更高的新设备去代替物理上不能继续使用，或经济上不宜继续使用的设备，同时旧设备又必须退出原生产领域。

根据目的不同，设备更新分为两种类型：一种是原型更新，即简单更新。也就是用结构相同的新设备来更换已有的严重性磨损而物理上不能继续使用的旧机器设备，主要解决设备损坏问题。另一种更新则是以结构更先进、技术更完善、效率更高、性能更好、耗费能源和原材料更少的新型设备，来代替那些技术陈旧，不宜继续使用的设备。

设备的现代化技术改造是指为了提高企业的经济效益，通过采用国内外先进的技术，改变现有设备的性能、结构、工作原理，以提高设备的技术性能或改善其安全、环保特性，使之达到或局部达到先进水平所采取的重大技术措施。

3.9.2 设备更新与改造的原则与条件

1. 设备更新改造的原则

（1）应当紧密围绕企业生产经营、产品开发和技术发展规划，有计划、有重点地进行。

（2）应着重采用技术更新的方式，改善和提高企业技术装备水平，减轻工人劳动强度，达到优质高产、高效低耗、安全环保的综合效果。

（3）应进行技术经济论证，科学决策，选择最优方案，确保获得良好的投资效益。

（4）应充分考虑生产经营的必要性、技术的先进性和可行性、经济的合理性。

2. 设备更新的条件

（1）使用年限已满，丧失使用效能，无修复价值的。

（2）因生产条件改变，已丧失原有使用价值的。

（3）使用年限未满，但缺乏配件无法修复使用的。

（4）毁损后无修复使用价值的。

（5）经论证，大修理后技术性能仍不能满足生产要求或虽然能满足生产要求，但更新更经济合理的。

（6）技术落后，不符合安全、环保、节能要求的。

（7）机动车辆符合国家有关报废规定的。

（8）国家明令淘汰和其他符合更新条件的。

3.9.3　设备经济寿命概念与计算

1. 设备经济寿命的涵义

设备的经济寿命，也叫做设备的价值寿命。它是依据设备的使用费用(即使用成本)最经济来确定的使用期限，通常是指设备平均每年使用成本最低的年数。经济寿命用来分析设备的最佳折旧年限和经济上最佳的使用年限，即从经济角度来选择设备的最佳更新时机。

2. 经济寿命的计算

经济寿命是考虑设备的有形磨损，根据最小使用费用(成本)的原则确定的设备寿命。设备的费用由两部分组成：一部分是购置设备时的投资费用；另一部分是维修保养、燃料动力消耗和劳务支出等经管费用。前者随着设备使用年限的延长，其分摊费用就越少；后者是由于有形磨损造成的设备低劣化，其值将逐年增大。这两种具有相反趋势费用的和，必然会有最低点，这个最低的使用费用就是该设备的经济寿命费用。经济寿命费用所对应的设备使用年限，就是该设备的经济寿命。如前所述，经济寿命是指设备年平均使用成本最低的年数。年平均使用成本是由设备的购置费和维持费在使用年限内的分摊额所构成的。一方面，每年分摊的购置费会随着设备使用年限的延长逐渐减小；另一方面，每年分摊的维持费(包括维护修理费、能源消耗费、操作费等)又会随使用年限的延长而急剧上升。前一种越来越低的平均成本会被后一种越来越高的平均成本所抵消，因而在设备的整个使用期内，年平均总费用(使用成本)必须呈现为使用年限的函数。在某一合适的年限里，设备的年平均使用成本会出现最低值。这个年限正是我们所要寻求的设备的经济寿命，如设备经济寿命示意图所示。

计算经济寿命的方法很多，比较常用的有：

(1) 低劣化值法。随着设备使用年限的延长和磨损的日益加剧，一方面，设备的技术性能会越来越低劣；另一方面，设备的维持费用又会越来越增高。我们把这种现象叫做设备的低劣化，并把其维持费用称为低劣化值。如果设备每年的低劣化值的增加额 λ 为定值，则第 T 年设备的低劣化值应为 $T\lambda$，T 年中每年平均的低劣化值应为 $T\lambda/2$。

设备每年平均的使用成本(总费用)可用下式表达：

$$y = \frac{T\lambda}{2} + \frac{K}{T} \tag{3-30}$$

式中　y——设备年平均使用成本(总费用)；

K——设备的原值；

T——设备的使用年限；

$\frac{K}{T}$——每年平均分摊的设备设置费；

λ——每年低劣化值的增加额，为定值。

从上式可见，设备的年平均使用成本 y 是设备使用年限 T 的函数。为了求得年平均使用成本最低的使用年限，可对式(3-30)取导数，并令其结果等于零。

即：

$$\frac{dy}{dT} = 0, \qquad \frac{\lambda}{2} - \frac{K}{T^2} = 0$$

则经济寿命 T_0 为

$$T_0 = \sqrt{\frac{2K}{\lambda}} \quad (3-31)$$

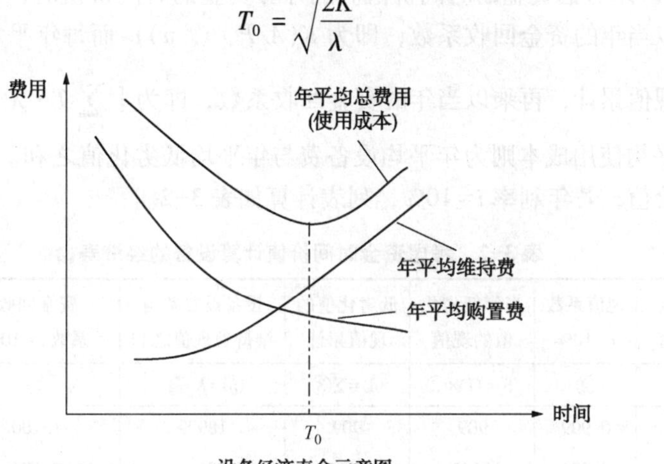

设备经济寿命示意图

【例 3-1】设某一设备的设置费为 18000 元，每年低劣化值的增加额为 1000 元，求其经济寿命。

解：设备的经济寿命 T_0 可用式(3-31)求得：

$$T_0 = \sqrt{\frac{2K}{\lambda}} = \sqrt{\frac{2 \times 18000}{1000}}\text{年} = \sqrt{36}\text{ 年} = 6\text{ 年}$$

即该设备的经济寿命为 6 年。

设备的经济寿命也可用列表的方法求得。利用上例的数据，列表如表 3-1。

应用式(3-31)时应注意以下几点：

① 当各年低劣化值的增量 λ 不相等时，即每年的维持费不呈直线上升时，则不能采用这个公式。

表 3-1　设备的经济寿命

使用年数	每年分摊的设备费 K/T	每年平均的低劣化值 $T\lambda/2$	年平均使用成本(总费用)$k/T+T\lambda/2$
1	18000	500	18500
2	9000	1000	10000
3	6000	1500	7500
4	4500	2000	6500
5	3600	25000	6100
6	3000	3000	6000*
7	2571.4	3500	6071.4
8	2250	4000	6250

注：* 为使用成本最低值。

② 式(3-31)未考虑使用期末的设备残值。如期末残值 L 较大时，则应采用以下公式计算设备的经济寿命。

$$T_0 = \sqrt{\frac{2(K-L)}{\lambda}} \quad (3-32)$$

③ 式(3-31)未考虑资金的时间价值。当计算资金的时间价值时，每年平均的设备费应为设备原值乘以当年的资金回收系数，即为 $K(A/P, i, n)$；而每年平均的低劣化值应为各年低劣化值的现值累计，再乘以当年的资金回收系数，即为 $\left[\sum_{r=1}^{n} T \cdot \lambda \cdot (P/F, i, n)\right](A/P, i, n)$。年平均使用成本则为年平均设备费与年平均低劣化值之和。利用例 3-1 的数据，考虑资金时间价值，若年利率 $i=10\%$，列表计算如表 3-2。

表 3-2 考虑资金时间价值计算设备的经济寿命

使用年数	当年低劣化值	现值系数 $i=10\%$	当年低劣化值的现值	低劣化值的现值累计	设备设置费与维持费现值之和	资金回收系数 $i=10\%$	年平均使用成本
	①	②	③=①×②	④=Σ③	⑤=K+④	⑥	⑦=⑤×⑥
1	1000	0.909	909	909	18909	1.100	20799.90
2	2000	0.826	1652	2561	20561	0.576	11843.14
3	3000	0.751	2253	4814	22814	0.402	9171.23
4	4000	0.683	2732	7564	25546	0.315	8046.99
5	5000	0.621	3105	10651	28651	0.264	7563.86
6	6000	0.565	3390	14041	32041	0.230	7369.43
7	7000	0.513	3591	17632	35632	0.205	7304.56*
8	8000	0.467	3736	21368	39368	0.187	7361.82

注：* 为使用成本最低值。

结果表明，若考虑资金的时间价值，则该设备的经济寿命为 7 年。

(2) 年金法。若设备每年维持费用的增长额不是定值，在考虑资金的时间价值的条件下，其年平均使用成本可用技术经济学中的年金法求得。计算公式为：

$$A = \left[K - \frac{L_j}{(1+i)^j} + \sum_{(1+i)^j}^{j} \frac{C_n}{(1+i)^j}\right]\left(\frac{i(1+i)^j}{(1+i)^j - 1}\right) \tag{3-33}$$

或

$$A = \left[K - L_j(P/F, i, n) + \sum_{n=1}^{j} C_n(P/F, i, n)\right](A/P, i, n) \tag{3-34}$$

式中 A——设备年平均使用成本；

K——设备的原值，即初期的设置费；

L_j——设备使用到 j 年末的净值；

i——年利率；

J——设备的计算期(年)；

N——设备的使用年数($n=1\sim j$)；

C_n——设备每年的维持费。

应用式(3-33)可以求得设备年平均使用成本的最低值 A_{min}，它所对应的使用年限就是设备的经济寿命，即最佳的更新周期。

3.9.4 设备更新与改造技术经济分析方法

补偿设备的磨损是大修理、技术改造和更新的共同目标，究竟选择何种方式进行补偿，这需要运用设备技术学中所论述的原理和方法来进行分析、计算，经综合比较后，从中选择技术经济效益最优的方式。现介绍几种常用的方法。

1. 技术改造效果系数法

设备技术改造与设备更新相比，其经济效益的高低可用设备技术改造效果系数来判断。

设备技术改造方案在经济上更为合理的条件是：

$$R_i + K_m + S_e < K_n \alpha\beta + S_a$$

对以上不等式进行交换，整理后得：

$$E_m = 1 - \frac{R_i + K_m - S_e}{K_n \alpha\beta + S_a} \tag{3-35}$$

式中 E_m——技术改造效果系数；

R_i——技术改造同时进行的第I次设备大修理费用；

K_m——设备技术改造投资；

K_n——新设备的价值；

α——生产率比较系数，其值等于经技术改造后设备的生产率与新设备从投入使用到第一次大修前的生产率之比；

β——使用周期比较系数，其值等于经技术改造后设备的修理周期与新设备投入使用到第一次大修前的使用期之比；

S_e——使用成本损失，其大小等于使用经技术改造后的设备加工与使用新设备加工单位产品成本之差，乘以经技术改造后的设备在第一个修理周期内的产量；

S_a——提前更换旧设备的损失，其大小等于旧设备的净值与其转让处理回收价之差。

计算结果，若改造效果系数 $E_m>0$，表明设备技术改造方案经济上合理、可行；若改造效果系数 $E_m<0$，说明技术改造方案的经济效益不高，应该采用设备更新的方案。

【**例 3-2**】某工具制造厂的一台花键拉刀磨床已使用多年，技术上不能满足用户对产品的质量、性能要求(R_a0.2~0.1，可分度 100 槽)需要更新。现有更新与技术改造两个方案可供选择，其有关数据列于表 3-3 中，试用改造效果系数法进行评价。

表 3-3 同类机床的性能、价格比较

国别与型号	中心高×顶尖距/mm	表面粗糙度/μm	可分槽数	价格/万元
德国 KS(KAPP)	150×2000	*Ra*0.2	4~80	123
国产 M8612A	180×2000	*Ra*0.8	4~24	2
(技术改造后)M8616	260×2000	*Ra*0.4~0.2	任意	2.9

解：除表 3-3 外，其余有关数据如下(均系 1983 年统计资料)：

技术改造所需投资：$K_m = 6000$ 元

与技术改造同时安排的大修理费 $R_i = 3000$ 元

购买国外新机床：$K_n = 123$ 万元

改造后机床的生产率与新购机床生产率之比：$\alpha = 0.75$

改造后机床的修理周期与新购机床第一个修理周期之比：$\beta = 5/7$

提前更换旧设备的残值损失：$S_a = L = 15000$ 元

使用改造后设备至下次大修期内的总产量：Q_2 = 月产量×月数×大修周期×设备效率 = 51×12×5×0.75 = 2295 件

使用新购设备的单件生产成本：$C_{z1}=92.5$ 元

使用改造后设备的单件生产成本：$C_{z2}=3.76$ 元

使用成本损失：$S_e=Q_2(C_{z2}-C_{z1})=2295\times(3.76-92.5)=203658$ 元。

将以上数据代入式(3-35)，得：

$$E_m = 1 - \frac{R_i + K_m + S_e}{K_n \alpha\beta + S_a}$$
$$= 1 - \frac{3000 + 6000 - 203658}{1230000 \times \dfrac{5}{7} \times 0.75 + 15000}$$
$$= 1 + \frac{194658}{673928}$$
$$= 1.289$$

计算结果表明 $E_m>0$，可见技术改造方案更佳。

2. 总成本比较法

当设备需要补偿磨损时，一般有以下 5 种方式可供选择：继续使用旧设备；对旧设备进行大修理；对旧设备进行技术改造；相同型号的新设备替代旧设备；采用新型设备替代旧设备。设备管理的任务就是要通过分析、比较，从中选择经济上最合理的方案。

总成本比较法就是计算总费用时，考虑了不同方案生产效率的差异以及不同年份发生费用的资金时间价值，因而更为合理、准确。应用总成本比较法时，要先找出不同方案每年的费用金额，将其转化为现值，然后再将费用现值的总额除以反映该方案生产效率的折算系数，这样得出的总成本便是经过折算的总成本现值。其中，总成本最小的方案就是应该选用的最佳方案。

各方案总成本的计算公式如下：

(1) 继续使用旧设备：

$$C_{zo} = \frac{1}{\beta_o}\sum_{j=1}^{n} C_{oj}(P/F,\ i,\ n) \tag{3-36}$$

(2) 旧设备大修理：

$$C_{zr} = \frac{1}{\beta_r}\left[R + \sum_{j=1}^{n} C_{rj}(P/F,\ i,\ n)\right] \tag{3-37}$$

(3) 旧设备技术改造：

$$C_{zm} = \frac{1}{\beta_m}\left[K_m + \sum_{j=1}^{n} C_{mj}(P/F,\ i,\ n)\right] \tag{3-38}$$

(4) 原型更新：

$$C_{zn} = \frac{1}{\beta_n}\left[K_n + \sum_{j=1}^{n} C_{nj}(P/F,\ i,\ n)\right] - L \tag{3-39}$$

(5) 技术更新：

$$C_{ze} = \frac{1}{\beta_e}\left[K_e + \sum_{j=1}^{n} C_{ej}(P/F,\ i,\ n)\right] - L \tag{3-40}$$

式中 $(P/F,\ i,\ n)$——现值系数；

β——生产率系数，等于该方案生产率与原型更新设备生产率之比；

j——设备使用年限，等于 1，2，…，n。

其余各参数的含义如表 3-4 所列。

表 3-4　总成本比较法的参数、符号

参数 \ 符号 \ 方案	继续使用旧设备	旧设备大修理	旧设备技术改造	原型更新	技术更新
旧设备残值				L	L
新增投资		R	K_m	K_n	K_e
生产率系数	β_o	β_r	β_m	β_n	β_e
第 j 年使用费用	C_{oj}	C_{rj}	C_{mj}	C_{nj}	C_{ej}
第 j 年总成本	C_{zo}	C_{zr}	C_{zm}	C_{zn}	C_{ze}

3. 价值分析法

价值分析法也叫价值工程(Value Engineering)，是一种独具特色的技术经济分析法。它首先对设备(或产品、作业)进行功能分析，肯定必要功能，剔除多余功能，增补不足功能。然后进行功能评价，确定各项功能的重要程度，以及不同设备方案的功能系数。继而分析设备为获得该项功能所支付的成本，计算成本系数。最后利用公式 $\left[\text{价值}=\dfrac{\text{功能}}{\text{成本}}\right]$ 计算出不同设备方案的价值系数，其大小反映了不同方案经济效益的高低，价值系数最大的方案为最优方案。

现举例说明如下。

【例 3-3】某工厂需要一台磨削长度为 3~8m 的同类龙门式导轨磨床性能优良，但售价为 200 万美元，工厂无力购买。从该厂实际情况出发，有两个方案可供选择：(1)购买国产 MM52125A 精密龙门式导轨磨床。(2)利用该厂原有的工作台为 13m 的 B2025-1 型龙门刨床进行技术创造。

(1) 经组织专家用价值分析法评价，2 个方案的部件功能重要度与功能满足度评分结果如表 3-5 所列。

表 3-5　机床部件功能重要度与功能满足度评分

序号	部件名称	功　能	重要度评分	满足度评分		
				MM5212A（新购）	MB2025（改造）	说　明
1	主磨头 F1	1. 磨削主导轨面	50	50	45	MB 磨削粗糙度比 MM 差一级
		2. 磨削斜导轨面	10	10	0	MB 无此项结构
2	垂直磨头 F2	1. 磨削侧导轨面	30	30	25	MB 磨削粗糙度比 MM 差一级
		2. 磨削燕尾导轨面	10	10	0	MB 无此项结构
3	工作台及床身 F3	1. 安装工件	60	25	60	MM 最大工件长 4m；MB 为 10.7m
		2. 将电机的旋转运动变为工作台的直线运动	25	25	20	即主运动的平稳性
		3. 获得工件运动的高精度	25	25	20	即部件的几何精度

续表

序号	部件名称	功　能	重要度评分	满足度评分		说　明
				MM5212A（新购）	MB2025（改造）	
⋮	⋮	⋮	⋮			
7	冷却装置 F_7	1. 冷却工件 2. 分离铁屑 3. 冷却液温度控制	13 5 2	13 5 2	11 5 0	MM 能同时冷却工作台 MB 无此项功能
8	合计		$\Sigma F=362$	$\Sigma F_{新}=327$	$\Sigma F_{改}=284$	

（2）功能系数：

$$功能系数=\frac{该方案的功能满足度得分}{功能重要度总评分}$$

① 新购 MM52125A 方案：

$$F_{新}=\frac{327}{362}\times 100\%=90.33\%$$

② 技术改造 MB2025 方案：

$$F_{改}=\frac{284}{362}\times 100\%=78.45\%$$

（3）不同方案的成本：

① 新购 MM52125A 方案：购置费 $C_{新}=45$ 万元。

② 技术改造 MM52125A 方案：旧设备净值加技术改造费 $C_{改}=31.19$ 万元。

（4）价值系数：

$$价值系数=\frac{功能系数}{成本系数}\qquad 即\ V=\frac{F}{C}$$

① 新购 MM52125A 方案：

$$V_{新}=\frac{F_{新}}{C_{新}}=\frac{90.33}{45}=2.007(1/万元)$$

② 技术改造 MM52125A 方案：

$$V_{改}=\frac{F_{改}}{C_{改}}=\frac{78.45}{31.19}=2.515(1/万元)$$

（5）成本降低率：

$$成本降低率=\frac{C_{新}-C_{改}}{C_{新}}\times 100\%$$

$$=\frac{45-31.19}{45}\times 100\%$$

$$=29.3\%$$

（6）定量评价比较：两个方案的定量评价比较，列于表 3-6。

表 3-6　定量评价比较表

序号	方　案	功能满足度得分	成本(万元)	周期	价值系数/万元	成本降低率/%
1	MM52125A(新购)	327	45	1 年	2. 007	0
2	MB2025(技术改造)	284	31. 19	1 年	2. 515	29. 3

（7）结论：根据两个方案的功能、成本、周期等个基本因素的综合比较，该厂决定选择由企业进行技术改造的 MB2025 龙门导轨磨床方案。

第4章　设备使用管理

4.1　设备的操作使用

4.1.1　新设备使用前的准备工作

为了确保操作人员能够安全、正确的使用新设备，发挥出新设备的最大效能，在新设备投入使用前需要做一系列准备工作。

1. 建立健全设备管理与使用规章制度

设备管理与使用规章制度，主要包括设备管理办法、设备操作规程、设备维护保养规程、操作人员岗位责任制等，建立健全并严格执行这些规章制度，是合理使用设备的重要措施。

设备管理办法，是指对操作人员正确使用设备的各项基本要求和规定。内容包括交接班制度，“十字作业”(清洁、润滑、紧固、调整、防腐)，“四懂三会”(懂性能、懂结构、懂原理、懂用途，会使用、会保养、会排除故障)等工作内容。

设备操作规程是指导操作人员正确使用设备的基本文件，应包括设备主要规格型号、传动系统图表、润滑图表、操作要领、常见故障及处理、紧急情况及处理等内容。

设备维护保养规程是对设备的清洁、润滑、紧固、调整、防腐等一系列工作的要求，对设备进行维护管理是设备自身运行的客观要求，也是保证设备处于完好技术状态，延长设备使用寿命所必须进行的日常工作。

操作人员岗位责任制，就是规定设备操作岗位的具体内容和职责。

2. 培训操作人员

对操作者培训包括技术教育、安全教育和业务管理教育三方面内容。通过培训使操作人员熟悉新设备性能、结构、技术规范、操作方法，安全、润滑等知识，经培训合格后方能操作使用设备。

3. 按照“平、稳、正、全、牢、灵、通”的要求，检查设备的安装、精度、性能及安全装置

4. 清点随机附件，配备各种检查维修工具，办理交接手续

4.1.2　设备合理使用要求及规定

设备的正确、合理使用是石油企业设备管理工作中的重要环节，是延长设备寿命的客观要求，是充分发挥设备效能、提高设备利用率的基本条件。

1. 正确合理使用设备的前提

(1) 合理配备设备。合理配备设备，是指企业应根据生产经营目标和企业发展方向，按产品工艺要求的需要去配备各种类型设备。

企业在全面规划、平衡和落实各单位设备能力时，要以发挥设备的最大作用和最好利用效果为出发点。配备时要考虑主要生产设备、辅助生产设备、动力设备和工艺加工专用设备的配套性；要考虑各类设备在性能方面和生产效率方面的互相协调，同时，随着产品结构的改变，产品品种、数量和技术要求的变化，各类设备的配备比例也应随之调整，使其互相适应。

（2）合理安排任务。企业在安排生产任务时，要使所安排的任务和设备的实际能力相适应，禁止超负荷、超范围使用设备。

（3）合适的工作条件。设备对其工作环境和工作条件都有一定的要求，例如一般设备要求工作环境清洁，不受腐蚀性物质的侵蚀；有些设备需安装必要的防腐、防潮、恒温等装置；有些自动化设备还应配备必要的测量、控制和安全报警等装置。因此在设备安装时就要考虑设备的环境和工作条件要求，以保证设备正常使用。

（4）提供物质保证。设备的正常运行有赖于物质保障，即能源、原材料、辅料、工具、附件、备件等方面的保障，其中任一环节出现问题都会导致设备运行的中止。所以，在设备使用前应制定各类物资消耗、库存定额及供应计划，保障各类物资的及时、充分供应。

2. 设备使用过程的管理

1）充分发挥人在设备使用中的积极作用

（1）配备合格的操作者。企业应根据设备的技术要求和复杂程度，配备合格的操作者。

随着设备日益现代化，其结构原理也日益复杂，要求具有一定文化技术水平和熟悉设备结构的操作人员来掌握使用。因此，必须根据设备的技术要求，采取多种形式，对职工进行文化专业理论教育，帮助他们熟悉设备的构造和性能。操作人员要认真执行岗位责任制，正确操作，合理使用设备，提高服务质量，及时完成任务，对于违反操作规程或可能引起事故的错误指挥，操作人员有权拒绝执行。

（2）实行专责制。设备实行“定机、定人、定职责”，就是要将设备使用、维护和保管的职责落实到人，指定专人负责保养使用，要切实做到台台设备有人管理，有人保养。

（3）发挥设备操作人员的积极性。设备是由操作人员操作和使用的，充分发挥他们的积极性是用好、管好设备的根本保证。因此，企业应经常对职工进行爱护设备的宣传教育，积极吸收群众参加设备管理，不断提高职工爱护设备的自觉性和责任心，并比照奖惩制度进行考核奖惩。

（4）提高设备管理人员素养。为确保操作人员严格按设备使用守则、操作规程操作使用设备，在企业相关部门配合下，组织操作人员岗前、岗中技术培训，杜绝违反操作规程的行为发生。

2）设备的检修和保养

要善于协调施工生产和设备使用中的矛盾，施工中安排必要的检修时间，遵守合理使用设备的各项要求，严禁设备带病运转和只运转不保养。设备管理人员必须了解施工任务情况，关心施工进度，强化计划管理，合理调配设备，以保证施工进度的需要。施工中要做好设备的检查和故障排除，确保设备良好运行。

3）实行严格的交接班制度

连续生产或不允许中途停机的设备，可在运行中交班，交班人须把设备运行中发现的问题，详细记录在“交接班记录本”上，并主动向接班人介绍设备运行情况，双方当面检查，交接完毕在记录本上签字，如不能当面交接，交班人员可做好日常维护工作，使设备处于安全状态，填好交班记录，交有关负责人签字代接，接班人如发现设备异常现象，记录不清、情况不明和设备未按规定维护可拒绝接班，如因交接不清设备在接班后发生问题，由接班人负责。

4.1.3 石油行业设备使用管理的常用做法

石油行业设备种类繁多，包括各类石油钻采机械设备、物探仪器与设备、测井仪器与设备、地质录井仪器、钻井工程专用仪器等。石油行业设备使用管理包括组织机构设置、设备管理规章制度、设备管理和操作人员的培训、设备现场管理等内容。

1. 石油行业设备管理体系结构

众所周知，设备管理工作不仅要有高素质的设备管理人员，还必须要有健全的设备管理组织机构和完善的设备管理制度，这是做好设备管理工作的前提条件。

目前，在中国石化企业内部已经形成了完整的设备管理组织体系，各级单位都设有设备管理委员会，设备管理委员会作为各级单位设备管理的最高管理机构，决定着本单位设备的发展规划和重大设备决策，下设设备管理部门，负责设备的日常管理事务。各基层单位的设备管理人员负责设备的日常管理。完善的设备管理组织体系为设备科学管理提供了组织保障。

2. 建立健全设备管理规章制度

局级以及下属各二级单位都应有相应层次的设备管理制度和设备操作规程，定期修订以适应设备管理发展的新趋势，例如编制的《钻井设备管理制度及操作规程汇编》，该管理制度不仅涵盖了钻井设备管理的各项规章制度，还包括了钻井生产各岗位的岗位责任制和各种设备的操作规程，能够指导操作人员正确使用和维护设备。但是由于设备更新换代较快，一些新技术不断应用到钻井设备中，为了适应不断发展的钻井生产需要，各级设备管理部门每年都会对管理制度进行修订和完善，以保证各种制度能够满足生产需要。在制度的修订和完善过程中，编制人员通过走访基层设备管理人员，听取他们的意见和建议，力争做到管理制度能够适用于生产实际。制度修订完成后进行试用，在试用过程中，通过采纳基层单位反馈回来的合理化建议再进行修改，在这种不断完善和修改的过程中，设备管理制度才能够做到适用于生产的实际，发挥出最好的使用效果。

3. 对设备管理和操作人员进行培训

员工的培训是设备使用管理上重要的环节，培训工作的好坏不仅影响到人员和设备安全，而且对于延长设备使用寿命和提高经济效益也有重要意义。设备培训教师应从有着多年现场经验的设备管理人员中选出，他们现场经验丰富，熟悉设备结构和原理，能够准确的判断和排除各种设备故障。培训教师针对不同的培训对象制定不同的培训方案，对于刚参加工作的新工人，重点讲解设备如何正确安全使用并简单介绍设备的工作原理，通过培训能够让新工人尽快掌握如何使用和操作设备。对于有多年工作经验的井队设备维修和使用人员，重点讲解设备的结构原理和各种故障产生的原因，介绍各种故障的处理方法。在培训过程中，培训教师应采用多媒体的教学手段并结合现场案例，将复杂的设备故障讲解的简单生动，提高参加培训人员的学习兴趣和业务水平。

4. 设备现场管理

设备现场管理是设备一生管理中的重要时期和环节，正确的使用设备，可以使设备保持良好的技术状态，防止和减少非正常磨损及突发性故障，发挥出设备最大效能，降低设备的维持费用，提高企业的经济效益。

现以钻井设备为例，简述设备现场管理。

钻井设备的日常管理包括了从设备安装到完井作业全过程的管理，安装验收工作是钻井队关键工序之一，它直接关系到设备的正常运转和钻井施工的顺利与否，设备管理人员把验收过程中发现的问题，以书面的形式通知井队，要求井队严格按标准进行整改，整改完毕才能开钻，在设备验收中，管理人员严格执行《井队设备安装验收标准》，把“平、稳、正、全、牢、灵、通”落实到设备的每个部件上；对动力设备的验收严格按照“声音正、马力足、部件齐、仪表灵、资料全”的总要求执行，验收工作的落实到位，能够有效避免钻井设备运行中出现的非正常损坏，保证钻井生产的正常进行。

加强设备使用过程中的管理，合理配置设备运行参数，保证设备高效运行。制订钻井队设备运行参数功率匹配表，要求钻井队根据设备负荷能力，充分发挥设备动力效率，合理匹配设备动力，科学设计钻井参数，不仅能够保证设备不超负荷运行，还能够充分利用水马力实现快速高效钻井的目的。每个井队应制订本队设备管理规划和目标责任，督察每一个岗位的工作落实情况。井队维修人员着重加强设备的检查维修和预知维修工作，对设备运行中出现的问题做到早发现、早解决。班组人员严格落实设备维护保养规程和设备操作规程，不断加强设备的维护保养和巡回检查力度，杜绝超保、漏保。从抓设备表面的“脏、松、漏、缺”入手，对设备配合间隙、角度、耐压、部件磨损量等逐项进行达标整改。为了保障设备正常运转，二级单位设备管理人员主动靠前，加大对井队巡检力度和现场管理力度，重点加强设备的日常维护保养工作。工作中，深入推行《钻井队设备检查打分卡》，做到有问题、有记录、有责任、有落实。消除设备管理中的漏洞，提高现场管理水平。加强设备油水管理，做好油品前期调研和论证工作，对所进油品进行检测和化验，从源头上保证设备安全。对在用设备油品进行检测，确保设备始终处于良好的润滑状态。给各井队及三级单位配备油品检测仪器，实行油水定期监测，保证设备用油用水科学合理。在设备运行过程中，管理人员携带专业仪器对设备进行故障诊断，及时发现设备运行中存在的问题，避免大的设备故障发生，保障钻井生产的顺利进行。

做好完井鉴定和设备整修工作，设备完井技术鉴定是掌握井队在用设备技术状况的有效途径，是保证在下口井钻井施工中设备正常运转的必要手段。通过科学的鉴定，不仅能够防止设备在钻井过程中出现中途失效，影响生产的事情，还可以杜绝出现设备提前更换的现象，提高经济效益。井队在设备整修过程中，严格按照设备整修标准，充分利用停工间隙对设备进行全面的整修，并由技术全面、业务熟练的人员协助井队进行整修、维护、保养等工作。达到每台设备整修保养一遍，保证钻机在下一口井的施工中保持在良好的工作状态。对完井鉴定后需入厂整修的设备应安排专人盯现场，同时安排井队管理或者操作人员，一起查找设备问题，把问题彻底解决掉，为下一步井队使用好、管理好设备提供有力保障。

设备管理人员要组织和指导井队完成整修工作。设备整修完成后，再组织人员进行现场验收，直至达标，验收合格的发给验收合格证。在钻井队设备整修过程中，安排专人负责，对完井设备整修工作进行全程的指导与监督，对重大的整改、维修项目进行把关和验收。设备主管部门根据设备日常运行情况和完井设备技术鉴定结果，制订详细的检维修计划。根据设备检维修工作量的大小，合理配备人力资源，充分发挥设备维修厂站的作用，所有需要调校的设备如柴油机、泥浆泵等设备由维修人员来完成。同时，要求井队在进行设备整修时各项工作进一步深化、细化，从消灭设备“绳捆索绑、脏松漏缺”等基础工作做起，强化设备三标管理。保证每口井上去以后都能够打的好，打的快，以最佳的设备状态保证钻井生产的顺利进行，实现钻井生产效益最大化。

5. 开展设备综合检查工作

检查各单位年度设备管理情况，督促和落实设备隐患的有效治理，加强规章制度落实，强化设备操作手的培训与岗位练兵工作，促进设备管理水平的不断提高。开展设备综合检查能够对各单位设备管理工作起到以下促进作用：

(1) 对每台设备强制性地进行检查、整修工作，有利于及时消除设备事故隐患，确保设备本质安全化；

(2) 通过对每台设备进行全面的检查、整修工作，有利于采用新技术，推动设备整体技术状况的提高；

(3) 不断补充和完善各类规章制度和岗位责任制，加强规章制度的落实工作；

(4) 通过对设备操作手的考核，强化设备操作手的技术培训与持证上岗工作；

(5) 全面地检查考核设备“三标”现场管理情况，有利于相互学习、互相促进；

(6) 细化并强化各设备管理单位的年度考核工作。

通过开展设备综合检查，找出自身设备管理上存在的问题，找准管理上的漏洞，发现不足之处。对于各单位在设备管理上好的经验和做法在企业内进行宣传和推广。开展设备综合检查不仅是各单位设备管理水平一次展示的机会，也为各单位交流管理经验提供了一个平台，促进了各单位设备管理水平的提升。

4.2 设备的维护保养

4.2.1 设备维护的定义

设备维护是设备维修与保养的结合，是为了防止设备性能劣化或降低设备失效的概率，按事先规定的计划或相应技术条件的规定进行的技术管理措施，确保设备技术性能达到预期。

4.2.2 设备维护管理的分类

设备维护管理的分类按设备运转状态情况可分为在用设备维护和停用设备维护；按使用地方的不同可分为陆地设备维护和海洋设备维护；按使用性能的不同可分为通用设备的维护和特种设备的维护；按承揽方式的不同可分为内部维护和异体监护等等。每类设备的维护虽然各有各的特点，但是设备的维护管理一般可分为日常维护、保养维护、预防维护、预知维护和事后维护五类。

1. 日常维护

日常维护是指操作者对所操作设备每日(班)必须进行的维护。

2. 保养维护

保养维护是依据设备运转时间或里程进行的一级、二级保养。一级保养：以操作者为主，维修工辅助，按计划对设备进行的定期维护。二级保养：以维修者为主、操作者参加的定期维护保养。

3. 预防维护

预防维护是为了防止设备的突发故障造成的停机而采取的一种方法，根据经济的时间间隔对设备维护保养的维护方式。可以一年一次或每半年一次（如装置大检修）或一月一次或一周一次进行定期点检或是修理。

4. 预知维护

预知维护是对设备的劣化状况或性能状况进行诊断，然后在诊断状况的基础上开展维护活动的一种方法。因此，要尽量正确并且高精度地把握好设备的劣化状况，这是前提。

5. 事后维护

事后维护其实就是等到发生故障后再修理，当生产设备的停止损失可以忽略时，可以采取事后维护的方案。修理作业的发生如果是突发性的话，要事前立计划是很难的，不利于人员、材料、器材的分配和安排。但是从生产性到综合性看的话，如果这种效率可以忽视的话，可以采用事后维护。

4.2.3 石油行业设备维护管理的常用做法

石油行业设备一般分为钻井设备、钻采特车、测井及物探设备、注采设备、油气处理与集输设备、起重搬运机械、运输车辆、工程机械、船舶、动力设备、电气设备、通信设备、金属切削机床等，每类设备虽然结构、工作原理和性质各不相同，但是保证设备完好率和利用率，实现效益最佳化的目的是一样的，所以，维护管理一般遵循的通用做法也是一样的。

1. 各类通用设备维护管理的通常做法和实施方式

1）各类通用设备维护管理的通常做法

（1）日常维护是操作者对所操作设备每日（班）必须进行的保养。其内容为班前加油、擦拭、调整，班中的检查、调节，班后的清扫、归位等工作。

（2）例行维护是设备操作、使用、监管、巡视人员，根据不同类型设备所规定的不同运行、使用条件，进行自己责任范围内的保养工作。其内容为：对设备用油、用水、散热、保温、易损件和性能参数进行更换、调整、改善和提高等工作。

（3）一级保养是以操作者为主，维修工辅助，按计划对设备进行的定期维护。其内容为：对设备进行局部拆卸、检查、清洗；疏通油路，更换不合格的毡垫、油线；调整各配合间隙；紧固各连接部位等工作。电气部分由维修电工负责。

（4）二级保养是以维修者为主、操作者参加的定期维护保养，其内容为：擦洗设备，调整、恢复设备运行精度和指标，拆检、更换和修复易损件，并对各部件的定位间隙和运转间隙进行调整，对各连接部件进行紧固等工作。

2）各类通用设备实施维护管理的检查方式

（1）设备日常检查是由设备操作者按设备检查规定标准，以检查者感官为主，每天（班）对设备各部位的技术状态进行检查，及时发现设备运行前及其运行过程中的不正常情况，采取整改措施和对策，尽量减少故障停机损失。

（2）设备巡回检查是设备操作者或维修人员，按检查规定的时间、路线和检查点，对各自负责维护的设备所进行的日常巡视，其目的为及时发现事故预兆、排除故障隐患。

（3）设备定期检查是按规定的检查周期，由检验人员、维修工及操作者通过人的感官和检测仪器，对设备性能和精度进行全面检查和测量。对发现的问题应及时解决，不能及时解决的应做好记录，并作为制订检修计划的依据。

3）各类通用设备实施维护管理的作业方法

设备维护作业方法应遵循“十字”作业法，即：清洁、润滑、调整、紧固、防腐。（先后顺序应该按照作业顺序调整。）

清洁：对设备外观和内部的灰尘、污垢、油泥进行清理整洁。

润滑：对设备各润滑部位和用油、用水，进行润滑和按质换油、换水。

调整：对设备有关部件的定位、运转间隙、各项运行指标和参数、各种安全装置，进行合理的调整和更换。

紧固：对设备各连接部位的连接件，进行符合连接要求的紧固。

防腐：对设备各运动摩擦面、金属结构件及机体外表面，进行涂油、除锈、涂漆等方法的防护。

设备保养方法按各类设备一级、二级保养操作规程进行。

4）各类通用设备维护保养的分级管理

（1）各二级单位设备部门要认真编制设备保养计划，并由本单位设备管理领导小组负责落实，一级、二级保养对号率100%。对开展设备状态监测与故障技术诊断的设备，经本单位设备部门同意后，可根据设备实际检测状况，科学合理地延长保养周期。

（2）设备日常维护保养、例行保养和一级保养，由设备使用单位全面负责，做到维护保养有记录，完工有检查，质量有验收，资料保存齐全完整。同时设备部门和基层单位还应做好对维护保养执行情况的监督检查，确保设备维护保养工作执行到位。

（3）各二级单位严把设备二级保养进厂前和出厂后的检查、验收工作，确保维护保养质量，设备保养一次交验合格率要达到98%以上。同时要取全取准设备保养资料，特别是设备进厂前检查、交接和出厂后的检查、验收资料，确保资料的完整性。

（4）设备维护保养工作考核。各二级单位设备部门应结合本单位设备维护保养工作内容和工作特点，制定本单位设备维护保养考核细则，重点对设备维护保养计划完成对号率、维护保养质量、资料完整性和员工维护保养知识进行检查、考核，促进设备维护保养工作有效开展。

2. 油田行业不同类型设备的维护管理的做法

1）钻井设备

钻井设备主要包括钻机、钻井装置、钻井配套设备等，其工作性质是实施钻井作业，其维护管理的主要特点是分工负责，加强点检和评比。

（1）定人定机制。定人定机制是将设备维护的具体措施落实到人。就是每个操作人员固定维护一台设备。在钻井生产中，实行设备挂牌制，把每台设备维护保养人的名字挂在该台设备上，这样不仅做到了每台设备落实到人，而且起到了督促该台设备保管人及时维护设备的作用。

（2）设备点检制。设备点检就是由操作人员按规定的时间和检查标准，用感官或简易测试工具对设备进行的一种检查方式。设备点检方法强调以人的五官感觉并借助仪器对设备各部位进行技术状态检查，以便及时发现隐患，采取对策，减少故障。

实行设备点检制，首先要确定设备巡回检查项点标准，含设备检查部位、检查项目、检查内容、检查时间、检查方法等。由于每台钻井设备检查项点较多，接班人员容易遗漏，就分岗位把每台设备的检查项点做成点检卡片，在小班接班检查中，按照点检卡片上的检查项点对所负责的设备逐一进行检查。检查完后，由小班人员填写设备巡回点检日志，井队大班负责对小班点检情况进行监督，并在每班点检记录上签字。

(3) 定期开展设备检查评比。二级单位设备管理部门定期对钻井队设备的使用与维护进行一次认真、细致的检查，对发现的各种问题督促井队及时整改并进行复查。检查人员根据检查情况对各井队进行排名，在完井考核中对设备管理维护较好的井队进行奖励，差的要进行处罚。

2) 钻采特车

钻采特车在石油行业主要包括井下作业机、固井配套车、压裂酸化车、清蜡车、洗井车、捞油车等，其工作性质是油水井检修及工艺措施的实施，为油气上产提供保证。基本都是上、下两套设备，其行驶部分一般按通常维护管理的做法进行，其上机部分维护一般结合其工作性质进行。

以井下作业机为例进行说明：

井下作业机主要包括轮式通井机、修井机、履带式通井机等，其工作性质主要是野外施工，一机多人、连续运转。其维护管理的特点是体现在设备交接班中。作业工人工作性质是“四班两倒”工作制，实行对岗交接。轮式通井机的日常维护管理由当班小班司机和接班小班司机根据实际操作情况和设备交接内容实行点对点交接。对于发现的问题，由双方共同解决，并根据运转时间实行对应的维护保养。

3) 注采设备

注采设备主要包括抽油机、地面驱动螺杆抽油泵、水力活塞泵、射流泵、注水泵、注气压缩机、热采锅炉等，其主要工作性质是通过电机提供动力，将水注入地层，将原油从地层深处提升到地面上，完成采油任务。

以抽油机为例进行说明：

抽油机的工作特点是连续生产，每一口井上只有一台抽油机，没有备用设备，所以，生产现场要求抽油机安全、平稳、连续运行，不允许较长时间的停机。

为了保证抽油机的正常运行，需要对其进行维护保养，例保、一保、二保是为了延缓其技术性能变差，项修、大修是为了恢复其技术性能指标，前者如同日常保健，后者如同手术治疗。不难看出，前者是保证抽油机安全平稳运行的基础和根本，可以减少和延缓后者的发生。

维护保养工作按“十字”作业法进行：“调整、紧固、润滑、清洁、防腐”。调整即对整机的水平、对中、平衡、控制系统等调整。紧固指紧固各部件间的连接螺丝。润滑是对各润滑点(部位)定期加注润滑油、脂。清洁指清洁卫生，防腐、除锈、刷漆。

在抽油机的维护保养工作中，要减少停机时间，维护与保养工作分成现场维护保养与回场维护保养两块进行。必须在现场进行的，耗时不超过1h的，如紧固、润滑、对中、水平、平衡等工作，由油藏经营管理区操作与维护人员负责。可以回场进行的，耗时超过1h的，如减速箱等总成件的维护保养、中尾座轴承更换等，由专业化的维修人员以更换总成件的方式，先保证抽油机的连续正常生产，再回场对总成件解体维护，既有利于提高油井开井时率，又能在较好的维护条件下使维护质量得到提高。

4) 物探设备

物探设备主要包括地震仪器、浅层地震勘探设备、重力仪器、磁力仪器、全站仪、地震仪器车、可控震源车等，其工作性质主要是为油田前期勘探提供技术信息，以地震队为单位整体野外施工，工作环境比较恶劣，工作中除进行日常的维护管理外，其维护管理的特点是加强收工后的维护管理。

（1）收工后由使用单位、操作者将设备存在的故障上报，并签字认可。由二级设备管理部门二线设备管理单位及有关人员进行核实，力争使设备存在的故障能够全面的反映出来，以便制定准确的维护计划，估算费用，使维护工作能够顺利进行。

（2）每个施工项目结束后，原则上要对所用设备进行一次恢复技术性能和安全性能的维护工作。由二级设备管理部门牵头组织设备站、仪修厂、测绘中心，供应站及有关单位和人员，根据设备故障对维护费用进行估算，将估算结果报公司主管领导审批同意后，再进行实施。

（3）由二线设备管理单位保管的设备，其维护原则上由各设备管理单位自己进行。公司不具备对某些设备进行维护的可外委维护。设备外送修理工作由二级设备管理部门牵头组织，按油田相关规定选择维护能力强、信誉好，具有相应资质和市场准入手续的修理企业实施维护项目。严格设备进、出厂检查验收工作，确保修理质量。设备维护完毕交验合格率要达到98%以上。同时要取全取准设备修理资料，特别是设备进厂前检查、交接和出厂后的检查、验收资料，确保资料的完整性和真实性。

设备在进行维护过程中，设备使用单位或原使用单位要派专人对维护全过程实行监督，确保维护质量和成本的控制。

5）录井设备

录井设备主要包括综合录井仪、气测录井仪、地化录井仪、钻时录井仪、定量荧光分析仪、岩屑图像仪等，其工作性质主要是为钻井提供技术信息，其维护管理的特点是体现在录井运行过程中。以综合录井仪为例进行说明。

（1）安装过程的维护保养。正确安装、连接各种录井设备。各传感器安装位置应合理，固定牢固，接线正确；做好防水、防碰、散热、防风沙等防护措施。输入电源指标应符合技术要求，漏电、过流保护器应灵敏，各线路保险应符合线路要求。所有传感器信号线及电源线外观无损伤，插接电路牢靠。计算机及外设及其他辅助设备电源及信号线连接正确。机柜上各机箱内电路板或模块等接插件联接牢靠，接触良好。各设备的金属外壳应按要求接地，仪器房对地电阻不大于4Ω。空压机、电动脱气器及样品泵运转灵活。氢气发生器内干燥剂、电解液液位符合要求，空气、样品气干燥剂符合要求。通电检查氢气发生器、空压机在规定时间内输出压力能满足要求。UPS断电后能正常逆变和供电并发出报警信号。检查完毕后，方可整机通电运行。

（2）录井过程中的维护保养。每次开机前检查电源系统，包括电压、频率应符合仪器指标要求，漏电、过流保护装置灵敏。随时校对计算机显示深度和实际深度，使误差不大于正负0.2m/单根。随时检查显示屏和面板参数显示情况，发现参数异常及时查明原因并正确处理。随时观察色谱分析系统运转情况，检查柱温和载气、样品气流速应正常，及时更换过滤器、干燥剂；按规定注样检查色谱分析的误差和重复性。每次起下钻校正深度误差和大钩负荷误差，并进行相应的仪器校验。每2小时检查各传感器信号应正常，辅助设备运转正常。在钻井液排量改变时或由于其他原因可能导致泥浆出口流量改变时，应调整脱气器位置并清洁空气进口和混合气出口，检查马达运转情况和脱气器吃水深度。及时检查气体管线干燥剂使用情况及时更换干燥剂。检查样品气管路的密封性并使其密封良好。每次起下钻期间清洁脱气器，排除沉砂，检查管路迟到时间，检查附加装置，及时排除集气瓶内积水。氢气发生器及时加蒸馏水，保证电解液在正常液位，及时更换变色的硅胶。每班检查打印机或记录仪工作情况，及时更换色带、墨盒和打印(记录)纸。检查报警门限设定情况，根据工程状态，及时调整参数报警门限。每次起下钻，检查打印机墨盒、色带、纸张或记录仪墨水并装载记录纸，校正记录笔机械零位和仪器零位。检查屏幕显示与打印机或记录仪实时打印数据和记录值相一致，并进行必要的校准。每次使用完全脱分析仪后清洗蒸馏器台板，用硅脂润滑 O 型密封圈，并抽真空检查密封性。碳酸盐测定仪及页岩密度计在使用前应重新校准。每次起下钻，要对仪器和传感器及所有辅助设备进行维护保养，排除沉砂并进行校验，调整测量和实际值的误差在规定范围内。

(3) 回场后的维护保养。小队完井回场后，应对录井设备进行全面检查、清洁维护保养，发现复杂故障及时上报，由设备管理人员填写设备维修申请单，专业人员修理，并填写详细记录。录井仪各主要设备和部件，由指定人员挂牌保养，填写档案记录。每月应有 3 天的跑机记录，跑机期间发现故障及时上报，确保设备处于完好状态。

(4) 录井仪器拆卸维护保养。完井拆卸仪器设备，应在断电状态下进行，不允许带电作业。各传感器必须从接线箱处拆卸，注意轻拿轻放，防止碰撞传感器，防止对信号线挤压，如果有插头应用塑料袋密封防止进水和污染。传感器安装架的固定螺杆、螺帽、丝扣等部位应涂沫防腐黄油，带好螺帽。清洗或擦拭传感器及信号线，使之干净、清洁。

传感器和脱气器装置装箱后应放置于仪器房地板上，防止相互碰撞和挤压。动力线、信号线和气管线应盘绕整齐无死结现象，并且妥善存放保管。计算机、显示器、打印机及其他辅助设备都应按要求装箱存放，防止重物挤压。

6）通信设备

通信设备主要包括卫星通信、无线电台、数字微波通信设备、数据网络设备等，其工作性质主要是为油田各单位生产提供通信服务，其维护管理的特点是以时间为节点进行。以 EWSD 交换机为例进行说明，见表 4-1。

表 4-1　EWSD 交换机维护测试项目

序　号	维护测试项目	周　期
1	打扫机房卫生、观察机房温度、温度	日
2	查询告警信息并处理	日
3	查看各设备的状况	日
4	处理用户电路	日
5	观察处理各局向中继电路	日
6	查看交换机话单传送情况	日
7	检查联机指令并处理	日
8	检查交换机时间	周
9	文件例行保留	月
10	话务量统计并进行设备服务质量分析	月
11	电源及接地检查	月
12	终端系统维护	季
13	文件季度保留	季
14	新业务功能检查	季
15	局数据核对检查	季
16	迂回路由测试	季
17	交换机风扇检查	半年
18	设备检查及功能测试	半年
19	电源及接地测试	半年
20	机架、I/O 设备清洁	半年

4.3 设备的油水管理

4.3.1 设备油水管理的目的及任务

1. 设备油水管理的意义

目前，全世界生产的能源，约1/3~1/2 消耗在摩擦、磨损上。随着设备的油水管理水平的提高，润滑技术的进步，其中大部分摩擦、磨损造成的能源损失是可以节省下来。设备润滑是防止和延缓零件磨损和其他形式失效的重要手段。润滑管理是设备工程的重要内容之一。加强设备的油水管理工作，并把它建立在科学管理的基础上，对保证企业的均衡生产、保持设备完好并充分发挥设备效能、减少设备事故和故障、提高企业经济效益和社会效益都有着极其重要意义。将具有润滑性能的物质施入机械中作相对运动的零件的接触表面上，以减少接触表面的摩擦，降低磨损方式，称为设备润滑。

2. 设备油水管理的目的和任务

1）设备油水润滑管理的目的

通过对设备油水润滑的管理，达到全面规划、科学配置、择优选购、正确使用、定期检测、适时更换的要求。其目的是：

（1）给设备以正确润滑，减少和消除设备磨损，延长设备使用寿命。

（2）保证设备正常运转，防止发生设备事故和降低设备性能。

（3）减少摩擦阻力，降低动力消耗。

（4）提高设备的生产效率和产品加工精度，保证企业获得良好的经济效果。

（5）合理润滑，节约用油，避免浪费。

2）设备油水管理的基本任务

设备油水管理是使用科学管理的手段，按照技术规范的要求，实现设备的及时、正确、合理地润滑和用水，达到设备安全正常的运行。设备油水管理的基本任务概括起来是：保证设备润滑、冷却系统正常，提高设备生产效益和加工精度；减小摩擦阻力和机件磨损，延长设备使用寿命；降能节油，防止设备事故发生。具体包括：

（1）建立健全设备油水管理组织机构，配备必要人员，制定并完善各项油水管理规章制度。如润滑工作人员的职责和工作细则；日常润滑管理工作的分工；入厂油水的质量检验及油库管理；设备清洗换油计划的编制与实施；油料消耗定额的管理；废油回收与再生利用；润滑工具、器具和装置的供应与使用管理；治理设备漏油等制度。

（2）组织编制油水管理所需要的各种基础技术资料。如：各种型号设备的润滑、冷却图标和卡片；油箱储油量定额；润滑材料消耗定额；设备换油周期；根据检测设备润滑油各项指标确定换油标准；清洗换油的操作工艺；切削液等工艺用油液管理制度；油品代用与掺配的技术资料等，以指导操作工人、润滑工人和维修工人等做好设备油水工作。

（3）指导有关人员按润滑“五定”（定点、定质、定量、定期、定人）和“三级过滤”（领油、转桶、加油时进行过滤）要求，搞好设备的润滑工作。

（4）实行定额用油、用水管理，按期向供应部门提出年、季度润滑油品、冷却液需用量的申请计划，并按月把用油指标分解落实到三级单位、班组及单台设备。

（5）实施进厂油品的质量检验，禁止发放不合格油品。

(6) 组织编制年、季、月设备清洗换油计划，实施确定按质换油的工作制度。

(7) 做好设备油水的状态监测。及时采取措施，配备和更换损坏的润滑零件、装置和工具，改进和完善润滑装置，治理设备漏油、漏水，在治漏工作中抓好"查、治、管"三个环节，消除油水使用中的浪费现象。

(8) 协助设计部门搞好设备的润滑设计。要使新设备的润滑系统设计更加合理，设备润滑管理部门有义务协助设计部门搞好润滑设计工作。

(9) 组织设备润滑事故的分析。对于已经发生的设备润滑事故必须组织有关部门领导和有关人员到现场进行分析研究，做到"四不放过"，即事故原因查找和分析不清不放过，未制定具体的防范措施不放过，事故责任者与员工未受教育不放过，责任者未受到处理不放过。

(10) 组织废油的回收、再生和利用。

(11) 组织润滑工作人员的技术培训，学习国内外润滑管理先进经验，推广应用润滑新技术、新材料和新装置、不断提高企业润滑管理工作的水平。

4.3.2 设备油水基本知识

1. 设备润滑剂基本知识

机械设备润滑剂根据常用润滑方法将润滑剂分类：润滑剂、润滑脂、固体润滑剂、气体润滑剂。使用最广泛的是油类润滑剂。按照 GB 498—1987，润滑剂和有关产品属石油产品中的 L 类；按 GB 7631.1—2008/ISO 6743—99：2002，润滑剂和有关产品又可分为 18 组，这些组的代号、应用和品种见表 4-2。

表 4-2 润滑剂、工业用油和相关产品(L 类)的分类

组　别	应用场合	已制定的国家标准号
A	全损耗系统	GB/T 7631.13
B	脱模	—
C	齿轮	GB 7631.7
D	压缩机(包括冷冻机和真空泵)	GB 7631.9
E	内燃机油	GB 7631.3
F	主轴、轴承和附属的离合器	GB 7631.4
G	导轨	GB 7631.11
H	液压系统	GB 7631.2
M	金属加工	GB 7631.5
N	电气绝缘	GB 7631.15
P	气动工具	GB 7631.16
Q	热传导液	GB 7631.12
R	暂时性保护防腐蚀	GB 7631.6
T	汽轮机	GB 7631.10
U	热处理	GB 7631.14
X	用润滑脂的场合	GB 7631.8
Y	其他应用场合	—
Z	蒸汽汽缸	—

1）润滑油

（1）汽油机油。

根据《汽油机油》GB 11121—2006，汽油机油包括SE、SF、CF-1、CF-2、CF-3、SG、SH、SJ、SL等9个品种。每个品种按GB/T 14906或SAEJ300划分黏度等级。

汽油机油产品标记：

质量等级 黏度等级 汽油机油

例如：SF 10W-30汽油机油、SE 30汽油机油。汽油机油属于内燃机油分类。

（2）柴油机油。

根据《柴油机油》GB 11122—2006，柴油机油包括CC、CD、CF-4、CH-4和CI-4等6个柴油机油品种。每个品种按GB/T 14906或SAEJ300划分黏度等级。

柴油机油产品标记：

质量等级 黏度等级 柴油机油

例如；CD 10W-30柴油机油、CF-4 15W/40柴油机油。柴油机油属于内燃机油分类。

（3）工业齿轮润滑剂和车辆齿轮油。

根据《润滑剂和有关产品（L类）的分类 第7部分：C组（齿轮）》GB/T 7631.7-1995，工业齿轮润滑剂分为L-CKB、L-CKC、L-CKD、L-CKE、L-CKS、L-CKT、L-CKG、L-CKH、L-CKJ、L-CKL、L-CKM11个品种，每个品种按GB/T 3141规定的ISO黏度等级。我国常用工业齿轮油产品标准见表4-3。

表4-3 常用工业齿轮油产品标准

标准名称	标准编号	适用范围
工业闭式齿轮油	GB 5903-1995	工业闭式齿轮传动装置的润滑。
普通开式齿轮油	SH/T 0363-1992	开式齿轮、链条和钢丝绳的润滑。
4403号合成齿轮油	SH/T 0467-1994	闭式工业齿轮和蜗轮蜗杆传动装置的润滑，特别适用于由不同材料（如钢-铜）制成的摩擦副的长期润滑，使用温度范围为-35～150℃。
L-CKT重负荷工业齿轮油（全合成型）	Q/SH PRD151-2008	工业闭式齿轮传动装置的润滑，特别适用于-40～130℃重负荷下运转的齿轮的润滑。
低温重负荷工业齿轮油	Q/SH PRD152-2008	工业闭式齿轮传动装置的润滑，特别适用于低温重负荷下运转的齿轮的润滑。

（4）车辆齿轮油。

我国常用车辆齿轮油产品标准见表4-4。

表4-4 车辆齿轮油产品标准

标准名称	标准编号	适用范围
重负荷车辆齿轮油（GL-5）	GB 13895-1992	高速冲击负荷，高速低扭矩和低速高扭矩工况下使用的车辆齿轮。
普通车辆齿轮油	SH/T 0350-1992	汽车手动变速箱和螺旋伞齿轮驱动桥的润滑。

(5)压缩机油(D 组)见表 4-5。

表 4-5　压缩机油、冷冻机油和真空泵油(D 组)

品　名		代号 L-	主要应用
空气压缩机油	轻负荷	DAA	低负荷活塞式及滴油回转式空压机
	中负荷	DAB	中负荷活塞式及滴油回转式空压机
	重负荷	DAC	中负荷有可能形成灰沉积，重负荷
喷油回转压缩机油	轻负荷	DAG	轻负荷喷油回转压缩机
	中负荷	DAH	中负荷喷油回转压缩机
	重负荷	DAJ	重负荷喷油回转压缩机
冷冻机油		DRA	制冷温度高于-40℃的制冷压缩机
		DRB	制冷温度低于-40℃的制冷压缩机
		DRC	制冷温度高于 0℃的制冷压缩机
真空泵油	1 号真空泵油	DVA	机械真空泵润滑密封
	扩散泵油		高真空扩散泵的工作液

(6) 液压系统用油(H 组)，常用液压油规格见表 4-6。

表 4-6　常用液压油

品　名	黏度等级(SAE)		主要应用
通用型机床工业用润滑油(L-HL 液压油)	按 40℃运动黏度分为：15、22、32、46、68、100 六个牌号。		0℃以上的各类机床的轴承箱、齿轮箱、低压循环系统或类似机械设备循环系统的润滑
抗磨液压油(L-HM 液压油)	按 40℃运动黏度分为：15、22、32、46、68、100、150 七个牌号。		用于重负荷、中压、高压的叶片泵、柱塞泵和齿轮泵的液压系统。
低温液压油(L-HV, L-HS液压油)	按 40℃运动黏度，HV 型为为 10、15、22、32、46、68、100 七个牌号；HS 型分为 10、15、22、32、46 五个牌号		用于寒区或温度变化范围较大和工作条件苛刻的工程机械，引进设备和车辆的中压或高压液压系统，使用温度为-45℃以上
液力传动油	按 100℃运动黏度分类	6 号	主要用于内燃机车、重负荷货车、履带车、越野车等大型液力变扭器和液力耦合器
		8 号	主要用于小轿车，轻型货车的液力自动传动系统

减振器油按基础油分为矿油和硅油两种，质量指标大体相似。主要用于各种载货汽车前轮和小轿车前、后轮的减振器内。我国的机动车辆制动液产品质量符合《机动车辆制动液》GB 12981—2003，按照机动车辆安全使用要求分为 HZY3、HZY4、HZY5 三种产品，它们分别对应国际通用产品 DOT3、DOT4、DOT5 或 DOT5. 1。

(7) 润滑油的作用。润滑作用：发动机在运转时，如果一些摩擦部位得不到适当的润滑，就会产生干摩擦；降温冷却作用：润滑油能够降低磨擦系数，减少磨擦热的产生；防止腐蚀，保护金属表面；清净分散作用；密封作用；缓冲减震作用。

(8) 润滑油的选用原则。设备润滑剂选用应符合 GB/T 13608—2008 的相关要求。根据设备的负荷和使用条件选择润滑剂的质量等级和黏度等级，在保证润滑的前提下，应尽量选用运动黏度小的润滑剂。根据地区环境温度选择温度性能指标适合的润滑剂，参考润滑剂制造厂家的推荐。参考设备制造厂家使用说明书或维修保养手册的要求。

(9) 润滑油的使用要求。不同厂家的润滑剂产品不能混用；同一厂家不同牌号的润滑剂产品不能混用。设备使用的润滑剂产品应有检验部门出具的产品质量检验合格报告并在有效期内。设备使用中的润滑剂应定期检验，按质更换。

(10) 润滑油的代用。尽量用同类油品或性能相近、添加剂类型相似的油品。黏度要相当，以不超过原用油黏度±25%为宜。质量以高代低。

(11) 常规理化指标及含义。黏度是表示流体物质内部阻力的量度。是液体受外力作用而发生流动时，分子间内摩擦力作用的表现。

黏度指数是表示油品黏度随温度变化这个特性的一个约定量值。油品的黏度指数越大，其黏温性能越好，黏度随温度变化范围越小，油品质量越高。

闪点是在规定条件下，石油产品加热到它的蒸汽与火焰接触闪火时的最低温度叫闪点。如果闪火后继续燃烧，持续时间超过 5s，这时的最低温度叫做燃点。

水分表示油品中含水量的质量分数。水分的存在影响润滑油形成连续油膜，使润滑效果变差。不但会加速有机酸对金属的腐蚀作用，而且对含添加剂的油品危害性更大。

机械杂质指油品中的各种沉淀物、胶状悬浮物、沙土、金属粒等。

酸值是指中和 1g 油品中酸性物质所需 KOH(氢氧化钾)的毫克数。酸值高，油品中含的酸性物质就多，引起润滑油的变质，从而导致机械设备的腐蚀。所以酸值是用来鉴别油品是否变质的办法之一。

抗乳化性指油品与水混合乳化后，油品与水分离开来的性能。油水分离越快，代表油品抗乳化性越好。

腐蚀试验是指润滑油在一定温度下对金属产生腐蚀的程度。

倾点是在规定的条件下冷却时，能够继续流动的最低温度，称为倾点。

抗氧化安定性是指润滑油的抗氧化能力。

水溶性酸及碱是指油中含有可溶于水的有机酸和碱。

残炭是在不通空气的条件下，把油加热，经蒸发分解生成焦炭状的残余物，用占试验油的质量分数表示，叫残炭值。

2）润滑脂

润滑脂是由稠化剂、基础油和添加剂组成。一般基础油的质量分数为 70%~90%，稠化剂的质量分数为 10%~20%，其余为添加剂。

(1) 润滑脂的作用。润滑脂不易流失，不需经常添加，这样既不会污损产品，还可减少油料的消耗，降低机器的保养费用；润滑脂具有一定的结构性，正确使用可以避免滴油和飞溅现象，也不会产生漏油的现象，使设备长期正常运转；润滑脂有良好的触变性；润滑脂具有很好的黏附性。它能附着在摩擦表面，减少长期不用的部件的锈蚀；润滑脂能起一定的缓冲作用，可以减轻机件的冲击振动；润滑脂具有良好的充填能力，可以作为阀门的填充材料，防止物料损失；润滑脂的防护性好，有密封作用，可以防止尘土和碎屑进入摩擦表面；合成润滑脂可以在高温、高压、高载荷、低速、冲击负荷工作条件下的润滑；大多数润滑脂工作温度范围要比润滑油宽。

润滑脂也存在一些缺点，如散热能力差，输送性能差，受污染后不易净化，储存过程中容易变质等。

（2）常用润滑脂的品种分类及应用见表4-7。

表4-7　常用润滑脂的品种、特点及应用

产品名称	产品标准	适用范围
通用锂基润滑脂	GB 7324—2010	工作温度-20~120℃范围内的各种机械设备的滚动轴承和滑动轴承及其他摩擦部位的润滑。
汽车通用锂基脂	GB/T 5671—1995	工作温度-30~120℃范围内的汽车轮毂轴承、底盘、水泵和发电机等摩擦部位的润滑。
极压复合锂基润滑脂	SH/T 0535—1993	工作温度-20~160℃范围内的高负荷机械设备润滑。
二硫化钼极压锂基润滑脂	SH/T 0587—1994	工作温度-20~120℃范围内的轧钢机械、矿山机械、重型起重机械等重负荷齿轮和轴承的润滑。

3）固体润滑剂

（1）固体润滑剂的种类。常见的固体润滑剂有：石墨及其化合物、金属的硫化物(二硫化钼、二硫化钨)、金属的氧化物(四氧化三铁、氧化铝、氧化铅)、金属的溴化物(氯化铁、氯化镉、碘化镉、碘化铅、碘化汞)、金属的硒化物(二硒化铌、二硒化钨)、软金属(铅、锡、铟、锌、银)、塑料(聚四氟乙烯、聚苯、聚乙烯、尼龙6等)、滑石、云母、玻璃粉、氮化硼等。

（2）固体润滑剂的适用场合和缺点。

- 适用场合
  - 运行条件苛刻
    - 超高温和超低温、润滑油脂不能使用或使用寿命极短的场合
    - 固体润滑剂可用于-200~1000℃的条件下
    - 重载：如桥梁的活动支承
    - 真空：如卫星、X射线仪的润滑
    - 辐射：核反应器、空间机构的润滑
    - 其他：氧压缩机(用油可引起爆炸)等
  - 避免产品或环境污染，不易接近、保养困难的润滑部位
- 缺点
  - 润滑膜一旦失效就不易再生
  - 摩擦因数较润滑油脂的高
  - 摩擦热不易逸散

4）气体润滑剂

气体润滑可以用在比润滑油和润滑脂更高或更低的温度下，可在-200~+2000℃范围内润滑滑动轴承，其摩擦系数低到测不出的程度，轴承稳定性很高。在高速精密轴承中可获得高刚度(例如医用牙钻和精密磨床主轴和惯性导航陀螺等)，且没有密封与污染问题。其缺点是承载能力很低，稳定性较差，极易损伤轴承表面。

常用气体润滑剂有空气、氦、氮、氢等。但因负荷极低，稳定性极差，因此使用不广泛，在此不做详细介绍。

2. 设备用水基本知识

设备用水主要包括软化水、切削液和防冻液。

1）软化水

（1）软化水是经软化处理后的水，即除去了部分或全部钙、镁离子的水。

(2) 软化水的生产。

天然水一般含有 Ca^{2+}、Mg^{2+}，当原水通过软水器时，水中的钙、镁离子被树脂中的钠离子置换出来，使水的硬度降低，从而达到使用标准。

离子交换法是采用特定的阳离子交换树脂，以钠离子将水中的钙镁离子置换出来。加药法是向水中加入专用的阻垢剂，可以改变钙镁离子与碳酸根离子结合的特性，从而使水垢不能析出、沉积。

软化水在油田主要应用在锅炉、注水站等领域。

2）切削液

(1) 切削液是为了提高切削加工效果(增加切削润滑，降低切削区温度)而使用的液体。

(2) 切削液的分类及典型组成。

切削液按油品化学组成分为非水溶性(油基)液和水溶性(水基)液两大类。水基的切削液可分为乳化液、半合成切削液和合成切削液。

乳化液的成分：矿物油 50%~80%，脂肪酸 0~30%，乳化剂 15%~25%，防锈剂 0~5%，防腐剂<2%，消泡剂<1%。

半合成切削液的成分：矿物油 0~30%，脂肪酸 5%~30%，极压剂 0~20%，表面活性剂 0~5%，防锈剂 0~10%。

合成切削液的成分：表面活性剂 0~5%，胺基醇 10%~40%，防锈剂 0~40%。

(3) 常用切削液的种类性能作用见表 4-8。

表 4-8　常用切削液的种类性能作用

名称	成　分	性能和作用	用　途
乳化液	乳化油加水稀释而成，可加入一定的极压添加剂和防锈添加剂	具有冷却、润滑、防锈	用于粗加工、难加工材料和细长轴的加工；钻孔铰孔和深孔加工
合成切削液	由水、各种表面添加剂和防锈添加剂组成	冷却、润滑、清洗和防锈性能良好，不含油，可节省能源，有利于保护环境	国外使用率达到 60%

3）防冻液

(1) 防冻液产品标准。我国防冻液产品质量执行 NB/SH/T 0521-2010《乙二醇型和丙二醇型发动机冷却液》标准，包括乙二醇型轻负荷和重负荷、丙二醇型轻负荷和重负荷发动机冷却液四种类型，每种类型又分为-25 号、-30 号、-35 号、-40 号、-45 号、-50 号六个不同牌号的冷却液。由防冻剂二元醇、水、适合的防腐蚀添加剂、消泡剂及染料组成。

产品标记：

[牌号] [乙二醇型/丙二醇型] [轻负荷/重负荷] 发动机冷却液

示例：-25 号乙二醇型重负荷发动机冷却液；-35 号丙二醇型轻负荷发动机冷却液。

(2) 防冻液的作用。防冻液是冷却系统中的传热介质，具有冷却、防腐、防垢以及防冻等作用。

冷却作用：冷却是冷却液的基本作用。水冷发动机冷却水的出口温度一般为 85~95℃。

防腐作用：冷却系统中的散热器、水泵、缸体及缸盖、分水管等部件在电解质的作用下，容易发生电化学腐蚀，因而冷却液中都加入了一定量的防腐蚀添加剂，防止冷却系统腐蚀。

防垢作用：冷却系统中的水垢主要来源于水中的钙、镁等阳离子。冷却液在生产和加注过程中均要使用经过软化处理的去离子水，并填加防垢剂。

防冻作用：低温时为保证冷却系统不结冰，通常在冷却液中加入一定量的防冻剂。

4.3.3 设备润滑管理

1. 组织机构与人员配备

1）组织机构

为了实施润滑管理工作，油气生产企业应设置润滑管理机构和规章制度，并根据企业规模和设备润滑工作量，合理设置各级润滑组织，配备具有专业知识和工作能力的润滑技术人员和工人。

目前，润滑管理的组织形式主要有3种：一级润滑管理形式、二级润滑管理形式和三级润滑管理形式。

（1）一级管理形式。设备管理部门设有专、兼职润滑技术人员，并配备润滑工负责全厂工作，供应部门负责全厂润滑油的储存、收发、再生和润滑冷却液的配制。小企业多采用一级润滑管理形式。

（2）二级管理形式。设备管理部门由润滑工程师负责全厂润滑管理工作，下设润滑站，负责油料收发、监测、废油回收与再生利用和切削冷却液配制。车间设备管理员领导车间润滑工。供应部门只设油库，负责向润滑站供应油品。这种润滑管理形式适应一般大中型企业。

（3）三级润滑管理形式。设备管理处下设润滑管理科（室）通过油品监测站来抓全厂润滑油的动态监测。各分厂设备科设置润滑站负责各分厂的油料收发、废油回收利用与切削冷却液配制。供应部门设油库，负责向各分厂润滑站供应油料及废油回收工作。这种形式多适用大型企业的润滑管理工作。

2）人员配备

大中型企业，在设备管理部门内要设置主管润滑工作的工程技术人员；小型企业在设备管理部门内设专（兼）职润滑技术人员。

润滑技术人员应受过中专以上机械或摩擦学、润滑工程专业的教育，能够正确选用润滑材料，掌握有关润滑材料的信息，并具备操作油品的分析和监测仪器，判断油品优劣程度的能力，不断改进润滑管理工作。

润滑工人是技术工种，应掌握润滑工的技术知识。能完成清洗、换油、添油工作，要经常检查设备润滑状态，做好各种润滑工具的管理，协助搞好各项润滑管理业务，定期抽样送检等。

2. 主要制度

以下所列制度是按大型企业中三级管理模式制订的。

（1）润滑材料供应管理制度。供应部门根据设备管理部门提出的润滑材料计划，采购合格的润滑材料进厂后，由质量检验部门对其主要质量指标进行化验，提出化验报告单，提交供应部门。合格的润滑材料才能入库发放；不合格的润滑材料要求生产厂家退换或采取技术处理。

润滑材料入库上账后，应妥善保管，以防变质。所有润滑材料不得在露天存放，库内也不得敞口存放。

润滑材料入库一年后，必须经质量检验部门抽样化验，合格后才能继续发放；不合格则严禁发放使用。工作程序及内容要求见表4-9。

表4-9 工作程序及内容要求

序号	工作流程	工作内容		
		部门	依据	要求
1	计划编制	设备管理部门	润滑材料消耗定额，设备储油量定额，设备清洗换油计划，新设备用油等	品种齐全，计划量稍大于实际需用
2	采购	供应部门	设备部门的申请计划，其他生产需用计划，库存量定额，货源情况等	按品种、质量、数量、使用期限及时采购入库
3	验收	油品检验部门	入厂化验申请单，油品质量检验标准，油品出厂合格证	及时提供检验报告，确定油质是否合格
4	入库储存	供应部门 油品仓库	入库单、检验合格报告、产品出厂合格证	入库过滤，专桶专用，牌号清楚，清洁密封，分类储存，转桶过滤，定期抽样化验
5	领用分发	各润滑站	年度及月份清洗换油计划，设备换油卡片，领用限额卡等	按牌号领用，实行“三级过滤”，收发记录准确
6	回收处理	润滑站(回收) 废油再生站(处理)	油料回收定额，换油周期，抽样化验，收集流失油料	分类回收，不得混装，混有切削液的废油及特别脏的废油要用专桶存放，及时送交再生站处理

(2) 润滑装置及器具管理制度。润滑装置及器具在日常使用中消耗大，品种多，容易损坏，为保证设备经常处于良好的润滑状态，必须统一归口管理。

设备管理部门应对各种规格型号的润滑设备及器具的数量进行统计，建立润滑装置大卡和润滑器具卡片。

对标准的润滑装置做出计划进行外购，定量储备；特殊装置应组织测绘自制。易损器具按计划定量采购储备。

润滑器具破损时，以旧换新。对维护不当，责任心不强造成的损坏与丢失的润滑装置和器具应酌情赔偿处理。

设备管理部门应使全厂使用的润滑装置和器具逐步标准化、系列化，并建立图册。

(3) 润滑工安全技术操作规程。每日巡回中要注意安全，穿戴工作服、安全帽，要在规定的通道上行走，不准跨越传动装置及运输带。设备停车以前，不要用手及其他物品伸入油箱检查。

清洗换油前，需由电工配合将电路开关拉开，挂上“禁止合闸”标牌，并接好抽油泵的临时线。

如要检查润滑系统供油情况，需由操作工或维修工开动设备，不得擅自启动设备。

润滑油桶、油车的运输和行走安全，保持现场卫生。离开现场前要及时擦净溅落在地面上的润滑油。

刮五级以上大风时，禁止对室外设备进行润滑和清洗作业。遵守防火规则，工作后不准用汽油擦洗用具和洗手。

（4）润滑油库防火制度。油库的防火设施及电气安装必须符合消防管理要求。

油库范围内严禁吸烟及用火。必须动用明火时，需按消防部门的规定办理动火手续，并指派专人监护。

库内不得存放易燃、易爆物品，如汽油、酒精等。库内消防用具、砂箱、二氧化碳灭火器等必须安放在指定地点，管理人员必须熟悉消防器材的使用方法。对不遵守防火制度者要严肃处理。

3. 设备润滑管理用图表的编制

设备润滑管理用图表是指设备管理部门为使润滑管理工作规范化、制度化、标准化而建立的具有指导、计划、记录和统计作用的图或表。常用的有设备润滑卡片（也可称图表），设备换油卡片，油质化验计划表，年度设备清洗换油计划表，月份清洗换油计划表，年度换油台次、换油量、维护用油量统计表，润滑擦拭、清洗材料年需用量申请表，治漏计划表，润滑材料年、季使用量和回收量统计表等。

（1）设备润滑卡片。设备润滑卡片是指导操作工、维修工和润滑工对设备进行正确合理润滑的基础技术资料，它以润滑“五定”为依据，文图兼用显示出“五定”内容。它是开展润滑管理工作的基础。润滑卡片应发到班组和润滑工，并对操作工进行设备和保养知识教育，使其自觉遵守执行。

① 润滑卡片形式的选择。工厂常用的润滑卡片一般有 3 种主要形式：图式润滑卡片、框式润滑卡片、表格式润滑卡片。每种设备应选用哪种形式的润滑卡片应根据设备外观几何形状、润滑点在设备上的分布面及集中分散情况而定。

② 编制润滑卡片的要求。为了使用润滑卡片能正确、清晰地反映设备润滑的要求，编制时应做到以下几点：统一格式，制图应符合机械制图的有关规定，图幅采用 A3 或 A4 两种；标准化、规范化，参照设备使用说明书中对润滑的要求，核对设备在用的润滑剂是否与说明书要求相符，要对照设备实物校核每一个润滑部位和润滑点，做到无一遗漏；内容完整，标注明确，按设备润滑要求，逐项落实润滑“五定”内容，项目清楚，分工明确。达到图面清晰，引线有序，观看明显，便于记忆；以表达清楚、正确为准，视图应尽可能减少。

③ 编制润滑卡片的注意事项。根据设备使用说明书要求及实物核对情况，把设备的润滑部门、油质、加油周期、油量和责任人核实无误。

合理选择卡片形式。把润滑部位标注在设备外观的主视图、俯视图或左视图上，根据编制润滑卡片的要求，对照润滑卡片的 3 种表示形式，择优选用其中视图少、表达明显的一种。

（2）设备换油卡片。设备换油卡片由润滑技术人员编制，润滑工记录，供检查设备储油部位的正常油耗与非正常泄漏情况，以及换油周期的执行情况用。

（3）年度设备清洗换油计划表。年度设备清洗换油计划表是润滑技术人员根据设备换油卡片的记录资料，以最后一次换油时间为准，参照换油周期的规定、设备开动班次和油质化验，确定各台设备清洗换油的具体时间。当计划换油月份与计划检修月份差不多时，应先进行油质化验，以确定可否将计划换油时间调整到计划检修月份来安排清洗换油计划，同时将调整时间记录在清洗换油计划表备注栏内。

（4）月度清洗换油实施计划表。月度清洗换油实施计划表是润滑工执行清洗换油的工作依据，油润滑技术人员或计划员参照年度换油计划，月检修计划编制，下达维修部门和润滑工实施。

（5）年、月用油量统计表。年、月用油量统计表包括换油台次、换油量、添油量、维护用油量的统计与年度计划对比。

（6）润滑材料需用量申请表。该表由润滑技术人员汇总编制，包括润滑油、脂用量，清洗，擦拭材料需用量，废油再生辅料需用量和冷却液配制用料量等，编制此表的依据是：

① 年度设备清洗换油计划中各种油品、清洗剂和擦拭材料需用量，年度废油再生辅料用量和配制冷却液需要材料的品种数量。

② 日常维护消耗润滑剂数量。

③ 上年度实耗润滑材料数量。

④ 预计新增设备用量。

设备管理部门应按期将此表报供应部门采购供应。

（7）润滑材料年、季使用量和回收量统计表。该表是按材料名称（润滑油、脂、清洗材料和擦拭材料等）进行季度用量和年度总用量的综合统计表。

4. 润滑管理的“五定”和消耗定额

（1）润滑管理的“五定”。润滑管理“五定”工作是搞好润滑管理工作的基本措施，是对润滑管理工作从体制机构（定人）、工作方法（定点、定期）到技术要求（定质、定量）的综合反映和综合保证，坚持执行“五定”管理，就能促进润滑管理对设备维护保养的保障功能。

“五定”主要内容是：

定点：根据润滑卡片上的指定的润滑部位、润滑点和检查点（油标、窥视孔等），实施定点加油、添油、换油，并检查液面高度及供油情况。

定质：各润滑部位使用的润滑剂的质量和品种牌号必须符合润滑卡片上的要求。采用代用材料和掺朽代用材料要有科学依据。润滑装置、器具要清洁，以防污染油料。

定量：按润滑卡片上规定的油、脂数量对各润滑部位进行日常润滑。

定期：按润滑卡片上规定的间隔时间进行添油、加油和换油。按规定时间进行抽样化验，视其结果确定清洗换油或循环过滤，确定下次抽样化验日期。

定人：按润滑卡片上分工规定，明确由操作工、润滑工或维修工等工种负责加油、添油、清洗换油和抽样化验的工作职责。

每台设备的“五定”内容是不相同的，应根据设备使用说明书，由润滑管理人员制定。

（2）润滑材料的消耗定额。润滑材料的消耗定额包括设备各油箱和油池的换油量定额、正常添油量定额及设备日常维护加油量定额等。通过这些定额计算可以汇总出全年耗油量及厂、车间的年、月设备用油计划，以此作为编制润滑材料需用量申请表的主要依据，这一工作也是对润滑材料进行定额管理的基础工作。

（3）设备清洗油消耗定额。设备清洗换油时应推广应用水质金属清洗剂代替油质清洗剂，以节约能源和减少污染。清洗油用过后要回收，经沉淀过滤后可重复使用，不得任意抛洒，以节约能源和减少污染。

（4）废油的回收定额。换下来的润滑油（脂）应全部回收，然后送再生站处理后加以利用。不得随意丢弃或烧掉。回收废油不断减少环境污染、节约能源，而且还充分利用了资源。为此必须做好废油定额回收工作。回收的废油主要是油箱换下来的油和收集的泄漏油。

油箱添加油和日常维护加油作为正常消耗回收很少，可不计。洗涤用油要求沉淀过滤后再用，回收量一般不加控制。

4.3.4 设备用水管理

1. 组织机构与人员配备

与润滑管理相同，设备用水管理应设在设备管理部门，人员配备与润滑管理相同。

2. 主要制度

管理制度是根据组织机构形式而制订的，不同的管理模式，有与其相适应的管理制度。一般与润滑管理制度在一起制订。

3. 防冻液推荐使用范围。见表 4-10。

表 4-10　防冻液推荐使用范围

级　别	冰　点	推荐使用范围
-25 号	不高于-25	在我国一般地区如长江以北、华北环境最低气温在-15 ℃以上的地区均可使用。
-35 号	不高于-35	在东北、西北大部分地区及华北环境最低气温在-25 ℃以上的寒冷地区选用。
-45 号	不高于-45	在东北、西北及华北等环境最低气温在-35 ℃以上的严寒地区选用。

4.3.5 油田常用的设备油水管理的典型做法

1. 新进润滑剂、冷却液产品管理典型做法

润滑剂和冷冻液产品由物资供应部门统一采购到站后，通知质量检验部门，抽样检验，质量检验合格后，才能发放使用，检验不合格，应进行退货处理。

典型做法：某油田设备使用的润滑剂和冷冻液产品，统一由三级单位、小队根据设备消耗定额，按月报到设备管理部门，经审核确认后，由物资供应站统一采购。采购到站的润滑剂和防冻液产品，由局级质量检验部门进行入库报检，检验结果及时上网通报，质量合格的产品发放使用；质量不合格产品，退回厂家。新进润滑剂和防冻液产品的检测流程见图 4-1。

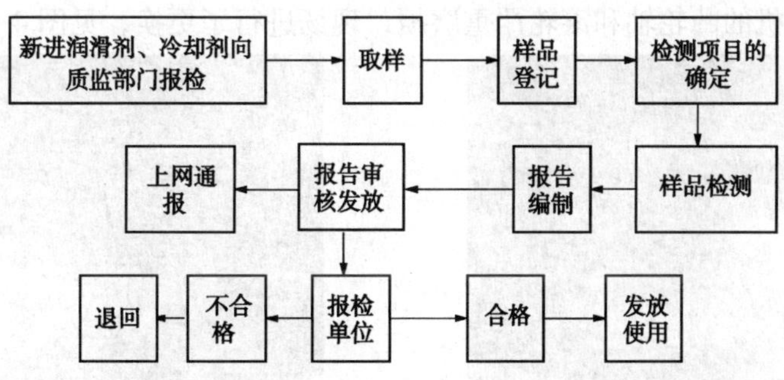

图 4-1　新进润滑剂、冷却液检测流程图

2. 润滑剂、冷却液使用管理典型做法

润滑剂和防冻液在使用中，质量会发生劣化，到一定程度后，就会影响设备的正常使用，因此，设备使用中的润滑剂和防冻液产品，要定期监测，随时掌握其质量变化程度，及

时采取有效措施，保证设备的正常运行。

目前，油田企业对设备在用润滑剂和冷却液，一般实行分级监测，按质使用，按质更换。首先由各级润滑站负责定期取样，初步检测，并建立单机设备润滑冷却档案，对于重大、关键设备使用的润滑剂和冷却液，由技术监测部门定期监测。设备管理部门根据监测结果，及时采取措施处理。

3. 关键设备按质换油及磨损监测案例分析

事例一：某厂的1#天然气压缩机，在2007年的一次监测中，发现润滑油中铜和铅元素含量突增，单位时间内元素的磨损变化量超过正常警戒线，落入异常磨损区域，判断该设备含铜和含铅部件发生了异常磨损，应停机检修主轴瓦、连杆瓦等部位。现场设备管理人员立即停机，拆检了压缩机连杆大头瓦，发现连杆瓦铜基合金磨损严重，现场立即更换了一付连杆瓦，磨合后加载运行，运行状况良好。见图4-2。

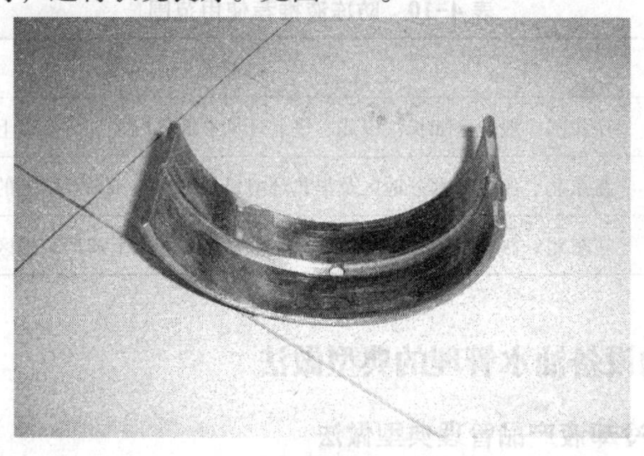

图4-2 严重磨损的连杆大头瓦

在这次设备故障中，预防了1#压缩机发生烧瓦伤轴的事故，避免了压缩机曲轴受到伤害，把损失控制在小范围，降低了维修费用，最大限度地减少了停机损失。

事例二：某厂的6号天然气机组，包括天然气发动机和压缩机，从2010年3月份开始正常生产运行。6号天然气发动机刚开机运行时，铁金属元素浓度值为245mg/kg，超过了正常范围，达到严重磨损区域；同样，6号压缩机铜元素浓度值为72.8 mg/kg，超过了正常区域，分析后对6号机组提出了停机检修的预警建议。2010年4~5月份，经过现场初步检修，发现6号发动机的凸轮轴和滚轮严重磨损，现场进行了更换，见图4-3。

图4-3 6号发动机严重磨损的凸轮轴和滚轮

初步维修后，6 号机组重新运行，铁元素浓度值降到正常范围，但在 6 月 4 日的监测中，钠元素浓度值升到 219 mg/kg，说明 6 号发动机冷却系统发生了渗漏，同时铁谱检测发现油中含有大量的腐蚀磨损金属颗粒和严重滑动磨损的合金颗粒，见图 4-4、图 4-5，分析后建议 6 号机组停机检修。检修发现，发动机气缸密封圈发生渗漏，冷却液渗漏到润滑系统中，破坏了润滑油的润滑性能，造成摩擦副局部发生干摩擦，产生了局部高温，形成了腐蚀磨损颗粒和严重滑动磨损颗粒。检修后，发动机恢复正常。

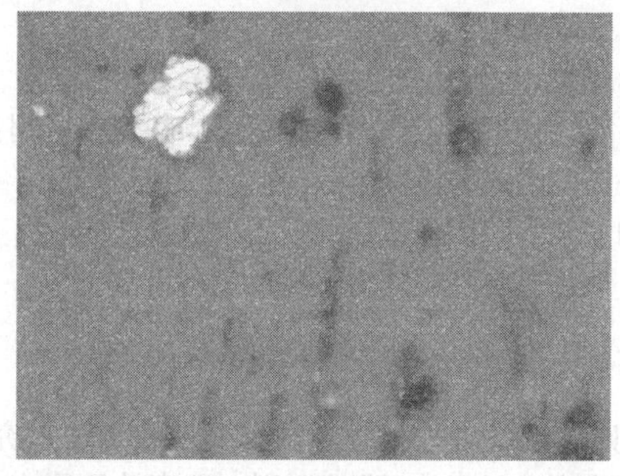

图 4-4　铝颗粒

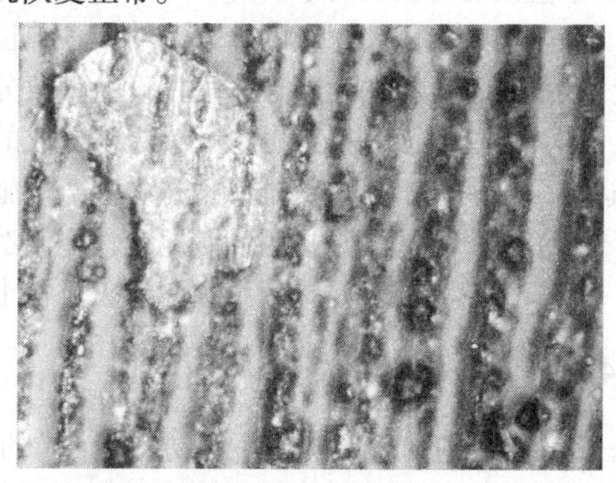

图 4-5　合金颗粒

事例三：某钻井队型号为 G12V190PZ-L 的 1 号柴油发动机，在运行监测中，发现铜元素浓度值增速异常，在 10 天内由 6.8mg/kg 增加到 26.4 mg/kg，且油中存在着数量较多的严重滑动磨损铜合金颗粒。现场检修时发现，连杆轴承磨损异常，更换连杆瓦后，检测数据恢复正常。

近几年，油田企业的重大关键设备，基本实现了定期监测，按质换油和预测维修。通过对设备在用油运行状态监测，每年降低的维修费用是可观的，同时提高了运行效益，为设备的安全高效运行提供了科学保障。

4.4　设备事故管理

4.4.1　设备事故的定义与分类

1. 设备事故的定义

由于设计、制造、安装、施工、使用、检维修、管理等原因造成机械、动力、电气、电信、仪器(表)、容器、运输设备、管道等设备及建(构)筑物等损坏造成损失或影响生产的事故称为设备事故。

2. 设备事故的分类

设备事故所造成的停产时间或者修理费用达到规定限额为设备事故。企业对发生的设备事故，必须查清原因，并按照事故性质严肃处理。设备事故分类标准按《中国石油化工集团公司安全生产监督管理制度》执行，上报集团公司事故根据事故造成的人员伤亡、直接经济损失情况，一般分为 4 个等级：

(1) 特别重大事故。指造成 30 人以上死亡，或者 100 人以上重伤(包括急性工业中毒，下同)，或者 1 亿元以上直接经济损失的事故。

（2）重大事故。指造成10人以上30人以下死亡，或者50人以上100人以下重伤，或者5000万元以上1亿元以下直接经济损失的事故。

（3）较大事故。指造成3人以上10人以下死亡，或者10人以上50人以下重伤，或者1000万元以上5000万元以下直接经济损失的事故。

（4）一般事故。指造成3人以下死亡，或者10人以下重伤，或者10万元以上1000万元以下直接经济损失的事故。

尚未构成集团公司级的事故，纳入各单位级事故管理。

根据设备事故的性质，又可把设备事故分为3类：

（1）责任事故。是指由于人为原因造成的事故，如擅离工作岗位、违反操作规程、超负荷运转、维护润滑不良、维修不当、安全措施缺失等造成的设备事故。

（2）质量事故。是指因设备原设计、制造和安装等原因而造成的设备事故。

（3）自然事故。是指因洪水、风灾、雷击、地震等自然破坏力造成的设备事故。

4.4.2 设备事故的处理与预防

设备事故坚持“预防为主，防微杜渐”的原则。设备事故报告、调查处理和责任追究，坚持实事求是、尊重科学的原则。设备事故管理坚持“四不放过”的原则，即事故原因查找和分析不清不放过，未制定具体的防范措施不放过，事故责任者与员工未受教育不放过，责任者未受到处理不放过。

1. 设备事故的处理

设备事故发生后，应按照以下步骤进行处理：

（1）发生设备事故所在单位应按要求立即上报，并按分级管理的要求及时组织调查组进行认真调查、分析和鉴定，找出原因，查明真相，分清责任，提出防范措施。同时组织力量进行抢修，尽快恢复生产，尽量降低由设备事故造成的停产损失。

（2）对于发生的设备事故，不论事故大小，情节轻重，均应按照“四不放过”的原则认真处理。

（3）对于发生的设备事故隐瞒、虚报或故意拖延不报的，除责成补报外，对责任者将按相关规定给予从重处罚，同时追究其有关领导的责任。

（4）事故调查和处理：设备事故的调查由设备管理部门负责，要按照“四不放过”的原则，认真分析，查清原因，根据设备损坏程度、事故性质和经济损失等情况，对责任人员严肃处理，并将事故记录存入设备档案。

（5）下列情况必须进行严肃处理。

① 对于工作不负责任，不执行操作、保养规程，造成事故的主要责任者。

② 违章指挥、违章作业，造成设备事故的主要责任者。

③ 设备长期带病运转，长期失修造成设备事故的主要责任者。

④ 事故发生后不按“四不放过”原则处理，不认真吸取教训，不采取整改措施，造成设备事故重复发生的主要责任者。

2. 设备事故的预防、控制要点

现代化生产，人与设备是不可分割的统一体，没有人的作用设备是不会投入运行的，同样没有设备也难以进行生产。但是，人与设备不是等同的关系，而是主从的关系。人是主体，设备是客体，设备不仅是人设计制造的，而且由人操纵使用，执行人的意志。因此，依据设备事故的规律和保证设备安全运行的经验，对设备事故的预防和控制要以人为主，通过开展预防性安全科学管理达到保证设备安全运行的目的。主要抓好10大环节：

(1) 选购合格设备。首先，要根据生产需要、技术要求、产品质量，选购合格设备。同时，在设计制造上要有安全功能，如回转机械要有防护装置；冲剪设备要有保险装置；有些设备系统根据需要应有自动监测、自动控制装置；以及易燃、易爆场所要选用防爆设备等。

(2) 做好设备的安装、调试和验收。凡是新投入使用的设备，不论是选购的，还是自制的，不论是需要安装、调试的，还是不用安装使用的，都要按设计规定，对设备的技术性能、质量状态、安全功能进行全面严格验收。发现问题时必须加以解决，并要经过试运行确认无误时，才能正式投入使用。

(3) 为设备安全运行提供良好的环境。良好的环境是设备安全运行必备的条件。例如，固定设备的布局要合理，有必要的防污染、防腐、防潮、防寒、防暑等设施，从而使环境中的温度、湿度、光线等都能达到设备安全运行的要求。移动设备的环境因素也非常重要，如机动车的路面要达到保证安全运行要求。

(4) 为设备安全运行提供人的素质保证。凡是从事设备管理的工程技术人员、操作使用人员和维修人员，都要努力学习管理、使用、维修设备的知识，具有自我预防、控制设备事故的技能。其中，危险性较大的设备，如锅炉、起重设备、汽车司机等特种作业人员，还要经过专业培训，使其成为爱护设备、熟悉性能、懂维护保养、会操作使用、能排除故障、具有应变能力，并经过考试合格后，持证方可上岗作业。

(5) 建立安全法规，保证设备安全运行。建立、健全安全法规用于规范人们行为，是强化设备安全管理，保证设备安全运行的法制手段。例如，建立设备管理机构和责任制，明确职责；建立设备安全运行堆积，做好设备运行记录，掌握设备情况，发现问题及时处理；建立设备检修规程和安全技术操作规程等，并要做到有章必循、违章必纠、执法必严。严禁违章指挥、违章作业，从而确保设备安全运行。

(6) 做好设备修理。按照设备事故的变化规律，做好设备修理，保证设备性能，延长设备安全运行使用寿命。具体参见第五章。

(7) 做好设备的日常维护保养。设备的维护保养，是为了防止设备劣化、保持设备性能而进行的以清扫、检查、润滑、紧固、调整等为内容的日常维修活动。各行业设备的维护保养内容有各自不同的规定，可根据实际需要进行。例如，该保暖的保暖、该降温的降温、该去污的去污、该注油的注油，使之保持安全运行状态。

(8) 做好设备运行中的检查。设备检查，一般分为日常检查和定期检查。日常检查，是指操作工人每天对设备进行的定项、定时检查。可以及时发现、消除设备异常，保证设备持续安全运行。定期检查，是指由专业维修工人协同操作工人按期进行的检查。通过检查，查明问题，以便确定设备的修理种类和修理时间，从而消除设备异常状态，确保设备安全运行。

(9) 吸取事故教训，避免同类事故重复发生。设备事故发生之后，要按“四不放过”原则进行讨论分析，从中吸取教训。从而有针对性地采取安全防范措施，如健全安全法规，改进操作方法，调整设备检修周期，以及对老旧设备更新改造等，避免同类事故重复发生。

(10) 做好设备的更新改造。根据需要和可能，有步骤、有重点地对老旧设备进行更新改造，并按规定做好设备报废工作，是保证设备安全运行提高经济效益的重要措施。设备使用至老化期，由于性能严重衰退，不仅影响正常生产，能导致事故发生，而且由于延长了设备的使用时间，相应增加了检修次数和材料消耗，同时，由于精度降低，也能导致质量事故。因此，该报废的设备必须报废。

4.4.3 设备事故处理案例分析

1. 抽油机曲柄销轴断裂的故障分析

1）故障概况及经过

（1）故障设备概况。设备为江汉四机厂生产 CYJ11-3-48HB 型抽油机，于 1989 年 7 月投产使用，连续运转已达 16 年零 2 个月，在 2000 年 6 月 25 日仅组织更换了曲柄销轴承。

（2）故障发生经过。2005 年 9 月 22 日，该机在运转过程中发生曲柄销断裂事故，造成停机。经调查了解：当晚某油藏经营管理区 9#计量站当值工人王某，于 22 日早上 5：30 分巡井至该机，并对设备进行了认真巡查，并未发现任何异常及听到任何异响，回站后大约在 7：30 左右，听到该机方向传来异响，迅速在计量站配电柜切断了该抽油机的电源，后急忙赶至该井，发现因反扣曲柄销的轴出现断裂、脱出，造成游梁单臂运转，并迅速向相关部门进行汇报。

（3）故障的处理、恢复经过。设备主管人员对事故损失进行了鉴定：现场抽油机尾轴承座损坏、曲柄销断裂侧抽油机连杆、支架损坏报废。并根据事故损失情况制定了维修整改方案，组织维修抽油机，经过 4 个多小时的现场整改施工，该机重新恢复了正常运转。

2）事故原因及失效机理分析

（1）事故现场。经现场鉴定反扣曲柄销销轴断裂横截面发生在曲柄冲程孔内约 100mm 深处靠近轴丝扣部位，从销轴的断裂面来看，裂痕表面凹凸不平呈不规则状，并且有明显新旧痕迹，其裂纹逐渐扩大到整个断裂截面的 75%左右时，剩下的 25%的轴径不足以承受运行载荷，销轴突然断裂，造成事故。

（2）原因分析。针对此次事故的发生，该厂结合近两年发生的 5 次抽油机曲柄销销轴断裂事故进行了分析。

① 事故的共同点。抽油机曲柄销使用时间均超过 14 年，销轴断裂横截面状况基本相同。

② 事故原因分析。通过分析确定：抽油机曲柄销在长时间使用过程中，由于游梁式抽油机属于四连杆结构，抽油机处于非匀速运动，曲柄销销轴长时间受到交变应力的作用，造成销轴首先从缺陷部位开始出现裂痕，并逐步扩大，在现场运行过程中无明显的症兆，当裂纹逐渐扩大到一定程度时，发生整体断裂。因此曲柄销得不到及时更新是事故发生的主要原因。

3）故障原因分类

该事故是在原有技术检测手段有限的条件下，造成维护保养不当而发生的机械事故。

4）故障教训

针对近两年发生的抽油机曲柄销销轴断裂事故，通过分析事故原因，认识到，做好设备管理各个环节，确保设备本质安全的重要性，特别是在日常管理中，对老旧设备重视不够，精细管理还待提高。

（1）按照国家SY/5044—2003《游梁式抽油机》标准整机大修条件中一般技术要求：正常运转使用时间达到6年的抽油机，应对曲柄销进行必要的探伤检查。该机在长达16年现场使用过程中，未进行曲柄销检测，从而埋下了事故隐患。

（2）日常工作中，配件验收只采取了外观和规格型号验收，没有进一步采取其他辅助检验方法，暴露出在供货商管理、抽油机配件质量控制上，管理制度上有漏洞，配件检验方式过简，需细化完善。

（3）抽油机在检修维护时，因缺少专用检测仪器，对关键部件制定的出厂质量验收标准无法检验。

（4）抽油机是连续24小时野外露天运转，工况条件十分恶劣。同时还具有重、动负荷等特点，不确定因素较多。虽然每年制订了设备整改计划，但整改、投入力度不够。

5）防范措施

（1）与具有相关资质的单位联合开发研制抽油机曲柄销免拆卸无损检测技术。在项目实施过程中，为了进一步验证曲柄销免拆卸无损检测技术的可靠性，我们将检测动态分析报告中存在缺陷、建议报废的曲柄销销轴拆下，送到有关检测机构用磁粉探伤仪进行检测，经过探伤结果对比，检测动态分析结果与磁粉探伤结果完全吻合。自2007年开始，定期开展应用现场在用抽油机曲柄销免拆卸无损检测技术，为现场抽油机曲柄销安全使用提供科学依据，减少了更换抽油机曲柄销人力、物力的投入。该技术工作原理是：利用声波在不同的介质中传播的速度不同。在不同密度的物质中传播的速度也不同。根据此原理及工件的变化阶段中反应出来的波形就可以判定工件是否处于安全的工作状态。如图4-6和图4-7两只曲柄销子波形对比：1号曲柄销波形分析报告中轴径水平距离152.8mm处波峰缺损度为6.8%，可以正常使用；2号曲柄销波形分析报告中轴径水平距离160.7mm处波峰缺损度为55.4%，必须报废更换。

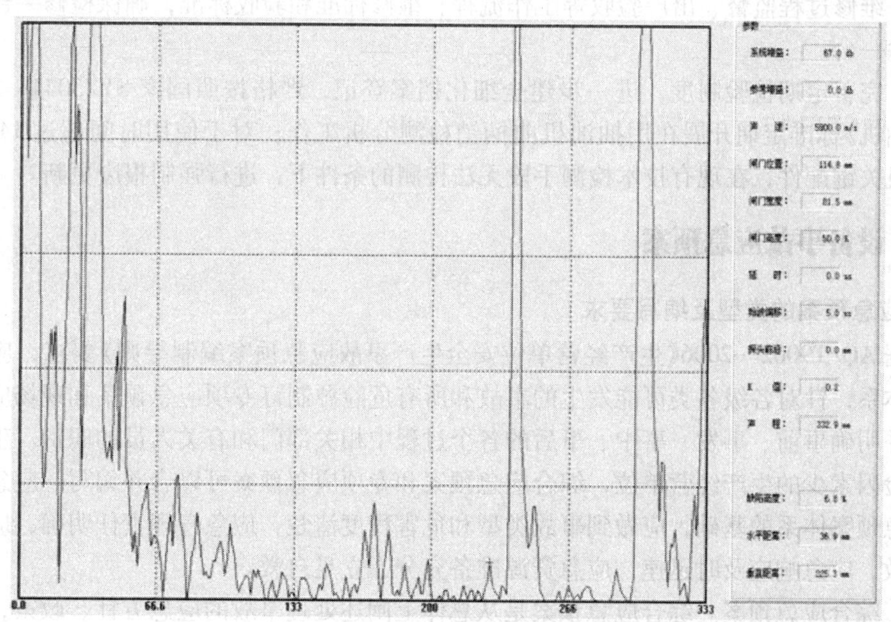

图4-6　1号曲柄销波形分析报告

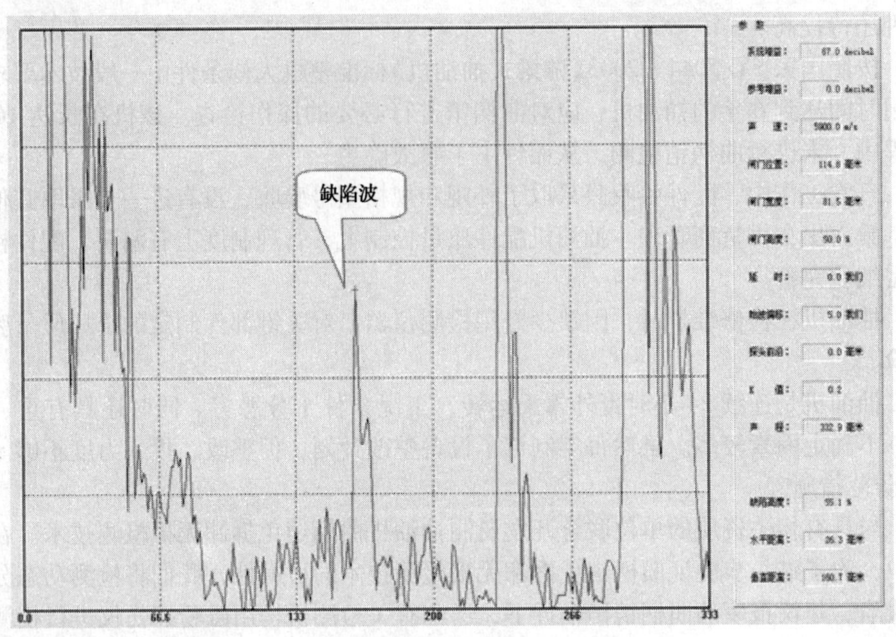

图 4-7　2 号曲柄销波形分析报告

（2）完善管理制度，严把过程质量控制关。一是规范配件验收标准。协同物资部门，进一步开展抽油机配件的使用规格型号、质量等级要求、验收标准等规范工作，对所有进购的抽油机配件，供货厂家必须在配件上打上永久性标示，否则不许入库和使用，并签定质量保证协议，以利于后期产品质量责任追究；对批量进购的关键配件委托具有相关资质的机构进行抽样检测，根据检测结果或由供货厂家提供权威机构出具的检测报告以确定是否入库使用。二是完善抽油机检维护标准。在现有维修、检验手段和仪器的条件下，完善抽油机检修前检验、维修过程监督、出厂验收等工作流程、维修标准和验收标准，确保检修一台，设备隐患消除一台。

（3）完善定期检验制度，进一步建全细化档案登记，严格按照国家 SY/5044—2003《游梁式抽油机》标准定期开展在用抽油机曲柄销检测分析工作；对于使用时间超过 14 年的其他抽油机关键配件，在现有技术检测手段无法检测的条件下，进行强制报废更新。

4.4.4　设备事故应急预案

1. 应急预案的类型及编写要求

根据 AQ/T9002—2006《生产经营单位安全生产事故应急预案编制导则》要求，应急预案应形成体系，针对各级各类可能发生的事故和所有危险源制订专项应急预案和现场应急处置方案，并明确事前、事发、事中、事后的各个过程中相关部门和有关人员的职责。生产规模小、危险因素少的生产经营单位，综合应急预案和专项应急预案可以合并编写。应急处置方案是应急预案体系的基础，应做到事故类型和危害程度清楚，应急管理责任明确，应对措施正确有效，应急响应及时迅速，应急资源准备充分，立足自救。

（1）综合应急预案。综合应急预案是从总体上阐述处理事故的应急方针、政策，应急组织结构及相关应急职责，应急行动、措施和保障等基本要求和程序，是应对各类事故的综合性文件。

（2）专项应急预案。专项应急预案是针对具体的事故类别（如煤矿瓦斯爆炸、危险化学品泄漏等事故）、危险源和应急保障而制定的计划或方案，是综合应急预案的组成部分，应按照综合应急预案的程序和要求组织制定，并作为综合应急预案的附件。专项应急预案应制定明确的救援程序和具体的应急救援措施。

（3）现场处置方案。现场处置方案是针对具体的装置、场所或设施、岗位所制定的应急处置措施。现场处置方案应具体、简单、针对性强。现场处置方案应根据风险评估及危险性控制措施逐一编制，做到事故相关人员应知应会，熟练掌握，并通过应急演练，做到迅速反应、正确处置。

2. 油田企业的设备事故应急预案

油田企业的设备事故应急预案的编写，建议参考 AQ/T9002—2006《生产经营单位安全生产事故应急预案编制导则》中现场处置方案进行编写，并将设备事故应急预案放入二级单位安全生产事故应急预案中。具体编写内容如下：

（1）事故特征主要包括：

① 危险性分析，可能发生的事故类型。

② 事故发生的区域、地点或装置的名称。

③ 事故可能发生的季节和造成的危害程度。

④ 事故前可能出现的征兆。

（2）应急组织与职责主要包括：

① 基层单位应急自救组织形式及人员构成情况。

② 应急自救组织机构、人员的具体职责，应同单位或车间、班组人员工作职责紧密结合，明确相关岗位和人员的应急工作职责。

（3）应急处置。主要包括以下内容：

① 事故应急处置程序。根据可能发生的事故类别及现场情况，明确事故报警、各项应急措施启动、应急救护人员的引导、事故扩大及同企业应急预案的衔接的程序。

② 现场应急处置措施。针对可能发生的火灾、爆炸、危险化学品泄漏、坍塌、水患、机动车辆伤害等，从操作措施、工艺流程、现场处置、事故控制，人员救护、消防、现场恢复等方面制定明确的应急处置措施。

③ 报警电话及上级管理部门、相关应急救援单位联络方式和联系人员，事故报告的基本要求和内容。

（4）注意事项主要包括：

① 佩戴个人防护器具方面的注意事项。

② 使用抢险救援器材方面的注意事项。

③ 采取救援对策或措施方面的注意事项。

④ 现场自救和互救注意事项。

⑤ 现场应急处置能力确认和人员安全防护等事项。

⑥ 应急救援结束后的注意事项。

⑦ 其他需要特别警示的事项。

3. 油田某单位抽油机设备应急预案及分析

1）厂领导及主管科室

厂主管领导：＊＊＊　　　　联系电话：＊＊＊

厂主管科室：＊＊＊　　　联系电话：＊＊＊

主　管　人：＊＊＊　　　联系电话：＊＊＊

2）应急小组

组　长：＊＊＊

副组长：＊＊＊

组　员：＊＊＊等

3）各种突发事件应急预案

（1）大面积停电应急预案。

迅速汇报区调度室，电话：＊＊＊＊＊＊＊，同时到各井口分开控制开关，在停电期间加强巡回检查，防止设备配件丢失。

区调度接到电话后，迅速通知主管经理和应急小组人员，电工区部待命。来电后，由调度通知各计量站当班工人。

首先大配电柜送电，然后对抽油机设备进行检查，确保设备正常后送电开井。

（2）光杆断脱应急预案。

发现问题迅速停机，关闭井口流程，防止原油泄露，向区调度室汇报。

调度室通知到设备管理员，迅速组织维修人员携带打捞工具到现场进行打捞恢复。

打捞完毕后，检查井口流程，电工对电机进行检查，一切正常后，恢复油井生产。

（3）抽油机调平衡应急预案。

在调平衡过程中，如发生突发事故，应迅速汇报区调度室。

设备管理员在接到调度通知后，迅速组织吊车及维修人员赶到现场。

事故处理完毕后，检查设备，一切正常，方可开井。

如发生人身受伤事件，应及时汇报区部调度，由调度通知安全员，同时将受伤人员迅速送往油田第一分院，进行救治。

（4）曲柄销子松动应急预案。

停机汇报区部调度室。

设备管理员接到调度通知后，赶到现场进行鉴定。

组织维修人员进行整改，完毕后，重新划线，组织开井。

（5）电机故障应急预案。

迅速断开电源，汇报区调度室。

调度及时通知设备管理员和维修电工，进行现场鉴定。

根据鉴定结果，组织实施相应的整改措施。

整改完毕后，检查设备及流程，恢复开井。

（6）吊绳断股、断脱应急预案。

迅速停井、切断电源，汇报区部调度。

如吊绳断股，由设备管理员到现场鉴定，根据情况进行实施相应整改措施。

发生断脱事故，迅速组织吊车和有关人员现场进行更换，同时，电工对电机进行检测。

整改完毕后，检查设备正常，恢复生产。

（7）抽油机中轴承、尾轴承故障应急预案。

停机汇报区调度室。

由设备管理员进行现场鉴定，同时向厂资产设备科汇报。

根据情况进行整改。整改完毕后，检查开机，恢复生产。

(8) 减速箱齿轮油被盗应急预案。

迅速停机，汇报区调度室。

由调度室通知设备管理员现场鉴定，同时向当地派出所报案。

经鉴定减速箱完好，组织维修人员添加齿轮油，并进行防盗。

整改完毕后，检查设备，开井恢复生产。

(9) 减速箱机械故障。

停机汇报区部调度室。

由设备管理员现场鉴定，并把鉴定结果向设备管理部门进行汇报。

根据现场鉴定采取相应的处理措施。

整改完毕后，开机恢复生产。

(10) 驴头开裂应急预案。

迅速停机，汇报区调度室。

调度室通知设备管理员到现场进行鉴定，并把鉴定结果汇报厂资产设备科。

根据鉴定情况，进行补焊修复。

如需要更换，需厂主管人员到现场鉴定。

整改完毕后，检查设备，恢复开井。

(11) 抽油机井发生井卡应急预案。

迅速停机，防止发生电机烧毁和抽油机设备损坏，并汇报区部调度室。

区部调度通知到工程组长，现场鉴定。

根据鉴定结果，组织洗井车辆进行解卡。

解卡完毕后，检查设备，开井恢复生产，并录取好各种资料。

4）紧急联络方式

5）预案分析

该预案为油田抽油机设备的专项应急处置方案，针对应急预案的基本要素，该预案中存在部分要素不完全或不完善的问题。

(1) 事故特征要素。该抽油机事故应急预案未进行事故危险性分析，并未指出事故发生的区域、地点或装置的名称；未分析事故可能发生的季节和造成的危害程度；未分析出事故前可能出现的征兆。

(2) 组织机构及其职责要素。预案中设置有“厂领导及主管科室、应急小组”组织机构，按两级指挥设置，但对其职责未进行划分。

(3) 危害辨识与风险评价要素。预案中未对抽油机设备发生事故后产生的危害及风险进行辨识与评价。

(4) 应急处置要素。通告程序：含有该项要素，但仅有“迅速汇报区调度室”过于简单，应准确及时了解事故的性质、规模等初始信息，保证接警人员迅速、准确地向报警人员询问事故现场的重要信息。

报警系统：需有警报系统：报警装置、启动条件与程序、报警范围等。并做好紧急公告，事故性质、事态进展、对健康的影响、自我防护等；通过紧急公告告知疏散信息等。

需构建应急组织和人员之间的应急通信网络。说明通信系统的来源、使用、维护；应急组织之间通信所需的详细信息；紧急状态下通信能力和保障；备用通信系统。该预案中对此项要素予以说明，符合要求。

6）注意事项

该预案中未列明抽油机发生事故进行应急救援及处置所需的应急设备与设施，应在预案中列明日常的应急物资与使用保管人员，并定期进行更新。

4.5 设备的状态监测与故障诊断技术

4.5.1 设备状态监测与故障诊断概述

1. 设备状态监测与故障诊断的定义

设备状态监测是对运转中的设备整体或其零部件的运行状态进行检查鉴定，以判断其运转是否正常，有无异常与劣化征兆，或对异常情况进行追踪，预测其劣化趋势，确定其劣化及磨损程度。

设备故障诊断是利用状态监测提供的信息和数据，结合设备结构特性参数、环境条件、运行历史，在设备运行中或基本不拆卸全部设备的情况下，对设备已发生的故障进行分析、判断，确定故障的性质、程度、部位和原因，并预测故障发生和发展的趋势及其后果。

2. 状态监测与故障诊断的意义和目的

随着现代化工业的发展和科学技术的进步，设备的结构越来越复杂，功能越来越完善，自动化程度也越来越高。由于各种无法避免的因素影响，有时设备会出现各种故障，以致降低或失去其预定的功能，甚至造成严重的或灾难性的事故，因此，开展状态监测与故障诊断具有十分重要的意义。

设备状态监测与故障诊断的目的是，以技术手段保障设备安全、可靠、高效、经济运行，使设备资产效益最大化。

3. 状态监测与故障诊断的任务

设备状态监测与故障诊断的任务是监视设备的状态，判断其是否正常，预测和诊断设备的故障并消除故障，指导设备的管理和维修。

1）状态监测

状态监测的任务是了解和掌握设备的运行状态，包括采用各种检测、测量、监测、分析和判别方法，结合系统的历史和现状，考虑环境因素，对设备运行状态进行评估，判断其处于正常或非正常状态，并对状态进行显示和记录，对异常状态作出报警，以便运行人员及时加以处理，并为设备的故障分析、性能评估、合理使用和安全工作提供信息和准备基础数据。

2）故障诊断

故障诊断的任务是根据状态监测所获得的信息，结合已知的结构特性和参数以及环境条件，结合改设备的运行历史，对设备可能要发生的或已经发生的故障进行预报和分析、判断，确定故障的性质、类别、程度、原因、部位，指出故障发生和发展的趋势及其后果，提出控制故障继续发展和消除故障的调整、维修、治理的对策措施，并加以实施，最终使设备恢复到原来正常状态。

4.5.2 设备状态监测与故障诊断技术基础

设备状态监测与故障诊断既有联系又有区别，前者是后者的前提和基础，有时候为了方便统称为设备故障诊断技术。

1. 设备故障诊断技术概况

1）故障诊断技术发展历史

设备故障诊断技术的发展是与设备的维修方式紧密相连的。人们可将故障诊断技术按测试手段分为六个阶段，即感官诊断、简易诊断、综合诊断、在线监测、精密诊断和远程监测。若从时间考查，故障诊断技术大致可以分为20世纪60年代以前、60年代到80年代和80年代以后三个阶段。

在上世纪60年代以前，人们往往采用事后维修（不坏不修）和定期维修。但所定的时间间隔难以掌握，过度维修和突发停机（没到维修期设备已经发生故障）事故时有发生，鉴于这些弊端，美国军方首先在20世纪60年代，改定期维修为预知维修，也就是定期检查，视情（视状态）维修。这种主动维修的方式很快被许多国家和其他行业所效仿，设备故障诊断技术发展很快。

20世纪60年代到80年代是故障诊断技术迅速发展的年代，那时把诊断技术分为简易诊断和精密诊断两类，前者相当于状态监测，主要回答设备的运行状态是否正常，后者则要求定量掌握设备的状态，了解故障的部位和原因，预测故障对设备未来的影响。

20世纪80年代中后期以后，人工智能理论得到迅猛发展，其中专家系统很快被应用到故障诊断领域。以信息处理技术为基础的传统设备故障诊断技术逐渐向基于知识的智能诊断技术方向发展，陆续涌现出许多新型的状态监测与故障诊断方法。

2）我国工业部门设备诊断的经历过程

我国工业企业设备诊断从1983年起步，不仅获得了较好的效益，而且也接近了当代世界先进水平，整个历程大致可分为5个阶段。具体如下：

（1）从1983至1985年：准备阶段。

这一阶段的标志是1983年国家经委“国营工业交通企业设备管理试行条例”的发布和同年中国机械工程学会设备维修专业委员会在南京会议上提出“积极开发和应用设备诊断技术为四化建设服务”倡议书。这一阶段的主要工作是学习国外经验，开展国内调研，制订初步规划，在部分企业试点等。

（2）从1986至1989年：实施阶段。

这一阶段开始的标志是1985年国家经委在上海召开“设备诊断技术应用推广大会”。由于经过了两年准备、工作试点，取得了初步成效，企业开始有了较大规模投入，从而使得设备诊断进入一个活跃时期。

（3）从1990至1995年：普及提高阶段。

这一阶段开始的标志是1989年中国机械工程学会设备维修分会在天津召开的“数据采集器和计算机辅助设备诊断研讨会”开始。由于“数采器”是普及点检定修的重要手段，而“计算机诊断”又是向高水平迈进的必要手段，因此两者的结合正反映了设备诊断技术向普及和提高的新阶段的到来。

（4）从1996至2000年：工程化、产业化阶段。

这一阶段开始的标志是1996年10月中国设备管理协会在天津成立设备诊断工程委员会，并提出了“学术化、工程化、产业化和社会化，向设备诊断工程要效益的工作方法”。从设备综合管理的角度，把设备诊断作为一个工程产业，实施产、学、研三结合。

（5）从2001年至今：传统诊断与现代诊断并存阶段。

我国进入21世纪以来，由于世界高新科技的发展极为迅速，国际学术交流分为活跃，仪器厂家系列产品不断推陈出新，从而有力地推进了诊断工作，无论在理论上和实践上，都进入了新的历史阶段。在这个时期内，一方面一些经得起时间考验，并早已为大家所熟练应用的传统诊断技术，如简易诊断和精密诊断等，仍在相当广阔的领域继续发挥其重要作用外，另一方面则有相当一些在高科技推进下产生的现代诊断技术，进入了国内科研生产领域，包括近年应用颇显成效的模糊诊断、神经网络、小波分析、信息集成与融合等。这类现代诊断技术与传统诊断技术并肩齐进，互为补充。

3）石化行业设备诊断的发展

石化行业是开展设备诊断技术工作比较广泛的行业系统，一套装置往往要连续运行1~2年才检修一次。近年成套引进的单系列大机组较多，停产一天要损失几十万到几百万元。

石化行业从70年代组织无损检测到80年代开展设备状态监测，现各企业已设备了各类监测仪器、仪表，建立了以总公司、公司或总厂以及分厂为三级的状态监测机构，施行分级管理，并已建立了旋转机械诊断的一级机构。

主要做了几个方面的工作：①加强了对旋转机械的振动监测，重点研究解决一些故障原因和分析方法，取得一定成果。②使用一些轻便、高效的探伤仪、测厚仪、内窥镜以及声发射技术等，加强对压力容器的检测。③开展热监测工作，利用红外热像仪，进行厂内散热损失测定，以利节能和合理选用隔热材料。④抓紧了人员培训、信息交流和技术引进工作。

2. 设备故障诊断技术原理

在设备故障诊断过程中，首先要将故障征兆进行分类（如振动、噪声、变形、残留物、松动、斑点、凹坑、断裂等），弄清故障类别（磨损、裂纹、腐蚀、不平衡、不对中、泄露等）、性质（渐发性、扩展性）和程度（局部故障、整机故障），然后可以根据故障的机理预测其发展情况，提出相应对策。

故障诊断技术一般有如下4个方面工作内容：

（1）信号检测。就是正确选择测试仪器和测试方法，准确地测量出反映设备实际状态的各种信号（应力参数，设备故障劣化的征兆参数，运行性能强度参数等），由此建立起来的状态信号属于初始模式。

（2）特征提取。将初始模式的状态信号通过放大或压缩、形式变换、去除噪声干扰等处理，提取故障特征，形成待检模式。

（3）状态识别。根据理论分析结合故障案例，并采用数据库技术所建立起来的故障档案库为基准模式，把待检模式与基准模式进行比较和分类，即可区别设备的正常与异常。

（4）预报决策。经过判别，对属于正常状态的设备可继续监视，重复以上程序，对属于异常状态的设备则要查明故障情况，做出趋势分析，估计今后发展和可继续运行的时间以及根据问题所在提出控制措施和维修决策。上述诊断内容如图4-8所示。

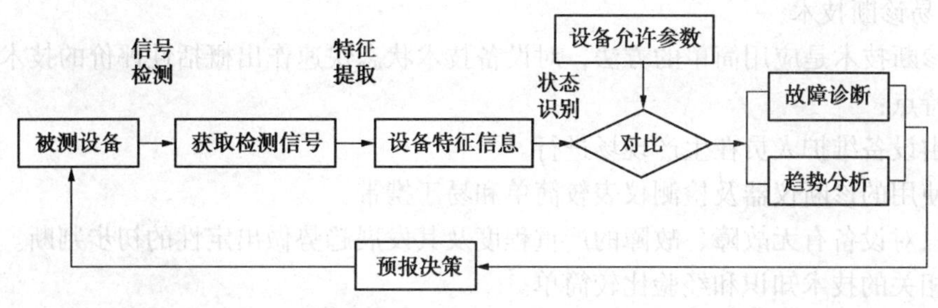

图 4-8 设备诊断过程框图

3. 设备故障诊断技术基本方法

由于设备故障的复杂性和设备故障与征兆之间关系的复杂性，让设备故障诊断成为一个探索性的过程。依据过程的复杂性，因此不可能只采用单一的方法，而要采用多种方法来进行诊断。可以说，凡是对故障诊断能起到作用的方法就要利用。故障诊断技术是一门交叉科学，必须从各个学科中广泛探求有利于故障诊断的原理、方法和手段。

1）传统的故障诊断方法

首先，利用各种物理的和化学的原理和手段，通过伴随故障出现的各种物理和化学现象，观测其变化规律和特征，以直接检测和诊断故障。这种方法形象、快速，十分有效，但只能检测部分故障。其次，利用故障所对应的征兆来诊断故障是最常用、最成熟的方法。以旋转机械为例，振动及其频谱特性的征兆是最能反应故障特点，最有利于进行故障诊断的手段。为此，要深入研究各种故障的机理，研究各种故障所对应的征兆。在诊断过程中，首先分析从设备运转中获取的各种信号，提取信号中的各种特征信息，从中获取与故障相关的征兆，利用征兆进行故障诊断。由于故障与各种征兆间并不存在简单的一一对应关系，因此利用征兆进行故障诊断往往是一个反复探索和求解的过程。

2）故障的智能诊断方法

在上述传统的诊断方法的基础上，将人工智能的理论和方法用于故障诊断，发展智能化的诊断方法，是故障诊断的一条全新途径，目前已被广泛采用，成为设备故障诊断的主要方向。

人工智能的目的是使计算机去做原来只有人才能做的智能任务，包括推理、理解、规划、决策、抽象、学习等。专家系统（ES）是实现人工智能的重要形式，目前已广泛用于诊断、解释、设计、规划、决策各个领域。现在国内外已发展了一系列用于设备故障诊断的专家系统，并获得了很好的效果。

3）故障诊断的数学方法

设备故障诊断技术作为一门科学，尚处在形成和发展之中。目前人们正广泛利用科学的最新科技成就，特别是借助各种有效的数学工具来对设备诊断技术进行补充和完善，包括基于模式识别的诊断方法，基于概率统计的诊断方法，基于模糊数学的诊断方法，基于可靠性分析和故障数分析的诊断方法，以及神经网络、小波变换、分析几何等新发展的数学分支，等等。（在这里不做详细介绍）。

4. 故障诊断技术层次

设备故障诊断的应用上分成简易诊断和精密诊断两类。状态监测与故障诊断是诊断技术的两个组成部分。

1）简易诊断技术

简易诊断技术是应用简单的方法，对设备技术状态快速作出概括性评价的技术。一般有以下几个特点：

（1）由设备维护人员在生产现场进行。

（2）使用的诊断仪器及检测仪表较简单和易于携带。

（3）只对设备有无故障、故障的严重程度及其发展趋势做出定性的初步判断。

（4）相关的技术知识和经验比较简单。

（5）采集的故障信号应该存储建档。

设备的简易诊断技术包括定期的或在线的状态监测，它能对设备技术状态的一些参数作出是否正常的判断。当参数存在异常或超过限值时，即报警或自动停机。

设备简易诊断适宜于安装调试阶段用以检查和排除运输过程及安装施工中的缺陷以及在使用维护阶段进行状态监测，发现事故隐患，掌握设备的优劣趋势。

2）精密诊断技术

精密诊断技术是使用精密的仪器，在简易诊断的基础上对设备技术状态作出详细评价的技术。一般包括以下几个特点：

（1）诊断由具有一定经验的工程技术人员或专家在生产现场或诊断中心完成。

（2）使用的诊断分析仪器比较复杂。

（3）对设备故障的存在部位、发生原因及故障类型进行识别和定量分析。

（4）相关的技术知识和经验比较复杂，需要较多的科学配合。

（5）对信号进行深入的处理，并根据需要预测设备寿命。

近年开发的人工智能与诊断专家系统和计算机辅助设备诊断系统等都属于精密诊断技术范畴，一般多用于关键机组和诊断比较复杂的故障原因。

精密诊断除用于设备的开发研制过程外，更多用于使用维修阶段，但由于它所需费用较高，只有当简易诊断难以确诊时才采用。

同时，需要指出的是这两种诊断体制的划分只是相对的，现在所谓的精密诊断，随着技术的进步就会划入简易诊断的范围之内。

5. 设备故障的判定标准

为了对设备的状态作出判断，判断是否存在故障及故障的程度如何，必须对表征机器状态的测量值与规定的标准值进行比较。常用的判断标准有三种，即绝对判断标准、相对判断标准以及类比判断标准。

（1）绝对判断标准。它要求把在设备的同一部位或按一定的要求测得的表征机器设备状态的值与某种相应的判断标准相比较，以判定设备的状态。

（2）相对判断标准。采用这种判断标准时，要求对设备的同一部位（同一工况）同一量值进行测定，将设备正常工作情况的值定为初始值，按时间先后将实测值与初始值进行比较来判断设备状态。

（3）类比判断标准。若有数台机型、规格均相同的设备，在相同工况和使用环境下对它们进行测定，经过相互比较作出判断，用这种方法对机器设备的状态进行评定而制定的标准称作类比判断标准。

需要指出的是，在实践中，常将相对判断标准与类比判断标准两者结合一起制定统一的标准。

4.5.3 油田常用的状态监测与诊断技术

状态监测与故障诊断是一门综合性极强、涉及面非常广泛、学科交叉渗透十分丰富的技术，按检测参数大致可分为振动、温度等方面，以下就是油田常用监测参数及其适用范围：

振动(噪声)：适用于旋转机械、往复机械等；

温度：适用于工业炉窑、热力机械、电机、电器等；

油液分析：适用于设备润滑系统、设备冷却系统等；

无损检测：采用物理化学方法，用于关键零部件的故障检测；

压力：适用于液压系统、流体机械、内燃机和液力耦合器等；

强度：适用于工程结构、起重机械、锻压机械等；

表面：适用于设备关键零部件表面检查和管道内孔检查等；

工况参数：适用于流程工业和生产线上的主要设备等；

电气：适用于电机、电器、输变电设备、电工仪表等。

本节主要介绍了振动、噪声、温度、油液分析、无损检测和压力等六项检测技术的基本概念和用途(如需深入了解可参考相关文献)。

1. 振动

各种机器设备在运行中，都不同程度地存在振动，并且这些振动往往与机器的运行状态相关，振动测量就是通过对机械设备所表现的振动信号进行检测、分析，用以判断机械自身的劣化程度及预测其寿命。

构成一个确定性振动有3个基本要素，即振幅 s，频率 f(或 ω)和相位 ϕ，随机振动中也包含这三个基本要素，这是振动诊断中经常用到的三个最基本的概念。需要说明的是振幅反映振动的强度，振幅的平方常与物质振动的能量成正比。因此，振动诊断标准都是用振幅来表示的。而与振动幅值有关的物理量即速度有效值 V_{rms}，亦称速度均方根值。这是一个经常用到的振动测量参数。因为它最能反映振动的烈度，所以又称振动烈度。

若 $X(k)$ 为振动速度信号，则其振动烈度为：

$$V_{ims} = \sqrt{\frac{1}{2}\sum_{k=k_a}^{k_b} A_k^2} = \sqrt{\frac{1}{2}\sum_{k=k_a}^{k_b}\left(\frac{2}{N}\left|X(k)\right|\right)^2} = \frac{1}{N}\sqrt{\sum_{k=k_a}^{k_b}\left|X(k)\right|^2} \tag{4-1}$$

机械振动的研究和使用方面有多种分类方法，目前，大致有如下几种分类：按振动规律分类，按振动的动力学特征分类，按振动频率分类。

1）按振动规律分类

这种分类，主要是根据振动在时间历程内的变化特征来划分的，主要分为确定性振动和随机振动，其中确定振动包含简谐振动、周期振动两大类；随机振动分为平稳随机振动和不平稳随机振动两类。大多数机械设备的振动是这几种振动中的一种，或是某几种振动的组合。

设备在实际运行中，其表现的周期信号往往淹没在随机振动信号中，而当设备故障程度加剧时，随机振动中的周期成分加强。因此，从某种意义上讲，设备振动诊断过程，是从随机信号中提取周期成分的过程。

2）按振动的动力学特征分类

(1) 自由振动——给系统一定能量后，系统所产生的振动。若系统无阻尼，则维持等幅振动，反之，为衰减振动，其历程有限，一般不会对设备造成破坏，不是现场设备诊断所需考虑的目标。

描写单自由度线性系统的运动方程式为：

$$m\frac{d^2x(t)}{dt^2}+kx(t)=0 \tag{4-2}$$

式中 x——振动位移量，mm/s。

通过对自由振动方程的求解，我们导出了一个很有用的关系式，无阻尼自由振动的振动频率为：

$$\omega_n=\sqrt{\frac{k}{m}} \tag{4-3}$$

式中 m——物体的质量，kg；

k——物体的刚度，它是无量纲的。

这个振动频率与物体的初始情况无关，完全由物体的力学性质决定是物体自身固有的称为固有频率，这个结论对复杂振动体系同样成立。

对于结构件，因局部裂纹、紧固松动等原因导致结构件的特性参数发生改变的故障，多利用脉冲力所激励的自由振动来检测，测定构件的固有频率、阻尼系数等参数的变化。

(2) 受迫振动-物体在持续的周期变化的外力作用下产生的振动叫强迫振动，如由不平衡、不对中所引起的振动。式(4-4)为强迫振动的力学模型。

$$m\frac{d^2x}{dt^2}+c\frac{dx}{dt}+kx=F_o\sin wt \tag{4-4}$$

对于减速箱、电动机、低速旋转设备等机械故障，主要以强迫振动为特征，通过对强迫振动的频率成分、振幅变化等特征参数分析，来鉴别故障。

(3) 自激振动-在没有外力作用下，只是由于系统自身的原因所产生的激励而引起的振动，如油膜振荡、喘振等。自激振动是一种比较危险的振动。设备一旦发生自激振动，常常使设备运行失去稳定性。对于高速旋转设备以及能被工艺流体所激励的设备，除了需要监测强迫振动的特征参数外，还需监测自激振动的特征参数。

3）按振动频率分类

低频振动：$f<10$ Hz，在低频范围，主要测量的振幅是位移量。这是因为在低频范围造成破坏的主要因素是应力的强度。位移量是与应变、应力直接相关的参数。

中频振动：$f=10\sim1000$Hz，在中频范围，主要测量的振幅是速度量。这是因为振动部件的疲劳进程与振动速度成正比，振动能量与振动速度的平方成正比。在这个范围内，零件的疲劳破坏为主要表现，如点蚀、剥落等。

高频振动：$f>1000$Hz，在高频范围，主要测量的振幅是加速度。它表征振动部件所受冲击力的强度。冲击力的大小与冲击的频率与加速度值正相关。

2. 噪声

机械振动在媒介中的传播过程为机械波，声音就是一种机械波。发生声音的振动系统称为声源，机械的振动系统就是机械噪声的声源。声音的主要特征为声压、声强、频率、质点振速和声功率等，其中声压和声强是两个主要参数，因此也是测量的主要对象。

1）常用噪声概念

(1) 声强：单位时间内，声波通过垂直于声波传播方向单位面积的声能量。用 I 表示，单位为 W/m^2。

(2) 声压：由于声波的存在而引起的压力增值。声压取均方根值，叫有效声压。用 p 表示，声压与声强的关系：

$$I = \frac{p^2}{\rho C} \tag{4-5}$$

(3) 分贝：指两个相同的物理量(例 A_1 和 A_2)之比取以 10 为底的对数并乘以 10(或者 20)

$$N = 10\lg \frac{A_1}{A_2} \tag{4-6}$$

符号为“dB”，它是无量纲的。

如声强级：
$$L_I = 10\lg \frac{I}{I_0} \tag{4-7}$$

(4) 计权声级：声级计中设计了一种特殊滤波器，叫计权网络。通过计权网络测得的声压级，已不在是客观物理量的声压级，而叫计权声压级或计权声级，简称声级。通常有 A、B、C、D 四种计权声级。A 计权声级是模拟人耳对 55dB 以下低强度噪声的频率感觉特性的。实践证明 A 计权声级表征人耳主观听觉较好，故其他声级应用较少。A 计权声级以 L_{pA} 或 L_A 表示，其单位用 dB(A)表示。

2）噪声检测方法

噪声识别主要有主观评价和估计法，近场测量法，表面振速测量法、声强法及频谱分析法等五种，其中主观评价和估计法主要依靠有经验人员在现场的主观判断，近场测量法是利用声级计扫描机器的表面来判断噪声源部位，都是简易诊断。

表面振速法是将机械振动表面分割成许多小块，测出表面各点的振动速度，然后画出等振速线图就可以形象的表达出声辐射表面各点辐射声能情况及最强的辐射点。

频谱分析法是一种重要的识别声源的方法。比如对于往复机械或旋转机械就可以在他们的噪声频谱信号中找到与转速和系统结构特性有关的纯音峰值，通过对纯音峰值的分析来识别主要噪声源。

将噪声的强度(声强级)按频谱顺序展开，使噪声的强度成为频谱的函数，并考虑其波形，叫声强法。声强法测量没有声学环境的要求，并可以在近场测量，目前对此方面的研究发展很快。

3. 温度

温度异常是机械设备故障的“热信号”，利用这种热信号可以查找机件缺陷和诊断各种由热应力引起的故障。所以，在故障诊断中，监测机件温度的作用与医学诊断中测量体温的作用是极为相似的。

温度诊断是以温度、温差、温度场、热象等热学参数为检测目标，其检测原理是以机件的热传导、热扩散或热容量等热学性能的变化为基础的，因而故障热信号的检测方法很多。根据故障热信号获取方法的不同，温度诊断可分为被动式和主动式两类。

被动式温度诊断是通过机件自身的热量来获取故障信息的，可应用于静态或运转中机件的故障诊断；主动式温度诊断是通过人为地给被测机件注入一定的热量后，再获取其故障信息的，一般只适用于静态机件的故障诊断。

由于被动式温度诊断法无需外部热源，也可以采用普通的测温仪器，并适用于各种状态下机件的热故障诊断，使其成为目前温度诊断中应用的主要方法。而主动式温度诊断法采用的热源和测温仪器比较昂贵且不便于生产现场使用，因而目前在国内应用尚不普遍，主要应用于航空和航天工业中材料缺陷检测和机件故障探查。但随着测温新技术的发展，主动式温度诊断法定将不断扩大其应用范围。

许多机件在工作中同时承受外力和温度场的作用，当机件处于外力和热交换的热力系统中时，可用热应力来描述其受载状况。例如，内燃机的活塞、气缸及气缸盖，燃气轮机的叶片与转子等，它们所受的应力和变形不仅由外力引起而且还由传热现象引起。当机械开始运行或处于运行之中，那些机件将从高温热源吸收热量，形成随时间而变的不均匀温度分布；同时由于机件之间的相互接触、机件本身的复杂结机以及其内部或外部的相互约束，从而产生热应力。热应力是机件形成高温变形、高温蜕变、热疲劳、热断裂、烧蚀和烧伤等各种形式热故障的根源，此外，异常温度还是机械流体系统油液老化和变质的重要原因之一。

因此，通过温度监测，可以掌握机件的受热状况并据此判断机件各种热故障的部位和原因。温度诊断所能发现的常见故障可归纳为以下几类：发热量异常、液体系统故障、滚动轴承损坏、保温材料的损坏、污染物质的积聚、机件内部缺陷、电气元件故障、非金属部件的故障及疲劳过程等。

4. 油液分析

机器的润滑系统或液压系统的循环油路中携带着大量的磨损残余物(磨粒)。它们的数量、大小、几何形状及成分反映了机器的磨损部位、程度和性质，根据这些信息可以有效地诊断设备的磨损状态。目前油液分析技术在石油机械及汽车、飞机发动机监测方面已取得了良好的效果。油液分析技术主要包括油品理化分析、颗粒计数分析等方面内容，其机理及分析内容汇总见表4-11。

表4-11　油液分析技术机理及分析内容汇总表

油液分析技术	机　理	分析内容
理化指标	油品物理、化学性能指标的变化，反映油品的劣化变质程度，表明润滑油的润滑性能下降，超过一定数值则该润滑油成为废油。	黏度、酸值、碱值、闪点、水分、机械杂质、积炭、硝化、硫化、氧化、乙二醇
颗粒计数	杂质污染	颗粒数
光谱	通过测量物质燃烧时发出的特定波长、一定光强度的光，从而检测磨粒的元素成分及含量浓度、监测设备运行状态、磨损趋势、判断磨损部位	金属磨粒元素成分和含量浓度值； 添加剂元素成分浓度； 杂质污染元素成分及浓度
铁谱	借助高梯度、强磁场的铁谱仪将油液中的金属磨粒有序地分离出来，通过分析这些磨损颗粒的形貌、大小、数量、成分，从而对机械设备的运转工况、关键部件的磨损状态及磨损机理进行判断	磨粒尺寸、数量、形貌、成分

5. 无损检测

无损检测(NDT)是指在不破坏试件的前提下，以物理或化学方法为手段，借助现代的技术和设备器材，对试件内部及表面的结构、性质、状态进行检查和测试的方法。

通过使用NDT，能发现材料或工件内部和表面所存在的缺欠，能测量工件的几何特征和尺寸，能测定材料或工件的内部组成、结构、物理性能和状态等。NDT 能应用于产品设计、材料选择、加工制造、成品检验、在役检查(维修保养)等多方面，在质量控制与降低成本之间能起最优化作用。NDT 还有助于保证产品的安全运行和(或)有效使用。无损检测(NDT)主要有以下 6 种检测方法：

(1) 射线探伤方法。射线探伤是利用射线的穿透性和直线性来探伤的方法。这些射线虽然不会像可见光那样凭肉眼就能直接察知，但它可使照相底片感光，也可用特殊的接收器来接收。常用于探伤的射线有 X 光和同位素发出的 γ 射线，分别称为 X 光探伤和 γ 射线探伤。

射线探伤对气孔、夹渣、未焊透等体积型缺陷最为敏感。一般情况下，射线探伤对裂纹是不敏感的，或者说，射线探伤是不易发现裂纹的。因此，射线探伤适宜用于体积型缺陷探伤，而不适宜面积型缺陷探伤。

(2) 超声波探伤方法。人们的耳朵能直接接收到的声波的频率范围通常是 20 Hz 到 20 kHz，此频率范围内的声波被称为音(声)频。频率低于 20 Hz 的称为次声波，高于 20 kHz 的称为超声波。工业上常用数兆赫兹的超声波来探伤。超声波频率高，传播的直线性强，易于在固体中传播，并且遇到两种不同介质形成的界面时易于反射，这样就可以用它来探伤。

常用的探伤波形有纵波、横波、表面波等，前二者适用于探测内部缺陷，后者适宜于探测表面缺陷，但对表面的条件要求较高。

(3) 磁粉探伤方法

磁粉探伤是建立在漏磁原理基础上的一种磁力探伤方法。当磁力线穿过铁磁材料及其制品时，在其磁性不连续处将产生漏磁场，形成磁极。此时撒上干磁粉或浇上磁悬液，磁极就会吸附磁粉，产生用肉眼能直接观察的明显磁痕。因此，可借助于该磁痕来显示铁磁材料及其制品的缺陷情况。

(4) 涡流探伤方法

涡流探伤方法是由交流电流产生的交变磁场作用于待探伤的导电材料，感应出电涡流，如果材料中有缺陷，它将干扰所产生的电涡流，形成干扰信号，从而反馈出缺陷的探伤方法(用涡流探伤仪检测出其干扰信号，就可知道缺陷的状况)。常将涡流探伤用于形状较规则、表面较光洁的铜管等非铁磁性工件探伤。

(5) 渗透探伤方法

渗透探伤是利用带有荧光染料(荧光法)或红色染料(着色法)渗透剂的渗透作用，显示缺陷痕迹的一种无损检验方法。它是利用毛细现象来进行探伤的方法。广泛应用于各种金属材料或非金属材料构件表面开口缺陷的质量检验。

(6) 声发射

声发射是指材料或结构因受外力或内力作用而产生变形或断裂时，以弹性波的形式释放出应变能的现象。因此，声发射也称为应力波发射。工程材料中有许多机构都可能成为声发射源。其中，与无损检测有关的声发射源则主要有：塑性变形，裂纹的形成与扩展。

在压力容器的安全性检测与评价、焊接过程的监控和焊缝焊后的完整性检测，声发射检测可以判断缺陷的严重性。声发射检测的环境噪声干扰往往较大，因此，如何除噪降噪、提高信噪比，始终是声发射检测的主要研究课题。

6. 压力

压力在物理学方面指垂直作用在物体表面上的力，单位帕斯卡。受力物是物体的支持面，作用点在接触面上，方向垂直于接触面。

压力是工业生产中的重要参数，在生产过程中，对压力的检测是保证工艺要求、设备及人身安全和设备经济运行的必要条件。

在实际应用中，常根据压力随时间有无变化的特征，将压力分为静态压力和动态压力。静态压力是不随时间变化或变化非常缓慢的压力，动态压力是随时间变化的压力(如脉动压力、爆炸冲击波压力等)。

4.5.4 设备状态监测与诊断工作的实施

1. 设备状态监测与故障诊断工作流程

设备状态监测与故障诊断工作根据其基本原理，在实际应用中，需要重点做好三个方面的基础工作，一是建好设备状态信息库、建档知识库和故障档案库，为后续的状态识别提供基准模式；二是采用合适的监测仪器、合理的监测周期、采样频率进行信号监测；三是从纷繁复杂的状态信号中提取有效的故障特征参数，利用分类比较的方式进行状态确认。具体流程如图 4-9 所示。

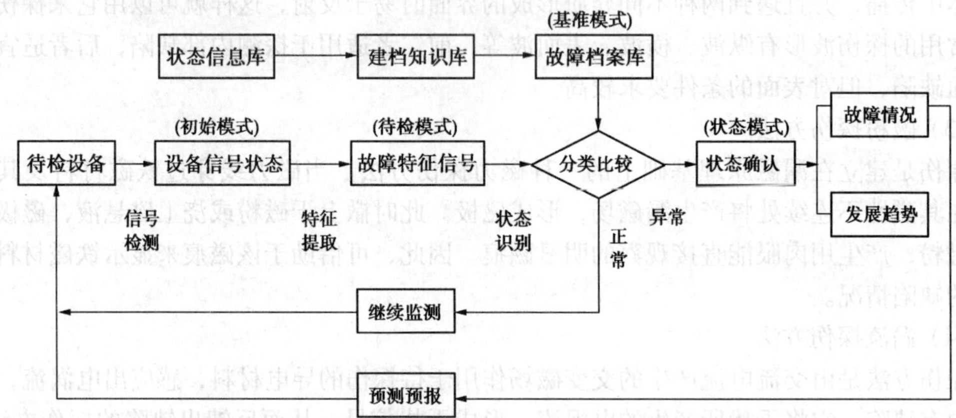

图 4-9 设备状态监测与故障诊断工作流程

2. 监测与诊断实施步骤

1) 了解被监测与诊断对象

对列为状态监测与诊断对象的设备，要着重掌握五个方面的内容：

(1) 设备结构组成。一台完整的设备一般由三大部分组成，即：原动机(也叫做辅机，大多数采用电动机，也有用内燃机、汽轮机、水轮机)、工作机(也叫做主机)和传动系统。分别查明其型号、规格、性能参数及联接形式，最后画出结构简图。

了解设备主要零部件(特别是运动零件)的型号、规格、结构参数及数量等，并在结构图上标明或另予说明。主要零件一般包括：轴承型式、滚动轴承型号、齿轮的齿数，叶轮的叶片数、带轮直径、联轴器型式等。

(2) 设备工作原理及运行特性。

主要零部件的运动方式：旋转运动还是往复运动；

主要零部件的运动特性：平稳运动还是冲击性运动；

转子运行速度：低速(小于 10 Hz)、中速(10~1000 Hz)、高速(大于 1000 Hz)，匀速还是变速等等。

（3）设备工作条件。

载荷性质：均载还是冲击载荷；

工作介质：有无尘埃、颗粒性杂质或腐蚀性气体(液体)；

周围环境：有无严重的干扰(或污染)源存在，如振源，粉尘、热源等。

（4）设备基础型式及状况。

设备基础属于刚性基础还是弹性基础，有无松动或缺陷等。

（5）主要档案资料。

设备基础资料(建档知识库参数)；

设备运行资料(状态信息库参数)；

设备维护保养记录；

设备故障、典型缺陷案例。

2）信号监测

（1）测点选择。测点就是机器上被监测的部位，它是获取状态信息的窗口。测点选择正确与否关系到能否提取真实完整的设备状态信息，测点选择应遵循四点原则：

测点应对信号反映敏感。应尽量避开或减少信号在传播通道上的界面、空腔或隔离物(如密封填料等)，减少信号在传播途的能量损失。

测点应满足诊断目的。

测点应符合安全操作要求。设备在运行时的监测，必须注意人员安全问题。

测点应适于安置传感器。应有足够的空间，有良好的接触，测点部位有足够的刚度等。

通常，轴承是监测振动最理想的部位，因为转子上的振动载荷直接作用在轴承上，并通过轴承把机器和基础联接成一个整体，因此轴承部位的振动信号还反映了基础的状况。所以，在无特殊要求的情况下，轴承是首选测点。如果条件不允许，也应使测点尽量靠近轴承，以减小测点和轴承之间的机械阻抗。此外，设备的地脚、机壳、缸体、进出口管道、阀门、基础等，也是测振的常设测点。

（2）采样定理。采样定理解决的问题是确定合理的采样间隔 Δt，以及合理的采样长度 T，保障采样所得的数字信号能真实地代表原来的连续信号 $x(t)$。

衡量采样速度高低的指标成为采样频率 f_s。一般来说，采样频率 f_s 越高，采样点越密，所获得的数字信号越逼近原信号。为了兼顾计算机存储量和计算机工作量，一般保证信号不丢失或歪曲原信号就可以满足实际需要了。这个基本要求就是所谓的采样定理，是由 Shannon 提出的，也成为 Shannon 采样定理。

Shannon 采样定理规定了带限信号不丢失信息的最低采样频率为：

$$f_s \geqslant 2f_m \text{ 或 } \omega_s \geqslant 2\omega_m \tag{4-8}$$

式中　f_m——原信号中最高频率成分的频率，Hz。

采集的数据量大小 N 为：

$$N = T/\Delta t \tag{4-9}$$

因此，当采样长度一定时，采样频率越高，采集的数据量就越大。

使用采样频率时有几个问题需要注意：一是正确估计原信号中最高频率成分的频率，对于采用电涡流传感器测振的系统来说，一般确定为最高分析频率为 12.5X，采样模式为同步整周期采集，若选择频谱分辨率为 400 线，需采集 1024 点数据，若每周期采集 32 点，采样长度为 32 周期；二是同样的数据量可以通过改变每周期采样点数提高基频分辨率，这对于识别次同步振动信号是必要的，但降低了最高分析频率，如何确定视具体情况而定。

3）判定标准

目前，国内外比较普遍使用的判定标准的制定方法有两种。

（1）株洲冶炼厂建立的判定标准。

① 根据以往多次测试、检修的数据，大致确定判定标准，即确定故障的上限控制值。

② 根据某一周期（检修后开始运行至停机检修）测试数据找出变化规律并做出浴盆曲线。

③ 由步骤②确定设备下一运行周期故障的类型（递减型、恒定型和递增型）并重点研究后两种。利用一元回归直线方程，判断能否按正态分布规律作曲线，如可能即求出上限值。

④ 将此上限值与步骤①由实际经验得出的大致值相比较，看是否有较大出入。在实际工作中，常会发现同一型号的不同机组，其正常上限值与临界值都不一定相同。因此，应尽可能给每一台机组建立一个档案，在积累数据后，再建立该机型的判定标准。

（2）日本丰田利夫教授的判定标准。

① 在设备正常时，进行20次以上（$n \geqslant 20$）的非连续测量。

② 计算其数学平均值μ_0。

③ 计算标准偏差σ_0：

$$\sigma_0 = \sqrt{\frac{\sum_{i=1}^{n}(X_i - \mu_0)^2}{N-1}} \tag{4-10}$$

式中，X_1，$X_2 \cdots$，X_n为第$1 \sim n$的测量值。

④ 按照以下公式计算判定标准：

异常（注意）值：$Xe = \mu_0 + 2\sigma_0$

危险（报警）值：$Xe = \mu_0 + 3\sigma_0$

4）状态识别

从部件和整体性能两方面判别设备运行状态，具体方法见表4-12。

表4-12　设备状态识别方法

设备状态	设备部件			设备整体性能
	状态参数	性能参数	缺陷状态	
正常	在允许值内	满足规定	微小缺陷	满足规定
异常	超过允许值	部分降低	缺陷扩大	接近规定，一部分降低
故障	达到破坏值	达不到规定	破损	达不到规定

正常状态：设备的整体或其局部没有缺陷，或虽有缺陷但其性能仍在允许的限度以内。

异常状态：缺陷已有一定程度的扩展，使设备状态信号发生一定程度的变化，设备性能已劣化，但仍能维持工作，此时设备应在监护下运行。

故障状态：设备性能指标已有大的下降，设备已不能维持正常工作。

5）故障诊断

设备故障类型与一系列征兆（性能参数变化）相对应，当故障出现时，这些征兆（性能参数）也随之变化，受其影响。实施故障诊断可通过一个或多个测量或导出的性能参数与基线值相比较，由其发生的变化显示出来。

3. 建立状态监测与诊断组织机构

1）组织机构设置

（1）企业统一组织管理设备状态监测与故障诊断工作，成立专门机构，将所有纳入监测范围的设备实现网络化、集中化管理，形成监测数据的实时更新、分级共享。

（2）二级单位设立相应状态监测机构。

领导小组：由设备管理部门主管领导任组长和副组长，各相关部门领导参与，负责设备状态监测与故障诊断工作的组织、计划、决策、落实、指导、协调和检查；

状态监测和诊断小组：经状态监测与故障诊断培训合格的技术人员参与，负责对设备运行参数、状态监测数据进行综合分析，初步预判设备性能，提出设备维护和修理建议。

（3）三级单位设立专（兼）职状态监测人员。

基层队设备管理员负责每周对所辖设备开展简易离线监测。

基层队技术员负责每月对所辖设备开展简易离线监测。

（4）班组点检员。

岗位班组点检员负责对所辖设备连续监测和诊断。

2）工作制度

（1）班组点检员按照巡回检查路线检查各关键部位，录取固定检测参数，每日定时上报数据，更新网络信息系统检测参数数据库。

（2）专（兼）职状态监测人员定期对所管辖设备开展简易离线监测，实时将检测数据上传网络信息系统。

（3）二级单位状态监测和诊断小组定期对本单位关键设备开展精密离线监测，编制监测报告，上报二级单位领导小组审核，通过后，提交网络信息系统。

（4）二级单位领导小组审核本单位设备状态监测数据和报告，按月度对本单位状态监测工作进行考核。每季度至少召开一次状态监测例会，编制相应的检测计划和维修计划。

（5）油田设备状态监测专门机构建立设备状态监测网络信息系统，实行油田、二级单位、三级单位权限分级管理；对数据进行实时维护；参与各二级单位重大、关键设备的状态监测工作，每月25日前提交油田月度状态监测报告。

（6）油田设备管理部门依据设备状态监测网络信息系统和月度状态监测报告，对设备的维护管理进行决策。

4.5.5 油田状态监测与故障诊断工作现状（案例分析）

1. 诊断技术案例

往复机械在油田所占固定资产比例高，对油气生产影响大，维修费用高，属于油田重大、关键设备。该类设备运动形式复杂，故障特征不明显，需要利用多种技术手段开展综合诊断分析，对人员素质要求较高，实施状态监测与故障诊断难度较大，因此，本文将对往复机械中较常见的发动机诊断技术应用进行重点介绍。

[**例4-1**]某油田一天然气发动机排气温度升高，使缸壁的冷却效果降低，润滑状况变差，多次发生温度报警停机。故障发生后，对该发动机排气温度和各缸压力曲线做分析。发动机排气温度值见表4-13。

表 4-13　发动机排气温度

Stroke：2　Marker Correction Angle：356. 0deg.　Engine runs clockwise and is Inline-Regular　Periods Collected(PT)：41

Cyl	Speed (rpm)	MEP (bar)	IHP (ikW)	Comp. Ref 10 BTDC	Comb. Start (deg ATDC)	Max Rise Rate (kPa/deg)	Peak Firing Pressures					PFP Angle ATDC	Exp. Ref 60ATDC (psig)	Exp. Term120 ATDC	Exhaust Temp.
							AVE (barg)	DEV (bar)	MAX (barg)	MIN (barg)	DELTA (bar)				
P1	375	4. 53	131	HI12.55	9	63. 9	16. 45	1. 66	24. 19	12. 55	-1. 57	28	13. 81	LO2. 70	LC383C
P2	378	4. 64	135	12. 29	10	44. 6	15. 13	1. 58	21. 00	12. 48	-2. 89	26	LO11. 93	2. 87	401C
P3	372	5. 26	151	12. 23	6	72. 8	20. 38	1. 34	23. 53	15. 82	2. 36	29	HI16. 96	HI2. 89	402C
P4	370	5. 14	147	LO12.04	7	86. 4	20. 11	1. 27	23. 21	14. 41	2. 09	28	16. 71	2. 87	HI419C
Eng:	374	4. 89	565	12. 28	8	67	18. 02	1. 46			2. 23	28	14. 85	2. 84	401. 3C
Sprd:	2%	15%	14%	4%	3	62%	29%	27%				3deg	34%	7%	36. 0C

3 号动力缸 20 个工作循环的压力曲线见图 4-10(其他缸的压力曲线与此类似)。

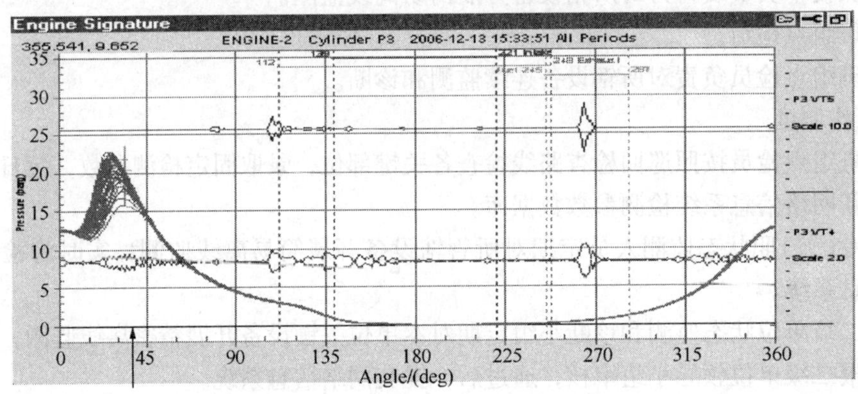

图 4-10　3 号动力缸 20 个工作循环的压力曲线

经分析，图 4-10 中箭头所指位置应该出现在上止点位置。虽然压力曲线平稳、重合性很好，但是燃烧起始压力滞后 8°，排气温度偏高约 20℃，其故障原因是点火提前角偏小，导致活塞下行更远距离才达到燃烧压力峰值，发动机做功能力降低，浪费燃料。原因判明，调整磁电机点火角度后，四个缸的排气温度降低为 385℃、381℃、376℃、387℃。

[**例 4-2**]吐哈油田一轻烃 C200 发动机 4 号缸压力值异常，多次发生报警停机。C200 发动机换气过程如下：在做功冲程，活塞向后移动，同时压缩增压室内的空气，当移到排气口露出时，燃烧室内废气向外排出，当活塞移到进气口露出时，增压室内的压缩空气从进气口压入气缸内，活塞移动到下止点后再反向移动时，增压室的容积开始增大，当压力低于外界大气压时，在气体压差的作用下，进气阀打开，新鲜气体进入增压室，如图 4-11 所示。

故障发生后，对其 4 号动力缸压力曲线做相应分析。4 号动力缸 20 个工作循环的压力曲线见图 4-12。

C200 发动机 4 号动力缸 20 个工作循环的压力曲线，在做功冲程的后期，活塞向后移动到排气口露出时，缸内压力开始下降，等到进气口也露出时，缸内压力应降到最低。而图 4-12中的压力曲线直到活塞回移遮住进气口时，压力才降至最低。这说明由于燃烧室内的高压废气通过活塞环漏进增压室内，使增压室气体压力升高。当活塞移动露出进气口时，增压室内的气体通过进气口进入气缸，因为增压室内的压力较高，此时缸内的压力并不降到最低。随着活塞继续前移，增压室内的容积增大，压力开始降低，同时从进气口进入的气体把缸内的废气从排气口扫出，压力进一步下降，直到活塞移动遮住排气口时，缸内气体开始压缩，压力开始上升。图中峰值燃烧压力角达到30°，比正常值落后8°~10°。这也表明，由于活塞环的漏气，使缸内压力上升较慢，并且进入缸内的空气含有上一工作循环的废气，使缸内的氧气含量减少，燃烧速度变慢。

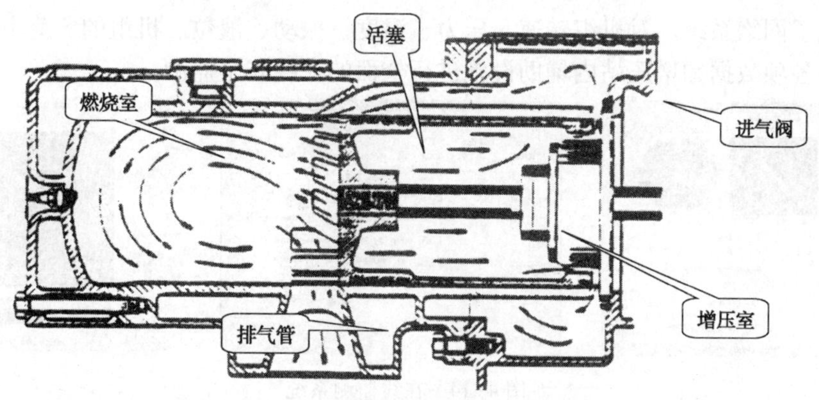

图 4-11　C200 发动机换气示意图

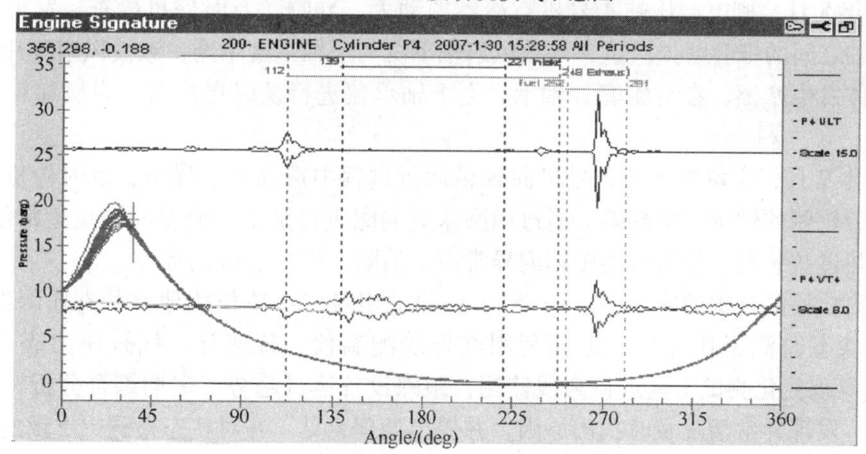

图 4-12　C200 发动机 4 号动力缸的压力曲线

停机检查，活塞环磨损，密封不严，缸壁磨出条纹状浅槽。若继续运行，大量高压高温燃气漏过活塞环与缸壁的密封面，将造成缸壁和活塞环润滑变差，活塞环磨损加剧，严重时可使活塞与缸壁产生熔着磨损，见图 4-13。

图 4-13　C200 发动机 4 号动力缸磨损图

2. 综合应用案例

中原油田针对其现有重大、关键生产设备，开展状态监测与故障诊断技术应用，取得了显著成效。

（1）在线监测系统的应用(图 4-14)。中原油田天然气产销厂天然气压缩机机组在线监测系统通过 Profibus、Modbus 协议，将中控室 PLC、机旁 PLC、上位系统计算机及办公自动化系统构成了网络系统。对机组转速、压力、温度、振动、液位、机组的负荷率及发动机排气含氧量等各项数据和增压站内辅助设施进行全面的在线安全监测。

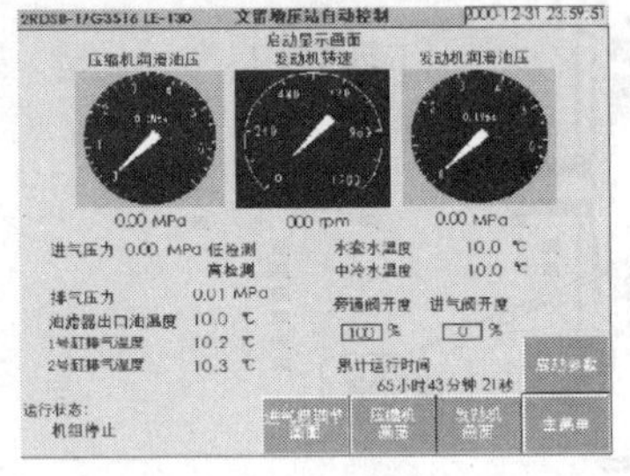

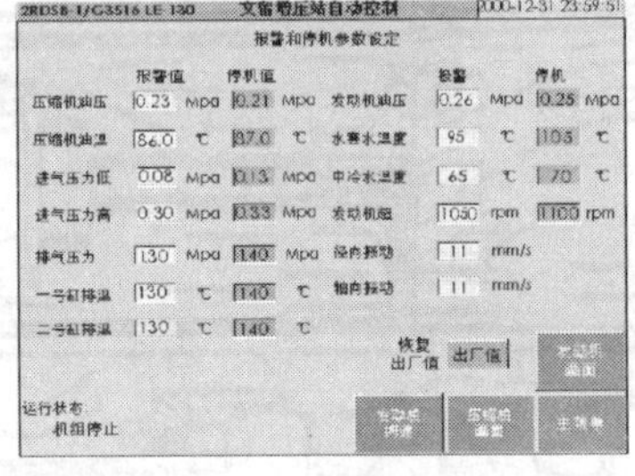

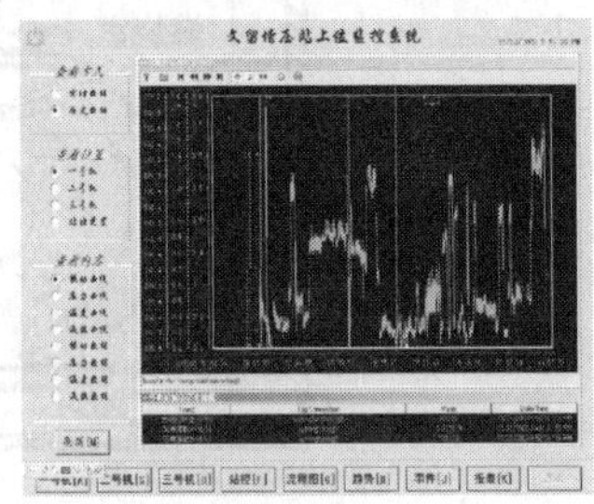

图 4-14　在线监测系统

2010 年 5 月，柳屯增压站 4 号机空冷器振动大、异响，及时停机检查，发现空冷器风扇轴承与轴之间的锥套磨损严重，导致风扇轴下沉与下轴承盖干磨，致使风扇叶片下沉与空冷器下壳体发生摩擦。在对锥套、轴承、上下轴承盖进行及时更换后，启机加载机组运行良好。

2010 年 9 月，文留增压站 2 号机曲轴箱运行过程中振动大、异响，及时停机检查，发现曲轴皮带轮侧的轴承间隙超差。通过用磨床对隔圈进行加工，调整间隙至正常使用范围，再使用加热过盈装配。开机后曲轴箱内异常声音消除，机组运行正常。

（2）离线检测技术的应用(图 4-15)。中原油田各二级单位均建立状态监测设备台账、制订季度状态监测工作计划，定期利用红外线测温仪、转速计、气缸压力表、差压计、DDT、ET 等现代化测试工具进行离线监测，跟踪设备运行趋势，定期综合分析，掌握设备运行状态，发现异常情况及时找出原因，并提出处理意见，并对状态检测中出现的典型故障进行及时总结分析。

图 4-15　现场离线检测

2011 年 1 月，文二联增压站技术人员在对 3 号压缩机进行离线巡检时，发现左侧排气温度较其他机组的排气温度偏高。利用红外线温度测试仪对气阀进行逐个检验，左侧东南角的排气阀温度偏高。拆下后发现该阀阀片断裂，造成高温排出的气体返回导致排温升高。由于发现、解决及时，未对机组造成大的故障，保证了机组安全平稳运行。

(3) 油液分析技术的应用(图 4-16)。中原油田成立 A、B 两级油水监测站。A 级监测站负责油液的精密检测，重点是对润滑油的光谱、铁谱分析；B 级监测站负责现场新、旧油简易检测，新油检测项目为粘度、含水、闪点、倾点，旧油检测项目为粘度、含水、闪点。

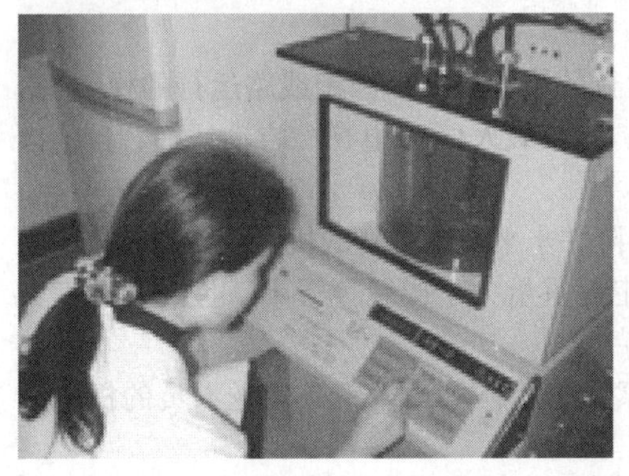
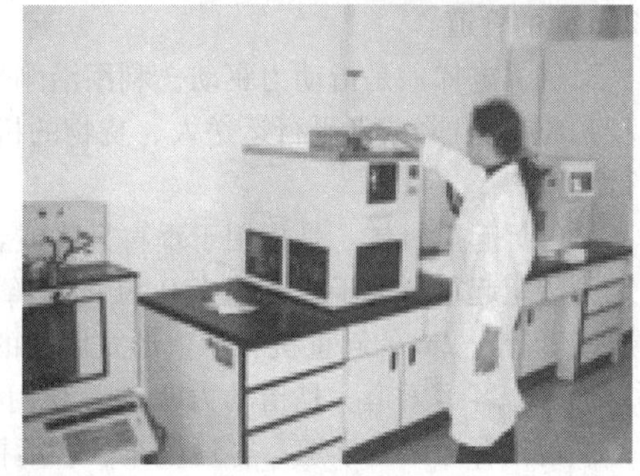

图 4-16 油液监测

2008 年 8 月，濮城增压站 3 号压缩机机油黏度值有持续下降趋势，并且机油中金属含量已达到临界值，曲轴外端温度偏高。维修人员依据检测情况，对曲轴箱内的曲轴、连杆、十字头等部件进行拆除，发现机组由于轴瓦跑瓦，造成局部磨损，致使机油温度升高，黏度和润滑效果下降。

2009 年 1 月，文留增压站 1 号压缩机的机油在检测时发现铜含量超标，及时对机组进行了检查，发现机组由于机油冷却器头端油水密封胶圈老化、密封不严，造成机油中窜入少量冷却液，致使润滑不良。

以上实例说明，机组通过开展状态监测与故障诊断，对温度、压力、振动、油液等多种数据进行采集、处理、检测检验及趋势分析，可以及时发现设备潜在安全隐患，避免事故发生。

4.6 油田特种设备使用管理

4.6.1 油田特种设备的定义与范围

1. 特种设备

特种设备是指涉及生命安全、危险性较大的锅炉、压力容器(含气瓶，下同)、压力管道、电梯、起重机械、客运索道、大型游乐设施和场(厂)内专用机动车辆。

(1) 锅炉。是指利用各种燃料、电或者其他能源，将所盛装的液体加热到一定的参数，并对外输出热能的设备，其范围规定为容积大于或者等于 30L 的承压蒸汽锅炉；出口水压大于或者等于 0.1MPa(表压)，且额定功率大于或者等于 0.1MW 的承压热水锅炉；有机热载体锅炉。

(2) 压力容器。是指盛装气体或者液体，承载一定压力的密闭设备，其范围规定为最高工作压力大于或者等于 0.1MPa(表压)，且压力与容积的乘积大于或者等于 2.5MPa · L 的气体、液化气体和最高工作温度高于或者等于标准沸点的液体的固定式容器和移动式容器；盛装公称工作压力大于或者等于 0.2MPa(表压)，且压力与容积的乘积大于或者等于 1.0MPa・L的气体、液化气体和标准沸点等于或者低于60℃液体的气瓶；氧舱等。

(3) 压力管道。是指利用一定的压力，用于输送气体或者液体的管状设备，其范围规定为最高工作压力大于或者等于 0.1MPa(表压)的气体、液化气体、蒸汽介质或者可燃、易爆、有毒、有腐蚀性、最高工作温度高于或者等于标准沸点的液体介质，且公称直径大于 25mm 的管道。

(4) 电梯。是指动力驱动，利用沿刚性导轨运行的箱体或者沿固定线路运行的梯级(踏步)，进行升降或者平行运送人、货物的机电设备，包括载人(货)电梯、自动扶梯、自动人行道等。

(5) 起重机械。是指用于垂直升降或者垂直升降并水平移动重物的机电设备，其范围规定为额定起重量大于或者等于 0.5t 的升降机；额定起重量大于或者等于 1t，且提升高度大于或者等于 2m 的起重机和承重形式固定的电动葫芦等。

(6) 客运索道。是指动力驱动，利用柔性绳索牵引箱体等运载工具运送人员的机电设备，包括客运架空索道、客运缆车、客运拖牵索道等。

(7) 大型游乐设施。是指用于经营目的，承载乘客游乐的设施，其范围规定为设计最大运行线速度大于或者等于 2m/s，或者运行高度距地面高于或者等于 2m 的载人大型游乐设施。

(8) 场(厂)内专用机动车辆。是指除道路交通、农用车辆以外仅在工厂厂区、旅游景区、游乐场所等特定区域使用的专用机动车辆。

2. 其他

特种设备包括其所用的材料、附属的安全附件、安全保护装置和与安全保护装置相关的设施。其中锅炉、压力容器(含气瓶)、压力管道为承压类特种设备；电梯、起重机械、客运索道、大型游乐设施、厂内机动车辆为机电类特种设备。

4.6.2 油田特种设备使用维护管理制度

1. 组织机构及职责

(1) 特种设备使用管理单位建立健全特种设备管理体系，明确各级管理职责，保证特种设备管理工作的落实。

(2) 特种设备使用管理单位，应当严格执行国务院最新的《特种设备安全监察条例》、《油田特种设备管理规定》和有关安全生产的法律、行政法规的规定，保证特种设备的安全使用。

(3) 特种设备使用单位的主要负责人对本单位特种设备的安全全面负责。特种设备使用单位应当建立健全特种设备安全管理制度和岗位安全责任制度。并根据所使用设备的特点和实际情况，制定相应的特种设备监控措施和事故应急处置预案。

(4) 使用单位职责

① 特种设备使用单位必须按照本单位实际情况完善岗位操作规程并严格执行，需要明火加热的容器必须严格执行“三先三后十不准”和“先点火后开气”的管理规定；多功能罐拉油时必须关闭炉火；起重作业严格遵守“十不吊”等安全规定；进容器作业严格作业票证制度，确保安全生产。

② 压力容器安全阀设置应符合《压力容器安全技术监察规程》的要求，接地线应符合

《油气田容器、管道和装卸设施接地装置安全检查规定》(SYS 984—94)；放大号应按照油田有关通知执行。

③ 特种设备岗位人员必须取得《特种设备作业人员操作证》后方可上岗，并严格执行上岗证制度，实行专人专岗制，无操作证人员严禁上岗。

④ 特种设备操作人员应严格履行岗位职责，熟练掌握所管理设备的性能，压力标定，懂操作、会使用。

⑤ 定期检查锅炉、压力容器的三大安全附件，确保其达到安全要求。

⑥ 定期对特种设备岗位操作人员进行技能培训，提高人员操作技能，达到安全操作要求。

⑦ 对特种设备要做到及时检验，对超期限服役或达不到安全要求的容器、起重设备要坚决停运封存。

⑧ 对违反操作规程，违章操作人员要从严处罚，发现隐患及时整改。

⑨ 资料填写必须认真，杜绝假资料及涂改、漏取、差错的现象。

⑩ 严格执行交接班制度，接班人未到岗位，交接人员不得擅自离岗。

2. 特种设备采购与验收

(1) 使用单位应当选购取得相应制造许可的单位生产的特种设备(或部件、安全附件、压力管道元件)。使用单位不得采购国家明令淘汰、禁止使用的危及生产安全的特种设备用于生产。

(2) 特种设备出厂时，应当附有安全技术规范要求的设计文件、产品质量合格证明、安装及使用维修说明、监督检验证明等文件。特种设备投入使用前，使用单位应当核对其是否附有条例规定的相关文件。

(3) 气瓶使用单位应对瓶装气体供方进行评价，应选用取得相应气瓶充装许可证单位充装的气体。气体到货后应当对气瓶进行安全检查，确认有关充装、警示、检验等标识齐全有效后方可使用。

3. 特种设备的安装、维修与改造

(1) 使用单位应当选择具备相应资质的单位进行特种设备安装、维修、改造。

(2) 使用单位应当向安装单位提供有关设备资料，配合安装单位办理设备安装、维修、改造告知手续，督促并支持安装单位依法申报监督检验或验收检验。

(3) 特种设备改造所使用的设计文件、部件应当符合国家有关规定。

(4) 特种设备安装、维修、改造完毕，应及时进行现场验收和设备交接，向施工单位索取竣工资料并归入相关特种设备档案。

(5) 应依法进行监检而未监检或监检不合格的，使用单位不应接收相关设备或将相关设备投入使用。

(6) 经改造验收合格的设备，应当在验收合格后 30 日内持有关资料向原设备登记机关申请变更登记。

4. 特种设备使用登记(注册登记)

(1) 使用单位应当在设备投入使用前或使用后 30 日内由安全管理部门到当地特种设备安全监督管理部门办理使用登记。使用登记的有关资料(注册表、使用证等)应及时存放于设备档案内。

(2) 办理特种设备登记时，应当提供特种设备注册登记表、设计文件、产品质量合格证明书、监督检验合格证书、使用维护说明等相关资料，以及安装技术文件和安装报批手续等。

(3) 登记标志应当置于或者附着于该特种设备的显著位置。

5. 记录与档案

特种设备使用单位应当建立特种设备安全技术档案。安全技术档案应当包括以下内容:

(1) 特种设备的设计文件、制造单位、产品质量合格证明、使用维护说明等文件以及安装技术文件和资料;

(2) 特种设备的定期检验和定期自行检查的记录;

(3) 特种设备的日常使用状况记录;

(4) 特种设备及其安全附件、安全保护装置、测量调控装置及有关附属仪器仪表的日常维护保养记录;

(5) 特种设备运行故障和事故记录;

(6) 高耗能特种设备的能效测试报告、能耗状况记录以及节能改造技术资料。

6. 现场运行管理

(1) 特种设备使用单位应当依照国家法规、标准、安全技术规范及设备操作规程的要求，做好设备运行管理。

(2) 特种设备使用单位应当明确设备运行管理的责任部门及责任人。相关作业人员应当如实、认真记录特种设备的运行情况。

(3) 使用单位应当将特种设备使用登记标志置于或者附着于特种设备的显著位置，不方便实施的，应当采取喷涂、悬挂标示牌等方式明确标示特种设备身份。

(4) 特种设备使用单位应当保证特种设备安全使用的清洁、通风、温度等环境条件。按照“以人为本”的原则为作业人员创造安全、舒适的工作条件。

(5) 特种设备作业人员在作业中应当严格执行特种设备的操作规程和有关的安全规章制度。

(6) 特种设备作业人员在作业过程中发现事故隐患或者其他不安全因素，应当立即向现场安全管理人员和单位有关负责人报告。现场安全管理人员在情况紧急时，可以决定停止使用特种设备并及时报告本单位有关负责人。

7. 特种设备日常检查、维护保养及故障处置

特种设备使用单位应当对在用特种设备进行经常性日常维护保养，并定期自行检查。

(1) 特种设备使用单位对在用特种设备应当至少每月进行 1 次自行检查，并作出记录。

(2) 特种设备使用单位对在用特种设备进行自行检查和日常维护保养时发现异常情况的，应当及时处理。

(3) 特种设备使用单位应当对在用特种设备的安全附件、安全保护装置、测量调控装置及有关附属仪器仪表进行定期校验、检修，并作出记录。

(4) 锅炉使用单位应当按照安全技术规范的要求进行锅炉水(介)质处理，并接受特种设备检验检测机构实施的水(介)质处理定期检验。

(5) 从事锅炉清洗的单位，应当按照安全技术规范的要求进行锅炉清洗，并接受特种设备检验检测机构实施的锅炉清洗过程监督检验。

（6）特种设备出现故障或者发生异常情况，使用单位应当对其进行全面检查，消除事故隐患后，方可重新投入使用。特种设备不符合能效指标的，特种设备使用单位应当采取相应措施进行整改。

（7）特种设备存在严重事故隐患，无改造、维修价值，或者超过安全技术规范规定使用年限，特种设备使用单位应当及时予以报废，并应当向原登记的特种设备安全监督管理部门办理注销。

8. 定期检验

特种设备使用单位应当按照安全技术规范的定期检验要求，在安全检验合格有效期届满前 1 个月向特种设备检验检测机构提出定期检验要求。

（1）检验检测机构接到定期检验要求后，应当按照安全技术规范的要求及时进行安全性能检验和能效测试。

（2）未经定期检验或检验不合格的特种设备，不得继续使用。

（3）除正常的定期检验外，其他形式的检验按照有关规定规范和油田有关要求进行。

（4）特种设备的定期检验类别与周期。

（5）在用锅炉定期检验工作包括外部检验、内部检验和水压试验 3 种：

① 外部检验是指锅炉在运行状态下对锅炉安全状况进行的检验；一般每年进行 1 次。

② 内部检验是指锅炉在停炉状态下对锅炉安全状况进行的检验；一般每 2 年进行 1 次。

③ 水压试验是指锅炉以水为介质，以规定的试验压力对锅炉受压部件强度和严密性进行的检验；水压试验一般每 6 年进行 1 次。

（6）在用压力容器的定期检验包括外部检查、内外部检验和耐压试验 3 种。

① 外部检查：是指在用压力容器运行中的在线检查，每年至少 1 次。

② 内外部检验：是指在用压力容器停机时的检验。安全状况等级为 1 级、2 级的压力容器，每 6 年至少 1 次；安全状况等级为 3 级的压力容器，每 3 年至少 1 次。

③ 耐压试验：是指压力容器停机检验时，所进行的超过最高工作压力的液压试验或气压试验。对固定式压力容器，每 2 个内外部检验期间内，至少进行 1 次耐压试验；对移动式压力容器，每 6 年至少进行 1 次耐压试验。

（7）在用液化气体罐车的定期检验分为年度检验和全面检验 2 种。

① 年度检验，每年进行 1 次。

② 全面检验，每 6 年进行 1 次。

（8）在用医用氧舱定期检验分为 1 年期和 3 年期。

（9）在用气瓶的定期检验

① 车用液化石油气瓶每五年检验 1 次。

② 民用 YSP-50 型液化石油气瓶每 3 年检验 1 次。

③ 其他型式液化石油气瓶每 4 年检验 1 次。

④ 钢质无缝惰性气体气瓶（氩气、氮气等）每 5 年检验 1 次。

⑤ 钢质无缝一般气体气瓶（氧气等）每 3 年检验 1 次。

⑥ 钢质焊接腐蚀性气体气瓶（氯气、氨气等）每 2 年检验 1 次。

⑦ 钢质焊接溶解乙炔气体气瓶每 3 年检验 1 次。

⑧ 车用压缩天然气气瓶，每 3 年检验 1 次。

⑨ 低温绝热气瓶，每 3 年检验 1 次。

（10）在用工业管道定期检验分为在线检验和全面检验

① 在线检验是在运行条件下对在用工业管道进行的检验，在线检验每年至少1次。

② 全面检验是按一定的检验周期在在用工业管道停车期间进行的较为全面的检验。安全状况等级为1级和2级的在用工业管道，其检验周期一般不超过6年；安全状况等级为3级的在用工业管道，其检验周期一般不超过3年。

（11）在用电梯定期检验周期为1年。

（12）在用起重机械定期检验周期为2年。

（13）流动式起重机定期检验周期为1年。

（14）大型游乐设施定期检验周期为1年。

（15）场(厂)内机动车辆定期检验周期为1年。

（16）特种设备的安全阀、安全联锁保护装置每年至少定期校验1次；其附属的其他安全附件、安全保护装置和与安全保护装置相关的设施，应根据有关技术规范进行定期检验或校验。

（17）新投入使用的特种设备投用1年应进行首次定期全面检验。

9. 特种设备隐患治理

（1）特种设备使用单位应当坚持"安全第一、预防为主、综合治理"的方针，建立健全从主要负责人到每个从业人员的隐患排查治理和整改监督责任制度，认真开展隐患自查。

（2）对在本单位日常检查、检验检测机构定期检验和政府特种设备管理部门安全监察中发现的特种设备隐患，使用单位应及时填写《特种设备隐患管理台账》，建档管理，并定期对整改情况进行督查。《特种设备隐患管理台账》内容应包括隐患名称及隐患发现来源、处理结果。

（3）对于已经发现的每项特种设备事故隐患，使用单位应当指定部门或人员负责隐患治理工作。应当投入必要的隐患整治资金，并及时安排时间进行整治。

（4）经过整治消除隐患后，有关部门和人员要进行检查(验)确认，并在有关书面检查材料上签字。对于安全监察机构《安全监察指令书》或检验检测机构《检验结果通知单》提出的问题，使用单位应及时以书面形式将整改情况报相关安全监察或检验检测机构确认。

（5）对于因生产等原因不能(或难以)及时整治的隐患，使用单位应进行风险评估，对重大的、难以容忍的隐患，必须及时予以消除。其他严重程度的，应当制定监控方案，落实监控措施、监控责任、整改期限。监控措施经特种设备管理机构审核，并报经单位分管安全负责人、主要负责人签字后实施。重大隐患的监控方案还应报告发现该隐患的安全监察或检验机构备案。隐患监控时发生事故的，由使用单位负责。

（6）对于仅依靠本单位力量难以消除的隐患和一旦发生事故可能造成严重影响的重大隐患，应书面报告当地政府和特种设备安全监督管理部门申请协助消除。

（7）对于特种设备存在严重事故隐患，无改造、维修价值，或者超过特种设备设计使用年限或安全技术规范规定使用年限，或者经检验检测不合格又无法消除安全隐患，特种设备使用单位应当及时予以报废，并应当向原登记的特种设备安全监督管理部门办理注销。

（8）隐患整改和确认的相关资料应及时存入安全管理档案。

10. 事故应急管理

（1）使用单位应当建立特种设备应急处置与管理制度，明确本单位特种设备及相关事故应急处置和报告的程序及内容。

（2）使用单位应在本单位应急事故预案的基础上，根据本单位特种设备的使用特点，有针对性地制定特种设备专项预案。

（3）使用单位应建立事故应急救援组织体系，并配备满足事故处置需要的救援人员，做好物资准备和资料准备。物资准备主要包括抢险防护用品、专用工具、安全检测仪器、通信设备和器材等其他救灾物资；资料准备包括特种设备的技术资料、现场工艺流程图和平面示意图、现场作业人员岗位布置、应急人员的联系方式和地址、最近区域事故应急救援特殊设备资源、政府有关部门救援支持联系电话等。

（4）使用单位要按照所制定的应急预案，定期进行演练(一般情况下每年至少一次)，演练记录和见证应存入设备安全管理档案。

（5）使用单位应当根据演练暴露的问题，及时修订应急预案，提高应急处置能力。

（6）发生特种设备事故时，应当按照油田及国家特种设备事故报告和处理的规定，及时向上级部门进行报告，按《特种设备事故应急救援预案》开展救援，严格保护事故现场，采取措施抢救伤员和防止事故扩大。并按照国家有关规定，做好(或配合做好)事故调查处理工作。

（7）特种设备事故发生后，应严格按照“四不放过”的原则及法律法规的有关规定进行调查处理。事故原因未查清，隐患得不到整改，防范措施未落实，事故设备不得重新启用。

事故报告应包括以下内容：

① 事故发生单位、联系人、联系电话。

② 事故发生地点。

③ 事故发生时间。

④ 事故设备名称。

⑤ 事故类别。

⑥ 经济损失以及事故概况等。

4.6.3 油田常用特种设备管理办法

1. 起重设备使用管理办法

1）管理职责

（1）设备部门职责。

负责组织或参与油田起重机械的购置、使用、改造、维修、报废的管理，起重机械操作保养规程的编制，新设备新技术的推广工作。

（2）生产、技术部门职责。

负责组织起重作业施工安排、施工方案审批、施工作业等起重作业管理。

（3）人事劳资部门职责。

负责油田特种设备作业人员(起重作业人员资格证，起重机械管理人员、起重司机、起重司索工、起重指挥)的培训取证、定期复审。

（4）安全管理部门职责。

负责起重机械的注册登记、注销、停(启)用、报废和定期检验工作并建立特种设备安全管理台账；

负责大型起重作业的吊装方案监督、安全措施和应急预案的审查及起重机械安全性能检查；

负责对承包商资格证的办理和承包商制造、安装、改造和检维修施工单位、制造单位的资质审查和备案；

负责起重设备的安全运行管理。

(5) 设备使用单位职责。

设备使用单位负责起重设备的检查、使用与维护保养，提出起重设备检验、检修计划等。

2) 起重机械安全管理

(1) 新购置(进口)的起重机械，其生产厂家必须是政府主管部门指定并核发资格证(进口许可证)的专业制造厂家，其安全、防护装置必须齐全、完备，有产品合格证和安全使用、维护、保养说明书、起重机械出厂监检报告。

(2) 设计、制造、安装、维修、改造、拆除起重机械(包括临时、小型起重机械)，需由取得政府部门或其授权机构颁发许可证的单位进行。安装、修理、改造后的起重设备，应取得当地政府相关部门颁发的使用合格证后方可使用。

(3) 起重机械建立的技术资料(设计图纸、出厂合格证、检验报告、改造方案、告知书、审批表等)应移交档案管理部门保存。

(4) 使用单位必须按照国家标准规定对起重机械进行安全检查，包括每天检查(日检)、经常性安全检查(月检)和定期安全检查(年检)，对在检查(检验)中发现问题的起重设备，应由取得维修保养资格证的单位和人员进行检(维)修处理，并做好记录保存备案；要做到“一勤、二检、三不开”(一勤是：给卷扬机的各润滑部位要勤注油；二检是：检查齿轮啮合是否正常，检查卷扬机前面的第一个导向滑轮的钢丝绳是否垂直于卷筒中心线；三不开是：信号不明不开，卷扬机前第一个导向滑轮及快绳附近有人不开，电流超载不开)。

(5) 吊具、索具必须有设计资料(包括图纸、计算书等)，并进行存档。起重机具的使用、拆除和移动应符合使用说明书及操作规程的规定。

3) 使用与维护

(1) 设备使用单位应建立健全起重设备的操作、保养规程及使用管理制度，严格执行，并认真填写设备运转记录及维护保养记录。

(2) 设备使用单位建立起重设备技术档案。记录设备的基本信息、运行、维护、检修等信息。

(3) 设备使用单位应配备技术熟练、责任心强的起重设备操作人员，新设备投产应对管理、操作、维修人员进行技术、安全培训，使其熟悉设备的技术性能。

(4) 起重设备操作人员必须到国家指定部门培训，经考核合格取得《特种设备作业人员证》后，方可操作起重设备。

(5) 汽车起重机出车前、行车中及收车后，驾驶员必须将清洁、补给和安全检查视作为日常维护内容，确保行车安全。

(6) 认真执行设备巡回检查，及时填写操作记录，严格执行交接班制度。

(7) 设备使用单位要严格设备用油用水管理，定期检查，确保油水指标符合相关标准。

(8) 严格执行维护保养规程，做好起重设备的维护保养。设备、装置齐全完好，行车制动灵活好用，吊钩、钢丝绳安全可靠，设备处于良好技术状态，操作人员不得擅自拆除设备安全附件。

(9) 起重设备执行特种设备定期检验制度，每2年委托有资格的特种设备检验机构进行检验，各单位落实问题整改，检验合格证，方可继续使用，设备使用单位建立健全检验记录。

(10) 起重设备的维修必须由具有起重机械修理资质的厂家承修。

(11) 操作人员在正常操作状态下发现异常情况，应立即查明原因，采取有效的处理措施并及时汇报设备主管。

(12) 做好起重作业等相关人员的安全技术培训。

4) 起重设备安全操作规程

(1) 严格遵守《起重设备操作规程》，做到持证上岗，并按规定穿戴好劳保。

(2) 开车前认真检查设备性能。检查操纵装置、起重作业装置、卷扬机构、伸缩变幅机构、制动装置动作情况，限位、限制装置的完好情况。

(3) 认真检查大钩及钢丝绳的使用情况，是否有断丝和磨损，如有破损，达到报废标准者，应进行更换。

(4) 起吊作业前，先进行试吊，确保起升作业安全，严禁超额定起重量作业。

(5) 设备在运行中发现故障、异常情况应及时停车处理，待排除故障后才可继续运行，处理不了的要及时汇报。

(6) 起重作业时，起升钢丝绳必须垂直，严禁斜拉歪吊，并严格作到"十不吊"：指挥信号不明确或违章指挥不吊；超载不吊；工件或吊物捆绑不牢不吊；吊物上面有人不吊；安全装置不齐全或动作不灵敏、失效不吊；工具埋在地下与地面建筑物或设备有钩挂不吊；光线阴暗视线不佳不吊；菱角物件无防切割措施不吊；斜拉歪线工件不吊；危险物品(如氧气瓶、乙炔瓶)不吊。

(7) 起重作业完毕，作业人员应做好以下工作：将吊钩和起重臂放到规定的稳妥位置，所有控制手柄均应放到零位，对使用电气控制的起重机械，应将总电源开关断开；对在轨道上工作的起重机，应将起重机有效锚定；将吊索、吊具收回放置于规定的地方，并对其进行检查、维护、保养；对接替工作人员，应告知设备、设施存在的异常情况及尚未消除的故障并做好记录备查。

2. 锅炉使用管理办法

1) 管理职责

(1) 设备部门职责

负责组织或参与油田锅炉的购置、使用、维修、改造、报废等的管理。负责锅炉操作保养规程的编制，新设备新技术的推广工作。

(2) 人力资源部门

负责组织锅炉作业人员安全技术教育培训、取证、定期复审。

(3) 安全管理部门职责

负责锅炉的注册登记、注销、停(启)用、报废和定期检验工作并建立特种设备安全管理台帐；

负责锅炉的安全措施和应急预案的审查及锅炉安全性能检查；

负责对承包商资格证的办理和承包商制造、安装、改造和检维修施工单位、制造单位的资质审查和备案；

负责锅炉的安全运行和工艺指标管理。

(4) 设备使用单位职责

设备使用单位负责锅炉的检查、使用与维护保养，提出锅炉检验、检修改造计划和报废申请。

2) 使用与维护管理

(1) 设备使用单位应建立锅炉的操作保养规程，并严格落实，认真填写运转运转记录及维护保养记录。

(2) 锅炉主管部门建立锅炉台帐，使用单位建立锅炉技术档案。

(3) 锅炉操作人员应当按照《特种设备作业人员监督管理办法》有关规定取得特种设备作业人员证，方可从事锅炉操作。

(4) 锅炉操作人员应当严格执行工艺操作规程、岗位操作法和安全规章制度。

(5) 设备使用单位应当每月至少进行 1 次自行检查，并对锅炉及安全附件、安全防护装置等进行日常维护保养，对发现的异常情况，应当及时处理并记录。

(6) 设备管理部门应定期组织锅炉检查，对年度检查中发现的锅炉安全隐患及时消除。

(7) 严禁锅炉超过规定指标运行，确保锅炉及安全阀在规定指标范围内运行。

(8) 认真执行设备巡回检查，及时填写操作记录，严格执行交接班制度。

(9) 锅炉应按相应的安全技术规范组织定期检验。委托有资质的特种设备检验检测机构对其进行检验合格后，方可继续使用。

(10) 锅炉改造或者重大工程维修完工以后，应组织验收，合格后方可使用，并将改造维修技术资料存入技术档案。

(11) 做好锅炉(加热炉、水套炉、车载锅炉)水质管理和监测，符合国家热水锅炉水质管理要求。

(12) 组织编制锅炉维护检修计划，组织实施，并委托具有锅炉修理资质的厂家进行维修。

(13) 组织定期对司炉工、水处理工进行技术培训，提高岗位人员基本技能。

(14) 设备管理部门做好锅炉报废技术鉴定，提出报废申请，对已批准的报废锅炉，不准继续使用。

(15) 锅炉季节性停炉后，应做好锅炉水垢的处理及维修、保养。

3) 锅炉的运行管理

(1) 检查锅炉压力

经常注意压力变化，尽可能保持锅内压力稳定，勿使气压超过最高许可工作压力。

压力表弯管每班应冲洗 1 次，检视压力表是否正常，如发现压力表损坏，应立即停炉修理或更换。为了保证压力表的正确性，应定期校验，如读数相差超过±2.5%应进行修理或更换。

(2) 检查安全阀

注意安全阀的作用是否正常，为了防止安全阀的阀盘和阀座粘住应定期拉动安全阀提升手柄，作排气试验，每隔 2 星期应升高气压 1 次，作排气试验以校验安全阀的作用。

(3) 检查炉内水位

经常注意锅内水位变化，使其保持在正常水位±30mm 的范围内，不得高于最高或低于最低水位，水位表内的水一般有微微晃动的现象，如水面静止不动，则水位表内可能有堵塞情况，应立即进行冲洗。

每班至少应冲洗水位表一次，使水位表玻璃管保持经常性整洁，确保水位清晰正确可靠，如发现玻璃管垫圈漏水、漏气时应上紧填料。如玻璃模糊不清，或水位线看不明确，虽然冲洗仍没有效时，应予更换。每台锅炉装有两个水位表，若其中一个发现损坏应及时进行修理，如两个同时损坏，应立即临时停炉、直至1个水位表恢复正常后方可继续运行。

(4) 监测锅炉水质

给水应符合GB1576—2008“低压锅炉水质标准”，否则对钠离子交换器树脂进行再生，炉水应达到锅炉水质要求，否则进行排污，调整水质指标。

(5) 检查锅炉给水泵

交接班时，开车检验所有给水泵是否正常，如有故障立即进行修理。锅炉给水泵尽可能采取连续进水，控制水泵出口阀门细水长流。

(6) 检查锅炉水处理设备

锅炉水处理设备运行正常，无穿孔、渗漏。

(7) 定期排污

定期排污(每班至少1次)，排污量大小由炉水水质的化学分析而定。定期排污宜在低负荷及停炉时进行；排污时，应监视水位，排污管内不得发生汽水冲击。如排污量不够，可增加次数。

(8) 检查燃气、上水及供汽流程

检查燃气流程畅通，计量仪表显示正常；检查上水流程畅通；检查供汽流程畅通，压力正常。

3. 气瓶使用管理办法

为进一步加强氧气、乙炔瓶的管理，确保安全生产，依据《溶解乙炔气瓶安全监察规程》及有关管理规定，本着“谁使用、谁管理”的原则，特制定本办法。

1) 存放和保管规定

(1) 氧气瓶

存放处周围10m内严禁明火，严禁放置易燃易爆物品；严禁与乙炔瓶放置在一起；严禁沾染油脂；卧放时不宜超过5层，立放时支架固定；有瓶帽和防震圈(两个)；瓶帽拧紧，气阀朝向一侧；严禁靠近热源或在烈日下暴晒；存放间专人管理，并设置“严禁烟火”的标志。

(2) 乙炔气瓶

班组存放量一般不超过5瓶，超过5瓶但不超过20瓶时，应用非燃烧体墙隔成单独的存放间，并有一面靠外墙；存放间与明火或散发火花地点间的距离不得小于15m；存放间不得设在地下室或半地下室内；存放间通风良好，不受阳光直射，远离高温热源，其附近设有消火栓和干粉/二氧化碳灭火器，但严禁使用四氯化碳灭火器；存放间设专人管理，并在醒目处设置“乙炔危险，严禁烟火”的标志；直立放置，并有防止倾倒措施；严禁与氧气瓶及易燃品同间存放。

2) 气瓶安全使用规定

(1) 气瓶运输贮存时必须加瓶帽及钢瓶护圈以防摔坏瓶阀，搬动时不能以滚动方式搬运，最好用小推车搬运。

(2) 野外施工时，装卸车辆必须由2人以上装卸，轻抬轻放，在车厢内必须用枕木堰好，防止来回滚动损坏气瓶。

(3) 氧气瓶和乙炔瓶不能同车运输。

(4) 使用中避免气瓶直接受热，应离明火源10m以上(氧气与乙炔瓶两者之间的距离为8~10m)。

(5) 检查气瓶是否漏气时要使用肥皂水进行检查。

(6) 与电焊作业同一地段时，气瓶底部应垫绝缘物。

(7) 气瓶严禁在太阳底下曝晒，夏天要采取遮阳措施。

(8) 氧气瓶不能沾附油脂。

(9) 乙炔瓶使用时，必须直立，并应采取措施防止倾倒，严禁卧放使用；而且使用时必须装防止回火器。

(10) 使用时分清气瓶颜色(氧气瓶是天蓝色、乙炔瓶是白色，氩气瓶是灰色)。

(11) 氧气瓶的压力降到0.196kPa时，不准再继续使用；乙炔瓶使用时压力降到0.2~0.3kPa，不准再继续使用。

(12) 严禁乱倒气瓶内的残液、残渣，以免发生火灾爆炸事故。

(13) 气瓶垂直摆放时必须用铁丝绑扎固定，以防倾倒伤人。

(14) 在连接减压器前，应将氧气瓶的输气阀门开启1/4转，吹洗1~2s，然后用专门的扳手安上减压器。工作人员应站在阀门连接头的侧方。

(15) 气瓶上的阀门或减压气门，若发现有毛病时，应立即停止工作，进行修理。

(16) 氧气瓶阀门只准使用专门的扳手开启，不准使用凿子、锤子开启。乙炔气瓶阀门必须使用特殊的键开启。

(17) 严禁使用没有减压器的气瓶；禁止装有气体的气瓶与电线接触。

(18) 在焊接中禁止将带有油迹的衣服、手套或其他沾有油脂的工具、物品与氧气瓶软管及接头接触。

3) 气焊(割)安全操作规程

(1) 气焊(割)施工前必须按规定办理中石化动火作业票证，并逐级审批。

(2) 气焊(割)作业前必须穿戴好劳动防护用品：安全帽、防护眼镜、工作服、劳保皮鞋、手套等。

(3) 气焊(割)作业场所不得存在易燃易爆物质，高空作业时要采取措施防止火花四处飞溅，以免引燃动火点周边易燃易爆物。

(4) 氧气、乙炔胶管不能搭在身上作业，胶管及接头不能有漏气现象。

(5) 使用半自动小车切割机时，电源线应接在漏电保护器上，切割时要及时移动胶管及电源线，避免胶管及电源线被火焰或飞溅烫破。

(6) 当割炬发生回火时，反应要敏捷，及时关闭乙炔阀和氧气阀，稍停片刻，待割炬内回火熄灭后再点火。当回火导致胶管着火时不要惊慌，要马上关闭乙炔瓶阀，松开乙炔减压器的顶针。

(7) 气焊(割)下料及现场切割拆除时，一定要预先观察切割工件的形状及结构特征等情况。确定先切割哪个部位，后切割哪个部位。应保证切割者自身安全，保证最后割断时，切割者处于安全位置及保障他人及设备的安全。

(8) 气割下料后及时清理工件和边角余料，及时割断钢板上的尖锐棱角。

(9) 气焊(割)完工后，要将割炬、胶管收好。关闭瓶阀、松开减压器顶针，没有余火方可离开。

4.7 动力设备管理

4.7.1 动力设备管理范围

（1）动能发生设备：空气压缩设备、液化气站设备、工业泵、锅炉房设备、和其他动能发生设备。

（2）电器设备：变压器、高低压配电设备、动力、照明、和其他电器设备。

（3）工业炉窑：加热炉、热处理炉（窑）、干燥炉（窑）和其他工业炉窑。

（4）其他动力设备。包括通用采暖设备、管道、工艺用槽、除尘设备和其他动力设备。

4.7.2 动力设备的操作使用

（1）设备操作人员必须经过专门培训并经过考试合格取得合格证才能独立操作。

（2）设备应有完整的技术档案资料和运行操作规程及记录。

（3）在运行中遇有不正常情况时，操作人员应根据操作维护规程进行紧急处理，并及时报告动力设备技术管理部门。

（4）操作人员在值班期间应按规定巡回检查，不得随意离开工作岗位。

（5）锅炉及煤气发生炉的用水必须是软化水，变压设备不得超压运行，动力设备不得超负荷运行。

（6）保证备用指示仪表和安全装置齐全、灵敏、正确，备用件完整可靠。

（7）操作人员严格遵守保卫保密制度，禁止未经上级许可的人员进入。

（8）动力设备不得带病运行，任何一处发生故障都应及时排除。

（9）定期进行预防性试验，对设备性能和腐蚀情况，做到心中有数，不得盲目运行。

（10）必须进行季节性大检查，如冬令期间，对水暖煤气系统，必须注意防寒保暖，以免冻裂。

（11）严格执行强制性保养制和计划检修制。

（12）节约燃料和能量，提高动力设备的利用率。

① 提高设备技术水平，充分提高一次能源利用率，组织回收利用二次能源（如废气、余热）。

② 减少或消除设备及网络中的损失，搞好治理四漏（漏水、漏油、漏气、漏电）工作。

③ 合理利用动力设备，如提高用电系统的功率因素、组织好蒸汽系统的余热利用。

（13）充分利用动力设备的容量及网络输送能力。

① 组织好负荷的均匀平衡。

② 提高动力设备及网络的能力，以满足负荷增长的需要，延长修理间隔期，缩短检修设备时间。

（14）提高生产效率，降低成本。

① 不断提高动力站房的机械化、自动化水平。

② 通过技术革新，引进新技术和合理化建议，降低燃料材料及动能的损耗，努力提高劳动生产效率。

③ 加强经济责任制，采取奖惩制，促进增产节能。

④ 做好技术培训、技术考核工作，不断提高操作人员水平。

(15) 经常组织动力设备操作人员学习有关业务的职责条例，规章制度及基础理论，进行一级、二级保养和事故处理演习等，提高实际工作的熟练程度。

① 凡正式顶岗位的人员，均应经过安全技术操作的培训和考核工作，合格后凭证独立操作，对操作管理人员也要定期进行考核。

② 组织分析重大事故，不断地增强全员对生产中不间断优质供应动能的意义的认识，加强安全可靠的观念。

4.7.3 制订合理、严格的安全操作规程

(1) 单机设备正常操作。

① 包括启动前的准备、启动、正常维护、停车。

② 故障及其消除，包括润滑、冷却、声响、出力、参数等不正常现象。

③ 站房系统运行操作规程，正常操作。

④ 巡回检查制度。

⑤ 交接班制度及一级、二级保养制度。

(2) 凡基建、扩建、技改工程进行挖土、打桩、搭建临时房屋时，需经动力技术员同意后才能施工，对危及地下管线安全运行的工程项目，动力技术员有权制止其施工。

(3) 电力、电缆、动力管道上等严禁堆积式悬挂重物，以确保安全和动能正常供应。

4.8 设备单机经济核算

4.8.1 单机经济核算体系的定义

单机经济核算体系从广义上讲指设备单机核算的理论、方法和指标体系。单机经济核算考核的主体不再是单位、班组和个人，而是定位在最小的、能核算的‘单机设备’，细化到每一台设备，实现成本管理的全员化、目标化、精细化、过程化，达到单机设备运行效益最大化。

4.8.2 单机经济核算体系考核指标

单机经济核算体系考核指标主要包括生产指标、成本指标和管理指标，依据设备特点按不同权重汇总评价分析，通过系统的管理流程和科学的考核评价，从而达到成本消耗最小化，运行效益最大化的目的。各基层单位单机评比结果在月度考核中兑现，年终进行总评比，并建立奖惩制度。

4.8.3 单机经济核算体系实施实例

实施单机经济核算工作，必须要建立长效的工作机制，形成一整套具有单位特色的评价体系，下面以生产特车为例进行单机经济核算评价(单车经济核算体系网络如图 4-17 所示)。

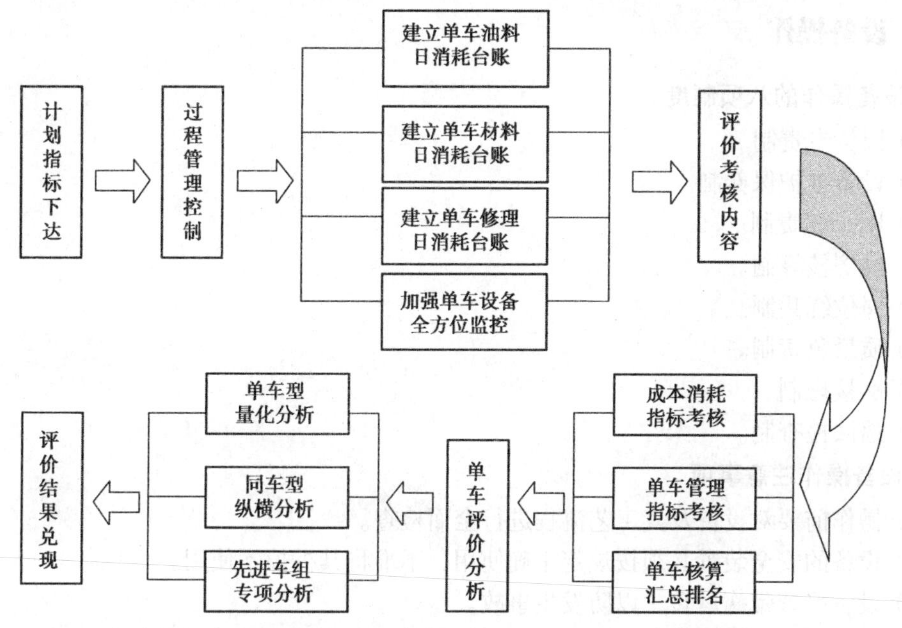

图 4-17 单车经济核算体系网络

1. 计划指标下达

计划指标分为计划工作量指标、计划成本指标、计划管理指标 3 大项。计划工作量指标按照历年各车型工作量统计数据进行分解；计划成本指标(计划油料费、计划材料费、计划修理费、计划青赔费)结合设备新度系数和使用年限，以历史指标、现场写实为基准确定单车(机)计划成本指标，作为基本单元核算的基础和依据。

2. 过程管理控制

加强过程管理，规范单车(机)消耗台账。分别建立了单车油(材)料、修理费日消耗台账及青赔费发生台账，做到"日清日结、全程跟踪"。

3. 月度指标汇总

强化基础资料管理，做好单车(机)消耗日登记、月统计工作，将经营、管理责任落实到岗位、人头，为单车成本消耗分析及考核提供依据。按照考核标准每月对单车工时指标、单车各项成本消耗指标、单车管理指标进行汇总评价。

4. 分析整改落实

月度对单车单项成本含量及管理指标进行分类排名，召开单车消耗分析会，追踪分析各项指标消耗情况，制定整改措施，提高单车运行效率。

5. 评价考核

坚持事前预算、事中控制、事后评价考核相统一，将评价结果与个人奖金分配挂钩，及时考核兑现，树立单车(机)评价工作的权威性，全面营造比学赶帮超的良好氛围；同时坚持事后核算与分析成本节超相结合、与查找管理漏洞相结合，及时制定改进措施，以实现能耗下降、管理水平提升的目的。

4.9 设备操作及操作人员的要求

4.9.1 设备操作

1. 设备操作的八项制度

（1）岗位专责制。

（2）设备维护保养制。

（3）HSE 职责制。

（4）经济核算制。

（5）岗位练兵制。

（6）质量负责制。

（7）交接班制。

（8）巡回检查制。

2. 设备操作注意事项

（1）操作前要对设备及其工艺流程进行全面检查。

（2）设备的安全装置必须按规定正确使用，不准将其拆掉不使用。

（3）设备严禁带病运转，以防发生事故。

（4）设备在运行中要按规定进行检查。特别是对紧固件看看是否由于振动而松动，以便重新紧固。

（5）设备运转时，严禁触碰旋转部件。

（6）设备运转时，严禁脱岗，以防发生故障。

（7）设备启停操作时，要平稳连续，避免猛起急停。

4.9.2 设备操作人员

（1）操作人员应遵守国家法律法规，单位各项规章制度。

（2）负责保管好自已使用的设备，并应保证设备的附件、仪表及防护装置完整无损。

（3）严格执行操作维护规程和工艺规程。

（4）使设备经常保持“整齐、清洁、润滑、安全”状态。及时排除一般设备故障，配合维修人员修理设备，按计划交修设备。

（5）熟悉本岗位设备“四懂三会”、安全操作维护规程。

（6）具备设备操作及维护管理方面的能力，能够正确执行设备维护和润滑规定，经常保持设备内外清洁和零部件、附件的完整。

（7）了解易损零件部位，知道完好检查项目、标准和方法，并能按规定要求进行日常点检。

（8）熟悉所操作设备特点，能鉴别设备的异常现象，会作一般的调整和排除简单的故障，已不能解决的问题及时报告。

（9）遵守岗位设备交接班制度。

（10）掌握设备 HSE 管理基本知识。

4.9.3 设备操作

1. 设备操作的八项制度

（1）岗位专责制。

（2）设备维护保养制。

（3）HSE 职责。

（4）经济核算制。

（5）岗位练兵制。

（6）质量负责制。

（7）交接班制。

（8）巡回检查制。

2. 设备操作注意事项

（1）操作前要对设备及其工艺流程进行全面检查。

（2）设备的安全装置必须按规定正确使用，不准将其拆除。

（3）设备严禁带病运转，以防发生事故。

（4）设备在运行中要按规定进行检查，特别是对紧固件检查是否松动，及时调整紧固。

（5）设备运转时，严禁触碰旋转部件。

（6）设备运转时，严禁脱岗。

（7）设备启停操作时，要平稳连续，避免猛起急停。

4.9.4 设备操作人员

（1）操作人员应遵守国家法律法规和单位规章制度。

（2）负责保管好自己使用的设备，并保证设备附件、仪表及防护装置完整无损。

（3）严格执行操作维护规程和工艺规程。

（4）设备应保持“整齐、清洁、润滑、安全”状态，及时排除设备故障，配合维修人员修理设备，按计划保养维修设备。

（5）熟悉本岗位设备“四懂三会”、安全操作维护规程。

（6）能够正确执行设备维护和润滑规定，保持设备内外清洁。

（7）了解易损零件部位，知道检查项目、标准和方法，并能按规定要求进行日常点检。

（8）熟悉所操作设备特点，能鉴别设备的异常现象，会作一般调整和排除简单故障，自己不能解决的问题及时报告。

（9）遵守岗位设备交接班制度。

（10）掌握设备 HSE 管理基本知识。

第5章　设备维修管理

5.1　设备维修管理

5.1.1　设备维修基本概念

1. 设备维修概念

设备在使用过程中，随着零部件逐渐产生磨损、变形、蚀损、甚至断裂、性能和生产率下降，使设备发生故障、事故乃至报废。为了维持和恢复设备额定状态及确定和评估其实际状态而采取的技术活动及措施称为维修。维修是维护、检查及修理的总称。

检查是确定和评估设备实际状态的措施。检查用于查明和确定设备磨损程度并做出评估，即对设备实际状态的差别进行评估。

修理指恢复设备额定状态的措施。修理可用于消除设备产生的机械磨损，恢复其正常履行功能的能力，是企业维持简单再生产的基本手段。

维修的重要性在于：任何形式的设备在使用过程中都不可避免地存在有形及无形磨损。在特定条件下，设备即便未投入具体使用，经过一段时间后，其功能也将逐渐消失。对于设备使用者来说，维修的主要职能之一就是防止影响使用的故障出现及排除正出现的故障。

2. 设备维修的认识及重要性

维修是伴随生产工具的使用出现的。随着生产工具的发展，机器设备的大规模使用，人们对维修的认识也不断地变化。维修由事后排除故障到事前预防故障；由保障使用的辅助手段到成为生产力和战斗力的重要组成部分；如今维修已经成为增强企业竞争力的有力手段，改善企业投资的选择方式，实施安全系统、全寿命管理的有机环节，实现持续发展战略的重要技术措施。维修已经由技艺发展成为一门科学。

(1) 维修是事后对故障或损坏的修复活动。18世纪末，西方国家在工业生产中使用蒸汽机、机床等机器设备，设备一旦发生故障和损坏、被迫停产维修。最初，设备维修工作由操作人员兼任，后来设备操作与维修分离，出现了维修技师与技工。在故障或损坏未出现之前，不会把生产停下来专门进行维修，只有在故障或损坏发生之后，生产无法继续运行，才被动地实施维修。

西方国家的工业维修从18世纪末一直按照这种方式延续到20世纪20~30年代，而我国大型企业的维修，从解放前到50年代初，基本上都受到这种维修观念的支配，采取“故障后再维修”的办法。

(2) 维修是事前对故障主动预防的积极措施。20世纪初，随着生产流水线的出现，设备自动化水平的提高，在工业生产中一旦某一工序出现故障，迫使全线停工，造成生产损失，有的故障还会危及设备和人身安全，造成严重的后果，故障后维修，对事故损失已经无能为力，事故损失费用以及维修费用往往难以估计和控制。应当预防故障的出现，避免事故的发生，成为维修的新认识。1925年前后，美国工业界出现了“预防为主”的维修观念。

我国从 1953 年第一个五年计划开始，156 项国家重点工程引进前苏联的“预防为主”维修观念和相应的制度，且至今在大型企业中仍然占据重要地位。

(3) 维修是使用的前提和安全的保障。随着设备高新技术含量的增加，功能不断扩展，自动化程度越来越高，系统越来越复杂，对其可行性、安全性要求也越来越高。同时，设备维修由硬件扩展到软件，不仅硬件系统变得更为复杂，而且软硬件结合的“软件密集系统”使维修难度增大，对维修要求更高，导致设备越是现代化，对设备维修的依赖程度越大。离开了正确的维修，就不能保证设备正常使用并发挥其作用；错误的维修或者不当维修，会成为使用障碍，影响任务完成，甚至造成损害人和设备的严重后果。维修成为设备使用的前提和安全的保障。

(4) 维修是形成和保持生产力重要因素。企业购置、增添新设备的目的是为了维持或扩大生产能力，但实践表明新设备并不是维持或提高生产能力的唯一投资选择。一方面，新设备缺乏有效的管理与维修，其生产效率也往往低下，甚至事与愿违，不能投入正常运行；另一方面，如果通过科学合理的维修、技术革新或改造，旧设备也往往可以发挥更大的效益。设备生产能力的持续维持，维修是关键。

由于设备的现代化、复杂化、综合化，设备对维修的依赖性也比以往任何时候更加明显。由于设备会不可避免地发生故障和损伤，只有实施正确合理的维修，才能保证设备比较高的出勤率和完好率。

(5) 维修是企业竞争的有力手段。激烈的市场竞争迫使企业必须改进产品质量，降低生产成本，提高产品服务水平，维修已经被认为是影响企业竞争力的重要因素。维修能够保证设备正常运转，维持稳定生产，保证和提高产品质量，从根本上保证较高的投入产出，产品的维修服务可以提高企业的信誉，赢得了更大的市场份额。

维修可以延长设备的寿命，节约企业资源；改进性维修不但可以延长产品的物理寿命，还通过采用先进维修技术，提高产品的性能，延长产品技术寿命。

(6) 维修是一种投资。1990 年 10 月，欧洲国家维修团体联盟第 10 次学术会议提出维修是投资的一种选择方式。维修投资是使固定资产的生产能力得以维持下去那部份投资，与投资购买固定资产能够形成生产力相似，维修投资则能够维持资产的生产能力。在一定周期内，不仅可以收回维修投资成本，而且还能增值。

传统的观点把维修看成是一种资源和资金的消耗，资源和资金被消耗后是收不回来的，着重强调维修费用的节约，认为维修是一种消耗性的消极手段。与此相反，现代观点认为维修投资是生产性的，在创造企业的经济效益的过程中是一个积极因素，维修投资可以获得产品质量提高、成本降低、设备寿命延长等多方面的效益。其回报比节约维修费用、减少维修消耗更加重要、更加积极，是企业生存、发展、增强竞争力的一种投资方式。

特别需要强调的是：设备的现代维修已经不是简单的保持、恢复产品技术状态，维修与改进相结合成为设备管理的重要原则。结合维修进行的设备改进，将使其效能得以提高，是一种投入较少、效益较好的投资途径，甚至也是设备发展的一种途径。

(7) 维修是实现持续发展战略的重要技术途径。为了缓解资源短缺与资源消费的矛盾，保护环境，走持续发展的道路，维修又具有了更加深远的意义与影响。人们认识到，维修是实现社会持续发展的一条技术途径。

对于机器设备的磨损、腐蚀、疲劳、变形等损伤，采用一些新技术、新工艺、新材料等技术措施进行维修，例如采用表面工程技术进行维修，不仅可以有效地修复磨损，恢复性能，修旧如新，而且可以改进技术性能，如提高耐高压、耐磨损、耐腐蚀、耐疲劳、防辐射等性能，延长使用寿命，节省材料、能源和费用。目前，人们已经普遍认识到，利用维修技术，积极发展“3R”工程，可使磨损设备修复如新，老旧设备得到更新改造，报废设备得以起死回生。在维修领域实施绿色再制造工程，能使资源得以再生、再利用、缓解淘汰、报废设备对环境的压力与污染。

5.1.2 设备维修的分类

1. 维修方式

设备维修方式具有设备维修策略的含义，就是在适当的时机对适当的维修对象(设备、设施、零部件)实施适宜的维修措施(维护、检查或修理)的方式。

选择设备维修方式的一般原则是：①通过维修，消除设备修前存在的缺陷，恢复设备规定的功能和精度，提高设备的可靠性，并充分利用零部件的有效寿命；②力求维修费用与设备停修对生产的经济损失两者之和为最小。

从目前国内外企业采用的情况看，维修方式主要分为以下两种：

1）事后维修方式

设备发生故障或性能、精度降低到合格水平以下，因不能再使用所进行的非计划性维修称为事后维修，也就是通常所称的故障维修。

生产设备发生故障后，往往给生产造成较大损失，也给维修工作造成困难和被动。但对有些故障停机后再维修而不会给生产造成损失的设备，采用事后维修方式可能更经济。例如对结构简单、利用率低、维修技术不复杂和能及时获得维修用配件，且发生故障后不会影响生产任务的设备，就可以利用事后维修方式。事后维修方式作为一种维修策略，不同于原始落后的事后修理。事后维修不适用于对生产影响较大的设备。

2）预防维修方式

预防维修是为了防止设备性能、精度劣化或为了降低故障率，按事先规定的修理计划和技术要求进行的维修活动。对重点设备和重要设备实行预防维修，是贯彻《中石化设备管理办法》规定的“坚持预防性维修方针，既要防止设备失修，又要避免过剩维修”重点工作。预防维修主要有以下几种维修方式：

（1）定期维修。定期维修是在规定时间的基础上执行的预防维修活动，具有周期性特点。它是根据零件的失效规律，事先规定修理间隔期、修理类别和工作内容、修理工作量。该修理方式的计划性强，便于做好修前准备，并可做长期工作安排。它主要适用于已掌握设备磨损规律且生产稳定、连续生产的流程式生产设备、动力设备、大量生产的流水作业和自动线上的主要设备以及其他可以统计开动台时的设备。例如：前苏联的设备计划预修制度是定期维修的典型形式，前苏联金属切削机床实验研究所1976年公布的统一计划预修制第六版中规定小型金属切削机床的维修周期结构，以开动台时计，大修周期为34300小时，两次计划维修的间隔期约为5700小时。

我国从20世纪50年代中期引进前苏联设备统一计划预修制，由于设备劣化的规律各异，对修理内容和时间难以做出正确的估计，故定期维修容易造成过剩维修，经济性较差。我国没有生搬硬套前苏联的计划预修制度，许多企业在总结经验的基础上，结合自身实际情况，对计划预修制进行了研究和改进，创造了具有中国特色的计划预修制度。

中国一些企业实行的“设备三级保养、大修制”就是一种定期维修方式。

实践经验表明，实行定期维修方式的同类设备的磨损规律是有差异的。即使是同型号的设备，由于出厂质量、使用条件、负荷率、维护优劣等情况的差别，按照统一的维修周期结构安排计划维修，会出现以下问题：一是设备技术状况尚好，仍可继续使用，但仍按规定的维修间隔期进行大修，造成维修过剩；二是设备技术状态劣化已达到难以满足产品要求的程度，但由于未达到规定的维修间隔期而没有安排维修计划，造成失修。为了克服上述弊端，吸收状态监测维修的优点，对实行定期维修的设备也采用设备状态监测技术，以求实际掌握设备的技术状态，并适当调整维修间隔期。

企业对设备实行定期维修方式时，除了吸取其他企业的经验外，应重视探索本企业具体设备的磨损规律，据此制定出适合本企业设备实际情况的维修周期结构，并在实践中修改完善。

（2）状态监测维修。这是以设备实际状态为基础的预防维修方式。一般采用设备日常点检和定期检查来查明设备技术状态。针对设备的劣化部位及程度，在故障发生前，适时地进行预防维修，排除故障隐患，恢复设备的功能和精度。实行这种维修方式时，如采用精密监测诊断技术判断设备技术状态，亦称预知维修。

这种维修方式的基础是将各种检查、维护、使用和修理，尤其是诊断和监测提供的大量信息，通过统计分析，正确判断设备的劣化程度、故障或将要发生故障的部位和原因、技术状况的发展趋势，从而采取正确的维修策略。这样能充分掌握维修活动的主动权，做好修前准备，并且可以和生产计划协调安排，既能提高设备可利用率，又能充分发挥零件的最大寿命。对于有生产间隙时间（指两班制生产的第三班和法定节假日，国外称为“维修窗口”）和企业生产过程中可以安排维修的设备，均可采用这种维修方式。

设备状态精密监测诊断技术宜用于重大关键设备、生产线上的重点设备、不宜解体检查的设备（如高精度机床）、故障发生后会引起公害的设备等。而利用日常点检、定期检查、回场检查和简易诊断技术来获取设备状态信息的方法则应用广泛，它是今后企业设备维修的发展方向，正如《中石化设备管理办法》指出的“设备修理要将日常维护与计划检修相结合、定期检测和状态监测相结合，推行基于风险的检测技术和以可靠性为中心的维修策略”。

（3）改善维修。改善维修是为了消除设备的先天性缺陷或频发故障，修理时，对设备的局部结构或零部件进行改进设计，以改善设备的可靠性和维修性。它是预防维修方式的一项重要发展，不同于一般的修理。通常的修理是零部件原样修复或更换，而改善维修主要是针对设备的重复性故障进行局部改装，提高零部件的性能和寿命，使故障间隔期延长或消除故障，从而降低故障率、停修时间和维修费用。

（4）无维修设计。无维修设计是指产品的理想设计，其目标是达到使用中无需维修的目的。在设备设计时，就着眼于消除维修的原因，使设备无故障地运转或减少维修作业，它是一种维修策略，也称维修预防。目前无维修设计见于两种情况，一种是生产批量大的家用电器产品，如电视机、录像机等；另一种是安全可靠性要求极高的设备，如核能设备、航天器等。它们几乎不需要维护和修理，欲达此目的，需要先进的科学技术做保证，需要科学的技术反馈系统，反复地进行试验研究，才能逐步接近或实现。常用设备维修方式的对比分析如表 5-1 所示。

表 5-1　常用设备维修方式的对比分析

维修方式	优　点	缺　点
事后维修	最大限度地利用零部件的有效寿命	易导致事故发生
定期维修	较好的可靠性、安全性和计划性	易发生过剩维修现象
状态监测维修	较好的有效性和计划性	初期投资大、成本较高

2. 维修类别

维修类别是根据修理内容以及工作量大小，对设备维修工作的划分。

（1）大修。设备大修是工作量最大的一种有计划的彻底性修理。通常在制造厂或专业厂内进行，对设备的全部或大部分部件解体检查磨损情况，修复基础件，更换或修复全部不合用的零部件；修复、调整电气系统；修复设备的附件以及翻新外观；完成设备的装配、调整、校正工作；仔细检查润滑装置并按标准注入新的润滑油；进行全部负荷试车，全面消除修前存在的缺陷，恢复设备规定的精度和性能，通过大修，应该完全地恢复或基本恢复设备的工作能力。

（2）项修。项目修理是根据设备的结构特点及存在的问题，对技术状态劣化已达不到生产工艺要求的某些项目，按实际需要进行的针对性修理，恢复所修部分的性能。项修一般在专业修理厂、车间内进行，具体工作一般为：部分拆卸机器；清洗、检查和更换较多磨损件；修理或修复一部分不能更换的零部件；调整不良的工作状态；校正设备的基本相对尺寸；进行部件的负荷试验；翻新部分外观。

对生产中的关键设备，尤其是精、大、稀设备采用项修，容易解决计划预修与生产的矛盾，避免设备失修和修理过剩，可利用生产间隙时间(节假日)，从而保证生产的正常进行。

（3）小修。小修是维持性修理，不对设备进行较全面的检查、清洗和调整，只结合掌握的技术状态的信息进行局部拆卸、更换和修复部分失效零部件，以保证设备正常的工作能力。小修是计划预防维修制的主要形式，依靠它保证零部件磨损到允许极限，小修一般直接在工作现场进行，拆卸部分部件，修理或更换少量磨损严重的小零件，即进行设备某些项目或部件的局部维修，使其符合整台设备的功能和参数要求。这是一种适度的修理，经济性较好。以上三种修理类别工作内容比较见表 5-2。

表 5-2 设备大修、项修、小修工作内容的比较

技术要求的类别	大 修	项 修	小 修
拆卸分解程度	全部拆卸分解	针对检修部分拆卸分解	拆卸检查部分磨损严重的机件和污秽部位
修复范围和程度	修复基础件，更换或修复主要件、大型件及所有不合格的零件	根据修理项目对修理部分进行修复，或更换不合用的零件	消除污秽积屑，调整零件间隙及相对位置，更换或修复不能使用的零件，修复达不到完好程度的部位
刮研程度	加工和刮研全部滑动结合面	根据修理项目决定刮研部位	局部刮研或填补划痕、刮研碰伤的凹痕
精度要求	按大修理精度及通用技术标准检查验收	按预定技术要求验收	按设备完好标准验收
表面修饰要求	全部内外打光、喷漆	补漆或不进行	不进行

（4）定期维护或定期检查。该项工作通常列入计划修理来进行，做到及时掌握设备的技术状态，发现和清除设备隐患以及较小故障，以减少突发故障的发生。针对性地提出相邻近的计划修理内容，做好修前准备工作或据此调整修理计划。定期检查由专门的设备保养修理人员对外部检查不能发现磨损情况的零部件和机构进行检查。定期检查带有预防性，即保证在下次修理前能完全正常地进行工作。具体工作一般为：部分拆卸设备，检查易损件的磨损情况；清洗润滑和冷却系统，按设备重要性和润滑油用量的差异采取按质或按时换油；检查

密封装置，必要时更换，消除漏油和溢油现象；检查零部件的磨损情况，消除小的缺陷或更换小部件。

（5）定期精度检查。对精、大、稀机床的几何精度进行有计划的定期检查并调整，使其达到或接近规定的精度标准，保证其精度稳定以满足加工要求。通常该项检查的周期为1~2年，并应安排在气温变化较小的季节进行。

（6）定期预防性试验。对动力设备、受压容易、电气设备、起重运输设备等安全性要求高的设备，有专业人员按规定期限和规定要求进行试验，如对耐压、绝缘、电阻、接地、安装装置、指示仪表、符合、限制器、制动器等的试验。通过试验可及时发现问题，消除隐患或安排修理。

（7）每班维护保养。主要是在每次交接班时由操作管理人员检查和维护设备，它是计划预防修理制的基础工作，不需要拆卸零部件，只需要进行某些调整并保持设备的外部清洁，保证良好的润滑，如发现故障，则及时进入修理程序。具体工作一般为：根据润滑图册和润滑卡片指示，对润滑部位及时润滑，定期检查润滑装置的工作情况；检查轴承和摩擦部分的工作情况；检查和调整传动装置中的链条和皮带；检查固定联接件及联轴器工作情况，及时更换。

5.1.3 设备维修管理工作的主要内容

为规范经营管理行为，防范风险，促进建立健全各项管理制度，提高管理水平，保障实现发展战略，遵循外部监管要求，中石化股份公司从2004年起开始执行内部控制管理。2010年中石化集团公司和股份公司实行内控一体化管理。

中石化内部控制手册规定了《固定资产修理管理》业务流程，设备维修属于固定资产修理管理范畴，分为6个部分：一是编制修理计划和材料需求计划；二是审核下发修理计划；三是修理项目实施；四是修理质量及工程量的确认；五是修理支出确认与核算；六是分析及考核。

设备维修管理工作主要有以下几个方面：

1）修理计划的编制

内控管理中规定企业建立资产管理档案。固定资产使用单位实时检查资产的运行使用情况，记录设备的故障信息；固定资产使用单位及实物管理部门建立分级共享的资产管理档案，并据此编制修理计划及材料需求计划。固定资产使用单位依据固定资产管理档案和资产实际使用状况，结合企业实际编制修理计划和修理费用预算，依据修理计划和费用预算，编制材料需求计划。材料需求计划和修理计划按规定权限审批后报固定资产实物管理等相关部门。

设备修理计划是建立在设备运行理论和工作实践的基础之上，计划的编制要准确、真实地反映生产与设备互相关联的运动规律。因为它不仅是企业生产经营计划的重要组成部分，而且也是企业设备维修组织与管理的依据。计划项目编制得正确与否，主要取决于采用的依据是否较为确切，是否科学地掌握了设备真实技术状况及变化规律。

设备修理计划包括各类修理和技术改造，是企业维持简单再生产和扩大再生产的基本手段之一。

设备修理计划包括按时间进度编制的计划和按修理类别编制的计划两大类。按时间进度编制的计划有年度和季度、月度计划，计划中包括大修、项修、小修、更新设备的安装和技术改造等；按修理类别编制的计划通常为年度大修理计划，以便于大修费用的管理。有的企业也编制项修、小修、预防性试验和定期精度调整的分列计划。

设备修理计划的编制依据：

（1）设备的技术状况。设备计划状况信息主要来源是：日常点检、定期检查、状态监测诊断记录等所积累的设备技术状况信息，设备状况以设备完好标准为基础，视设备的结构、性能特点而定。

（2）产品工艺对设备的要求：可向质量管理部门了解近期产品质量信息。

（3）安全环保要求：是否符合国家或有关部门在安全和环境保护方面的有关标准和规定。

（4）设备的修理周期结构和修理间隔期：这是对实行定期修理的设备编制修理计划的主要依据。

（5）维修市场中承修单位的修理技术水平和能力情况。

设备修理计划的编制程序：

（1）收集资料。编制计划前要做好资料收集分析工作，主要包括以下两方面资料：①关于设备技术状况方面的资料，如使用单位提出的设备技术状况表，产品质量的信息等，必要时查阅设备档案和现场实际调查，以确定需要修理的设备及修理类别；②编制计划需要使用和了解的信息，如修订的本企业分类设备每一修理复杂系数、修理工作定额、本地区承修单位或设备原生产厂承修车间的修理工作定额，需要设备的图册积累情况和备件库存情况等。

（2）编制草案。编制修理计划草案时应认真考虑以下主要内容：①充分考虑生产对设备的要求，力求减少重点、关键设备的使用与修理时间的矛盾；②重点考虑大、项修设备列入计划的必要性和可能性，如技术上、物资上有困难，应分析研究采取补救措施；③对设备小修计划基本可按使用单位的意见安排，但应考虑备件供应的可能性；④根据本企业设备修理体制（企业设备修理机构的设置与分工）、装备条件和维修能力，经分析初步确定由本企业维修或委托外企业维修的设备；⑤在安排设备维修计划进度时，既要考虑维修需要的轻重缓急，又要考虑维修准备工作时间的可能性，并按维修工作定额平衡维修单位的劳动力。

2）修理计划的审核下达

内控管理中规定企业固定资产实物管理部门审核固定资产使用单位上报的检维修计划、材料需求计划；年度固定资产大检修计划和月度修理计划，报企业分管领导审批后下达下属单位。

设备修理计划草案编制完成后，由设备管理部门牵头，组织使用单位、生产管理、财务、计划等部门审查，提出有关项目增减、轻重缓急、停歇时间长短、维修日期等修改意见。经过对各方面的意见加以分析和作出必要修改后，正式编制设备维修计划和说明。在说明中应指出计划的重点，影响计划实施的主要问题及解决的措施，经生产管理、计划、财务等部门会签，报送企业分管领导批准。

设备维修计划，由企业生产计划部门和设备管理部门共同下达，并且作为生产经营计划的组成部分进行考核。

3）修理计划的实施

内控管理中规定各级固定资产实物管理部门应建立承修单位资源库，分类建立承修单位管理档案；对外部承修单位应建立承修方准入制度，审核其资质和资信并动态评价，至少每年进行一次全面评价，并根据评价结果调整承修单位资源库。承修单位资源库入选和调整，应当由固定资产实物管理部门负责组织相关部门审批；企业修理项目应进行分类，明确采取招投标方式的项目。承修单位应首选从承修单位资源库中选择；企业根据确定的承修单位，按照《合同管理》的要求和程序，按规定权限审批后与承修单位签署修理合同；修理项目需要确定施工方案的，各级固定资产实物管理部门组织审查确认后，由承修单位实施。

设备修理计划的实施过程主要包括以下几个方面：

（1）修前准备工作。

① 检查设备技术状态，确定修理技术要求。由设备设备使用单位和设备管理部门共同对设备进行检查，确定修理项目和技术要求。经过检查，应达到：全面掌握设备的磨损情况；明确设备修理后应达到的质量要求；确定更换件和修复件；明确频发故障的部位有无改造的可能或修理有无价值。

② 编制修理技术文件。针对在设备检查中掌握的设备技术状况、存在的缺陷和修理技术要求，为恢复设备性能和精度，编制包括主要修理内容 、维修质量标准等技术文件。

③ 修换件、材料的准备及修理计划、工作定额的编制。修理厂根据修理内容，提出修换件、材料明细表(计划)交付本单位供应部门采购；同时根据本单位的生产组织、能力、工作量等编制工作定额和具体修理计划。

（2）组织和监督修理。

① 交付修理：设备使用单位应按规定日期把设备移交给修理单位修理，移交时应认真交接并填写"送修单"，双方签字。

② 解体检查：设备解体后，由送修和承修双方共同检查零部件的磨损失效情况，对于在修前检查中未发现的或未预测到的问题，须经送修和承修方双方认可。

③ 修理中的质量监督：在修理过程中，除承修单位加强自检、专检外，送修方的设备管理部门也应组织使用单位的技术和操作人员参加常规的必检项目，经确认合格后方可转入下道程序。

（3）承修单位的资质管理。

企业设备管理部门与市场管理部门每年组织有关人员对申报企业市场准入的单位及准入范围进行评审，经过网上公示，报企业市场管理委员会批准后进行公布。

加强承修单位资质管理，除有效控制维修市场规模，最主要是保障设备安全可靠运行和设备操作者、使用者人身安全。例如特种设备，是指涉及生命安全、危险性较大的锅炉、压力容器、压力管道、电梯、起重机械、客运索道、大型游乐设施。该类设备必须由企业安全管理部门按照《特种设备安全监察条例》(国务院令[2003]第373号)对特种设备生产、安装、维修和改造单位资质审查合格后，择优定点选用。对于特种设备承修单位的准入必须由企业安全管理部门、设备管理部门、市场管理部门共同审核，由于修理质量的好坏涉及到设备操作、使用者的生命安全，对于承修单位的资质以及准入审核一定要细致谨慎。

（4）设备外委修理管理。

① 企业的外委修理要由本单位提出修理计划，按照企业有关要求进行逐级审批，其原则是先内后外，以企业内主体修理厂为主、多种经营单位修理厂为辅，企业内部不能修理的经设备使用单位和企业有关部门审批后才能进行企业外的委托修理。

② 对外委修理单位要审查其营业范围、特种设备要有相关部门给予的相关资质，企业多种经营单位要有企业维修市场入网证明，并且修理内容与资质相符，不准超资质、超级别进行修理，确保修理的合法合规。

（5）设备修理的招投标及合同管理。

设备维修项目按照企业招投标管理办法的规定，达到招投标要求应尽量进行招投标，承修单位应首选从承修单位资源库中选择，招投标维修金额的审批权限可参照内控管理规定的权限指引部分；企业根据确定的承修单位，按照《合同管理》的要求和程序，按规定权限审批后与承修单位签署修理合同。

4）修理完工验收

内控管理中规定修理项目完工后，对承修单位出具的交工验收报告，应当由固定资产使用单位确认并经同级固定资产实物管理部门审核。修理合同涉及质量保证金的，由财务部门按合同约定扣取；固定资产使用单位及固定资产实物管理部门，对工程量进行审核和复核，企业有关管理部门审核工程结算书，审计部门对工程项目的合规性进行抽查或专项审计；固定资产使用单位及实物管理部门，应当及时将交工验收报告等资料归入资产管理档案。

设备修理完工验收主要包括以下内容：

（1）设备竣工验收程序及技术经济要求。

设备维修完毕后，经维修单位空运转试验及几何精度检验自检合格后，通知企业设备管理部门、使用单位相关人员以及质量检查人员共同参加，进行设备修理完工后的整体质量检验和竣工验收。

按规定标准，空运转试车、负荷试车及工作、几何精度检验均合格后方可办理竣工验收手续。验收工作由企业设备管理部门组织，由维修单位填写设备竣工验收报告单，随附设备解体后修改补充维修技术文件及试车检验记录。参加验收人员要认真查阅维修技术文件和维修检验记录，并互相交换对维修质量的评价意见。在设备管理部门、使用单位和质量检验部门的代表一致确认已完成维修技术任务书规定的维修内容并达到规定的质量标准和技术条件后，各方人员在设备维修竣工报告单上签字验收，并在工程评价栏内填写验收单位的综合评价意见。以上发生各项文档资料设备使用单位以及设备管理部门应及时收集归档。

在验收时如有个别遗留问题，必须不影响设备修后正常使用，并在竣工报告单上写明经各方商定的处理办法，由维修单位限期解决。

（2）修后服务。

设备竣工验收后，维修单位应定期访问设备使用单位，认真听取使用单位对维修质量的意见。对修后运转中发现的缺点，应及时利用生产间隙时间圆满地解决。

设备维修应有质保期，具体期限可由企业自行在维修合同中约定，但一般应大于3个月。在质保期内，由于维修质量不良而发生的故障，维修单位在接到通知后应负责及时抢修，其费用由维修单位承担，且不得计入维修费用决算内。如发生故障后一时难分清责任，维修单位也应先主动承担排除故障，经解体检查，维修单位与用户共同分析，如一致认为发生故障的责任属于设备使用单位，其修理费用由企业来承担。

企业财务部门根据维修合同的预定，扣取一定比例的质量保证金，在修理质保期满后，经设备管理部门确认，方可支付给维修单位。

5）设备维修费用管理

内控管理中规定各级固定资产实物管理部门在审批修理支出时要根据项目性质划分费用归属，按照公司修理费用列支范围规定划分资本性支出和费用性支出、日常消耗材料和修理费消耗；财务部门对审定后的工程结算书、修理合同和发票复核无误后入账，会计凭证须经不相容岗位人员稽核；对已发生但未收到发票的修理费用，各级固定资产使用单位及实物管理部门应根据实际发生的工作进度，结合修理计划、费用预算、工程预算书等向财务部门提供入账依据，经财务部门负责人审批后进行账务处理。会计凭证须经不相容岗位人员稽核。

设备维修费用管理主要包括以下方面：

（1）维修费的提取与使用。

① 设备的维修费用包括：维修保养发生的劳务费、配件费、原材料费、加工费、检测

费、管理费等。

② 为了确保设备的正常运行，按照《中石化设备管理办法》的要求，企业每年提取一定比例的维修费用纳入企业年度财务预算管理。企业设备管理部门是修理费使用的统一归口管理部门，应按年度修理费预算，统一平衡，合理使用，严格执行审批程序，并对修理费的使用情况进行分析。

③ 根据年度维修费用的预算，制定年度修理计划，并上报企业设备管理部门。

④ 对于精、大、稀、关设备的更新、改造、维修等重要项目可以单列资金，实行项目管理，专人负责。

⑤ 设备的综合维修费必须专款专用，任何人不得挪用。

（2）修理费用性质确认划分。

按照《中石化设备管理办法》的要求，设备修理、更新支出应由财务部门严格区分资本性支出和费用性支出，规范核算和列支渠道。根据内控管理规定，设备管理部门应协助财务部门共同确认修理费用性质的划分。

新版会计准则规定，固定资产的后续支出是指固定资产使用过程中发生的更新改造支出、修理费用等，后续支出的处理原则为：与固定资产有关的更新改造等后续支出，符合固定资产确认条件的，应当计入固定资产成本，同时将被替换部分的帐面价值扣除；与固定资产有关的修理费用等后续支出，不符合固定资产确认条件的，应当计入当期损益。

固定资产发生可资本化的后续支出时，企业一般应将固定资产的原价、以及计提的累计折旧和减值准备转销，将固定资产的帐面价值转入在建工程，并停止计提折旧。发生的后续支出，通过“在建工程”科目核算。在固定资产发生的后续支出完工并达到预定可使用状态时，再从在建工程转为固定资产，并按重新确定的使用寿命、预计净残值和折旧方法计提折旧。

企业发生的一些固定资产后续支出可能涉及到替换原固定资产的某组成部分，当发生的后续支出符合固定资产确认条件时，应将其计入固定资产成本，同时将被替换部分帐面价值扣除。这样可以避免将替换部分的成本和被替换部分的成本同时计入固定资产成本，导致固定资产成本虚高。

与固定资产有关的修理费用等后续支出，不符合固定资产确认条件的，应当根据不同情况分别在发生时计入当期管理费用或销售费用。

一般情况下，固定资产投入使用后，由于固定资产磨损、各组成部分耐用程度不同，可能导致固定资产的局部损坏，为了维护固定资产的正常运转和使用，充分发挥其使用效能，企业将对固定资产进行必要的维护。固定资产的日常修理费用、大修费用等支出只是确保固定资产的正常工作状况，一般不产生未来的经济利益。因此，通常不符合固定资产的确认条件，在发生时应直接计入当期损益。企业生产车间和行政管理部门等发生固定资产修理费用等后续支出计入“管理费用”；企业专设销售机构的，其发生的的与专设销售机构相关的固定资产修理费用等后续支出，计入“销售费用”。设备修理费用性质的划分可参照《中石化股份财[2005]450号》文。

6）设备维修分析、考核

内控管理中规定企业至少每半年组织固定资产实物管理部门、固定资产使用单位、供应、财务、审计等部门召开分析会，对实际支出与计划和历史数据进行对比分析，出具分析报告；企业应当对项目管理及修理费用预算指标控制情况，按照内部考核办法实施考核。

设备维修分析、考核主要包括以下几个方面：

(1) 企业各单位维修费用的使用情况每季度进行检查分析，发现问题及时处理；每半年对维修费用指标控制和历史数据对比情况进行分析，并上报企业设备管理部门。企业设备管理部门根据上报情况，按照内部考核办法对各单位实施考核。

(2) 设备修理的考核主要以修理工作的技术经济指标完成情况来评价，这些指标包括：设备修理计划完成率(%)，计划外修理数量和百分比、在修设备的维修时间、修理费用及成本，对修理厂还应包括修理能力和设备利用律、典型修理工艺文件和保养修理工作文件的建立程度、修理质量保证体系、设备修理售后服务标准建立情况等。对施工单位的考核指标主要包括质量、安全、工期、成本。

7) 设备维修技术管理

设备维修技术管理主要有以下内容：

(1) 技术资料管理。技术资料管理的主要工作内容是：收集、编制、积累各种维修技术资料(如设备图册、动力管网图、维修质量标准、设备档案、设备竣工验收资料等)；及时向企业工艺部门及设备使用部门提供有关设备使用维修的技术资料(如购置设备时随机提供的技术资料；使用过程中按需向厂家、其他企业、科技书店和专业学术团体等购买的资料；企业结合预防维修和故障检查，自行测绘和编制的资料；设备完工验收收集的相关资料；维修费结算、财务审计等相关凭证资料)；建立资料管理组织及制度并认真执行(如建立资料室、档案室等)。

(2) 编制设备维修技术文件。设备维修技术文件用途是：①修前准备备件、材料的依据；②制定维修工时和费用定额的依据；③编制维修作业计划的依据；④指导维修作业；⑤检查和验收维修质量的标准。

维修技术文件的正确性和先进性是企业设备维修技术水平的标志之一。正确性是指能全面准确反映设备修前的技术状况，针对存在的缺陷，制定切实有效的维修方案。先进性是指所用的维修工艺，不但要先进适用，而且经济效益好(停修时间短，维修费用低)。企业既要组织编制好维修技术文件，更要组织认真执行。设备维修解体后，如发现实际磨损情况与预测有出入，应对维修技术文件作必要的修正。

(3) 制定磨损零件换修标准。磨损零件修换的依据是与标准包括判定磨损零件是否需要修复或更换时应考虑的主要因素及允许的磨损量限度。

在实际工作中，对已磨损的一般零件，经维修技术人员的仔细观察和必要检测，往往凭他们的技术经验作出是否需要修换的判断；对已磨损的重要、关键零件，则进行具体技术检查和分析，并参照有关标准作出是否修换的判断。

(4) 在设备维修中，推广有关新技术、新材料、新工艺，提高维修技术水平。

(5) 设备维修质量管理。为了监测诊断设备技术状态和检验修理质量，企业须配备必要的量具、仪器、检具，并做到科学管理。

(6) 设备修理技术。设备修理技术是指为保持或恢复设备的性能、工作精度和几何精度所采取的技术措施。它是各种维修方法、修理方案、维修材料、维修设备及其基础理论的总称。

① 一般修理采用的方法。在磨损和损伤的大量零件中大部分可以利用一般的金属加工工艺技术就可以修复，常用的有钳工、校正、机械加工等。

钳工加工。钳工加工恢复零件工作能力的方法主要有：调整垫片、锉削和刮光、铣和研磨、销钉法、补片法等。

② 零件校正。零件校正是利用金属的塑性变形来恢复零件磨损或损坏部位形状的一类方法，常用的有压力校正和火焰校正。

压力校正也称冷校，如果零件尺寸较大或塑性差也可以适当加热，冷校后必须进行消除内应力的热处理。

火焰校正是氧气—乙炔热点校正的简称，也称热校，其校正效果好、效率高，适合于一些尺寸较大、形状复杂的零件。热校的零件变形稳定，疲劳强度受影响较小，是一种值得推广的方法。其关键是使加热点温度迅速升高，因此要求焊具热量大、加热面积小，加热长度一般不宜超过工件长度的70%，加热深度一般在工件厚度的30%~50%。

机械加工。机械加工修复是修理中最重要而又最常用的一种方法，其特点是：加工批量小，加工余量小，工件硬度高，因此机械加工修复比制造新零件的加工困难，对加工精度要求高。

常用的方法有修理尺寸法、镶套修复法、替换部分零件法。

③ 焊修工艺。焊修工艺能修复多种情况下的零件耗损，如磨损、裂纹、断裂、凹坑、缺损等。焊修工艺又称金属丝堆焊工艺，是利用电弧或气体火焰的热量将焊条焊丝和零件金属融化以填补零件的磨损和恢复零件的完整。

在修理工作中采用的有手工堆焊、铸铁补焊、铝合金焊补、振动堆焊、二氧化碳气体保护自动堆焊等。该工艺使用设备简单、成本低，目前广泛应用于修复链条轮的内孔及齿轮表面的磨损、轴的配合表面、键槽和花键、轴套和轮毂、齿轮个别牙的磨损、皮带轮裂纹以及各种壳体、金属底座加固等。

④ 热喷涂技术。热喷涂技术是用高速气流将粉末的物质或线材加热融化后吹成雾状，喷射到事先准备好的零件表面上，形成一层覆盖物的过程，统称喷涂。喷金属材料的称金属喷涂，喷尼龙材料的称尼龙喷涂，称二硫化钼的称二硫化钼喷涂。

不管采用哪种喷涂方法修复磨损的零件，其工艺过程基本相同，主要工艺分 3 个阶段，即零件喷涂前的表面准备、喷涂后的表面加工及处理。

⑤ 覆镀技术。对加工精度高、磨损量小的合金钢制造的零部件以及一些装饰性部件可以采用覆镀技术，该技术不仅可以恢复零件的尺寸、改善表面性能，同时也不会使零件变形、不会影响零件原来的热处理组织结构。

常用的覆镀技术有电镀，包括镀铬、镀铁、镀铜，刷镀，化学镀镍，电火花镀覆等方法。

⑥ 其他维修技术。随着技术的不断发展，设备修理的技术日新月异，特殊的修理方法应用越来越广泛，这些技术包括胶接、零件表面强化、电解磨削、带压密封等。

用胶粘合或修复零件及配合的方法称为胶接，所用的粘合剂有合成粘接剂、无机粘结剂氧化铜胶。其优点是粘接力强、粘接材料范围广、不需要加高温、不泄露、耐腐蚀、工艺简单等优点。缺点是抗冲击性能差、合成粘接剂不耐高温和耐老化性能差等。

零件表面强化是利用机械加工的方法和金属的塑性特点，在一定条件下使金属表面在外力作用下产生塑性变形以改变表层结构而又不破坏金属整体形状的加工方法。表面强化分静力冷作法和动力冷作法。静力冷作法包括孔的压光法和滚子压光法；动力冷作法包括喷砂处理和钢球敲击法。零件表面强化能够提高零件的疲劳强度，增加金属抗腐蚀能力和耐磨性，简化加工工艺。但是只是对弯曲、扭曲的零件有效，对于受接触应力的表面（如齿轮表面及滚动轴承外座圈等)进行强化反而有害。

电解磨削适用于解决齿轮、链轮、花键等零件的焊后修复的加工问题，也称阳极机械加工。是将通电金属在电解液中所产生的阳极溶解与机械加工相结合，以电化学作用为主、机械作用为辅助的一种表面强化加工方法。其特点是可以加工一般机械加工方法，难以加工高硬度合金材料，具有较高的生产率和加工精度。

选择修理技术的主要依据是用这些方法所得到修复层的机械性能，以及承修单位的具体条件。评定修复层机械性能的主要指标是修复层与零件基体金属的结合强度、修复层的耐磨性、修复层对零件疲劳强度的影响等。同时，还要全面考虑覆盖层的厚度，零件磨损程度的不同要求恢复至标准尺寸所需要的覆盖层厚度也不同，应按零件磨损的实际确定修复工艺。而用手工焊等造成零件局部受高温融化，进而影响金属组织及机械化性能的变化，在选择修复技术时也应当注意。

选择零件修复方法主要应考虑以下几点：技术的先进行、工艺的合理性、质量的可靠性、和经济的可行性。

8）设备维修信息管理

设备维修信息管理是指对设备维修的图样、数据、报表、指令、凭证等资料，进行收集、加工、传输、存储、输出等一系列组织管理工作。

信息是重要的资源，信息能产生新的价值。建立信息系统，利用信息，可以达到适时维修、提高修理质量和效率的目的。

设备维修的信息包括技术信息和经济信息两个方面：

（1）技术信息主要包括设备的技术状况，维修内容及所采用修理工艺。

（2）经济信息主要包括修理工时、停歇天数、修理费用及其构成等。

设备维修的信息经加工出来后，既可用于指导设备的维修工作，也可存储起来。当数据积累多了，便有可能发现貌似偶然的现象和数据的规律性，从而反过来指导今后的维修工作。

9）设备维修现代化管理

（1）设备维修现代化管理。随着科学技术的发展，信息技术在设备上的含量正在迅速增加，对设备维修的要求越来越高。过去那种依靠经验和手工技能就能维修设备的时代即将结束，设备的维修将更多地依靠技术、依靠资料、依靠信息。现代设备维修有两个显著特征：一是先进的检测维修设备和维修资料的应用；二是计算机网络的应用与计算机管理。只有充分利用信息化和计算机技术才能把设备维修引向现代管理模式和管理方式。大量的数据信息，仅凭人工来完成是难以想象的。利用计算机技术，建立网络数据库才是必由之路。完善的管理制度，现代化的管理方法，精确的管理数据分析，以及计算机在管理中的应用，对于现代化的设备维修管理尤为重要。

（2）计算机技术在设备维修现代化管理中的作用。设备维修现代化管理就是借助于计算机和网络设备，利用专用的维修管理软件，针对现代设备的特点，从维修计划的制定，维修过程的监督，到维修完成情况分析的全过程管理。其能够及时准确地分析设备的维修情况，随时随地进行数据的查询与汇总，及时收集设备的状态信息，合理制定维修计划；对减少管理人员强度，提高维修管理的质量及有效控制维修费用起到积极作用。

（3）设备维修管理软件的设计要求。① 设备维修管理设计中应采用国内外先进的现代化企业管理理论和管理方法，并充分考虑到设备使用部门的实际情况和具体条件，既具有先进性，又有实用性。软件可以帮助管理人员对大量的、动态的、错综复杂的数据和信息进行及时、准确的分析和处理，对各项维修过程进行事先计划，事中控制和事后反馈，从而真正实现由经验管理到科学管理，使管理手段和管理水平产生质的飞跃，跟上信息时代的步伐。② 设备维修管理软件应采用先进的开发平台和数据库开发的管理软件，不仅能保证软件系统数据安全、运行高速可靠，还必须使软件的用户界面友好、操作使用简便。内容应包括维修过程、结算、配件、档案等方面的信息，并保证信息的完整、准确、及时。必须做到上下联网和网上数据传输，以便上级部门及时掌握各类各级设备的维修情况，为宏观管理打下坚实科学的基础，并为领导的决策提供详实、充分的数据。③ 设备维修管理软件还能够自动整理大量的义务数据，生产专家知识库，为新人所用。只要知道设备类型，系统就能告诉你最常见的故障，对于设备出现的故障，系统进一步告诉你可能的原因及解决方法，包括用什么维修项目、什么配件进行维修都能直接给出提示，是自动融合前人经验指导业务开展的专家系统。

设备维修管理软件不仅是一个信息系统、业务处理系统、管理系统、维修专家系统和通讯系统的统一，它还应采用先进的开发平台，具有技术先进性，并能满足未来发展的需要。并会不断根据计算机技术的发展和设备维修要求的变化推出新的版本，保证设备维修管理软件的更新换代。

使用维修管理软件的目的就是提高维修管理质量，减轻管理人员的劳动强度，但是软件本身并不能自动替我们完成所有的工作，它只是给我们提供一个管理平台，关键的工作还在于管理人员，要使用好设备管理软件要做到以下几点：

① 养成按时录入数据的良好习惯。

② 保证录入数据的准确性、真实性。

③ 定期对录入的数据进行分析对比。

（4）国外设备维修管理计算机技术发展情况。在发达国家，绝大多数企业已经应用了计算机维修管理系统（CMMS——Computer Maintenace Management System）。设备维修管理的进展主要表现在以下几个方面。

① 从 CMS 到 CBS。CMS 是状态检测系统（Condition Monitoring System），即将设备信息通过传感器输送到计算机上进行分析、报警，以便管理者做出预防维修决策和计划。在有些企业计算机状态监测系统和维修决策是脱节的。从预知维修发展起来的 CBM（Condition Based Maintenance），即状态维修就是依赖设备状态来制定维修策略。从状态监测连通到状态维修管理是发展的必然趋势。

② 从数据库、电子表格到 CMMS。设备维修管理的最初形式是数据库、电子表格一类的管理。无论是备件、设备台帐还是维修管理，不过是用计算机代替了手工记帐，但对计算机能里的发挥远远不够。CMMS，即计算机辅助维修管理系统，逐渐将来自不同领域的信息，通过计算机网络汇总、综合，并将计算机潜力发挥出来，有更高管理效率。

③ 从数据记录到网络化、分析化和智能化管理。计算机通信技术的进步使世界变小，也使企业变小。网络把企业内部的各个部门联结起来，互通信息，更大程度地避免了信息的延误，提高了工作的准确性和效率。数字化的时代更重视数据的收集、整理和分析。统计分析技术的应用将成为维修管理的重要手段。如故障树分析、鱼骨分析、PM 分析、帕雷托主次图分析、可靠性为中心的分析决策等内容，将通过计算机来实现。维修模型的建立、设备选型评估决策模型的建立、备件库存模型的建立，都需要计算机辅助完成。计算机可以发挥

决策、报警、计时、计数、提示、数据统计分析和直方图、圆分图、折线图、其他图象、文件自动生成、声音合成、虚拟仪器、电子视板等各种各样的智慧功能，为我们的维修管理提供支持。

设备系统的复杂性构成了管理软件的多样性，国际上使用的 CMMS 系统很多，仅欧洲就有几百个不同的版本。

国内维修管理软件发展方向是支持企业常规设备资产管理，且将故障分析和故障树的生成，备件库存优化，润滑六定、二洁、三过滤管理，以及点检的三圈闭环管理等内容融入其中；同时，软件还吸收美国军方的交互式电子技术手册功能，将动态检修规范包含进来；软件兼有支持 TnPM/TPM 体系推进功能，支持 6S 推进，清除六源 6H 活动，员工的六项改善和有氧活动，支持员工提案和单点课程的知识资产管理。这样的软件将成为目前最先进的，也是最适合中国国情的自主研发软件。

5.2 设备故障管理

5.2.1 设备故障的定义

在一般情况下，故障是指：①设备(系统)在规定条件下不能完成规定的功能；②设备(系统)在规定条件下，一个或几个性能参数不能保持在规定的上下限之间；③设备(系统)在规定的应力范围内工作时，导致设备(系统)不能完成其功能的机械零件、结构件、或元器件的破裂、短裂、卡死等损坏状态。

除上述对故障一词的定义外，国内外一些学者也提出了各自的看法。一种是从设备维修的角度出发，定义设备的故障为设备运行功能失常，其功能偏离可以通过参数调节得到恢复，或者认为故障还包括系统的或局部功能失效。此时，除了更换产生故障的零部件外，无法使系统的功能恢复正常。

另一种说法是从对诊断对象出发，定义一个系统的故障为它的输入与所预期的输出不相容，或系统的观察值与由系统的行为模型所得的预测值之间存在着矛盾。

再一种是从状态识别的角度出发，定义设备的故障为它的不正常状态。

美国政府《工程项目管理人员测试性与诊断性指南》(AD-A208917)把故障定义为“造成装置、组件或元件不能按规定方式工作的一种物理状态。

以上几种对设备故障定义是从不同角度出发的，但也有共同观点，即当设备出现故障时，其性能达不到规定要求。因而不能进行正常的工作。

综合以上说法，设备故障定义为：设备在运行过程中出现异常，不能达到预定的性能要求，或者表征其工作性能的参数超过某一规定界限，有可能使设备部分或全部功能丧失的状态。

故障通常是指可以排除的故障，即指可以修复的失效。

对于故障，应明确以下几点：

(1) 规定的对象。它是指一台单机，或由某些单机组成的系统，或设备上的某个零部件。不同的对象在同一时间将有不同的故障状况。例如：在一条自动化流水线上，某一单机故障足以造成整条自动线系统功能丧失；但在机群式布局的车间里，就不能认为某一单机的故障与全车间的故障相同。

(2) 规定的时间。发生故障的可能性随时间的延长而增大。时间除了直接用年、月、日、时等作单位外，还可以用设备运转次数、里程、周期作单位。例如：车辆等用行驶的里程；齿轮用它承受载荷的循环次数。

(3) 规定的条件。这是指设备运转时的使用维护条件、人员操作水平、环境条件等。不同的条件将导致不同的故障。

(4) 规定的功能。它是针对具体问题而言。例如：同一状态下的车床，进给丝杠的损坏对加工螺纹而言是发生了故障；但对加工端面来说却不算故障，因为这两种情况所需车床的功能项目不同。

(5) 一定的故障程度。即应从定量的角度来估计功能丧失的严重性。

在生产实践中，为概括所有可能发生的事件，给故障下了一个广泛的定义，即“故障是不合格的状态”。

5.2.2 设备故障机理与故障分类

1. 设备故障机理

设备故障机理是指诱发零部件、设备系统发生故障的物理与化学过程、电学与机械学过程，也可以说是形成故障源的原因，故障机理还可以表述为设备的某种故障在达到表面化之前，其内部的演变过程及其因果原理。弄清发生故障的机理和原因，对判断故障，防止故障的再发生，具有重要意义。

故障的发生受空间、时间、设备(故障件)的内部和外界多方面因素的影响，有的是某一种因素起主导作用，有的是几种因素共同作用的结果。所以，研究故障发生机理时，首先需要考察各种直接间接影响故障产生的因素及其所起的作用。

(1) 对象。指发生故障的对象本身，其内部状态与结构对故障的抑制与诱发作用，即内因的作用，如设备的功能、特性、强度、内部应力、内部缺陷、设计方法、安全系数、使用条件等。

(2) 原因。能引起设备与系统发生故障的破坏因素，如动作应力(体重、电流、电压、辐射等)，环境应力(温度、湿度、放射线、日照等)，人为的失误(设计、制造、装配、使用、操作、维修等的失误行为)，以及时间的因素(环境等的时间变化、负荷周期、时间的劣化)等故障诱因。

(3) 结果。输出的故障种类、异常状态、故障模式、故障状态等。

产生故障的共同点是：来自于工作条件、环境条件等因素作用于故障对象，当故障对象的能量积累超过某一界限时，设备或零部件就会发生故障，表现出各种不同的故障模式。

一般来说，故障模式反映着故障机理的差别。但是即使故障模式相同，其故障机理不一定相同。同一故障机理，可能出现不同的故障模式。也就是说，纵然故障模式不同，也可能是同一机理派生的。因此，即使全面掌握了故障的现象，并不等于完全具备搞清故障发生原因和机理的条件。然而，搞清故障现象却总是分析故障发生机理和原因的必要前提。故障分析的基本程序和方法如图 5-1 所示。

在故障分析的初期，要对故障实物(现场)和故障发生时的情况，进行详细的调查和鉴定，还要尽可能详细地从使用者和制造者那里收集有关故障的历史资料，通过对故障的外观检查鉴定，找出故障的特征，查出各种可能引起故障的影响因素。在判断阶段，要根据初步研究结果，提出需要进一步开展的研究工作，以缩小产生故障的可能原因的范围。在研究阶段，要用不同方法仔细地研究故障实物，测定材料参数，重新估算故障负载。研究阶段应找

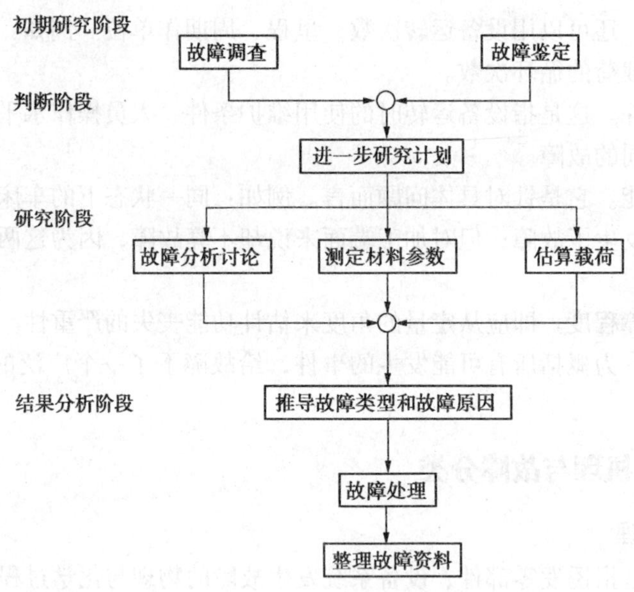

图 5-1　故障分析的基本程序和方法

出故障的类型及产生的原因，提出预防的措施。故障分析的常用研究方法如图 5-2 所示。

研究方法

目视检查	无损检验：	破坏检验：	模拟试验
	透视检查	力学检查	
	超声波检查	金相检查	
	电性能检查	腐蚀检查	
	磁性检查	化学检查	
	扩散检查	表面分析检查	

图 5-2　故障分析的常用研究方法

产生故障的主要原因大体有以下四个方面：

（1）设计错误。应力过高，应力集中，材料、配合、润滑方式选用不当，对使用条件，环境影响考虑不周。

（2）原材料缺陷。材料不符合技术条件，铸锻件缺陷，热处理变形，热处理缺陷等。

（3）制造缺陷。切削、压力加工和装配缺陷，热处理、焊接和电镀缺陷，混料，热应力，管理混乱等。

（4）运转缺陷。没有预料到的使用条件影响，已知使用条件发生变化未相应改变运行条件，过载，过热，腐蚀，润滑不良，漏电，操作失误，维护和修理不当等。

有的故障是上述一种原因造成的，有的是上述多种原因综合影响的结果，有的是上述一种原因主导作用而另一种(几种)原因起媒介作用等等。因此，判断何种因素对故障的产生起作用，是故障机理分析的主要内容。

2. 设备故障的分类

由于设备多种多样，因而故障的形式也有所不同，必须对其进行分类研究，确定采用何种管理方法。故障分类的形式主要有以下几种：

1）按故障存在的程度分类

（1）暂时性故障。这类故障带有间断性，是在一定条件下，系统所产生的功能上的故障，通过调整系统参数或运行参数，不需要更换零部件即可恢复系统的正常功能。

（2）永久性故障。这类故障是由某些零部件损坏而引起的，必须经过更换或修复后才能消除故障。这类故障还可以分为完全丧失其应用功能的完全性故障及导致某些局部功能丧失的局部性故障。

2）按故障发生、发展的进程分类

(1) 突发性故障。出现故障前无明显征兆，难以靠早期试验或测试来预测，这类故障发生时间短暂，一般带有破坏性，如转子的断裂、柴油机的飞车、人员误操作引起的设备损毁等属于这一类故障。

(2) 渐发性故障。设备在使用过程中某些零部件因疲劳、腐蚀、磨损等使性能逐渐下降，最终超出允许值而发生的故障。这类故障占相当大的比重，具有一定规律性，能通过早期状态监测和故障预报来预防。

以上两种类别的故障虽有区别，但彼此之间可以转化，如零部件磨损到一定程度也会导致突然断裂而引起突发性故障，这一点在设备运行中应予以注意。

3）按故障严重程度分类

(1) 破坏性故障。它既是突发性又是永久性的，故障发生后往往危及设备和人身安全。

(2) 非破坏性故障。一般它是渐发性的又是局部性的，故障发生后暂时不会危及设备和人身的安全。

4）按故障发生的原因分类

(1) 外因故障。因操作人员操作不当或环境条件恶化而造成的故障，如调节系统的误动作，设备的超速运行等。

(2) 内因故障。设备在运行过程中，因设计或生产方面存在潜在的隐患而造成的故障，如设计上的薄弱环节，制造上残余的局部应力和变形，材料的缺陷等都是潜在的故障因素。

5）按故障相关性分类

(1) 相关故障。也可称间接故障，这种故障是由设备其他部件引起的，如轴承因断油而烧瓦的故障，是因油路系统故障而引起的，这一点在故障管理中应予注意。

(2) 非相关故障。也可称直接故障，这是由零部件的本身直接因素引起的故障。

6）按故障发生的时期分类

(1) 早期故障。这种故障的产生可能是设计加工或材料上的缺陷，在设备投入运行初期暴露出来，或者是有些零部件如齿轮箱中的齿轮对其他摩擦副需经过一段时期的“跑合”，使工作情况逐渐改善。这种早期故障经过暴露、处理、完善后，故障率开始下降。

(2) 使用期故障。这是设备的有效寿命期内发生的故障，这种故障是由于载荷(外因、运行条件等)和系统特性(内因、零部件故障，结构损伤等)无法预知的偶然因素引起的。设备大部分时间处于这种工作状态，这种故障率基本上是恒定的。

(3) 后期故障(耗散期故障)。它往往发生在设备的后期，由于设备长期使用，甚至超过设备使用寿命后，因设备的零部件逐渐磨损、疲劳、老化等原因使系统发生突发性的、危险性的、全局性的的故障。这期间设备故障率是上升趋势，通过监测、诊断，发现失效零部件后应及时更换，以避免发生事故。

上述按使用时期对故障进行分类，其故障率变化关系可以用下图来表示，如图 5-3 所示曲线又称“浴盆”曲线(Bath——tub Curve)。这种分类方法对设备维修工作具有一定意义。

上述对故障的各种分类方法在工程中应用比较普遍，尚有其他不同分类方法，如按故障模式分为结构型故障和参数型故障等。再如从零部件的角度出发，大致可以列出 16 个种类，即：间隙、粘合、击穿、表面粗糙、积炭、污染、摩擦、变形、折损、性能变化、泄漏、失真、杂音、开路、短路、不稳定。对故障进行分类的目的是为了弄清不同的故障性质，从而

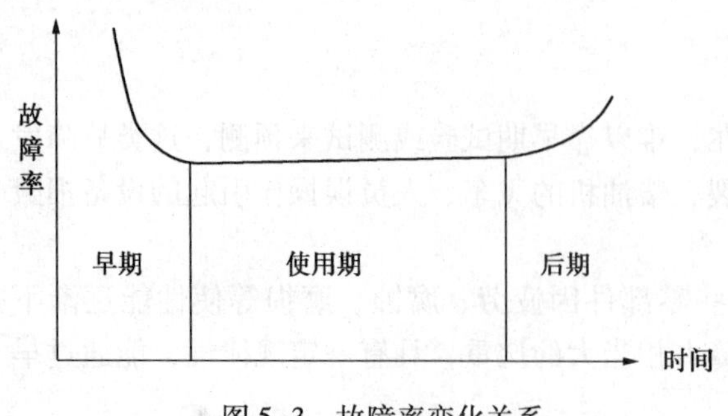

图 5-3　故障率变化关系

采取相应的管理方法。当然，人们特别关心的是破坏性的或危险性的、突发性的、全局性的故障，以便及早采取措施，防止灾难性事故的发生。

5.2.3　故障管理与状态维修

1. 故障管理

设备故障管理的目的是在故障发生前通过设备状态的监测与诊断，掌握设备有无劣化情况，以期发现故障的征兆和隐患，及时进行预防维修，以控制故障的发生；在故障发生后，及时分析原因，研究对策，采取措施排除故障或改善设备，以防止故障的再发生。

设备劣化是指设备降低或丧失了规定的功能，包括设备工作异常、性能降低、突发故障、设备损坏和经济价值降低等状态表现的总称。

要做好设备故障管理，必须认真掌握发生故障的原因，积累常发故障和典型故障资料和数据，开展故障分析，重视故障规律和故障机理的研究，加强日常维护、检查和预修。这样就可避免突发性故障和控制渐发性故障。设备故障管理程序如下：

(1) 作好宣传教育工作，使操作工人和维修工人自觉地遵守有关操作、维护、检查等规章制度，正确使用和精心维护设备，对设备故障进行认真地记录、统计、分析。

(2) 结合本企业生产实际和设备状况及特点，确定设备故障管理的重点。

(3) 采用监测仪器和诊断技术对重点设备进行有计划的监测，及时发现故障的征兆和劣化的信息。一般设备可通过人的感官及一般检测工具进行日常点检、巡回检查、定期检查(包括精度检查)、完好状态检查等，着重掌握容易引起故障的部位、机构及零部件的技术状态和异常现象的信息。同时要建立检查标准，确定设备正常、异常、故障的界限。

(4) 为了迅速查找故障的部位和原因，除了通过培训使维修、操作工人掌握一定的电气、液压等技术知识外，还应把设备常见的故障现象、分析步骤、排除方法汇集成故障查找逻辑程序图表，以便在故障发生后能迅速找出故障部位与原因，及时进行故障排除和修复。

(5) 完善故障记录制度。故障记录是实现故障管理的基础资料，又是进行故障分析、处理的原始依据。记录必须完整正确。维修工人在现场检查和故障修理后，应按照"设备故障修理单"的内容认真填写，基层单位设备管理人员按月统计分析报送设备管理部门。

(6) 及时进行故障的统计与分析。基层单位设备管理人员除日常掌握故障情况外，应按月汇集"故障修理单"和维修记录。通过对故障数据的统计、整理、分析，计算出各类设备的故障频率、平均故障间隔期，分析单台设备的故障动态和重点故障原因，找出故障的发生规律，以便突出重点、采取对策，将故障信息整理分析资料反馈到计划部门，进一步安排预防修理或改善措施计划，还可以作为修改定期检查间隔期、检查内容和标准的依据。

根据统计整理的资料，可以绘出统计分析图表，例如单台设备故障动态统计分析表是维修班组对故障及其它进行目视管理的有效方法，既便于管理人员和维修工人及时掌握各类型设备发生故障的情况，又能在确定维修对策时有明确目标。

(7) 针对故障原因、故障类型及设备特点的不同，采取不同的对策。对新购置的设备应加强初期管理，注意观察、掌握设备的精度、性能与缺陷，作好原始记录。在新设备使用中加强日常维护、巡回检查与定期检查，及时发现异常征兆，采取调整与排除措施。重点设备进行状态监测与诊断。建立灵活机动的具有较高技术水平的维修组织，采用分部修复、成组更换的快速修理技术与方法。及时供应合格备件。利用生产间隙整修设备。

对已掌握磨损规律的零部件采用改装更换等措施。

(8) 作好控制故障的日常维修工作。通过区域维修工人的日常巡回检查和按计划进行的设备状态检查所取得的状态信息和故障征兆，以及有关记录、分析资料，由基层单位设备管理人员或修理组长针对各类型设备的特点和已发现的一般缺陷，及时安排日常维修，便于利用生产空隙时间或周末，做到预防在前，以控制和减少故障发生。对某些故障征兆、隐患，日常维修无力承担的，则反馈给计划部门另行安排计划修理。

(9) 建立故障信息管理流程图，如图 5-4 所示。

2. 状态维修

状态维修就是以状态为基础的维修体制(Condition Based Maintenance，简称 CBM)，是相对事后维修和以时间为基础的预防维修(TBM)而提出的。其定义为：在设备出现了明显的劣化后实施的维修，而状态的劣化是由被监测的设备状态参数变化反映出来的。

CBM 要求对设备进行各种参数测量，随时反映设备实际状态。测量的参数可以在足够的提前期间发出警报，以便采取适当的维修措施。这种预防维修方式的维修作业一般没有固定的间隔期，维修技术人员根据监测数据的变化趋势作出判断，再确定设备的维修计划。这里，设备诊断技术的应用就十分重要。

在 CBM 体制中，对每一台设备都应有一套监测或状态检查的方法。检查可以是定期的，也可以是连续的；检查手段可以多种多样的。只有数据表明必须进行维修时才安排维修。而且，由于故障状态是可以预知的，维修也就成为有周密计划的和有准备的，进而可大大提高维修效率，减少维修停机时间。

状态检查可以用测量值与允许值极限进行比较，以确定维修计划；还可以趋向管理，即对测出的数据进行推算，以便预测其可能超出允许值的时间，提前安排维修。

以状态为基础的维修体制，在国内通常称为状态维修或视情维修。这种维修体制是随着故障诊断技术的进步而发展起来的。如果检查手段落后，设备的劣化不能及时、准确地判断，也就无法进行有效的状态维修了。图 5-5 给出了状态维修与其他维修体制对同一台设备进行维修，其维修规模和时间的比较。

维修规模包括维修的范围，动用的人力、物力辅助设施、工具以及复杂程度。图中竖条的高度表示上述“规模”的大小，宽度表示所需的时间。从图中可以看出，除去诊断仪器的投入，状态维修应该是比较经济、实际的维修方式。

既然状态维修比以往的维修体制更经济、更准确，是不是对所有设备都应改用这种维修方式呢？这要看企业的性质及其设备状况。一般而言，设备先进、资金密集型产业，如钢铁、电子、化工等，采用高级的状态维修体制，初期检测仪器的投入仅占总设备费用的1%，最高不超过5%，与随机故障停机损失比较是微不足道的。所以，在这些产业采用状态维修，可以减少故障停机维修时间及维修费用，产值可增加 0.5%~3%，其经济效益是可观的。

对于非流程产业，以单体设备为主的产业，可以灵活地采用事后、预防或低水平的状态维修方式。

CBM 制度一般分为 3 个等级：

(1) CBM(Ⅲ)最简单、费用最低的一种，配备简易手提式状态检测仪器，由检测人员

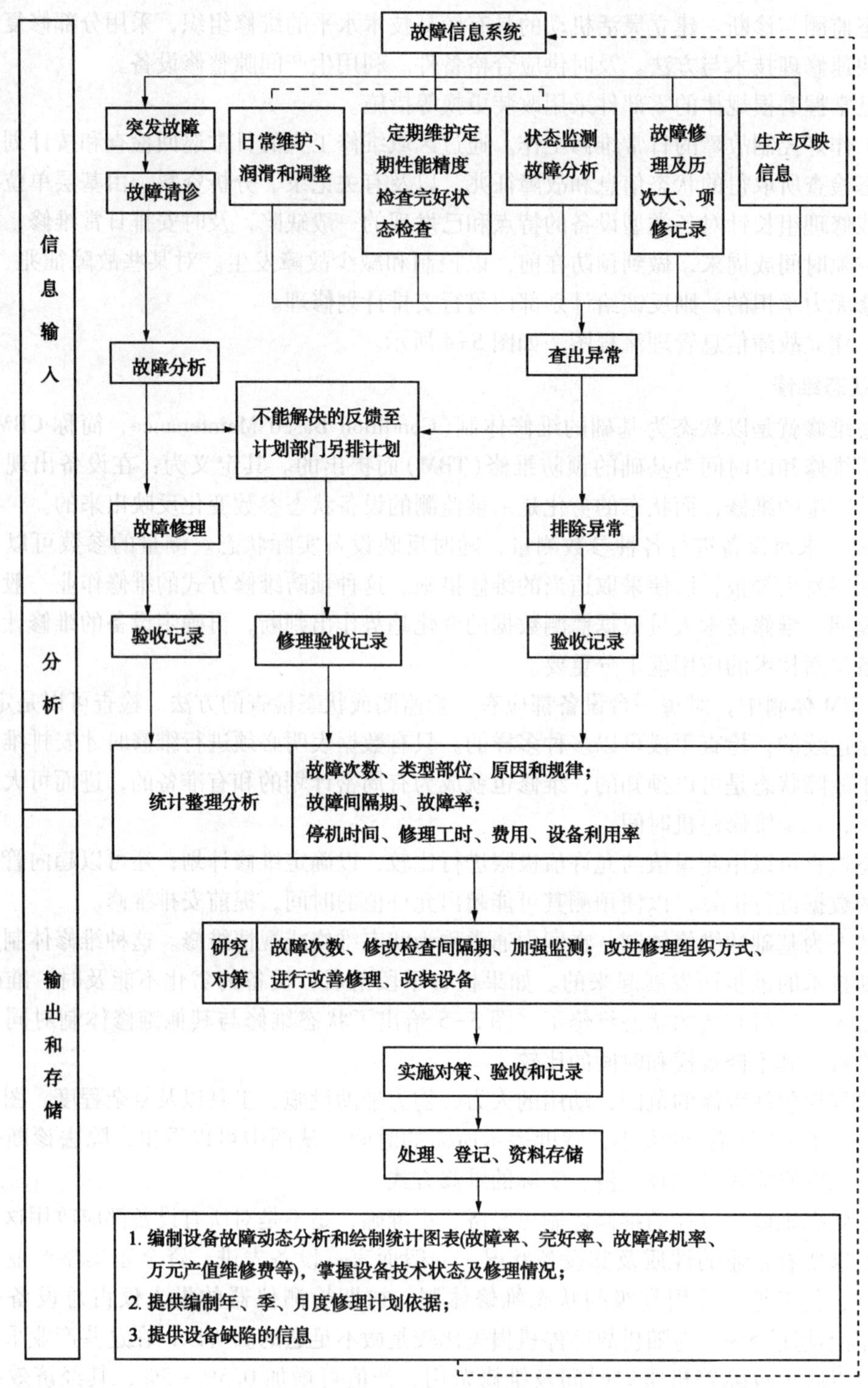

图 5-4　故障信息管理流程图

对设备巡回定期检查。

(2) CBM(Ⅰ)最高级、费用最多的一种，设备上配备永久性的监测系统，这些系统一般可以通过计算机进行自动故障检测功能，有相应的警报装置，这种检测系统一般配备在关键(瓶颈)生产线或设备部位上，即那些一旦出现故障会造成重大损失的设备上。

(3) CBM(Ⅱ)其效能、费用与级别介于上述2个等级之间。在企业竞争激烈、注重经济效益的今天，对于不同维修方式的选择，决定着企业的维修成本和总效益。对于不同的设备究竟采用何种维修方式，首先在积累足够统计资料的条件下，可以用表5-3所给出的公式计算总维修费用，然后按最小费用的原则进行维修模式的选择。

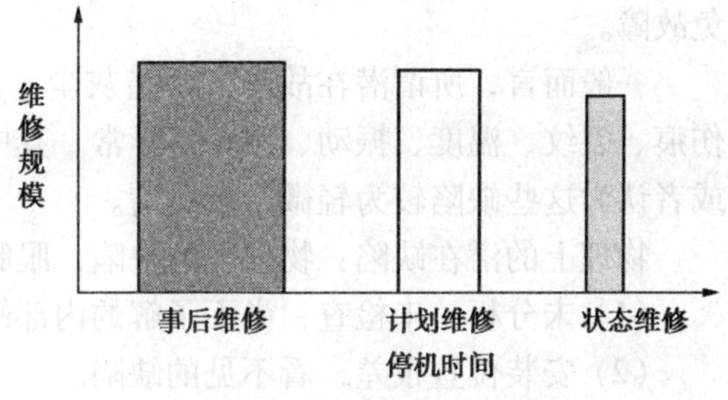

图5-5　不同维修体制的维修规模与时间

表5-3　维修总费用

费用项目 / 维修总费用	修理费	预防维修费用	检查诊断费用	故障维修损失
事后维修总费用	修理费/平均故障间隔			(平均维修时间 x 平均生产损失)/平均故障间隔
以时间为基础的预防维修总费用	修理费/平均故障间隔	修理费/平均预防维修间隔		(平均维修时间 x 平均生产损失)/平均故障间隔
以状态为基础的预防维修总费用	修理费/平均故障间隔	修理费/平均预防维修间隔	(检测费用/检测间隔)+检测仪器费用年值	(平均维修时间 x 平均生产损失)/平均故障间隔

企业可以根据以上方法，确定某类设备在不同维修模式下的总费用，进而决定所采用的最佳维修方式。

5.2.4　世界先进的故障管理技术与方法

1. 设备零故障管理

1) 迈向零故障的出发点

设备的故障是人为造成的。因此，凡与设备相关的人都应转变自己的观念。要从“设备总是要出故障的”观点改为“设备不会产生故障”、“故障能降为零”的观点，这就是故障向零故障的出发点。

零故障的基本观点如下：

(1) 设备的故障是人为造成的。

(2) 人的思维及行动改变后，设备就能实现零故障。

(3) 要从“设备产生故障”的观念转变为“设备不会产生故障”和“能实现零故障”。

2) 将故障的“潜在缺陷”暴露出来

首先分析故障是怎样产生的，这是因为我们在产生故障之前没有注意到故障的种子缺陷。

我们没加注意的故障的种子就叫做潜在缺陷。根据零故障的原则，就是将这些“潜在缺陷”明显化(未产生故障之前加以重视)。这样，在这些缺陷形成故障之前即予纠正，就能避免故障。

一般而言，所谓潜在故障，常指灰尘、污垢、磨损、偏斜、疏松、泄漏、腐蚀、变形、伤痕、裂纹、温度、振动、声音等异常。其中有许多缺陷，人们都以为不予出来也无妨碍，或者认为这些缺陷较为轻微，无所谓。

物理上的潜在缺陷：物理上的缺陷，眼睛看不到，故因愈加重视，它主要包括：

(1) 未分析、未检查，尚不了解的内部缺陷。

(2) 安装位置很差，看不见的缺陷。

(3) 灰尘、污垢等看不见的缺陷。

心理上潜在的缺陷：保全人员或操作人员的意识或技能不足，故而很难发现存在的缺陷。

3）实现零故障的五大对策

(1) 具备基本条件。所谓基本条件，就是指清扫、加油、紧固等。故障是由(设备)劣化引起的，但设备大多数劣化却在不具备劣化的基本条件时便产生。

(2) 应严守使用条件。设备或机器在设计时就预先决定了使用条件。根据该使用条件而设计的设备、机器，如果严格达到这些使用条件的，就很少产生故障。例如，电压、转速、安装条件及温度等，都是根据机器的特点而决定的。

(3) 使设备恢复正常。一台设备，即使恪守基本条件、使用条件，设备还会发生劣化，产生故障。因此，使隐患的劣化明显化，并使之恢复至正常状态，这就是防故障于未然的必要条件。这意味着应正确地进行检查，进行使设备恢复至正常的预防修理。

(4) 改进设计上的欠缺点。有些故障即使是采取了上述3种对策后仍无法去除，而且有时还会因这些故障而提高了生产成本。这一类设备故障大多是由于在设计或制造施工阶段遗留的技术力量不足或者差错等缺陷引起的。因此，应认真分析故障，改善这些缺点。

(5) 提高技能。以上(1)~(4)项对策，均是由人来实施的，最成问题的是，即使采取对策(1)~(4)，还会产生操作差错，修理差错等，为防止这类故障，只有靠提高操作人员及保全人员的专业技能。

上述为达到零故障的五大对策，必须由运转部门和保全部门的相互协作。也就是说，在运转部门，要以基本条件的准备、使用条件的恪守、技能的提高为中心。保全部门的实施项目有使用条件的恪守、劣化的复原、缺点的对策、技能的提高等。

防止劣化的3项活动为：

① 防止劣化的活动：正确操作、准备、调整、清扫、加油、紧固等。

② 预防劣化的活动：检查使用条件、对设备做日常、定期检查，以早日发现故障的“病根”。

③ 劣化复原的活动：要加强小规模的整备以及对异常情况的处理。要使设备恢复至正常状态，防故障于未然。

4）实现零故障的4个阶段

要想在短时期内实现这个目标是很难达到的，但是，只要按以下四个步骤实施，基本上可以使设备故障接近于零。

(1) 第一步——延长设备故障间隔期。人为劣化是由于应用了不正确的维修、保养方法或其它操作失误等人为因素造成的设备劣化问题。延长设备故障间隔期的最主要对策是克服人为劣化。人为劣化的原因是不具备基本生产作业条件和不遵守设备使用规程。对此，必须采取相应对策，加以排除。

(2) 第二步——延长设备固有使用寿命设备。除了人为劣化外，还会发生自然劣化，设备接近自然劣化，即接近其固有寿命，则导致间隔期缩短。对此，可改进其原设计存在的弱点，延长设备的固有使用寿命。同时，还要对设备产生的偶然故障进行维修和预防。设备产生偶然故障，通常是误操作的结果。此外，维修失误也会引起偶然故障的发生。偶然故障是指用点检的方法未能防止的设备故障。

(3) 第三步——定期进行预防维修。要建立定期点检与更换标准，定期对设备进行预防维修。维修要根据定期点检的结果来进行。在维修过程中对那些存在缺陷的或者使劣化严重的零部件进行更换和修复。同时，根据各种零部件寿命周期和劣化周期，建立备件管理档案，不断提升预防维修的质量。

(4) 第四步——实施预知维修。运用故障诊断技术进行设备劣化参数的定量分析，从而预知设备的使用寿命。实践证明，将设备定期维修改为预知维修，不仅效果好，还可大大降低设备的维修成本。采取延长设备寿命的对策，即在技术上分析发生的每项故障的原因，对设备进行寿命推测，可依靠定期劣化修复(定期维修)来防止。

随着企业自动化程度的不断提高，实现设备的零故障就变得越来越重要了。实现零故障目标除了按前面所述的4个步骤实施以外，还要满足一定的条件。要实现零故障目标，就要运用各种设备诊断技术，预知设备的使用寿命，从预防维修入手，延长设备的更换周期，努力减少故障和和延长零部件的使用寿命，改进原结构存在的缺陷和不足，延长设备自身固有的寿命，严格遵守操作规程，尽可能的使人为劣化转变为自然劣化。

5) 零故障的三大努力方向，如图5-6所示。

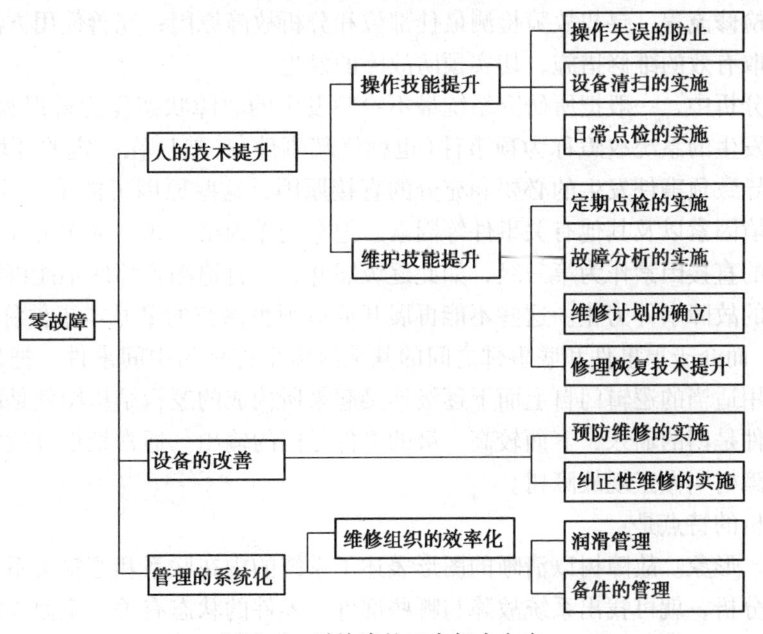

图5-6　零故障的三大努力方向

2. 故障树分析与诊断

1) 故障树分析

故障树分析(FTA, Fault Tree Analysis)是可靠性设计的一种有效方法，也可以称为故障诊断技术中一种有效方法。故障树分析是一种针对某个特定的不希望事件的演绎推理分析，是一种将系统故障形成的原因进行总体至部件按树枝状逐级细化的分析方法。基于故障的层次特性，其故障成因和后果的关系往往具有很多层次并形成一连串的因果链，加之一因果或多因果的情况就构成了“树”或“网”，这就是故障树提出的背景。在整个因果链或其中一段中，凡属“由因求果”就是正问题，是寻求可能发生什么样的系统状态(通常是找系统故障状态)的过程，如事件树分析就是解决这类问题的一种方法；而“由果求因”就是逆问题，是寻求怎样才能发生某个特定的系统状态(通常是找部件故障模式)的过程。可以这样说，故障树分析法就是一种由果到因的演绎分析方法。

1961~1962年，美国贝尔(Bell)电话实验室的沃森(Waston)默恩斯(Mearns)首先利用FTA对民兵式导弹的发射控制系统进行了安全性预测，其后，波音(Boeing)飞机公司的哈斯尔(Hassl)、舒劳特(Schroder)和杰克逊(Jackson)等人研制出的FTA计算程序，使飞机设计有了重要的改进。1974年美国核研究委员会(NRC)发表了麻省工学院(MIT)拉斯穆森(Resmusen)教授为首的安全小组所写的“商用轻水堆核电站事件危险性评价”报告，该报告所采用的方法就是事件树分析(ETA，Event Tree Analysis)和FTA，该文分析了现有大型核电站可能发生的各种事件的概率，并由此肯定了核电站的安全性，得出了核能是一种非常安全的能源的结论。这一报告的发表引起了很大的反响，并使FTA从宇航、核能推广到电子、化工和机械等工业部门以及社会问题、经济管理和军事行动决策等领域。

故障树分析在工程上的应用主要是：在设计中，应用FTA可以帮助设计者弄清系统的故障模式和成功模式；预测系统的安全性和可靠性，评价系统的风险；衡量单元、部件对系统的危害度和重要度，找出系统或设备的薄弱环节，以便在设计中采取相应的改进措施；通过故障树模拟分析，可实现系统优化。在管理和维修中可进行事故分析和系统故障分析；制定故障诊断和检修流程，寻找故障检测最佳部位和分析故障原因；完善使用方法，制定维修决策，以便采取有效的维修措施，切实预防故障的发生。

在故障树分析中，一般把所研究系统最不希望发生的故障状态作为辨识和估计的目标，这个最不希望发生的系统故障称为顶事件(也称终端事件)；然后在一定的环境与工作条件下，首先找出导致顶事件发生的必要和充分的直接原因，这些原因可能是部件中硬件失效、人为差错、环境因素以及其他有关事件等因素，把它们作为第二级。依次再找出导致第二级故障事件发生的直接因素作为第三级，如此逐级展开，一直追溯到那些不能再展开或毋须再深究的最基本的故障事件为止。这些不能再展开或毋须再深究的最基本事件称为底事件(也称初始事件)；而介于顶事件和底事件之间的其他故障事件称为中间事件。把顶事件、中间事件和底事件用适当的逻辑门自上而下逐级连接起来所构成的逻辑结构图就是故障树。下面较低一级的事件是门的输入，上面较高一级的事件是门的输出。通常把仅含故障事件以及与门、或门的故障树叫做正规故障树。

故障树分析的特点是：

(1) 直观、形象。故障树以清晰的图形表述了系统的内在联系和逻辑关系。如果从故障树的顶端向下分析，就可找出系统故障与哪些部件、零件的状态有关，全面弄清引起系统故障的原因和部位；如果由故障树的下端，即各个底事件往上追溯，即可分辨零件、部件故障对系统故障的影响及其传播途径，当各底事件的概率分布已知时，就可评价各零件、部件的故障状态及其对保证系统可靠性、安全性的重要程度。

(2) 灵活、方便。既可用来分析系统硬件(部件、零件)本身固有原因在规定的工作条件所造成的初级故障事件，如一个压力容器由于焊接毛病在工作压力 $P \leqslant$ 设计压力 P 下产生的破裂；又可考虑一个部件或零件在它不可能工作的环境条件下所发生的任何次级故障事件，如压力容器在 *P*>设计压力 *P* 下而发生的过压破坏；还可考虑由于错误指令而引起的指令性故障事件，如误把噪声当信号紧急关机，或由于先行的其他部件发出错误信号而使保险装置解除得过早等。而且当故障树建成后，对没有参与系统设计与试制的管理和维修人员来说，也不难掌握，可作为使用、管理、维修和培训的指导性技术指南。

（3）通用、可算。如上所述，故障树分析具有广泛的应用，既可进行定性分析，又可进行定量，并可应用电子计算机进行辅助建树，现已开发了大量相应的计算机程序，有效地提高了复杂系统故障树分析的效率，并已成功地用于故障监测与诊断专家系统知识库的建造。

故障树分析法的缺点主要是复杂系统的建树工作量大，数据收集困难，并且要求分析人员对所研究的对象必须有透彻的了解，具有比较丰富的设计和运行经验以及较高的知识水平和严密清晰的逻辑思维能力。否则，在建树过程中易导致错漏和脱节；大型复杂系统的故障树分析占用计算机的内存和机时很多，对于时变系统及非稳定过程需与其他方法密切配合使用。

2）故障树分析使用的符号

故障树分析所用的符号主要可以分作两类，即代表故障事件的符号，以及联系事件之间的逻辑门符号(参见 GB-4888)具体见表 5-4。

表 5-4　故障树分析使用的符号

序号	名　称		符　号	说　明
1	底事件	基本事件		不能再分解或毋须再深究的底事件叫做基本事件，它总是某个逻辑门的输入事件而不是输出事件
2		未探明事件		原则上应进一步探明其原因，但暂不必或暂不能探明其原因的底事件，叫做未探明事件(又称省略事件或不完整事件)
3	结果事件	顶事件		由其它事件或事件组合所导致的事件，叫做结果事件，若该事件是 FTA 最关心的且位于故障树的顶端的最终结果事件，则叫顶事件，位于底事件与顶事件之间的结果事件，叫做中间事件
4		中间事件		
5	特殊事件	开关事件		正常工作条件下必然发生或必然不发生的特殊事件
6		条件事件		在描述逻辑门起作用的具体限制的特殊事件
7	基本门	与门		仅当所有输入事件都发生时，输出事件才发生，与门表示输入与输出之间的一种因果关系
8		或门		至少一个输入事件发生时，输出事件才发生。或门并不传递输入与输出的因果关系，输入故障不是输出故障的确切原因，只表示输入故障来源信息
9		非门		输出事件是输入事件的对立关系

续表

序号	名　称		符　号	说　明
10	修正门	顺序与门	顺序条件	仅当输入事件按规定的顺序依次发生时，输出事件才发生
11		持续时间与门	时间条件	仅当输入事件发生并持续一定时间后，输出事件才发生
12		表决门	r/r_i	仅当 n 个输入事件中有 r 个或 r 以上个事件发生时，输出事件才发生
13		异或门	不同时发生	在或门诸输入事件中，仅当单个事件的发生时，输出事件才发生
14	特殊门	禁门	打开的条件	仅当条件发生时，单个输入事件的发生才导致输出事件的发生
15		其他特殊门，如真值门、累加门、矩阵门等，在此不进行表述		

为了避免在故障树中出现重复、减轻建树工作量、使图形简明，还设置了转移符号，用以指明子树的位置，如表 5-5 所示。

表 5-5　故障树转移符号

序号	名　称		符　号	说　明
1	相同转移符号	转向符号		表示"下面转到以字母为代号所指的子树去"
2		转此符号		表示"有具有相同字母数字的转向符号处转到这里来"
3	相似转移符号	相似转向		表示"下面转到以字母为代号所指结构相似而事件标号不同的子树去"，不同的事件标号在三角型旁边注明
4		相似转此		表示"相似转向符号所指子树与此处子树相似，但事件标号不同"

3）故障树建造的基本方法

（1）确定顶事件和边界条件。顶事件应是针对所研究对象的系统级故障事件，是在各种可能的系统故障中筛选出来的最危险的事件，对于复杂的系统，顶事件不是唯一的，分析的目标、任务不同，应选择不同的顶事件，在很多情况下，顶事件就选定故障模式和影响分析（FMEA）中识别出来的致命度高的事件。必要时还可把大型复杂系统分解为若干相关的子系统，以典型的中间事件当作若干子故障树的顶事件进行建树分析，最后再加以综合。这样可使任务简化，并可同时组织多人分工合作参与建树工作。

根据选定的顶事件，合理地确定建树的边界条件，以确定故障树的建树范围，故障树的边界条件应包括：

① 初始状态。当系统中的部件有数种工作状态时，应指明与顶事件发生有关的部件的工作状态。

② 不容许事件。指在建树的过程中认为不容许发生的事件。

③ 必然事件。指系统工作时在一定条件下必然发生的事件和必然不发生的事件。

(2) 逐层展开建树。从顶事件开始，逐级向下演绎分解展开，一直追踪至底事件，建立所研究的系统故障和导致该系统故障诸因素之间的逻辑关系，并将这种关系用故障树的图形符号表示，构成以顶事件为根，若干中间事件和底事件为干枝和分枝的倒树图形。要明确系统和部件的工作状态，是正常状态，还是故障状态；如果是故障状态，就应弄清是什么故障状态，发生某个特定故障事件的条件是什么。建树时不允许门-门直接相连。门的输出必须用一个结果事件清楚定义，不允许门的输出不经结果事件符号便直接和另一门连接。

在确定边界条件时，一般允许把小概率事件当作不容许事件，在建树时可不予考虑。但是，允许忽略小概率事件并不等于可以忽略小部件的故障或小故障事件，这是两个不同的概念。有些小部件故障或多发性的小故障事件的出现，所造成的危害可能远大于一些大部件或重要设备的故障后果。挑战者号航天飞机的爆炸就只是发端于一个密封圈失效的"小故障"。有的故障发生概率虽小，可是一旦发生则后果严重，因此，为了安全以备万一，这种事件不能忽略。

4) 故障树分析的步骤

故障树是按联接基本事件和上一层事件，用以分析诊断设备(系统)产生某种故障原因的一种逻辑结构，通过对故障树的分析，既可以帮助弄清某种故障方式产生的机理、研究设备产生某种故障的薄弱环节，还可以帮助我们对设备进行定量的可靠度分析。故障树的诊断顺序如图 5-7 所示。

具体步骤如下：

(1) 给系统以明确的定义，选定可能发生的故障作为上层事件。

(2) 对系统的故障进行定义，分析其形成原因(如设计、制造、运行、人为因素等)。对外部环境条件、人为因素作充分的考虑。

(3) 做出故障树逻辑图。

(4) 对故障结构做定性分析。分析故障树中各事件的重要度，对故障树作简化，寻找最小割集，以判断薄弱环节。

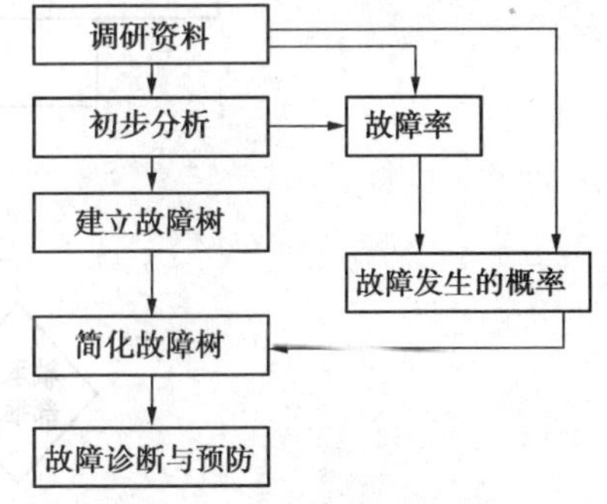

图 5-7 故障树诊断顺序

(5) 对故障做定量分析。掌握各零部件的故障概率，根据故障树逻辑，对系统故障做定量分析。

通过对故障树的逐级分析，故障树的末尾分支就是产生故障的可能原因。这样直观形象的表达，可以帮助设计者分析故障原因、提高系统可靠性；帮助使用者认识故障成因、减少故障事故发生。

5.2.5 典型设备与零件的故障管理的案例分析

(1) 轴承的故障树(如图 5-8 所示)，简要说明如下。

① 由于轴承温度过高，同时主机未及时停车(与门)造成轴承故障。

轴承温度过高是由于轴承内部损坏或未向轴承供给润滑油(或门)；

主机入口的润滑油油压为零是由于管路或滤油器发生故障或油泵输出油压为零(或门)；油泵输出油压为零是由于主油泵出口润滑油油压为零，同时备用油泵出口润滑油油压也为零(与门)。

② 主机未能停车是由于主机无人去停车，同时也不能自动停车(与门)。

主机无人去停车是由于润滑油油压下降报警不动作，同时轴承温度过高报警器也不动作(与门)。

③ 现象转移主油泵出口润滑油油压为零的现象，转入备用泵出口润滑油油压为零的位置起同样作用，等等。

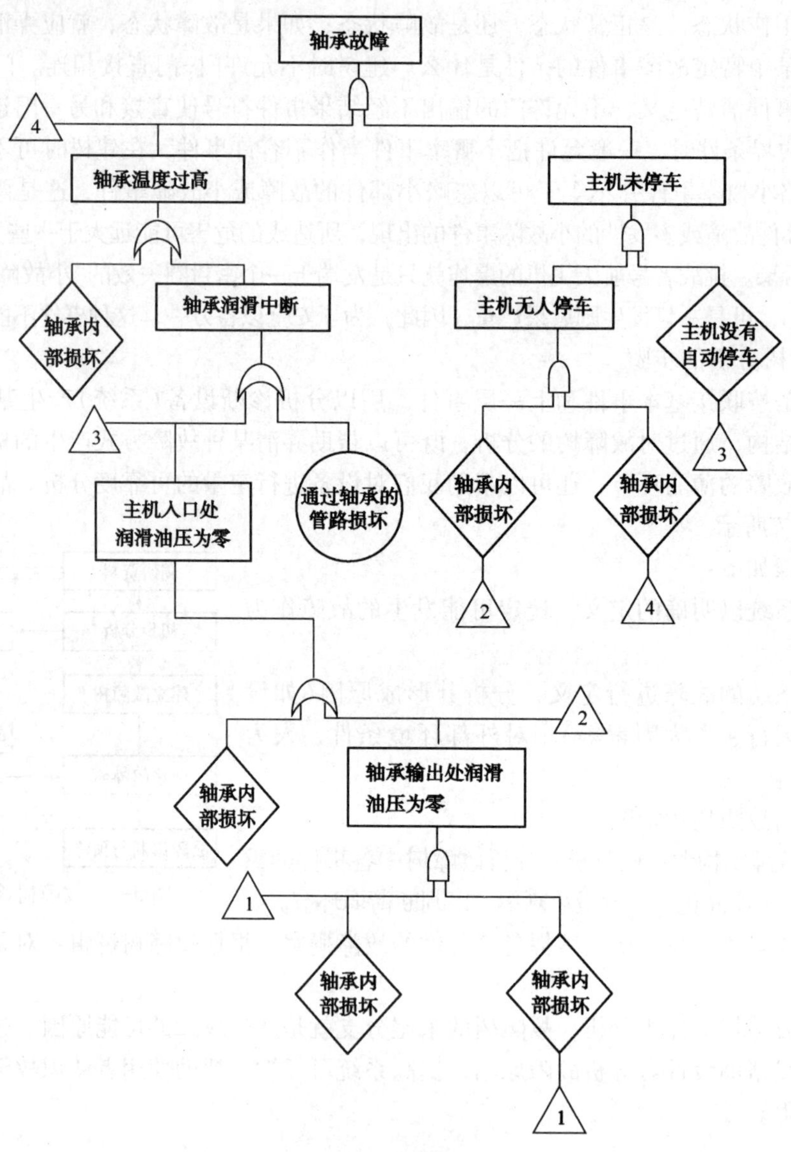

图 5-8 轴承故障树

从上面例子可以看到，故障树是联接基本事件和上一层事件，用以分析诊断设备(系统)产生某种故障原因的一种逻辑结构，值得注意的是，组成故障的基本事件是伴随着上一层事件的改变而改变的。故障树建立后，它的主要作用是：

① 可以帮助弄清某种故障方式发生的机理，也即当给定一种故障方式时用于鉴别导致这种给定故障方式的各种故障(它们可能是单一或组合的)以及可能引起的后果。

② 可以指出所研究的设备(系统)中产生某种故障的薄弱环节。

③ 能对设备(系统)进行定量的可靠性分析。

(2) 游梁式抽油机的结构特点及发生故障的统计，按照从电动机到井口的顺序，可分为电动机损坏、传动带损坏、减速箱损坏、曲柄连杆组合装置损坏、横梁尾轴组合件损坏、游梁中轴组合件损坏、支架损坏、驴头损坏、吊绳损坏、悬绳器损坏几部分。然后逐级分解，将它们标明在一张图上，就可以概括全系统可能发生的各种故障，便形成了如图 5-9 所示的游梁式抽油机故障树。

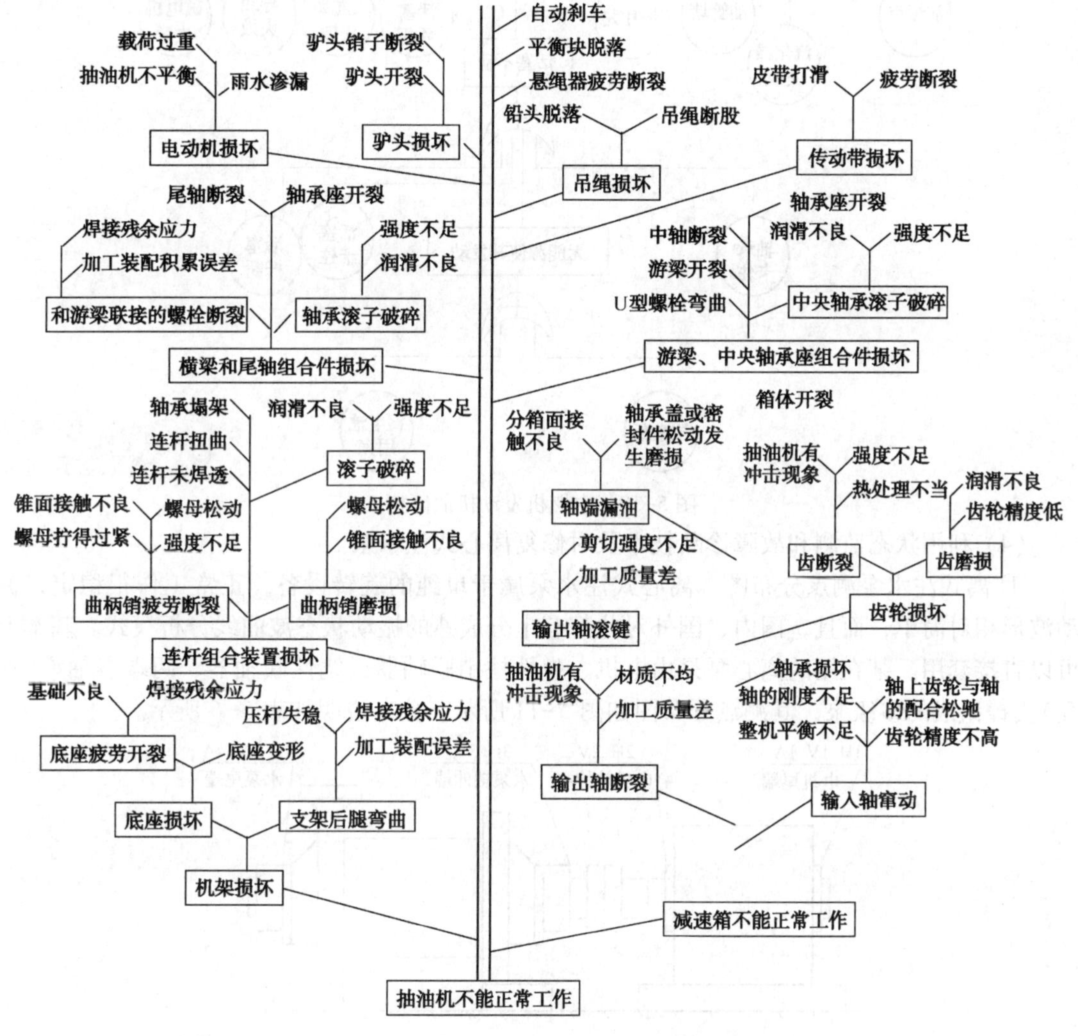

图 5-9　游梁式抽油机故障树

(3) 内燃机发动机是油田设备的主要动力来源，在我们日常的管理、使用操作过程中，经常会遇到发动机不能启动的故障，导致发动机不能有效启动运转的原因较多，柴油发动机和汽油发动机、电喷发动机和常规发动机故障原因均有所不同，但无论什么发动机出现故障，都可以利用故障树的形式对其进行分析。下面列举一台内燃机不能启动的简单例子，内容不尽详尽，仅供模式方面参考(图 5-10)。

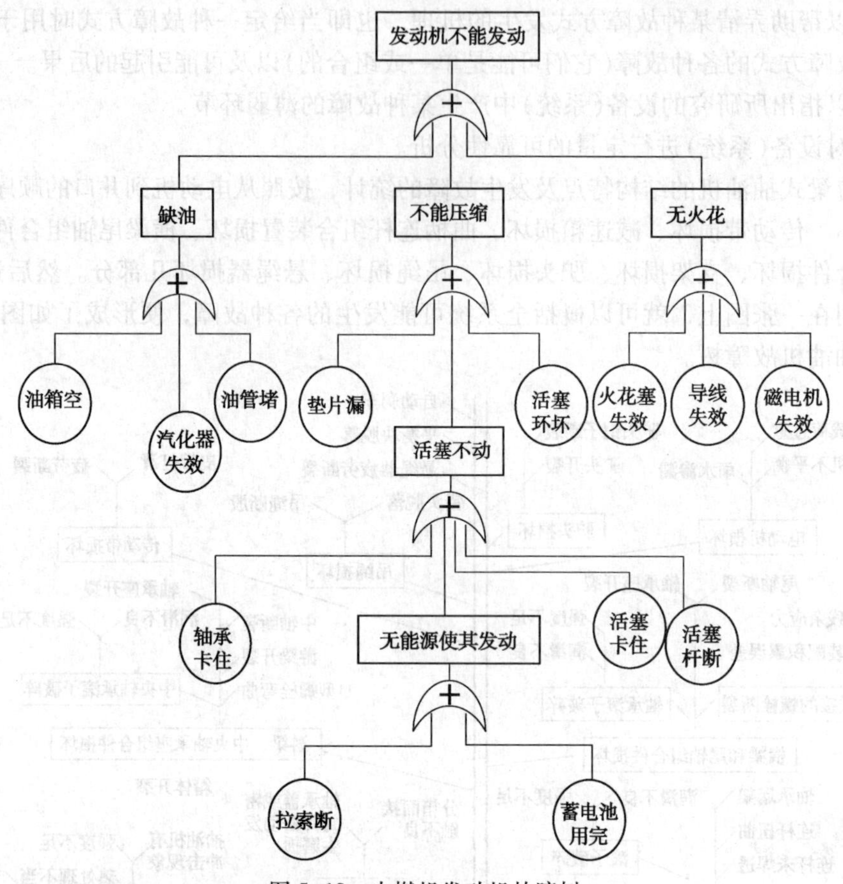

图 5-10　内燃机发动机故障树

(4) 利用状态监测和故障诊断技术及时修复离心式注水泵。

① 离式注水泵测点分布图。离心式注水泵属于单纯的旋转设备，正常工作很稳定，振动波形相对简单，而且，国内、国外对此都有十分成熟的振动状态波曲线分析模式。基本上可以直接套用。某在用的离心泵是由电机、弹性柱销联轴器或绕性联轴器、两端点轴承(轴瓦)支撑组成的多级泵，其测点分布图如图 5-11 所示，分布说明如表 5-6 所示。

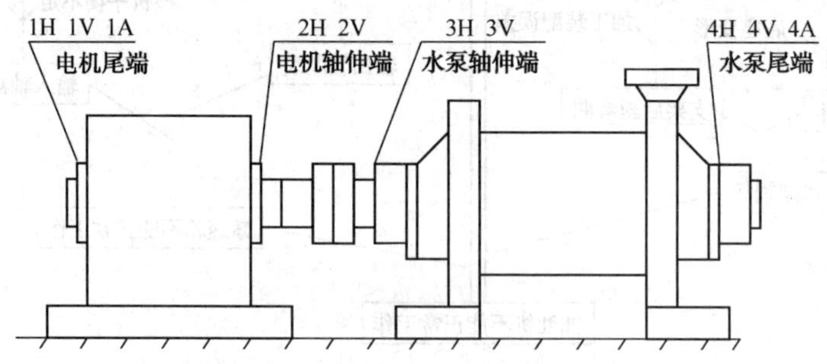

图 5-11　离心式注水泵测点分布图

表 5-6　离心式注水泵测点分布说明

测点位置	电机尾端			电机轴伸端		水泵轴伸端		水泵尾端		
测点标识	1V	1H	1A	2V	2H	3V	3H	4V	4H	4A
测点方向	垂直	水平	轴向	垂直	水平	垂直	水平	垂直	水平	轴向

测点说明：垂直—V，水平—H，轴向—A。

测点峰值参照 ISO—2372 振动判定标准，选用Ⅲ类刚性基础大型设备，如表 5-7 所示。

表 5-7 离心泵的振动判断标准

峰值/(mm/s)	小于 1.8	1.8~4.5	4.5~7.1	大于 7.1
运行状态	良好	允许	极差	不允许

② 不解体实时监测设备的运行状态是状态监测与故障诊断技术使用的最终目的。

例如江汉采油厂王一注水站 3#DF300—150×5A 注水泵是 2001 年 5 月 1 日投产的一台新泵，该泵为节段式多级离心泵，排量：300m^3/h，泵压 7.5MPa，转速：2960r/min，工频 50Hz，叶轮通过频率：350Hz；电机功率：1000kW；电压：6000V；轴瓦式轴承，弹性柱销式联轴器。

该泵使用至 2001 年 5 月下旬，反映排量下降。2001 年 5 月 30 日经技术人员现场例行测试，发现泵两轴瓦测点波谱峰值异常，振动速度峰值由平时小于 1mm/s 上升至 2mm/s 以上，特别是泵轴伸端水平点 3H 测点，峰值 10.67mm/s，已严重超过 ISO—2372 标准中不允许状态，其频谱图如图 5-12~图 5-15 所示。

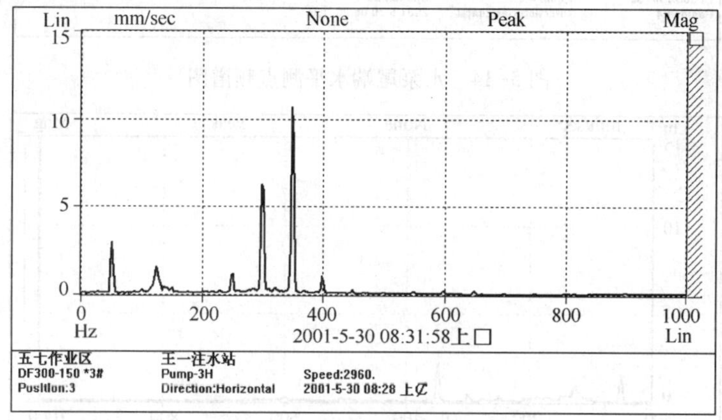

图 5-12 水泵轴伸端水平测点频谱图

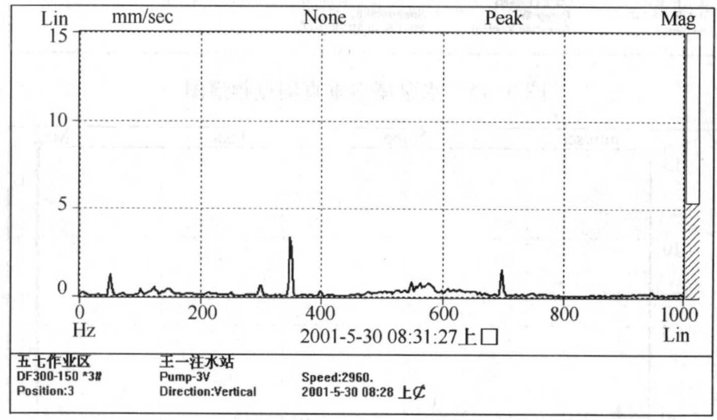

图 5-13 水泵轴伸端垂直测点频谱图

从频谱图看，该泵主要峰值在叶轮通过频率 350Hz 处，说明该泵主要问题在转子部分的叶轮上，另外，在工频 50Hz 处有峰值，而且，周围有一些不规则杂波，有可能口环与叶轮有磨擦现象，直接问题反映在 3H 点，已超出不允许工作极限 7.1mm/s，必须立即停机解体检查，经解体检查发现，该泵由于叶轮紧固螺套松动造成叶轮轴向窜动与导叶磨擦而损坏3个，有两个已磨穿，经与厂家协商，同意返厂无偿维修，共计为企业节约费用11万余元。这种事故若发现不及时，将可能造成整泵报废，损失将在20万余元以上。7月份底修复泵投入使用后，技术人员于2001年8月3日再一次测试，图波谱图如图5-16~图5-19所示，可见，所有参数均降至1mm/s达到了ISO—2372良好级标准，完全恢复了正常。

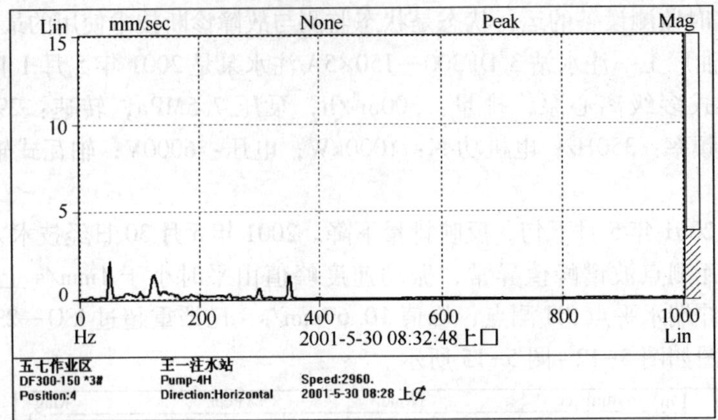

图5-14　水泵尾端水平测点频谱图

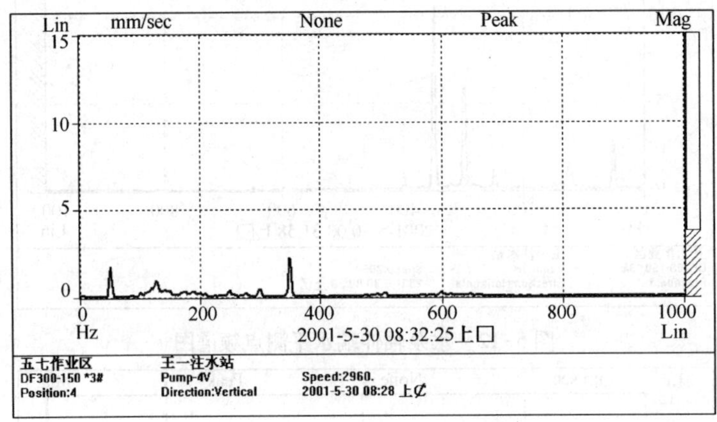

图5-15　水泵尾端垂直测点频谱图

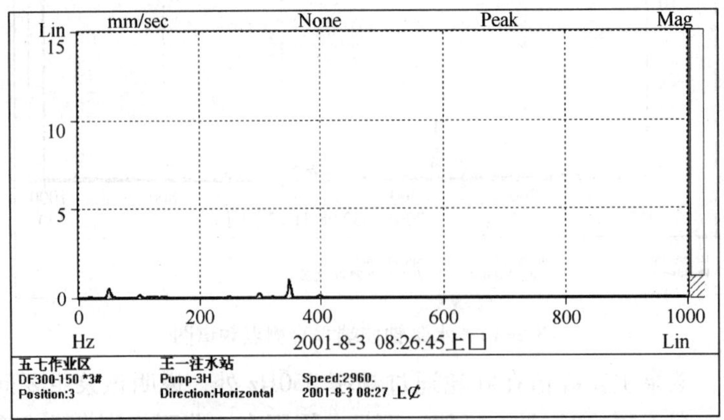

图5-16　水泵轴伸端水平测点频谱图

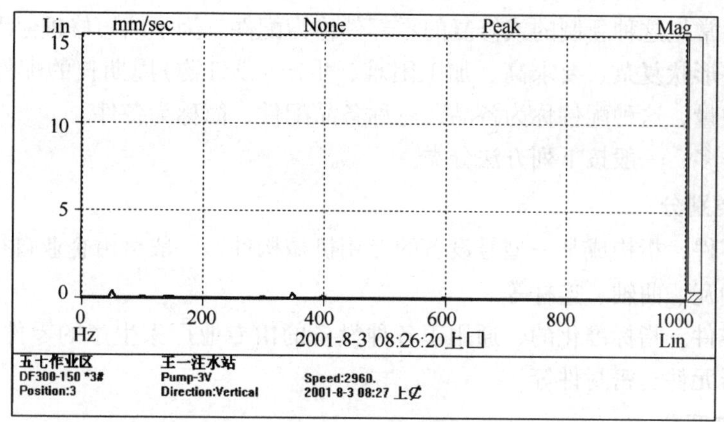

图 5-17　水泵轴伸端垂直测点频谱图

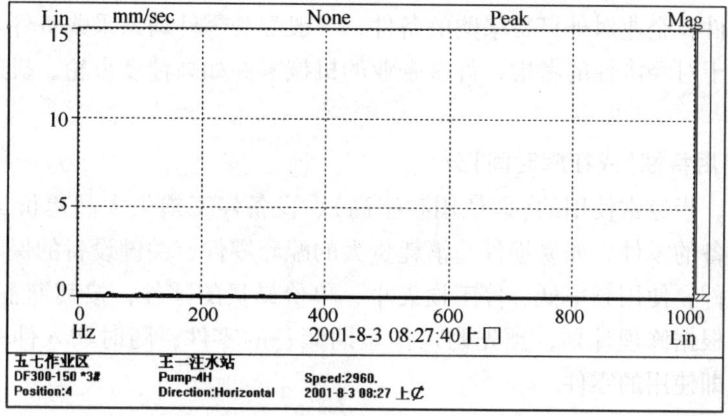

图 5-18　水泵尾端水平测点频谱图

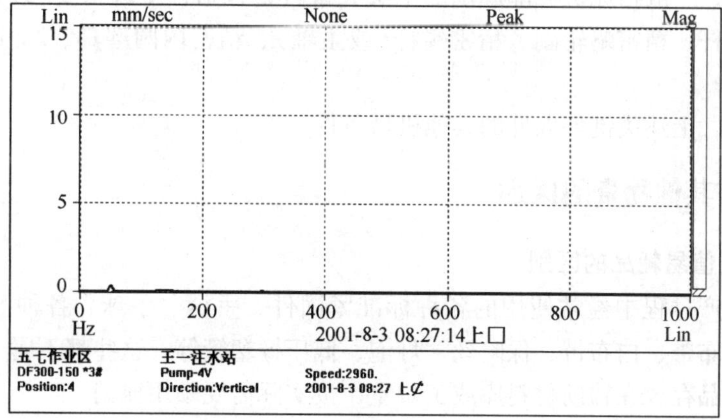

图 5-19　水泵尾端垂直测点频谱图

5.3　设备备件管理

5.3.1　备件定义与分类

在设备维修工作中，为了恢复设备的性能和精度，需要用新制的或修复的零部件来更换磨损的旧件，通常把这种新制的或修复的零部件称为配件。为了缩短修理停歇时间，减少停机损失，对某些形状复杂、要求高、加工困难、生产(或订购)周期长的配件，应在仓库内预先储备一定数量，这种配件称为备品，总称备品配件，简称为备件。

备件的种类多，一般按下列方法分类。

1. 按零件类别分

(1) 机械零件，指构成某一型号设备的专用机械构件，一般可由企业自行生产制造，如齿轮、丝杠、轴瓦、曲轴、连杆等。

(2) 配套零件，指标准化的、通用于各种设备的由专业厂家生产的零件，如滚动轴承、液压元件、电器元件、密封件等。

2. 按零件来源分

(1) 自制备件，企业自己设计、测绘、制造的零件，基本上属于机械零件范畴。

(2) 外购备件，企业对外订货采购的备件，一般配套零件均系采购备件。由于企业自制能力的限制和处于对经济性的考虑，许多企业的机械零件如高精度齿轮、机床主轴、摩擦片等也是外购的。

3. 按零件使用特性(或在库时间)分

(1) 常备件，指经常使用的(即使用频率高)、设备停工损失大和单价比较便宜的需要经常保持一定储备的零件，如易损件、消耗量大的配套零件、关键设备的保险储件等。

(2) 非常备件，使用频率低、停工损失小、单价昂贵的零件，按其筹备的方式可分为：计划购入件——根据修理计划，预先购入作短期储备的零件；随时购入件——修前随时购入，或制造后立即使用的零件。

4. 按备件精度和制造复杂程度分

(1) 关键件，一般指原机械部规定的 7 类关键件，包括：Ⅰ级精度(近似新 6 级精度)以上的齿轮、丝杆、精密蜗轮副、精密镗杆(或主轴)、精密内圆磨具、2m 或 2m 以上的丝杆和螺旋伞齿轮。

(2) 一般件，上述关键件以外的其他机械备件。

5.3.2 备件与其他物资的区别

1. 备件与低值易耗品的区别

在维修和生产过程中经常使用的各种标准紧固件、手柄、手球、各种油杯、油嘴、纸垫、毛毡、绝缘布带、白布带、保险丝、灯泡、低压橡塑管等。这些都不属于备件范围，一般作为低值易耗品存放在辅助材料库或工具室，按实际需要领用摊销。

2. 备件与材料的区别

为缩短零件的加工时间，有时必须按零件需要的尺寸储备一些铸件、锻件、铸铁棒、铸铝棒、套筒坯、调质钢材、钢丝绳等。这些都属于材料，在毛坯库、材料库或备件毛坯库存放管理，一般不占用备件储备资金。

3. 备件与工具及机床附件的区别

机床附件和工卡具，如卡头、卡盘、分度卡、砂轮、法兰盘、顶尖、剪床刀片、各种刀杆、随产品工艺变化更换的凸轮等均不属于备件，应作为机床附件和工具管理。

4. 备件与设备的区别

为了保证企业生产的正常运行，对于某些备用设备，不属于备件范围。从价值上虽然可以列入固定资产，而不单独起作用且必须附属于其他设备，如大型液压机上的电动机、钻机上的柴油机组等，如果需要进行储备，可划入备件范畴，但不占用备件储备资金，单独记帐，占用设备大修理基金储备，在大修时冲销。

5.3.3 设备备件的现代管理方法介绍

备件管理是维修活动的重要组成部分，只有科学合理地储备与供应备件，才能使设备的维修任务完成得既经济又能保证进度。否则，如果备件储备过多，会造成积压，增加库房面积，增加保管费用，影响企业流动资金周转，增加产品成本；储备过少，就会影响备件的及时供应，妨碍设备的修理进度，延长停机时间，使企业的生产活动和经济效益遭受损失。因此，做到合理储备，乃是备件管理工作要研究的主要课题。

随着人们对设备运行重要性的认识和对备件管理模式的不断探索实践，设备维修制度历经了事后维修、预防维修、预知维修，生产维修制度的发展和演变，使备件管理从经验管理走向科学管理，进而步入了管理创新阶段，各种新的备件管理模式应运而生。从现代设备管理的角度来看，没有良好的设备维修制度，就无法保证设备运行及性能的良好发挥。就单纯设备维修而言，备件库存越齐全、数量越多、维修越便利。备件管理模式的科学性既是开展设备维修的基础和根本条件，又直接影响到设备备件采购成本和资金占用。而现代备件管理的重心由管供、管用、管存转变为优化库存结构，压缩库存资金占用，降低备件消耗，降低备件采购成本，追求备件寿命周期内费用最经济。无论设备的复杂程度、技术水平高低如何，无论采取何种维修制度，设备维修与备件总是在不同程度上互相牵制，互相影响，互相依赖。其二者的关系最终都归结在企业的综合成本这一焦点之上。因此，研究设备维修制度与备件管理模式的关系，对企业实现设备管理效益最大化有着非常重要的意义。

1. 事后维修模式的备件管理方法

设备事后维修制度也称为设备故障后维修，是指人们对设备运行状态，特别是对设备的故障和所需要更换的备件不能进行预测，或不能进行完全预测，而设备和备件在无任何损坏信号及预兆情况下，出乎人们意料之外突然发生损坏时，人们所采取的最简单的维修模式，其本质上指“根据需要”修补和更换设备零部件。它没有定期维修计划，而只有在当设备无法工作时才开始维修。

设备事后维修是一种被动的维修方式，一般只用于那些廉价的、不太重要的设备或因费用等原因而采取的维修策略，但在我国企业设备管理中还普遍存在这种维修方式。尤其是当产品供不应求的时，企业往往采取拼设备的措施，提高产量，采取事故检修方式。即使在发达国家管理比较先进的企业内，许多设备事故都出乎于人们的预料之外，因此，设备事后维修制度在一定程度上还是存在的。为了减少由于备件短缺或供货不及时造成的停产损失，备件储备是十分必要的，因此，必须强化备件计划管理的龙头地位作用，保证有效供给，不宜采取“零库存”管理模式。即使采取备用件“零库存”管理模式，也应采取按储备定额要求，在需方设库的备件“零库存”管理模式。因此，造成备件库存的品种、规格型号以及数量大大增加，备件储备周期过长，备件占用资金过多。设备事后维修尽管有被动的一面，但是备件使用寿命得到了最充分的发挥，直至完全失去使用价值时才更换，备件消耗低。

2. 预防维修模式的备件管理方法

设备计划检修是以设备的磨损理论为基础，根据设备的运行时间、作业率和设备备件的使用时间，为了防止设备意外损害及意外事故，执行定期的拆机检查和零部件更换。具体修理周期、维修内容及备件、润滑油、液压油更换等方案常常是根据设备生产厂家的意见和设备使用经验，预先对其劣化和缺陷部位进行维修及更换备件，进行一系列预防性的设备维修，以保证设备处于良好的运行状态。

设备预防维修制度是国际上典型的设备管理和维修制度之一，在我国企业设备管理中也普遍采取这种设备方式，如设备计划检修、设备大、中修等典型的设备预防维修形式，实践证明这是一种极为有效的维修策略。在设备预防维修制度下，可以提前制定设备及部件维修计划，可以有充分的时间进行设备维修资源的优化管理，其中包括备件的计划、采购、制作及储备等工作，使备件管理工作完全处于主动地位。由于设备预防维修是人为地确定设备维修部位、维修周期和备件更换周期，备件的品种、规格型号及需求数量相对比较准确，即备件的使用上机率较高，很少导致备件的过剩和积压；由于设备维修的时间可以预定，备件的订购及储备周期也已确定。因此，采取设备预防维修制度时，应严格按照设备维修内容，制定备件采购计划，加强计划管理的决策及协调作用，提高备件计划的准确性。备件储备应采取“零库存”管理模式，特别是对设备大中修使用的关键备件，应根据确定的检修时间，采取“准时生产供应”管理模式，减少备件资金占用时间。由于设备预防维修制度的主要目的是为了保障设备(包括备件)的正常运行，对设备备件进行提前维修更换，其结果常是设备尚处于良好的工作状态便被拆修和重新组装，存在一些主要零部件虽无严重问题，却照常被白白更换掉的现象，造成设备维修和备件更换的盲目性，使备件的直接成本较高。因此，应把备件修复作为备件管理的一项重点工作，对更换下的设备、零部件重新按报废标准鉴定，通过推广应用“四新”技术，积极开展修旧利废，再造备件的二次寿命。

3. 预知维修模式的备件管理方法

设备预知维修是用油液分析、振动检测、运行检测、诊断技术、测试技术、信号处理等手段对设备运行状态进行监测，通过监测系统状态，诊断设备的异常部位和劣化程度，以便制定具有针对性的设备维修计划或更换必须更换的备件，修复潜在的故障，避免不必要的停机事故。

实践证明，设备预知维修制度能有效地预防事故，特别是严重失效事故的发生，准确找出故障的部位及其原因，如在充分利用备件的使用寿命、避免过度维护等方面发挥了极其明显的作用，从而得到了工业界各领域的普遍认可。我国钢铁企业的大型轧机油膜轴承、发电设备、大型电机轴承、内燃机、压缩机、液压等重要设备都应采取这种维修制度。由于设备预知维修是在不停机的情况下运用测试等技术对设备及部件进行连续检测，对设备运行状态的信号收集和分析，并及时地发出警报，能发现设备和部件早期的失效并发现需要维修和更换部件的信号，同时又能在设备运行状况下准确地找出即将发生的故障原因及部位，做到有的放矢地针对恶化部位进行修理或更换必须更换的部件，且维修停机时间短、针对性强、维修费用低、经济效果好。这就决定了备品备件在预知维修中处于主动的地位，可以做到备件计划、采购、储备管理具有很强的针对性，备件管理可采取“准时生产供应”模式和“零库存管理”模式。然而必须指出，设备预知维修的技术含量高、投入成本高，其对设备管理的贡献主要体现在综合管理水平上。

4. 状态维修模式的备件管理方法

状态维修模式的主要形式是在设备预防维修制度的基础上将事后维修和预知维修相结合，即对重要设备实施预知维修，对非重要、不易损坏又无法进行周期更换备件的设备实施预防维修。

状态维修模式是目前国际上比较倾向采用的一种维修制度，其最大特点是既能保证生产的正常运行，又能降低维修成本，同时把先进的设备状态监测诊断技术用于预防维修之中，其维修周期的确定更加科学、更加符合生产发展的需要。在状态维修模式中，备件管理适宜采用“ABC”管理模式，即根据不同的生产维修对象，将备件分为A、B、C三类管理。

A类备件为事故件，主要是指那些使用寿命较长、重要程度高、难以预测更换周期，而一旦发生损坏会对生产产生较大危害的长周期关键备件。其特点是品种数量少、重要程度高、单位价值较大、占用金额大，其品种数约占全部备件总品种的5%~10%，资金占用或消耗额占总额的60%~80%。事故备件必须严格按照品种规格储备，储备量可根据同品种规格的装机量按3:1比例储备，即三个备一个，同品种规格的装机量越多，事故备件的储备量越多。事故件一般无通用性，其技术含量较高、消耗很低、采购周期长、使用针对性强，因此不宜采取集中管理，宜采取分散管理办法，即谁用谁管的方法。在管理方式上，为了压缩库存，应投入较大力量精心管理，将库存压缩到最低水平；在订货方式上，按最优订货批量，计算每种备件的订货量，采用定期订货方式，订货量由预测决定；严格按品种、规格控制定额，严格控制库存。对那些专修性很强的设备，如专用机床、压缩机、水泵、起重机等设备，可采取专业化、市场化维修管理方式，采取由专用设备制造商或维修承包责任制，备件储备管理在承包商方，由承包商进行设备维修、更换备件。

B类备件为计划件，主要是指那些可按计划维修的设备，在检修中定期更换的备件。其品种数约占总品种的20%~30%，储备及消耗资金约占总额的20%~30%，在管理方式上应严格遵守维修计划进行管理。一般根据设备维修计划的备件更换量按1:1定额进行计划采购，适时调节库存量，严格控制库存，采取定期订货与定量订货相结合的订货方式，订货量为经济批量。适用“准时生产供应”管理模式，可尝试在供方为需方设库或在需方为供方设库的“零库存”管理模式。

C类备件为消耗件，也称为易损常耗备件，是指那些使用寿命短、价格低廉、损坏无规律，一般需经常更换的备件，如经常与物料接触的衬板、托辊、铲齿等备件。其品种数约占60%~80%，储备和消耗资金纸占总额的5%~15%，其技术含量低、消耗较多、周期快、采购交易，消耗件的储备方式应相对集中，可根据同品种规格的装机量及满足实际消耗量的多少(一般应取6个月以上的平均消耗量)，确定一个合理的最低储备量以满足生产需要。宜集中大量订货，节约订货费用，采用定量订货方式，按订货点组织订货。以实现“双赢”宗旨，供需双方共同研究实施无库存管理，可尝试在供方设库、在需方设库，由备件供应商按最低储备量备库，由备件供应商实施备件供应、价格、技术全面服务，用户按领用数量，定期核算。

综合所述，不同类型的维修制度存在着积极和消极的方面，采用单一的维修制度去解决设备的全部维修问题是不现实的，不同的维修制度对备件管理的依赖程度是不同的。因此，企业应根据产品结构、设备的重要程度、技术水平、运行状况、不断探索采取先进科学的维修制度和备件管理模式，要做到方法得当、措施可行、运行灵活，不可生搬硬套。与此同时，还要不断探索实施备件“招标、比价、定质比价、单耗承包、总量承包、功能承包”等先进的备件采购方式，降低备件采购成本，才能取得设备管理效益最大化。

5.4 设备维修管理新理论

5.4.1 基于可靠性维修(RCM)管理

1. RCM产生

RCM(Reliability Centered Maintenance)以可靠性为中心的维修管理，RCM的产生是现代社会发展的必然产物。

20世纪60年代美国航空维修费用巨增，维修费用占到了航空公司总费用的30%，形成了“买得起，用不起”的现象，使他们对做维修工作或定期维修的维修体制能预防故障的效果产生了怀疑。人们对维修的效果感到困惑，提出了“我们懂得飞机维修的基本理论吗”。

如何权衡维修模式及费用与效果成为人们迫切需要解决的问题。从而最引人注目的一个概念——“过去人们过分强调控制拆修间隔期以达到原有的可靠度。然而经过深入研究后确信，可靠性和拆修制并无必然的联系”。

2. 设备变化与RCM

(1)现代科技的发展推动着现代设备和生产系统向大型、高速、精密的方向发展。这些发展基于三个特点：

① 设备的功能增多，各工作单元间的关系越来越复杂；

② 设备的工作单元增多，结构越来越复杂；

③ 设备的工作环境复杂化，工作性能的影响因素越来越多，例如大型钢厂、电站、流程化企业、数控设备等。

(2)在计划经济或短缺经济时期，设备管理工作是高度集中的，企业对国有的设备只有安全使用和维护的责任，而没有任何经营处置的权力。

一系列的规章制度和组织机构也是建立在定时计划检修和人员的高度责任心上，而不是建立在基于先进技术水平的科学决策和有关的法制制度下。企业纯粹通过道德说教、良心自责和舆论压力，将追求利益的人改造成泯灭私欲的道德模楷往往是徒劳的。唯有刚性的法制建设，才能通过制度化的理性力量，最大限度的抑制私欲的恶性膨胀。

(3)资金、效益和竞争的压力促使企业想立即得到彻底的改进，希望寻求一个快速地、一次性解决所有维修效率问题的“捷径”，但这种捷径往往达不到预期的效果。

人们可以从近十几年来企业维修机制的实施效果和时间来分析，无论是引进的方法，还是自己创新的制度，都需要做很多工作，不可能几天就完成。

寻求持久有效的维修大纲改进只是一个过程，而不是目的。越是有深度、有广度的思维和方法所需要的时间越长，决策的效果就越好。

RCM就是在众多传统维修观念不能应付当前出现的各种情况而产生的一种系统逻辑功能维修的方法，是一种具有战略性的维修策略。

3. 故障观点的变化

在过去的几十年中，维修一直在不断变革。这种变革是因为需要维护的有形资产数量和种类大大的增加，也是由于设计更为复杂、维修体制和职责的观点不断更新的结果。

首先是维修理论有了更完善的解释。故障观点也在发生着变化。

面对各种变化，维修管理人员都在试图寻求一种新的维修方法，总想避免与重大变革相伴的赴错误或误入歧途。为此，人们要寻求一种战略性的框架系统，该框架系统将可靠性的发展结果并入一种相关联的模型中，这样就能对新的发展给以合理的评估，并且采用其中对自己和公司最有价值的那一部分。

以可靠性为中心的维修正是提供这样一种框架系统的学科。

4. 定期维修工作的效果

定期维修工作是常见的维修方式，但是，当我们能够对维修的对象有足够认识的话，得到的效果是不一样的。

5. RCM 的要点

（1）维修的目的。

维修管理，既不能不足，也不能过剩。

（2）预防维修工作的确定。

注重逻辑功能计划维修，而不是部件基础维修。

安全性与经济性后果的确定。

（3）故障后果的确定。

预防维修不能改变的故障后果。

（4）故障、费用的统计数据。

统计资料的记录和保存。

6. RCM 的概念和理论

以可靠性为中心的维修的要领和原理展现了系统的、科学的、适应现代企业设备维修的新观念。

RCM 与传统维修观念的差异如下：

（1）定时拆修。传统维修观念：设备故障的发生和发展与使用时间有直接关系，定时计划拆修普遍采用。

RCM 的新观念：设备故障与使用时间一般没有直接关系，定时计划维修不一定好。

（2）潜在故障。传统维修观念：没有潜在故障的概念。

RCM 观念：许多故障具有一定潜伏期，可通过现代各种手段检测到，从而安全，经济的决策维修。

（3）隐蔽功能故障。传统维修观念：无隐蔽故障和多重故障的概念。

RCM 的新观念：RCM 的新观念从可靠性原理及实践寻找或消除隐敝故障，可以预防多重故障的严重后果。

（4）预防维修作用。传统维修观念：预防性维修能提高固有可靠度。

RCM 的新观念：预防性维修不能提高固有可靠度。

（5）故障后果的改变。传统维修观念：预防性维修能避免故障的发生，有时能改变故障的后果。

RCM 的新观念：预防性维修难以避免故障的发生，不能改变故障的后果。

（6）预防维修工作的确定。传统维修观念：能做预防性维修的都尽量做预防性维修。

RCM 的新观念：采用不同的维修策略和方式，可以大大减少维修费用。

（7）维修大纲的制定。传统维修观念：完善的预防性维修大纲由维修部门的维修人员制定。

RCM 的新观念：完善的预防性维修大纲由使用人员与维修人员共同加以完善。

（8）维修方式的变化。传统维修观念：通过更新改造来提高设备的性能。

RCM 的新观念：通过改进使用和维修方式，也能得到一些良好的效果。

（9）维修与有形资产。传统维修观念：维修是维持有形资产。

RCM 的新观念：维修是维持有形资产的功能（质量、售后服务、运行效益、操作控制、安全性等）。

（10）寻找维修方法的心情。传统维修观念：希望找到一个快速、有效的解决所有维修效率问题的方法。

RCM 的新观念：首先改变人们的思维方式，以新观念不断渗透，其次再解决技术和方法问题。变革时期，转变观念的投大是最少、效果最好的。

（11）维修与可靠度。传统维修观念：维修的目标是以最低费用优化设备可靠度。

RCM 的新观念：维修不仅影响可靠度和费用，还有环境保护、能源效率、质量和售后服务等风险。

从维修工程的发展来看，维修的观念随着技术的进步和先进的制造系统而在不断更新和充实，一些陈旧的观念逐渐被淘汰。上述的维修观念是当前设备管理界并没有完全获得统一认识的概念，这和我们所处的环境和掌握的知识程度有关。

分析十几年来企业维修机制的实施效果，无论是引进的方法，还是自己创新的制度，都需要做很多工作，不可能几天就完成。

7. RCM 的主要内容

（1）RCM 中的部件维修（关键件）。

① 部件可靠性。

② 部件可靠性检查。

③ 部件故障如何影响整个系统。

（2）重要度、复杂度。

（3）RCM 简答。

Why 用 RCM——逻辑计划维修理论的必要；

Who 实施 RCM——管理人员；

What 是 RCM——系统功能的逻辑维修；

When 实施 RCM——设备维修优胜奖水平以后，即可实施；

Where 用于 RCM——生产系统的功能维修（无积累维修数据的现代化设备；与工艺故障关系密切的流程设备）；

How 作 RCM——从准备 RCM 分析入手（可靠性分析、评估；在此基础上选择合适的维修方法；经济性权衡）；

RCM 是一种用于确定某设备（设施）在其运行环境下维修需求的方法。

RCM 可以定义为：一种用于确定以确保任一设备（设施）在现行使用环境下保持其设计功能的状态所必须活动的方法。

RCM 的最大长处就在于它认识故障后果远比故障的技术特性要重要的多。

RCM 在 2 个层次上进行确定：

① 首先，确定设备功能故障的特点和故障分类。

② 其次，提问什么能引起每种可能的功能丧失。

(4) RCM 的 7 个基本问题。

① 运行使用环境下，设备的功能及相关的性能标准是什么。

操作人员和管理人员对规则最了解，他们起主导作用，往往也是信息的拥有者，如果能在讨论会上共享这些信息，维修人员就会更清楚地意识到运行的目的，也更清楚和了解维修。

② 什么情况下设备(设施)无法实现其功能。

充分理解功能故障和潜在故障的含义。

③ 引起各功能故障原因是什么。

在故障模式水平上如何控制维修：

故障的本质原因；

故障模式可使用范围；

如何列出故障模式。

④ 各故障发生会出现什么情况。

故障发生后的迹象；

故障发生后的停机的时间；

故障发生后造成的危害；

为排除故障主要做的工作。

⑤ 什么情况下故障至关重要。

隐蔽故障、功能故障；

安全性和环境性后果；

使用性后果；

非使用性后果。

⑥做什么才能预防故障。

视情工作；

研究 $p—f$ 间隔期的长短(潜在故障)；

预定返修和预定部分报废。

⑦找不到适当的预防性工作应怎么办。

故障检测；

在缺乏正确记录的情况下，如何做以下工作；(纪录平均故障间隔时间，询问制造商，询问过去可能进行的功能故障检查的人员)；

重新设计。

(5) 其他相关问题。

① 如何从类似设备中收集维修纪录(生产厂家、设计人员、操作人员，维修人员)。

② 维修计划与 RCM(周期维修缺乏逻辑性、知识维修与经验维修的区别)。

③ 部件维修是 RCM 的关键所在(关键部件基础、关键件影响系统、下层与上层的关系)。

8. RCM 的进一步理解

(1) RCM 与 TPM 目标一致，即安全性，系统可靠性与更好的维修效果。

(2) RCM 维修法成败与否取决于可靠的设计/建立良好的设备维修大纲。

(3) 通过可靠性与维修方法之间的关系找出影响全局的部件，选择正确的维修方法对系统可靠性的保证至关重要。通常在一台设备中仅有几个这样的部件。

(4) 部件可靠性管理。

(5) RCM 的驱动力。

(6) 引进 RCM 的时间进度。

9. RCM 的普及与实施

设备管理要改变过去计划经济下重视物质寿命，忽视技术寿命和经济寿命的观念，企业的设备管理人员应更加思考采用什么维修方式，以最少的资源获得最大的效益。

(1) 计划预修变为针对性维修。在合适的时机下以及通过可靠性理论的判断，采取最经济的维修方式。选择针对性最强、最准确、最经济的对症修理方式，以使它的技术寿命充分利用。

(2) 预防性维修中增加视情维修。充分利用潜在故障与功能故障的时间间隔是经济有效的；通过技术经济埋论、可靠性埋论、寿命周期费用方法，判断项修与大修的取舍；增加逻辑功能修理，减少功能过剩，从设备系统的角度来认识和提高设备的各种寿命和功能利用。

目前我国民航维修系统中，空中客车 A320 就是采用视情维修而使寿命大大提高。

(3) 考核指标中增加新的内容。设备管理考核指标是评价和量化企业设备管理工作质量的体现。过去考核多是重视物质形态(如设备完好率等)。而现在应更多地注意从资产经营效益出发，以新的指标体系促进企业不断提高设备的利用率。(诸如增加设备资产利润率、设备维修费用比重降低率、闲置设备资产转换率等)。

(4) 注意修理和改进的结合。从 RCM 的观点来看，改进就在功能逻辑维修分析的基础上进行，而不应为了追求某种效果而随意行动。

RCM 中的改进分为两种模型：

① 部分更新所需时间短，成功率高，经济评估简单，在提高可靠性维修性的同时，还能提高其他性能。

② 改进性维修主要针对设备的具体故障模式，在维修中进行，其技术难度小、投资少。

因此，RCM 的改进工作主要是针对可靠性与维修性而进行的，目的是减少故障损失和维修费用。

(5) 重视维修性大纲的适应性和有效性。维修作为实践性很强的工作，过去较多的注重技术性、人员的操作性。而从 RCM 的观点看，维修性大纲的制定是极其重要的，其科学性在于设计部门与维修部门共同参与，研究其适应性准则和有效性准则，并结合逻辑决断图进行分析界定和详细的编制，它的实施带有较强的科学程序化和标准化管理，避免工作的随意性。

尽管还有许多概念需要更新和渗透到维修工作中，但应该认识到这一工作的艰苦性和复杂性，因为在机制的变革中，人们的隋性成为阻碍变革的阻力，要想变革顺利，更新观念、增强改革意识是第一步工作。

多年的设备管理模式形成了人们重物质形态管理、轻价值形态管理，在某些维修环节上忽视了维修本身的科学化。随着我国的经济改革进一步深化，国家涉及设备管理的机构和企业内的设备管理机构都发生了很大的变化。一些观念在更新，一些过去认为可做可不做的工作，现在非做不可了。

我们应做出一些适合当前形势和行之有效的设备维修管理工作。我们应该普及和推广RCM 理论和方法，把经验维修逐渐变为经济与科学定量分析相结合的维修。

我们在对设备进行 RCM 分析时，充分认识“维修就是投资”的含义，把追求设备一生费用最经济为目的，把手段建立在新技术的基础上，采取有效、科学的措施使维修总工作量减少、维修费用降低，这对企业的效益是巨大的。

5.4.2 基于风险维修(RBM)管理

西方国家自 20 世纪 60 年代起开始研究和采用预防维修策略，80 年代开始研究和应用预测维修策略，90 年代初期研究和应用基于可靠性的维修，90 年代中期研究和应用全员生产维修(TPM)，进入 21 世纪，已着手研究和应用基于风险的不同技术组合的维修策略。

地处北欧的挪威 RC Group Co. Ltd，因为严酷的海上环境而使生产成本较高，即勘探成本高，投资成本高，操作和后勤费用高，劳动力成本高，安全环境要求严格。这对设备维修提出了更高的要求，例如，保证设备的可靠性和可用性高，保证产品的高质量，且要降低维护成本等。美国 Chockie Group In-ternational Inc. 基于激烈的市场竞争，对于设备维修提出了更高的要求，即降低维修成本，提高生产效益，提高设备状况，从而提高产品质量；降低环境因素对于维修的影响等。他们不约而同地提出：维修策略应改变，维修活动应以风险性分析为基础，最终目的是降低设备的寿命周期费用，促使企业利润最大化。

“基于风险的维修”英文为 Risk-based Maintenance 简称 RBM，是一种旨在提高维修管理系统、规划和实践效果的系统方法。与传统的维修方法相比，其基于风险的决策是在维修过程中进行的。此外，采用基于风险的决策工具，如 ABS 系统的 RBM 过程，可以顺利地结合其它维修工具的优点和先进技术如：

以可靠性为中心的维修(RCM)；

基于风险的检查(RBl)；(参见基于风险的检测——API RP 580 介绍)

全员生产维修(TPM)；

工作程序的规划和安排；

备件定购和库存量控制；

底层致因分析(RCA)。

RBM 能解决那些问题?

合理地提高维修决策水平；

在决策过程中整合风险信息；

重点解决能导致系统失效的高风险设备故障所需的备件筹措；

通过以下途径减少维修费用：系统的决策、优化计划的维修作业，以及确定关键备件和优化维修资源库存量；

为评估维修检查方案和测试策略提供一种较为客观的手段；

为规划维修作业次序提供一种较为客观的方法；

为收集和分析失效诱因信息和失效数据(如 MTBF)建立一套系统；

确定高风险维修任务，并依此确定培训的重点。

基于风险的维修(RBM)是建立在费用有效维修(CEM)的基础上，而费用有效维修

(CEM)是对以可靠性为中心的维修(RCM)的补充，它主要以量化的方式来决策。

1. 以可靠性为中心的维修(RCM)

RCM 是一种用于确定某设施在其运行环境下维修需求的方法，即 RCM 是一种用于确定为确保任一设施在现行使用环境下保持实现其设计功能的状态所必需的活动方法。RCM 从逻辑关系上对故障、性能、功能标准、故障模式、故障后果进行了定性分析，是对传统的维修方式和维修行为的挑战，即预定大修对复杂设备的整体可靠性影响很小，除非该设备具有一种支配性故障模式。

它的主要观点是：

(1) 只有损耗性故障才与时间有关，而随机性故障是与时间无关的，再多的定期维修也无济于事。

(2) 对于复杂设备和系统，除某些主导性损耗故障外，多属于随机性，浴盆曲线对此类产品不适用。

(3) 在采用冗余技术进行可靠性设计的情况下，一个元器件、零部件、设备成分系统的故障不一定造成整个系统的故障。

(4) 定期维修是不能预防早斯故障和随机故障的，应该采用保护、监测和自诊断等方法，来消除或减弱故障后果。

(5) 定期维修并不是“预防维修”的唯一方式。

实施设备维修活动及对故障预防进行审查时，通常考虑以下几个问题：在现行的使用环境下，设施的功能及其相关的性能标准是什么；什么情况下设备(设施)无法实现其功能；引起各功能故障的原因是什么；各故障发生时，会出现什么情况；什么情况下各故障至关重要(安全性和环境性后果、使用性后果、非使用性后果)；做什么工作才能预防各故障(预防维修、预测维修和预定报废)；找不到适当的预防性措施怎么办(故障检测、重新设计)。

在实施可靠性维修中，最重要的就是制定“以可靠性为中心的维修”(RCM)大纲，这个大纲应包括：

① 确定重要的功能项目。凡是发生故障使产品发生安全性、使用性以及隐患性后果的项目；

② 对重要功能项目的故障要进行故障模式及其影响分析(FMECA)，填写 FMECA 表格(如表 5-8 所示)。

表 5-8　失效模式、影响和危害性分析

失效模式、影响和危害性分析(FMECA)					第　　页			
	系统		填表人			日期		
子系统模块(项目号)	失效模式	判定原因	影响		检测方法	危害性分析	改进措施	备注
			本单元	系统				

③ 进行逻辑决断，确定重要功能项目的维修作业类型；通过回答逻辑决断图(如图 5-20 所示)中的问题，确定出既适用又有效的预防维修作业。在 RCM 大纲中、预防维修作业包括四类基本形式的工作：

发现任何潜在故障率为目的的定期检查；

以降低故障率为目的的定期维修；

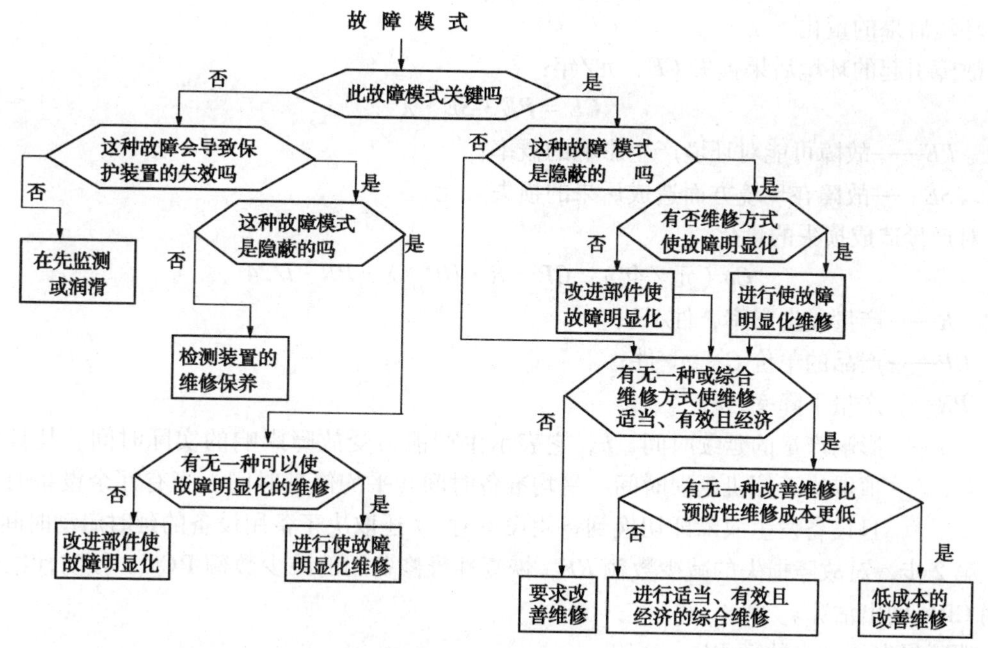

图 5-20　逻辑决断图

以避免故障或降低故障为目的的定期更换；

以发现功能故障为目的的对隐蔽功能项目的定期检查。

即确定两次维修作业的时间间隔，并将相近或相同的作业组合成套，以便执行。

2. 费用有效维修(CEM)

维修人员面临的挑战是，怎样制定和实施成本—效益维修(CEM)程序和计划，使收入损失和维修所投入的总和最小。

RCM 定性地，从逻辑关系上对故障、性能、功能标准、故障模式、故障后果进行分析，研究如何预防故障和开展合适的维修活动。CEM 在此基础上定量的提出制定和实施费用有效维修的程序和计划。

CEM 指导使用者按照下列思路实施 CEM 的维修程序和计划：①设备在什么情况下会发生故障，产生故障的原因是什么。②故障的后果是什么，故障会给设备的拥有者造成多少损失。③为了减少总费用损失，应实施哪些预防性维修作业，以效益/费用比高、收入损失和恢复性维修费用及预防性维修费用总和最低为选择原则，哪些预防性维修作业的费用有效度最佳；每种预防性维修作业的最佳间隔时间有多长。

具体算法如下：

第 1 步，量化故障后果。

安全后果的量化。

假设故障引起的安全损失 CS(元/年)：

$$CS = P \cdot S \cdot \lambda \tag{1}$$

式中 P——故障可能对安全产生影响的概率；

S——故障在安全方面造成的损失(元，影响程度分无影响、轻微、重大、灾难性等级，每一等级规定损失数额的范围)；

λ——故障率，次/年。

环境后果的量化。

故障引起的环境后果损失 CE，元/年：

$$CE = PE \cdot SE \cdot \lambda \tag{2}$$

式中 PE——故障可能对环境产生影响的概率；

SE——故障在环境方面造成后果的损失，元。

对产量造成损失的量化。

$$Cp\text{（元/年）}: CP = R \cdot UP \cdot \lambda \cdot PR \cdot t/24 \tag{3}$$

式中 R——产量或生产率，件/日；

UP——产品的单价 C，元/件；

PR——产量下降率，%；

t——影响产量的延续时间，h，它表示生产能力受故障影响的实际时间。其具体数值取决于停机延误时间、平均准备时间、平均修理时间。当有冗余设备时，一旦设备发生故障即切换到备用设备时，t 还取决于备用设备的延时启动时间。

第 2 步，对故障损失的减少数额 RF，恢复性维修费用的减少数额 RCM，预防性维修的费用 CPM 做出估算。

故障损失的减少数额 RF，元/年：

$$RF = SI \cdot CI \tag{4}$$

式中 SI——成功的概率；

CI——故障造成的损失 C，元/年。

其中故障检测作业的成功率：

$$SI = SI_0 \cdot e^{-10} \ln t / Wt \tag{5}$$

式中 SI_0——固有成功率；

$\ln t$——预防性维修作业的时间间隔，月；

Wt——警戒期，日。

故障预防和维修作业的成功率：

$$SI = SI_0 \cdot e^{-10} \ln t \lambda / 12 \tag{6}$$

恢复性维修费用的减少数额 RCM，元/年：

$$RCM = SI' \cdot CCM \tag{7}$$

式中 SI'——预防性维修作业的成功概率(指能否早期检测出故障和防止设备受到严重损坏)；

CCM——恢复性维修费用，元/件。

其中：

$$CCM = \lambda \cdot (MH \cdot HR + Cext) \tag{8}$$

式中 MH——恢复性维修所需的总工时，h；

HR——工时费，元/h；

$Cext$——除劳务外的其他费用，包括备件、材料、加急订货及运输、租用专用工具及仪器等的费用，元。

预防性维修的费用 CPM，元/年：

$$CPM = 12/\ln t(MH \cdot HR + Cext) \tag{9}$$

第 3 步，在上述量化的基础上，便可为具体故障选择费用有效度最佳的预防性维修作业，选择的原则是效益/费用比高，净效益最大。

$$效益/费用比 BCR: BCR = (RF + RCM)/CPM$$

它表示一次性预防维修作业的费用有效度，即说明如果为实施某项预防性维修作业花了1元钱；它所能避免的故障损失的减少数额和恢复性维修费用的减少数额是多少。

$$净效益 NB: NB = RF + RCM - CPM$$

它表示针对一种潜在故障所实施的某项预防性维修作业所产生的利润。NB 最大时的作业间隔是最佳的作业间隔。

3. 基于风险的维修(RBM)

基于风险的维修 RBM 是建立在 CEM 基础上的一种维修策略。

实施 RBM 的前提条件：一是建立在 RCM 的分析基础上；二是设备管理和维修计算机信息化。有关设备管理和维修系统的计算机软件应含有设备基本情况、设备可能发生的故障及其故障模式、故障后果、故障发生概率、维修活动成本费用等信息。同时维修资源和维修活动都要标准化、代码化。

实施 RBM 的程序是：

(1) 什么会导致设备发生故障。

(2) 故障可能会怎么发生。

(3) 故障发生的后果是什么。

(4) 系统地、直接地、定量地考虑风险，风险=故障发生概率 x 故障后果。

(5) 把风险排序，根据风险安排维修方案(活动)。

(6) 评价现行维修方案，从效益/费用和潜在故障的概括比例来评价。

RBM 的好处在于为每一台设备的维修活动进行确认并分清风险，减少不必要的检查、维修等，使维修部门把注意力和资源集中到最有意义的维修活动上，使维修活动得到有力的保证。最终降低设备的寿命周期费用，实现企业利润最大化。

5.4.3 基于风险的检测(RBI)简介

基于风险的检测(RBI　Risk-Based Inspection)是在设备检验技术、失效分析技术、材料损伤机理研究、设备安全评定和计算机等技术发展的基础上产生的新的在役设备检验技术。RBI 对在役设备不采用常规的检验方式，而是在风险分析的基础上，对高风险设备进行重点检验。采用该方法，可提高设备的可靠性，延长设备检修周期，降低设备维修费用，具有在保证设备安全性的基础上显著降低成本的效果。此项技术目前已在欧美工业发达国家得到了广泛推广应用。

RBI 技术是以风险评价为基础，对检测程序进行优化和管理的方法，通过有效的基于风险的检测使得在当前检测水平下有利于风险降低。RBI 根据设备风险等级，从经济、健康、安全、环境的角度，给出一个明确的检测程序。应用 RBI 技术，在当前可接受风险水平的条件下，区分那些不需要检测或风险降低措施的装备，使检测和管理行为更加有效，更加集中。在很多情况下，除了降低风险和过程安全改进措施外，RBI 检测程序可以节约大量成本。图 5-21 表示了这种随着检测程度和频率的增加，风险水平的变化曲线。图中上面的曲线代表着应用传统检测程序时的风险。没有检测时，风险水平很高。随着检测活动投人，风险水平急剧下降。当风险降低到一定水平后，检测行为引起的风险水平的降低逐渐趋于平缓。需要注意的是，对于传统的检测程序，如果过度检测，风险水平甚至可能回升(见图中上面曲线末端虚线部分)。因为特定条件下，侵入性检测可能导致装置额外退化，例如带着

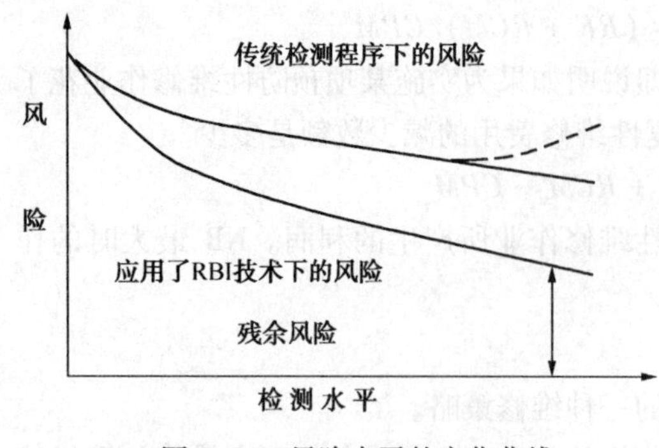

图 5-21 风险水平的变化曲线

硫酸的潮气进入设备，再如检测活动破坏了压力容器的保护层或玻璃衬里等。

RBI 技术最早由 DNV(挪威船级社) 在海洋平台上采用，20 世纪 90 年代初，美国石油协会(API) 与挪威船级社(DNV)合作，将 RBI 技术移植到石化装置检测中，先后颁布了两个 RBI 标准 API RP581 和 API 580。英国、法国也编制了自己的 RBI 技术指导文件，可以说"基于风险的检验"是国际上对在役设备进行维护和检验管理的发展趋势。目前 RBI 技术已经在航空、航天、石油化工、压力容器与管道、油气输送管道等工业得到了广泛应用。

5.4.4 其他维修管理新理论

1. 以利用率为中心的维修 (ACM)

以利用率为中心的维修(Availability Centered Maintenance，简称 ACM)，是把设备利用率放到第一位来制定维修策略的维修方式。它和以可靠性为中心的适应性维修体制有相似之处，但也有自己的特点。

以利用率为中心的维修思想把当代维修方式分成五类，有必要重新认识，它们是：

(1) 定期维修。

(2) 视情维修。

(3) 事后维修。

(4) 机会维修。

(5) 改进(设计)维修。

维修规划是在对设备利用率等因素分析的基础上做出的，主要分析内容如为：

(1) 什么是关键设备。

(2) 近似的利用率评估。

(3) 对关键设备零部件故障模式和维修项目进行评估。

(4) 选择适当的维修方式。

(5) 编制单台设备维修规划。

① 根据生产流程，确定单台关键设备。

② 根据维修数据，即故障停机对利用率的影响，按照以利用率为中心的思想进行排序，优先考虑那些对利用率影响大的设备。

③ 通过状态监测和故障分析，确定设备的故障模式，再以不同故障模式选择不同的维修方式。

④ 根据生产安排，编制单台设备的维修计划。

⑤ 结合维修力量的调配和平衡，形成整套设备的维修计划。

以利用率为中心的维修体制需要两个条件：一是由于需要维修数据、故障模式作为支持，这个体制更需要加强对设备的了解，加强设备的维修数据统计记录；二是由于需要选择以监测为主的视情维修、以改进设计为主的改进维修、以充分利用生产空隙为主的机会维修，以及传统的定期维修和事后维修，无论从管理上还是技术上，都需要跟多的技巧和经验。

近年来随着计算机应用的普及，使得以利用率为中心的维修体制，在数据记录、统计、分析方面更加快捷方便。

2. 全面计划质量维修(TPQM)

全面计划质量维修(Total Planning Qualitative Maintenance，简称 TQPM)，是一种以设备整个寿命周期内的可靠性、设备有效利用率以及经济性为总目标的维修技术和资源管理体系。其内涵是：维修范围的全面性——对维修职能做全面的要求；维修过程的系统性——提出一套发挥维修职能的质量标准；维修技术的基础性——根据维修和后勤工程的原则，以维修技术为工作的基础。

TPQM 于 1989 年在美国被提出。它是一种维修管理的新概念。它与 TPM 虽然有着相似的总目标，但侧重点各有不同。TPQM 强调质量过程、质量规定和维修职能的发挥。其重点在于选择最佳维修策略，然后有效地应用这些策略达到高标准的质量、安全、设备可靠性、有效利用率和经济的资源管理。

1）综合维修管理

TPQM 提出维修十项要素，然后对这些要素实行综合的、一体化的、整体化的管理。也就是说，其中一个要素改变了，其他相应的要素也随之变化，以保持过程的整体性。维修职能的十项要素如图 5-22 所示。

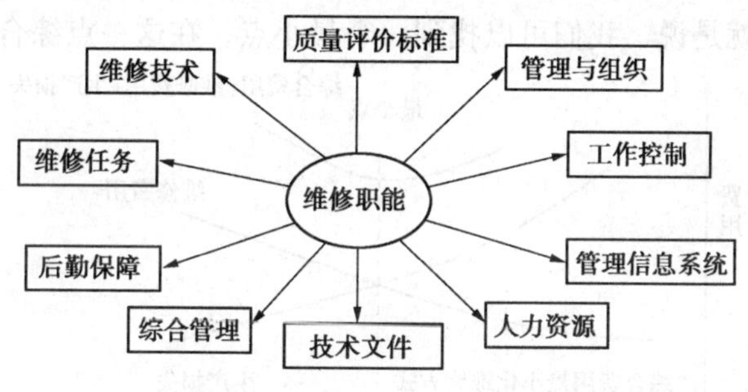

图 5-22 维修十项要素

2）TPQM 的 PDCA(计划—实施—检查—调整)循环

TPQM 的实施过程实际上也是计划—实施—检查—调整的 PDCA 循环过程，目标是为了达到规定的质量体系标准。实施过程应有明确的界限，过程中要不断地进行评价，要对过程加一合理调整，维修职能的十要素要融合在整个过程之中。

TPQM 实施过程可以分成以下单元：

(1) 管理单元。对维修职能、目的作出规定，提出总目标和分目标；提出设备使用与维修的基本规定，设置组织机构；提出人员安排；提出有关维修职能和实施过程的所有方针、政策、和程序。

(2) 选择单元。规定维修数量、范围，设定设备组合单元，划分系统层次结构，确定关键设备，提出维修管理要求。

(3) 开发单元。通过以可靠性为中心的技术，寻求系统临界状态，确定所有值得维修项目的寿命周期。

(4) 实施单元。将维修任务变成可执行的控制安全、质量和性能的工作程序。

(5) 执行单元。对维修活动实行计划、进度安排和有效的控制。

(6) 评价单元。对维修过程和结果进行评价，并不断改进。

(7) 反馈。为改进工作提出方法、措施。

虽然 TPQM 与 TPM 有着相似的目标，但企业不可能等自己的每个成员都维修工作感兴趣之后才实施维修。TPQM 不否定启发工人的自主维修积极性，但更依赖于一个良好的程序和组织。通过对这种维修程序的实施，不断培养维修人员对维修工作的积极态度。为了达到这个目的，应该作到：目标明确且坚定不移；以设备维修的需求和维修技术提高的需求为动力；为计划工作作好充分准备，保障计划的顺利进行；任用经过培训和有能力的人担任工作，保证正确完成工作；制定正确、详细的维修程序，使小组成员充满自信；每日都有计划；设置专门机构进行成果评价，不断把目标、标准与工作实绩进行比较；不断改进工作。

3. 适应性维修(AM)

随着企业设备不断朝着大型化、复杂化和自动化方向发展，设备在生产上的重要性日益增加。如何使企业的生产活动适应市场形势的变化，成为一个重要课题。从设备管理方面来看，随着产量的变化、设备劣化的发展、诊断技术的进步及周围各种条件的变化，其体制、方式、方法也应作适应性的变化。为此，以日本某些钢铁企业为首，提出为迎接 21 世纪挑战的适应性维修(Adaptive Maintance，简称 AM)概念。

这一新管理模式的核心，是把综合费用降到最低。图 5-23 给出了随着维修方式的变化，维修费用和生产损失费用曲线也随之升或降的趋势。综合费用曲线，作为上述两种费用之和，呈下凹状。也就是说，我们可以找到一个最小点，在这一点综合费用最低。

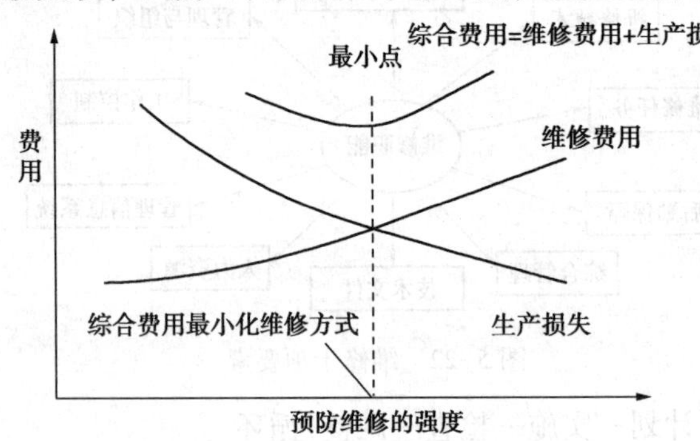

图 5-23　综合费用曲线

对不同设备可以按照图 5-23 方式绘出综合费用曲线，并找到最小点。这样，就可以在 BDM(事后维修)和 CBM(状态维修)之间选择最佳的维修模式。

为达到综合费用的最小点，必须解决好三个问题：一是要把设备故障造成的生产损失、维修费用定量化；二是确定计算综合费用的经验公式或理论公式；三是要确定能够反映不同时期维修方式的变化。

(1) 以费用的定量计算确定维修方式。

(2) 以经验法则决定维修方式的逻辑框架。

4. 费用有效性维修(CEM)

费用有效维修（Cost Effective Maintenance，简写 CEM），是通过维修作业的费用效益分析选择维修策略的管理方式。费用有效维修的主要程序如下：

(1) 辨识和确定各种潜在故障 这种管理模式基本延续使用以可靠性为中心的维修模式所提供的逻辑程序。它通过回答以下问题来辨识：

① 功能——设备使用范围和功能、性能基准。

② 功能性故障——功能性故障的具体表现形式。

③ 故障模式——造成每一种功能故障的原因。

④ 故障现象和作用——每种故障发生时的伴随现象。

(2) 以量化方式表示故障后果。不同类型的设备故障后果是不同的，它们可能造成生产中断，也可能会降低产品质量，影响对用户的服务，有的还会威胁到安全或环境，而针对这些故障所进行的恢复性维修，其费用也有所不同。因为故障后果可分成安全、环境、产量、质量、对用户的服务及运行使用费用等方面的指标，而这些指标均可以准确或近似地加以量化。

(3) 恢复性维修的费用。恢复性维修是指非预防性的、计划外临时安排的故障后修理。一般而言，恢复性维修的费用会大大超过预防性维修费用。恢复性维修的费用也是可以计算、量化的。

(4) 预防性维修的费用。预防性维修作业是有计划安排的维修活动，可以按照作业单元费用、间隔、总工时及其他附加费用加以计算和量化。

(5) 预防性维修的效益。预防性维修的效益可以由故障后果造成的损失(收入减少数额)和恢复性维修费用这两项减少数额来计算。

(6) 选择费用有效的预防性维修作业。当已经对故障后果造成的损失、恢复性维修的费用、预防性维修的费用，以及故障后果造成的损失和恢复性维修费用的减少数额作出估算之后，就可以选择最佳的维修策略了。

费用有效维修方法与以可靠性为中心的维修相比，更注重对故障后果、收入损失、维修费用的量化，把以可靠性为中心维修的定性转变成定量化的处理，使修策略的选择更具有数据依据，也更便于计算机管理。当然，有些量化是近似的，有些量化甚至有一定难度，需要做的基础工作较多。反过来，也正是这些工作，才使维修策略的选择从感性走向理性，从直觉走向科学。

费用有效性维修认为维修概念是对于各类设备的一组维修要求。在维修概念里包含 3 个关键参数：

(1) 设备组。即设备类型、维修范畴、主要故障及备件类型等。

(2) 关键性。即设备状态环境的影响，3 代表最关键，2 其次，1 最低。关键性的评价包含安全、健康、环境、生产秩序、后果费用等要素。关键性决定着维修模式的采用。

(3) 冗余性。即设备冗余状况，分为 A、B、C 三类，A 代表在不影响功能的条件下，不能有一台停机；B 代表可以有一台停机；C 代表可以有两台以上停机。冗余性决定着维修的紧迫性和间隔期。

维修策略就是通过维修概念的建立过程而实现的。也就是说，设备具有类似的物理结构和速率，相同的冗余度，并在相同条件下工作，应给以相同的维修策略。策略包括维修工作负荷和类型，即在不同设备类型上的负荷分配、人员分工，是采用常规、预防、修复还是检查等模式，备件准备和储存，以及技术和运行文件编制。维修概念是按照以下顺序建立的：

(1) 列出主要故障。

(2) 评价故障原因、特点，故障是突发还是渐进，是否可检测等。

(3) 按照费用有效方式选择维修策略：检测、预防、修复、关键性越高、冗余度越低，则预防维修的强度越大。

(4) 按照关键性和冗余度来确定维修间隔。

(5) 描述备件的类型和供货周期。

5. 资金为中心的维修管理(MCM)

捷克的维克拉夫里加德(Vaclav Legat)提出以资金为中心维修管理(MCM)定义如下：以资金为中心的维修管理(MCM)是利用对技术、维修和操作员工的培训和其他管理工具和方法，使收入最大化，维修费用优化，从而达到提高企业利润目标的维修管理方式。

1) 具体分类

(1) 维修策略费用。

① 对某一生产系统、设备设定和更新的维修策略费用。

② 预防维修费用：包括周期维修费用、诊断（预知）维修费用、主动维修费用等。

③ 故障后维修费用(修理费用)：包括故障后维修过程费用、故障引起的停机费用。

(2) 维护过程费用。包括：清扫费用；润滑与更换润滑油费用；因变更产品引起的设备调整费用；对维修与设备性能测量费用；修正检查费用；预防检查费用；诊断与监测、预测费用；测量与诊断装置仪器调校费用；内外部预防维修计划、安排、控制费用；内、外部事后维修管理费用；备件管理(CPM)费用；设备零件更换费用。复杂生产设备改造更新管理费用等项目。

(3) 维修过程技术费用。包括：机械维修费用；电子维修费用；建筑维修费用；园林维护费用等。

(4) 维修资源费用。包括：内部维修费用；外部维费用，即外部小维修费用和长期外包维修费用。

2) 维修管理如何增加收入

(1) 提升生产设备性能、可靠性和能力。

① 选择、购置适当的生产设备：包括能够完成预定的功能，达到预定的可靠性、可维修性和维修支持，产生预定的竞争力。

② 在运行中维持上述的特征。

(2) 生产质量水平。包括：合适的初始设置；消除过程中的不合格产品；消除过程后的不合格产品；维修后马上确认设备的性能等项目。

(3) 设备能力的发挥。包括：对预防维修的间隔期、生产准备时间和劳力使用进行优化；减少事后维修、生产准备时间和劳力的投入；减少更换产品数量和生产准备时间；保持确定设备性能；减少不良品等项目。

(4) 安全、环境、减少库存，获取和锁定顾客。包括：保证生产设备运行安全；生产运行与维护中的环境友好和低不良影响；减少生产停机；降低未完成生产量和过剩库存；降低库存资金占有；提升后拉式系统应用（准时化生产 JIT，看板）；提升顾客供给的可靠性等内容。

3) 如何让维修给企业创造最大利润

(1) 选择购置有效、可靠和适当的生产设备。包括：准备质量要求清单；确定要求质量参数；定义不同质量特征权重；选择至少 3 家供应商；按权重评价供应商的设备；选择决策。

(2) 创造、提供最优维修支持资源。包括：维修人员培训；建立技术信息数据库；工具、仪表、诊断、测定装置到位；恰当的备件库存；维修场所与设备配置；优质的外部维修安排；保证对人力资源的财政支持。

（3）应用恰当的维修管理。包括：建立标准化的维修管理质量体系；应用以激励为基础的 TPM；应用 RCM 于关键设备；注意 FMEA（故障模式效果与关键性分析）；监测运行可靠性，优化预防维修；准备和应用维修标准技术梳程；应用诊断技术改善预防维修，快速维修；用 TEE 来度量维修生产效率；紧密监视每一项目维修费用；计算维修对企业利润的贡献；应用内部、外部对维修的基准；决策、优化计划与非计划、预防与事后、外部内部维修比例；优化设备技术改造；采用工作安全与健康保护策略，保证安全健康；应用环境管理体系，减少对环境影响；应用计算机维修管理等内容。

6. 价值驱动维修(VDM)

荷兰的马克·哈曼(Mark Hanman)等人提出了维修的价值驱动理论。维修价值论认为维修是由四个方面的价值驱动的，它们分别是：资产利用、成本、安全健康与环境以及资源配置。其中资产利用和成本是最基本的价值，维修或者维护、设备管理的核心就在于提高资产利用率，降低维护成本；同时还要兼顾到职业健康、生产安全和环境保护；合理的资源配置也是维修管理价值的主要体现。

价值的增值潜力=专业技术水平×价值增值

要引导企业关注主要的价值驱动器，因为：

（1）主要价值驱动器具有巨大增值潜力。

（2）分析主要价值驱动因素并不困难，至少每年一次。

（3）关键的维修策略要放在主要价值驱动器上。

（4）随着时间推移，主要价值驱动器也会变化。

企业维修的核心竞争能力一方面是通过损失分析、设备利用计划、物资（备件)供应链管理，以及维修服务供应链管理来提升资产利用效率；另一方面是通过成本分析、维修预算、设备知识管理以及技能工具的开发，使成本得到有效控制。维修的执行既有安全健康环境的价值驱动，又有资源配置的价值驱动。

企业要设定每年增值的具体目标，包括预防维修占总维修费用的比例、设备的可用率、维修费用占资产重置费用的比例、外包维修费用占总维修费用的比例、员工培训费用占维修费用比例、计划维修完成率、健康安全环境水平、技术文件的可靠性、设备生产率、信息化投人占资产总值比例等。

价值驱动维修管理 VDM，不仅仅是一堆公式或者 IT 解决方案，它真正为维修企业提供：

（1）为何改善；何处改善以及如何改善的方法。

（2）不仅是漫长的旅程，是实实在在建立起“计划与控制 ”概念上的一步一步的里程碑式的改进。

（3）高于一切的是：“聚焦—聚焦—再聚焦”。例如，在费用控制环节。

VDM 等于持续改善。

（1）通过价值树分析，让改善项目聚焦于现金流。

（2）通过逐年的基准评价，设定多年的改善目标。

（3）不仅仅是概念，而且有下列支撑：技能型员工；设计良好的流程；合适的 IT 工具。

VDM 已经在全球超过 100 家工厂，包括造纸、水泥、汽车制造等行业应用，并取得良好的效果。

结论：

(1) VDM是从头到尾持续维修管理改善的流程。

(2) 是收集、描述、交换企业内外部最佳维修实践信息的平台。

(3) 它通过良好的工具文撑着维护计划于控制框架。

(4) 聪明的维护体系创造可见的价值。

7. 赛车式维修管理探索

近年来，欧洲国家受到方程式赛车的启发，将紧急抢修式(PIT STOP) 维修管理导人企业，由一般停机维修逐渐过渡和引申到 PIT STOP 式维修。

赛车式维修管理的目标是：

(1) 提高设备的可用率，达到X%。

(2) 降低事后纠正性维修，达到Y%。

(3) 维修时间不超过X天。

(4) 费用不超过Y%。

赛车式维修管理实质是“事后维修”，“项目管理”，“关注速度”和“关注行为”几个事件的交集。赛车的胜负往往就在分秒之间，赛车中进站维修的动作行为情况记录见表5-9。常规停车—加油—抢修的差异决定了比赛的胜负。一般停机下的维修活动主要包含预防性维修或者纠正性维修，以及调整、安装等内容。赛车式紧急抢修(PIT STOP)工作负荷将主要时间放在准备阶段，这样在实施阶段以最大的工作负荷、最短的时间完成任务需求；完成工作之后，还需要一个总结评价的过程。

表5-9 赛车中进站维修情况记录表

时 间	动 作
-1圈	团队各就各位，赛车手接受下一圈停车信号
-30s	上轮人预热赛胎到90℃
-16.3s	赛车手进入停止道，起动限速器停车
0.2s	气动枪插入轮胎螺母
1.0s	千斤顶提升汽车
1.5s	油枪嘴对接，加油器红灯盖红光显示在加油
2.0s	发令者向赛车手显示刹车棒
2.5s	车轮卸下
3.5s	新车轮装上
3.7s	移开锤子，装轮人扬起右手清场
3.8s	千斤顶落下
9.0s	起动档显示赛车手准备出发
9.8s	绿灯亮显示90L油以加满，送开油枪
10.2s	汽车起动，紧急抢修共花费时间约10s

从一般的停机修理到赛车式紧急抢修(PIT STOP)，组织需要作如下变革：良好的团队合作、明确的任务和责任定义、畅通和准确的沟通、精湛的状态监测技术应用、持续改善、

不断的技术设计与优化、建立基准和不断对标、培训与实践。

如某企业在赛车式抢修(PIT STOP)前，进行了16h不可控停机的原因树分析，最后归结为人-机一料一法一环等要素，由此再来研究针对性的措施。而一个良好的赛车式检修过程，只需要一个不断优化的PDCA过程。具体就是从后勤准备到组织计划，到操作执行，最后到评价反馈。多次循环，铸就一支赛车式检修队伍。

8. 全面质量维修(TQMain)

全面质量维修（TQMain)提出的背景：生产和设备的高精度要求、具有竞争力的价格、准时交货要求、生产流程的环境友好、社会的认同。

总结上述的要求，可以得到这样一个结论：一台陈旧老化的设备，糟糕的流程，很难准时的，在保持环境友好的前提下，生产出具有竞争力的价格，同时是高质量的产品。

而劣化的设备，又很可能由于内部的原因造成，它们是误操作、不良的润滑、不合格的原材料、保养不够、外部冲击、糟糕的运行环境等。

全面质量维修(TQMain)被认为是持续地改善设备流程及其生产过程涉及的所有要素的技术和经济效率的方法，而非仅仅是修复损坏的设备。因此，全面质量维修（TQMain)是监测、控制生产过程、工作条件、生产成本、质量缺陷的所有偏差的原因，包括设备的劣化、发生的机理、潜在的故障，在这些要素真正超出产品允许范畴之前及时加以制止和控制，使设备或者某一部件得到修复一新。而所有这一切又应该在保持单位产品成本不断降低的情况下进行。

全面质量维修(TQMain)是从质量维修的理念延伸下来的维修管理方法，同时包容了全面质量管理的概念。顾名思义，全面质量维修(TQMain）具有如下基本要点：涉及整个生产过程而不仅是设备；以新的CBM（状态维修)，即以质量偏差为基础的计划与实施；应用概率和确定的工具集合来解决生产和设备问题；应用公共数据库实时采集设备和工艺参数，按费用有效原则处理；应用实时监测及时发现设备问题，早期诊断，发现隐患，避免设备故障；主张主动一预知维修；强调系统管理，将技术、组织、经济、知识和经验集成；贯彻费用有效和持续改善。

由上面的描述可以看到，全面质量维修是从设备维修管理角度对全面质量管理的有力支撑。

全面质量维修(TQMain）的重要应用及特点是：

(1) 在“最早期”就监测、诊断生产流程、设备、部件产生的有关产品质量、生产成本、工作环境的偏差，以便采取措施控制或制止其发展。

(2) 选择最“费用有效”的维修策略。

(3) 选择最合适的“劣化率”，保证在潜在故障发展时期（在故障处理之前），不会发生突发故障。

(4) 监测逼近故障的设备或者部件状态，跟踪其发展，预测设备状态水平。

(5) 评价故障概率、剩余的有效工作寿命，以最佳的费用-有效机会进行维修。

(6) 通过发生过的故障、成功延迟维修的经验，不断地认识失效的初始原因、发展机理和故障模式。

应用全面质量管理(TQMain)可以保证企业从管理层到操作层得到可靠的以下相关信息：早期控制过程偏差、对损坏件按照费用有效原则进行更换、保持设备始终不超出可接受的劣化水平、未来有效利用寿命的预测、评估故障发生概率、故障机理、原因和模式，有利于故障控制、通过费用有效达到状态维修。

9. 全面规范化生产维护(Total Normalized Productive Maintenance，简称 TnPM)

上世纪 90 年代初，我国引进了日本创造和发展起来的“全员生产维修”(TPM)管理模式。这一模式经过几十年的发展与推广，已在全世界得到广泛传播，给许多引进 TPM 管理的企业带来效益，从而成为当代企业管理最具代表性的手段之一。为了使 TPM 更加适合中国国情和企业实际，结合设备管理的规律和科学原理，国内在 1998 年提出了 TnPM 的理念。所谓 TnPM，就是以设备综合效率和完全有效生产率为目标，以全系统预防维修系统为载体，以员工的行为规范为过程，全体人员参与为基础的生产和设备维护、保养与维修体制。TnPM 是中国式的 TPM，是洋为中用的 TPM，是以规范为台阶引导的 TPM，也是适合中国国情的 TPM。

在 TnPM 体系里，除了生产现场操作员工参与的规范化活动之外，精心设计的预防维修体系仍具有重要的实践意义。这个体系我们称为 SOON 流程，即“Strategy(System)-On-site-information-Organizing-Normalizing”，意思为“策略(系统)-现场信息-组织-规范”流程。这是一套比较严密的设备防护体系。首先，根据不同设备类型及设备的不同役龄，选择不同的维修策略；然后通过现场的信息收集，包括依赖人类五感的点巡检，依靠仪器仪表的状态检测以及依赖诊断工具箱的逻辑推理，以此对设备状况和故障倾向进行管理；下一步是维修活动的组织，包括维修组织结构设计、维修资源配置等；最后是维修行为的规范和维修质量的评价。详细展开为图 5-24 所示的具体化流程。

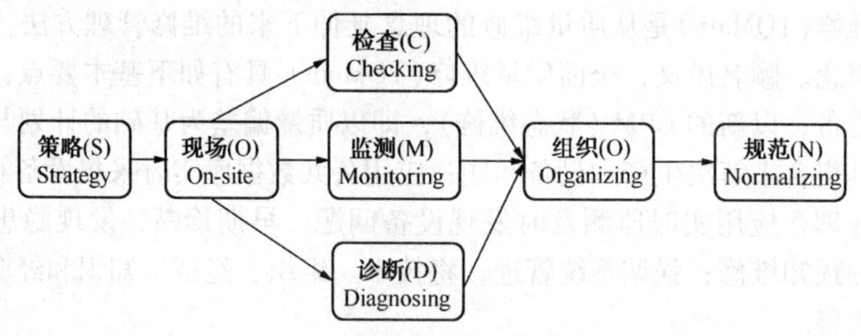

图 5-24 SOON 流程

经过近年来的推广与实践，TnPM 管理模式已发展成为一套比较完善的管理体系，被不少企业认同和引进，并取得明显效果。中国设备管理协会在 2003 年 12 月成立了全面生产维护委员会，通过举办学术研讨、组织企业参观、建立专业网站、开设主题论坛、编撰、翻译各种相关的专业书籍和发放会刊资料等方式，促进了 TnPM 在全国的发展。

10. 主动维护技术

主动维护是指对导致设备损坏的根源性参数进行修复，从而有效防止失效的发生，延长设备使用寿命。通俗地讲，就是从引起设备损坏的源头对设备的状况进行监测、预防和控制，有效防止设备事故的产生。从定义我们就可以看出：主动维护是在设备摩擦副磨损之前，针对根源问题采取措施，从源头开始预防，防患于未然，大幅度延长设备维修周期，降低维修费用，降低设备能耗，实现节能减排，提高企业整体经济效益。

主动维护是继故障维修、定期维修、状态监测之后国际上近几年来提出的一种新的设备管理理念，相对于其他 3 种维护方式，主动维护每年所发生的费用与之相差 100 倍以上(详见表 5-10)。

表 5-10 维护方法对比

维护方法	技术措施	费用(元/马力·年)
故障维修	大修	126
定期维修	定期修理，更换零件	91
状态监测	检测失效征兆如振动、噪声、磨粒	56
主动维护	纠正根源性参数	1

主动维护技术的主要工作：

(1) 重视润滑管理，保证按质换油。

(2) 选择优质“三滤”，保证过滤精度。

(3) 增加净化装置，保证燃油品质。

(4) 选择优质冷却液，保证冷却质量。

在油液更换方面，目前所存在的两个极端：

(1) 在润滑油还很干净时将其换掉。

以目前运行的各种车辆为例，从 70 年代至今，车辆的发动机性能、机械性能及技术状态已发生了翻天覆地的变化。现在的路况与 30 年前相比已有了非常大的改善，车辆几乎一直运行在高速公路或一级公路上，润滑油的等级从原来的 SA、SB、SC、CA、CB、CC、已普遍优化到 SF、SJ、CF、CJ 等高级润滑油。车况、路况及润滑油已发生了重大变化，但换油周期仍然执行的是 5000km 换油。而同等情况下，欧美等国的车辆却执行的是 30000~50000km 换油。

虽然我们的空气污染比欧美严重、三滤质量比欧美差、冷却液质量比欧美差等等，但换油周期也不应该有如此大的差别。几年来，通过各种试验检测证明，我国车辆润滑油性能利用率不到 30%，造成的浪费是非常严重的。到 2011 年底，我国的载人汽车拥有量已达到 1 亿台，按目前的机油换油标准，每台车年均消耗润滑油至少 18L，那么全年汽车消耗的润滑油总量至少在 18×10^8L，如果每升按平均价 20 元计算，则需要 360 亿元。

当然，这与我们国家目前所执行的保养制度及传统观念关系非常大。各种 4S 店的规定都是执行 5000km 保养制度将得到两年或 60000km 的免费维修，车主不得不执行这样的政策。另外，大家刚刚对润滑油引起重视，认识到润滑油对车辆的重要性，而润滑油及保养费用与车辆价值相比，毕竟还较小(2%~3%)，所以人们更能接受目前的保养制度。

(2) 在润滑油已受到严重污染时不舍得将其换掉。

几十年来油田一直执行的是按期换油的传统方式，油田使用的大马力柴油发电机组、泵、大型特车、抽油机、钻机等由于每次换油量较大(都在 100L 以上)，各二级单位的经济责任制对成本有严格的控制指标，成本指标层层向下分解，基层单位为了控制成本，往往采用的是费用承包制，所以，造成的结果是使用者不按要求换润滑油，不愿意执行厂家规定的换油时间，尽量采取过程中不断添加新油等各种方式来延长润滑油的更换周期，其目的是为了节省润滑油，但最终对设备所造成的损伤是致命的，造成的经济损失更大。这种情况在大马力柴油发电机组上发生的最严重，而且马力越大，一次换油越多，不舍得更换润滑油的意愿越强烈，造成的后果越严重。

润滑油的主要作用是为了保护摩擦副正常润滑，而当这个作用失去的时候，就成了有害的，不及时更换就会损伤设备，这就是为什么要按质换油的道理。只有这样，才能保证设备的正常运行，才能保证设备使用寿命的成倍延长。所以，该换油而不换，是造成设备损伤的最大因素。如曾有一台 12 型抽油机因润滑失效，造成齿轮副中的齿全部断裂，轴承副烧结，以致整台减速器报废。这就是为什么要换油的道理。

如何做到按质换油

(1) 领导的重视。领导重视就可以获得人力、物力、财力的支持，同时有利于润滑管理规章制度的贯彻执行，能够引起各部门的重视，使各个部门工作更协调。

(2) 专业管理。按质换油是多学科交汇、技术性很强的工作，关联知识包括：润滑油品基本知识、润滑油品基本检测技能、检测仪器的基本原理等。必须在设备管理部门设专人负责，专业管理人员必须具备高度的责任心、协调能力和饱满的工作热情，这样才能将设备用油管好。必须建立设备润滑档案，对每台设备的状态进行统计、分析、总结，时刻掌握设备运行状态，保证设备的高效率安全运行。

(3) 科学快捷的油质检测手段。要控制润滑油的品质，必须有相应的方法与手段。油田企业中像采油厂、钻井、井下作业等这样的单位，应该建立油质分析实验室、设备润滑站，这样就可以拥有一些高档设备，如原子发射光谱仪、粘度计、铁谱仪、颗粒计数器等。物探、油建、后勤单位及边远采油队等配备快速油质检测仪，随时对设备的油品状况进行监测，这样就可以很好的掌握每台设备的用油状态。

(4) 持之以恒、效果显著：此项工作应长期不间断的进行，所显现的效果是及时的和永久的。

选择优质“三滤”，增加燃油净化装置，从源头控制空气、润滑油和燃油进入设备的质量。

三滤的定义：发动机的“三滤”是指空气滤清器、燃油滤清器以及机油滤清器。

三滤作用：“三滤”在发动机上对空气、机油和燃油起着过滤作用，从而对发动机起到保护作用，同时也提高了发动机的工作效率。高品质的“三滤”能充分发挥发动机性能，降低发动机故障率，延长发动机的维修周期，降低发动机的能耗，有利于延长发动机的使用寿命。

(1) 空气滤清滤作用：保证进入发动机的空气洁净。空气中悬浮着很多尘土，主要成分是二氧化硅，这是一种比金属更硬的物质，安装空气滤清器能减少气缸、活塞和活塞环等零件的磨损。发动机如不安装它，气缸磨损将增加 7 倍，活塞磨损将增加 3 倍，活塞环磨损将增加 8 倍。最理想的工况是空气过滤精度要保证 50μm 以上的固体微粒不能进入发动机。

一般每行驶 5000km 清洁一次。清洁时应取出滤芯轻轻拍打端面，用压缩空气由里向外吹，以清除芯上的尘土，切勿用汽油或水洗刷。

(2) 燃油滤清器的作用：保证燃油洁净，防止产生气阻和油路堵塞等。燃油在储运及加注过程中，难免会混入一些固体杂质和水分，这些杂质随着燃油带入供油系统中和发动机气缸内，气缸就会加速磨损。在燃油进入喷油泵前，必须进行滤清，以保证燃油供给系统正常工作。最理想的工况是燃油过滤精度要保证 20μm 以上的固体微粒和胶状物不能进入燃烧室。

(3) 机油滤清器的作用：过滤机油，保证发动机正常运转，是三滤中最重要的。内燃机使用和加注润滑油过程中，灰尘、金属磨屑、碳粒等机械杂质将不断混入机油中，同时空气及燃烧的废气对机油的氧化作用，也会使机油逐渐产生胶质，机械杂质与胶质混合还会形成油泥，这不仅会加速运动零件的磨损，而且易造成润滑油路堵塞。

为确保机油的清洁，发动机在润滑系中装有机油滤清器。最理想的工况是润滑油过滤精度要保证 20μm 以上的固体微粒和胶状物不能进入发动机。

只要以上 3 点做到了，可以保证设备的维修周期提高至原周期的 3~5 倍以上。

燃油净化装置：

（1）我国目前柴油现状。

当前我们使用的柴油中机械杂质和胶状物（100μm 以上）含量较高，极易造成燃油系统精密件的堵塞或卡死。造成结果就是喷油嘴过流面积逐渐变小、喷油雾化效果差、燃烧不充分、发动机功率下降、冒黑烟及污染物排放水平差等。专家指出，汽车要达到欧Ⅱ排放标准，所使用的柴油含硫量要小于 500ppm；达到欧Ⅲ标准，柴油含硫量应小于 350ppm。而我国柴油的含硫量还普遍停留在 800ppm。柴油质量明显滞后于汽车排放技术的发展，这对国内推广低排放发动机技术形成了很大阻碍。

（2）非洁净柴油的危害。

① 环保部门和其他机构认为：以“脏柴油”为动力的车辆的氮氧化物（NO_x）和颗粒物（PM）排放较高，在大城市，80%以上的 CO 和 40%以上的 NO_x 来自机动车排放，城市颗粒物中 20%~30%来自机动车排放。氮氧化物是破坏低空臭氧的主要成分、颗粒物中的微颗粒物深深嵌入肺部，在过去的十几年里，颗粒物问题受到越来越多的关注，如过早的死亡、发病率上升（呼吸道疾病）。在一个国家，如果大量使用高硫燃油和没有先进的排放控制装置的柴油车，很可能导致空气质量恶化，并危害公共健康。

②《中国发展节能减排汽车的环保战略与措施》报告的结论认为：“柴油车的污染问题仍然是造成城市空气污染的主要原因之一。

③ 发动机工作现状：功率下降、油耗逐渐加大，故障频次增加，冒黑烟及污染物排放水平差等。

（3）我国柴油污染情况。

满足国家标准的柴油滤清器无法正常使用。

国外进口发动机及工程机械都要注明“专供中国大陆使用”。

国内柴油滤清器的精度要降低几倍发动机才能正常运行。

中国几乎所有的柴油动力设备在使用一年以后都有冒黑烟现象。

柴油罐车及加油站的储存罐每年能清理出几吨杂质。

发动机使用一年后，耗油量会增加 10%~30%上。

（4）解决途经：加装柴油净化器。

柴油含硫量高的问题不是使用者可以解决的，那是炼油厂家需要解决的问题。我们能解决的是当前我们使用的柴油中机械杂质和胶状物含量较高的问题。解决由此造成燃油系统精密件的堵塞或卡死、发动机功率下降、冒黑烟及污染物排放水平差等实行问题。

实践证明：当前行之有效的方法就是给发动机加装燃油净化器。

冷却液管理：

目前各种内燃机设备大部分是用软化水和普通防冻液作为冷却液，这样造成的后果是发动机冷却系统因锈蚀而渗漏、因结垢发生堵塞，最终造成发动机过热导致严重事故。根据本油田二级单位反应的情况，特别是在每年冬季的时候，车辆使用普通防冻液作为冷却液，经常发生管线渗漏、水泵锈蚀损坏，更严重的由于水温过高导致发动机拉缸，造成设备修理费用的直线上升。因此必须选用具备防冻、防腐蚀、防结垢、恒温等功能的冷却液，达到延长发动机寿命的目的。目前国外高品质的冷却液工作环境温度为±55℃，在机体内循环工作温度88±1℃；具有良好的防腐和防结垢性能。

5.5 维修社会化

5.5.1 国内外维修社会化发展情况

1. 国外维修社会化发展情况

1）全员生产维修（TPM）的发展

TPM已在全世界范围内产生了较大的影响，TPM已不仅仅是某种做法，而且逐渐变成了一种企业文化。目前，日本在原有TPM的基础上，又提出了更高的目标。

（1）建立赢利的企业文化。推行TPM的企业应通过减少16项损失，优化质量、成本和交货期来最大限度地满足客户要求。

（2）推进预防哲学。从预防维修到改进维修，进一步到维修预防。按照“现场-实物”原则防止损失，达到损失为零。

（3）全体员工参与。各级员工组成小组，制定如零故障、零废品率的更高目标，参与解决问题，实现目标。人人参与管理，注重人的价值，满足个人成长需要。

（4）现场与实物。推动TPM的企业实行“现场-实物”落实到个人的检查方式，实行视野控制，创造良好的工作环境。

（5）实现4S。GS原来的5S，即内部、现场的满意状态。CS客户满意，即满足客户的不同要求，取得客户的信任，体现在：强化产品开发能力，减少开发时间；使小批量的产品生产具有较高的生产率；以高质量、低成本、短交货期满足顾客要求。ES雇员满意，即人道、舒适、富裕、工作场所和生产线的改进，其体现在：工作环境的改善；工作内容和方法的改进；效率提高和激励，如培训教育、小组活动和采用合理化建议；劳动条件的改进；成就感和以人为中心的意识。SS社会满意，即对地方社区的贡献，与地方社区的和谐相处和对环境的保护。

显然，这些内容与设备有关，但又超出设备的局限，具有更高的层次、更深刻的意义。任何管理都是以一定的文化内涵为背景。TPM的文化内涵就是由不断地调动人的资源和潜力开始，提高团队的合作精神，以达到企业追求的最高目标。

2）欧洲国家设备管理的发展

欧洲许多国家在设备综合工程学的基础上，开始重视和发展设备的维修工程，其维修观念、维修策略、管理方法有其独特之处。

（1）国际维修界越来越重视世界级维修。正如设备生产的国际化一样，维修在世界范围内相互渗透，已失去明显的国界，社会化维修成为历史的必然。

（2）维修管理以市场为导向，特别重视产品质量、成本和环境保护。许多企业把设备维修与市场经济紧密联系，因此设备维修受控于市场又服务于市场。尤其经济不景气时，各企业十分重视维修的灵活性，更新改造设备，提高装备素质，以提高产品质量，保护环境以适应市场。

（3）注重维修的经济有效性以降低产品成本。许多企业认真研究降低维修费用与经济效益的关系，注重保证设备的可靠性和可利用性，以保证企业整体经济效益的逐步提高。提出要适度降低维修费用，但不是一味的降低。如企业维修需要的人力资源，可利用计算机及维修管理软件进行控制，合理平衡，充分利用维修技术人员和工人的工时。

（4）以状态监测诊断技术为基础，推行预防预知维修。状态监测及诊断技术在欧洲企业应用较为普遍，实行预防、预知维修的方法是从设备设计制造时就要考虑设备的状态监测和可诊断性，为以设备状态为基础的维修提供条件。

（5）致力于计算机在维修管理上的应用研究，计算机发挥日益明显的作用。应用计算机进行机器状态的数据采集、处理，为维修提供决策信息，使维修管理更加科学化、现代化。研究维修管理控制和信息系统，开发适用于企业的维修管理模式，并研究可靠性理论、风险分析与故障模式。

（6）强调以可靠性为中心的维修管理，不断改革传统的维修观念和方法。维修要以可靠性为依据来决定维修的深度和需要更新的零部件，达到最经济维修的目的。

（7）重视维修高技术的开发和应用。计算机辅助设备管理、计算机网络化的设备监测，表面工程技术如电弧喷涂、电刷镀技术以及远程诊断、多媒体技术、声发射技术在诊断中的应用，充分说明了高技术在维修工程中的应用日益突出。

（8）以教育为先导，重视维修管理、技术人才的培养。维修在欧洲的地位很高，许多著名大学设有研究维修工程的专业，培养包括博士生在内的高级技术人才，以适应未来维修的需要。

3）绿色维修的发展

绿色维修是在综合考虑资源利用效率和对环境的影响的条件下，使设备保持或恢复到规定状态的全部活动。其目标是，在达到保持和恢复装备的规定状态这一物理目标的同时，还应达到在设备维修直至报废处理的全部活动中，对环境的污染最小，资源利用率最高的可持续发展目标。

绿色维修应从两方面入手，一是在产品的设计初期就提出产品的绿色维修性要求，进行绿色维修性设计的有关研究；二是进行绿色维修生产的无污染或少污染工艺方法和污染防治研究。

绿色维修兼顾经济效益和环境效益；最大限度地减少原材料和能源的消耗，降低成本，提高效益；对生产全过程进行科学的改革和严格的管理，使维修过程中排放的污染最少，鼓励使用对环境无害的产品，使对环境的危害大大减轻。因此，绿色维修可以实现资源的可持续利用，是可持续发展和清洁生产在维修行业中的具体体现，是现代维修业可持续发展模式。

从近几届欧洲维修会议来看，维修与环保、效益、安全等主题紧密结合起来，绿色维修越来越受到维修界的关注。

（1）绿色维修将是新世纪的一个主题目标。

随着社会文明进步和科技的发展，人们的环保意识逐步增强，把它同社会可持续发展紧密联系起来。绿色维修已经愈来愈受到许多国家政府和企业重视，从不同角度研究和发展绿色维修的技术和方法，显示了绿色维修将是21世纪的一个主题目标。

（2）发展预知维修，不断更新维修概念。

预知维修其特征是在设备全寿命周期中注重其可靠性和维修性，改变过去只重视在设备使用中的维修，而是强调故障的预计和预防，从而变"被动维修"为"主动维修"。设备的预先维修能够以最少的资源消耗保持设备固有可靠性和安全性，是实现绿色维修的有效途径之一。

（3）注重维修的安全性和环境保护。

第 17 届欧洲维修国际会议的主题是“维修的安全性和环境保护”，提出了要在全寿命周期中注重设备的安全性，重视维修对环境的友好性。通过此次会议可以看出，维修从普通技艺逐步形成了学科，并随着高科技的发展，形成了高科技维修；维修的理论逐步完善成熟，如 RCM（以可靠性为中心的维修）、PDM（产品数据管理）、CBM（基于状态管理）、LCC（寿命周期费用）等维修理论的应用日益广泛；维修研究方向不断扩大发展，维修信息系统日益完善；维修的诊断与检测技术不断与先进的传感、计算机等技术结合；维修技术和管理高科技产业化；维修人才的培训，故障诊断系统方面的人才培养，动态维修培训计划受到越来越多的重视。维修信息化的框架已经形成并日臻完善，大大促进了绿色维修的发展。

（4）加强维修实践和科学之间的交流。

第 18 届欧洲维修国际会议的主题是“为未来分享知识与成功”，其具体内涵是：为了维修科技的未来，在维修技能、经验、教育、发展趋势等方面，开展维修实践与维修科学的对话，让大家共享知识与成果。要大力开展绿色维修实践和科学之间的交流与合作，实现绿色维修资源共享，让绿色维修深入到维修行业的各个角落。通过这次会议看到：全球范围超过 20% 的 GNP 投入在维修和设备管理领域，国际和政府组织、金融保险业、资产拥有者、资产运作者、标准化组织都参与这一递增的市场，本次维修国际会议就维修、设备和资产管理等问题为来自世界各地自管理人员、决策者、教授和专家围绕维修领域的系统问题提供了一个国际交流的机会和平台，以帮助维修领域整体推进竞争力、开拓市场、提升技术水平和管理水平。维修科技已经形成了系统的学科，从维修理论，维修技术到维修设备均得到了长足的发展，在硬件与软件方面日趋完善。

2. 国内维修社会化发展情况

从 1978 年至 2009 年的 31 年间，中国国内生产总值从 1473 亿美元增长到 51700 亿美元，年均增长接近 9%；中国年生产钢材将近 6 亿吨，钢材产量世界第一；而每年进口钢材高达 5000 万吨，进口量仍居世界第一。今天的中国已经成为世界的工业制造大国，但不是制造强国。预计到 2020 年，中国将实现国内生产总值比 2000 年翻两番以上，达到人均 3000~5000 美元的宏伟目标。

作为世界制造业的大国，先进设备与落后维修管理的矛盾日益突出。企业的设备技术进步始终超前于设备维修与管理的人才进步。近 20 年，在中国设备管理协会、机械工程学会以及许多行业性设备管理组织的引导下，中国的设备维修管理从理论研究、管理体系创新、教育培训、设备检查与诊断技术、设备资产管理信息系统到维修方法手段都取得明显的进步。每年，各类设备管理培训和交流会多达几百个。

以徐滨士院士为代表的表面工程和再制造工程与技术团队，做了大量研究工作，成果丰硕，在国防建设和制造业有十分广泛的应用前景，取得可观的经济效益和社会效益。徐院士所提出的绿色维修概念已经引起国际同行的关注。

以高金吉院士为首的状态监测诊断研究团队在这一领域的研究也十分突出。高院士提出的自诊断、自修复技术具有很好的前瞻性，将有效地推动中国航空、航天和尖端设备制造领域的发展。

在理论研究方面，我国大专院校发挥了积极作用。西北工大学最早从事设备管理教学研究并成立了中国设备管理培训中心，是中国设备管理理论研究的发源地。广州大学设备工程与工业工程研究所是近年来理论研究最活跃的研究机构。以李葆文教授为首的研究团队近年来出版专著、译著近 20 本，发表大量研究论文，并提出适合中国企业状况的 TnPM 管理体系。目前这一管理体系已经在中国的钢铁、冶金、石油、化工、机械制造、卷烟、铁路施工、汽车、电力、纺织、造纸、玻璃等行业的上百家大型企业推广应用，取得显著成效。哈尔滨工业大学在设备润滑管理等领域的应用研究也十分活跃，成为推动中国企业进行科学润滑管理的理论基地。

近年来，中国点检信息化与诊断技术的研究和应用也越来越广泛，简易的点检信息化工具成为设备状态管理的重要手段之一。目前中国有几十家企业从事设备状态监测、诊断仪器设备的研发、制造和推广。状态监测领域覆盖振动分析、油分析和红外技术范畴。点检信息化是近年来更加活跃的发展领域，它把人工巡回点检和电子信息采集传递进行有机结合，具有更广泛的适应性，为中国走向电子化维修提供了方便的技术手段。

中国在激光表面处理修复技术、不停车带压堵漏技术、全面润滑管理解决方案设计、润滑介质快速检测技术、设备表面清洁技术、润滑剂清洁技术等领域的研究和应用也有长足发展，取得可喜的应用效果，有效解决了企业设备维护中遇到的实际问题。

近年来，中国在设备管理方面的国际交往也十分活跃，中国已经成为两年一次欧洲维修团体联盟国际会议出席人数最多的非欧洲国家。随着中国经济和制造业的发展，每年到中国访问、参加相关国际会议进行学术交流的国外设备管理专家络绎不绝，越来越多。

难以想象，先进的设备管理体系会在落后的农业国家发展。随着中国经济的发展和制造业的不断进步，随着中国从制造业大国向着制造业强国的方向不断迈进，中国设备管理的理论和应用必然将为世界做出积极的贡献。结合近年来的发展，中国在未来的主要发展趋势可以归纳为以下几个方面：

（1）设备管理已经跨越了零敲碎打的时代，需要一套系统管理模式的指导。在企业建成交钥匙之际，应该已经设计好完备的设备管理系统，随着设备的运行投产一起投入运行。今后的企业除了交设备和工艺两把钥匙，还要交设备管理体系第三把钥匙。随着中国设备管理的理论体系不断完善进步，具有中国特色的管理理论和模式，如 TnPM 管理体系、绿色维修和设备健康维护、精益维修管理等概念将植根企业，并不断深入发展，一定会成为引导中国企业进步的主导体系。

（2）设备诊断、监测和点检信息化技术也将随着中国制造业的进步一起进步。因此，未来中国设备诊断技术、点检信息化技术会越来越发达，也会越来越普及。中国的设备将逐渐摆脱最原始的纯五感检查时代，将导入更大比例的电子信息化手段，使得我们对设备状态有更及时快捷、更准确的了解，设备预知、状维修时代将真正到来。

（3）先进维修技术将在中国不断发展，离子喷涂、纳米喷涂、电刷镀技术、激光修复技术、不停车带压堵漏技术、防腐清洗技术等将在我国不断完善和发展，为设备维护提供更有效的术手段。

（4）润滑管理系统解决方案将越来越在企业流行，社会化润滑管理体系将进入中国企业，为企业提供全方位、多角度的润滑技术和管理服务。

（5）中国企业将越来越多地采用社会化维修服务，这意味中国在设备管理咨询、设备维修技术、备件第三方物流管理等领域的商业服务越来越发达。为企业提供更高质量、价格合理的专业服务，让企业更关注自己的核心竞争能力，真正实现维修成本战略管理和系统优化。

（6）中国将有更多的设备资产管理信息系统企业成长，他们研制的信息系统将在中国企业占主导地位，成为引导我国企业设备管理信息化的主力军。

(7) 中国企业将越来越重视设备知识资产信息化管理，有意识将设备管理知识资产的导入、创新、选择、继承、传播、共享和淘汰纳入自己的管理体系，将有效地防止知识资产的流失，充分发挥已有资产的使用效率，将让知识资产管理成为设备管理的核心竞争能力。

工欲善其事，必先利其器！先进的设备是企业进步的必要条件，而要有稳定、流畅、高效运行的设备，要真正营建起一个平稳、健康、安全无忧的企业，必须建立起科学、规范的设备管理系。中国已经开始进入一个设备维修管理寻优的时代。可以预测，未来的几十年，中国的设备管理一定会为世界设备维修管理做出突出贡献，也将会让更多企业的世界级制造和世界级维修管理之梦成为现实。

中国石化集团公司是中国最大的石油化工企业，以石油开采、炼油、化纤和其他相关产品生产为主，下属企业遍布全国各地。这个集团具有优秀的设备管理传统、管理规范。随着企业的技术进步和装备水平的提高，企业在设备管理方面又迈上了更高的层次，公司所属企业普遍实施巡检制，不少企业的状态监测和状态维修具有相当高的水准。这个集团有一支力量雄厚的故障诊断和监测技术队伍，学术、应用研究和软件开发都十分活跃。在全国设备管理领域居领先地位。

21 世纪的经济被称为知识经济、网络经济、环境经济、注意力经济，有人把它统称为新经济。这个世纪最突出的特点就是“速变”。如果说任何时代都会有变革，但任何世纪都不会像当今的变化来得快。这个世纪又被称为“经验贬值”的时代。时代的“速变”推动企业技术进步的速变，必然引起设备管理和维修的更新和“速变”。21 世纪的设备管理与维修将会呈现以下明显的特色：

(1) 设备维修管理的战略与战术契合具有更重要的意义，企业更注重内外维修资源的整合。

(2) 维修成本战略管理成为企业成本战略管理的重要组成部分，设备管理将由管理者心目中的“费用中心”，转变成“利润中心”。

(3) 维修和管理模式的研究更加活跃，将会有更多的先进维修方法和管理模式涌现，创新是最大的赢家。

(4) 计算机辅助、网络化的设备管理信息系统将在企业普遍应用。

(5) 计算机集成状态维修信息系统将在不少先进企业应用。

(6) 随着网络经济的发展，设备、备件与维修技术资源的社会化共享将月益明显，社会资源的浪费将大大减少。

(7) 设备工程的社会化、专业化、网络化、全球一体化，将成为世界级企业维修的显著特征。

以上未来发展趋势，要求企业设备管理作出彻底的变革，但是这种变革会遇到各种各样的障碍，这些障碍多数来自人们的思维惯性或传统的心智模式。主要表现为：

(1) 自满、井底之蛙，总以为自己的管理方法天下第一，别人的东西总学不进去。

(2) 畏难，思想怠惰，缺乏勇气。

(3) 因为对新模式的理解和学习不到位，没有真正掌握。则认为新模式不适应本企业而最终放弃。

(4) 习惯于感性、定性思维，不习惯于理性、定量思维，难以接受数字化管理方法。

(5) 对计算机的“智能”潜力缺乏认识，宁可相信自己的大脑而不相信计算机的巨大作用，因而缺乏计算机应用的迫切性。

（6）上级对下级缺乏民主，下级对上级不敢进谏，思想不活跃，系统沉闷、僵化。

（7）喜欢标新立异，喜欢标语口号，朝三暮四，但不喜欢扎扎实实、深入细致的工作、缺乏非洲猎豹追逐野鹿的执着，没有十年磨一剑的韧性。

（8）在巨大“关系”网的压力下，选择牺牲企业利益而不愿影响或破坏“关系”。不愿付出变革成本，最后葬送一切变革。

设备管理的创新，意味着思维创新、模式创新、方法创新、路线创新。设备管理工作者要做好中外各种模式的比较分析、周密设计，要大胆变革、坚持不懈，不达目的，决不罢休。

让我们的企业勇敢迈出第一步，走在新世纪变革的最前列。惟有如此，企业才有出路，设备管理才能成为企业进步的推进器。

中国改革开放30年取得举世瞩目的进步，中国设备管理事业也获得长足的发展和成就。20世纪90年代，在中国召开了几次设备管理、维修和诊断的国际会议，我们学习了不少国外先进的东西，同样也向世界展示了中国设备工程在理论研究和应用领域的实力。中国人是聪明的，中国的设备管理事业也是有水平的。

有人说，21世纪是中国人的世纪。如果真如此，那么21世纪中国的设备管理也将成为全世界的楷模，我们对此充满信心。

5.5.2 企业维修社会化管理制度

维修工作不仅是技术性工作，也是一项管理工作。维修制度是在一定的维修理论和思想指导下，制定出来的一套规定，包括：维修计划、类别、方式、时机、范围、等级、组织和考核指标体系等。

实施合理的维修制度有利于安排人力、物力和财力，及早做好维修前准备，适当地进行维修工作，满足工艺需要，提高机械设备技术状态、可靠性和使用寿命，缩短维修停歇时间，减少维修费用和停机损失。

目前中石化集团应用比较普遍的主要有以下几种维修制：

1. 计划预防维修制

它是掌握设备磨损和损坏规律的基础上，根据各种机件的磨损速度和使用期限，贯彻防重于治、防患于未然的原则，相应地组织保养和修理，以避免机件过早磨损，对磨损给予补偿，防止或减少故障，延长使用寿命，节省维修时间，从而有利于提高有效度和经济效益。

计划预防维修制的具体实施可概括为“定期检查、按时保养、计划修理”，它适合于维修宏观管理。计划预防维修制的实行具备以下条件：①通过统计、测定、试验研究，确定总成、主要零部件的修理周期，合理地划分修理类别；②制定一套相应的维修技术定额标准；③具备按职能分工，合理布局的修理基地。

计划预防维修制的主要缺点是从技术角度出发，经济性差，修理周期和范围固定，会造成部分机件进行不必要的维修，即维修过剩或修理不足。据资料分析，通用机床一个修理周期维修费相当于原值的350%，即维修费可购置2~3台同样的机床。它不利于提高设备的可靠性和维修经济性。

在维修过程中，按维修内容、工作量大小及范围和深度和广度，维修可以分为大修、项修、小修、定期维护或定期检查、定期精度检查、定期预防性试验、每班维护保养，具体可参照《第一节设备维修管理》第2部分“设备维修的分类”，另外还有计划外维修，它是指突发性故障和事故而必须对设备进行的一种维修层次。计划外维修的次数和工作量越少，表明管理水平越高。

2. 以状态监测为基准的维修制

它是以可靠性理论、状态监测、故障诊断为基础，根据设备的实际技术状态检测结果而确定修理时机和范围。鉴于一些复杂的设备一般只有早期和偶然故障，而无耗损期，因此定期维修对许多故障是无效的。现在设备只有少数项目的故障对安全有危害。因而应按各部分机件的功能、功能故障、故障原因和后果来确定需要做的维修工作。

这种维修制的特定是修理周期、程序和范围都不固定，要依照实际情况而灵活决定。它把维修工作的重心由修理和保养转到检查上来，它的基础是推行点检制。点检工作不仅为修理时机和范围提供信息依据，而且分散地完成了一部分修理工作内容。对设备进行日常点检、定期点检、精密点检，然后将状态监测与故障诊断提供的信息进行分析处理，判断劣化程度，并在故障发生前有针对性地进行维修，既保证了设备经常处于完好状态，也充分利用了机件的使用寿命，比计划预防维修制更为合理。

实行以状态监测为基础的维修应具备的条件有：①要有充分的可靠性试验数据、资料和作为判别机件状态的依据；②要求设计制造和维修部门密切配合，制定设备的维修大纲；③具备必要的检测手段和标准。

3. 针对性维修制

这种维修制是按综合管理原则和可靠性为中心的维修思想，从实际出发，根据设备的形式、性能和使用条件等特点，在推行点检制的基础上，有针对性地采用不同维修方式，即视情维修、定期维修、事后维修等，并充分利用决策技术、计算机技术和状态监测、故障诊断技术等，使维修工作科学化，实现设备寿命周期费用最经济、综合效益最高的目标。

针对性维修制的特点是：

（1）它吸收并改进了分类管理办法，强化了重点设备、重点部位的维修管理，并按其特点和状态，有针对性地采取不同维修方式，充分发挥其不同适用性和有效性，以获得最佳的维修效果。

（2）在各种维修方式中，把状态监测、视情维修作为主要推广方式，实施点检制，体现以可靠性为中心的思想，把维修工作重点放在日常保养上，尽量做到有针对性。

（3）重视信息作用，用计算机技术实行动态管理，并进行适时决策，保证维修工作真正做到有针对性。

针对性维修制的内容包括：①推行点检制，对设备进行分类，有针对性地采用多种维修方式；②改进计划预防维修，对实行状态监测视情维修方式的设备采用维修类型决策，有针对性地进行项修或大修；③建立一套维修和检测标准，确定工时定额；④进行计算机辅助动态管理，包括各项决策的支持系统。

5.5.3 外部项目部设备维修管理典型案例介绍

案例一

创新思维　多元化管理显成效

随着石油勘探的不断深入，不断提高的采集标准以及新的采集方法的应用，使得物探资料采集项目投入的设备也随之剧增，继而使野外设备现场管理难度越来越大；在荒漠戈壁、深山密林如何调动上千名分散的员工，使他们听从指挥、各司其职、按章操作，物探公司不断完善的管理模式给我们以思考与启发。

针对每个项目，建立切实可行的现场设备标准化管理机制，将目标层层分解，层层落实，把标准化管理的要求传递到每名员工、每个岗位，落实在每个环节、每个过程，成功地探索了一条“专业管理与群众管理相结合、制度管理与机制激励相结合”的设备管理新模式。

2011 年，江汉油田物探公司承标的“南盘江坳陷西林区块二维地震资料采集项目”，工区内山高林密、悬崖林立，施工环境十分恶劣；具体参与项目施工的某地震队，是江汉第一支通过原中国石油天然气集团公司资质认证的甲级地震队，他们与参与项目勘探钻井的钻井服务中心密切协作，精细管理，以降低设备单耗、提高设备运行效率为目标，做好设备管理工作，使设备效益得以最大限度的提高。

制度化管理与卡片式管理相得益彰出奇效。

项目初始，按照管理制度、结合设计要求和工区实际，以安全熟练操作各类设备为目标积极备战，扎实开展各项设备管理工作；从强化员工的安全操作意识入手，专门组织岗前培训学习和讨论。针对民工临时雇佣思想强、设备操作安全意识淡薄的实际，项目组重点加强了职工的设备管理职责和民工的基本安全操作技能培训，本着要求职工“一精多专”、要求民工“应知应会”的指导思想，项目组与技术骨干们一道精心编写了西林二维勘探项目施工设备操作培训教材，内容涵括‘工程所涉三省七县市简介、设备操作安全隐患预警、设备在悬崖峭壁作业应遵循的安全规章和基本操作要领以及技术要求’等，针对性的培训内容，通俗易懂的教授方式，让文化层次相对较低的民工都能看的懂学的会。施工中，他们又根据不同岗位有针对性地分层次组织员工学习设备的各项安全操作规程，开展全员参与“如何使设备正常运行，达到效率最大化”的岗位竞赛活动，同时参战的某地震队又将公司收集的设备安全事故案例编成小册子下发给每名员工并组织讨论，要求每人结合事故深刻教训和近几年的勘探施工经历写出心得体会，炮班、司机班、放线班等关键前线班组还就项目的施工难点和所在岗位向队部递交了设备操作自查自改报告。为检验施工前职民工学习培训效果，项目组又根据培训教材、结合岗位层次分别组织了职工高级卷和民工初级卷考试，成绩优良率达86%，尤其值一提的是，答卷中，员工们针对论述题“结合自己的岗位谈本次工程中设备管理存在哪些隐患及对项目设备管理工作的建议”，都从实际出发，围绕本次工程安全提了许多建设性的意见和建议，使制度化培训彰显效果。

为了搞好山区施工管理的重要环节之一的车辆管理，项目组针对工区山大坡多、弯道多以及清晨雾多雾浓等特点，创新了“卡片管理法”——日常检护要点、定期维护保养截止日提醒、任务行车路线、线路危点醒示、责任干部联系信息、重要记实、日阅检签名等设保关键元素豁然于卡，设备管理者与操作者人手一卡、落实实施，并将其纳入岗位考核，实践证明，该举措有力地提升了操作者的自身素质、促进了驾驶员与修理工间的相互及时沟通，保障了车辆的安全行驶——12 月 11 日，工地某车辆行驶近 5000km 时，驾驶员主动要求进行千公里例保；12 月 14 日，驾驶员在进行日常例检时发现前轮的转向异常，及时与修理工联系，检查后发现两车前轮转向拐臂衬套磨损，及时予以了更换。

正因如此，在 2011 年 11 月到 2012 年 1 月的整个工期内，参战的 22 台车辆无一起因设备原因而影响工程施工的案例发生。

掌握信息主动权，科学整组资源链，提高企业市场应变能力。

江汉油田物探公司承标的“2012 年塔里木盆地巴楚隆起西段二维地震勘探资料采集项目

(三标段)”项目，沙漠、胡杨林、浮土区遍布整个工区，极其恶劣的工区环境，在考验着每一名参战将士的同时，对担负施工的每一台设备也是一种考验。

2240队仅内部运输车辆这块，该项目公司共投入各种运输车辆33台，其中进口曼卡车10台、德国原装奔驰油罐4台，以及刚投入使用的沙豹系列炸药车2台等。对于这些车系，或由于商家信息封锁、垄断经营，或专业化程度较高等原因，无论是配件还是维护保养技术，都是举步维艰。为了确保工程的顺利履约，项目组的设备管理者时刻牢记“设备是项目的四肢，管理是设备的灵魂”，敬业工作，成功地实施了以信息保设备的“信息保卫战”。项目中，管理者们分工明确，协调统一。工期初始，根据以往新疆项目设备运行状况，结合本工区特点，做好项目设备风险分析，并针对风险危害较大的因素，及早动手，通过各种渠道，收集相关保证信息；在此基础上，又以设备为脉络、以市场为导向，科学设置资源高低信息链，编制信息响应预案，较好地实现了“信息服务于生产，以信息提高企业市场竞争力和应变力的设想。

2011年12月21日，参与项目的德产奔驰油罐“鄂N-12301”车发生故障不能启动，若不及时排除故障，其保障的8个钻井班就要停钻。一方面，该德系车项目组修理能力有限，另一方面，由于商家的市场垄断，其维护费用甚高，尤其是现场维修这块，服务商是按服务的项目以及服务天数、服务人数等作为收费基数。为确保一线生产，同时最大限度地降低维修成本，项目组立即启动设保信息响应，分别在设保信息链上库尔勒以及乌鲁木齐的技术资源取得联系，以低链端“库尔勒”的资源大致确定故障范围，然后以此为谈判依据，与高链端的“新沃德国奔驰售后服务部”有理有据地签订服务合同，使故障发生后的第3天彻底加以排除。

2012年1月4日，该信息响应系统再一次发生强大效应。当时野外采集施工进入甲方限定的倒计时关键时刻，作为唯一两台现场炸药运输专用设备之一的“鄂N-14090”沙豹系列炸药车发生突然熄火不能启动的故障，项目组迅速请友邻的低链端的华北第四物探大队441队技术人员帮助排查，并及时据此与新疆四运大修厂签定维修协议，使故障于发生后第2天彻底加以排除。

案例二

自主修理为主，多种修理模式相结合，确保设备完好

从2000年中原油田首次引进和使用钻机顶部驱动装置(简称顶驱)以来，该设备已经在油田的海外钻井市场得到了广泛的应用。目前，中原油田对外经济贸易总公司装备部所管理的境外钻机顶部驱动装置共有24台，分别分布在沙特、也门、苏丹、哈萨克斯坦等境外公司。中原油田境外市场是使用顶驱装置比较早的，现有的顶驱装置中有几乎40%是2006年及以前购买的，这意味着将近半数的顶驱装置已经进入修理期。那么，如何保证顶驱装置的修理质量、获得甲方对修理的的认可、尽量的节约修理成本、缩短修理时间、争取最大的效益等等方面，是目前装备部门面临的重要问题。

现在国际通行的顶驱装置的修理方式有两种：①顶驱装置生产厂家为用户派遣若干技术服务工程师进行现场有偿修理服务；②顶驱装置返厂修理。这两种方式的优点在于：修理质量相对可靠，容易得到甲方对设备修理的认可。弊端在于：修理费用和运输非常高昂，另外，修理时间可能因人员和设备出入境手续问题而拖延，不能有力的保证境外公司的生产需要。基于上述原因，2005~2006年中原油田在自身修理经验不足的情况下，请顶驱生产厂家进行了两台次的顶驱局部修理，但因其没有修理资质，修理结果不被甲方充分认可，且修理费用较高，修理结果并不令境外公司满意。

此后，通过对本部门人员实际情况和各境外公司现场情况的分析，制定出了今后顶驱装置以自主修理为主，多种修理模式相结合的修理方案。

首先，装备部顶驱维护和管理人员均是毕业与机械和电气自动化专业，其中大专以上学历占90%以上，且多数具有5年以上的从事顶驱维护的工作经验，都具备从事顶驱修理的业务素质。其次，近年来，随着油田海外市场的不断扩展，各境外公司基地的规模也不断扩大，机械修理的必须设备都基本齐全，修理场地和修理环境也合乎要求。因此，油田在人员结构、业务素质、修理设备和修理环境等硬件方面有优势，完成具备自主修理顶驱的条件。

在国际石油工程市场，甲方对承包商设备的修理要求都是比较严格的，修理方的条件如果达不到甲方要求的，设备的修理过程是不容易得到甲方的认可的。如何在自主修理的基础上既保证修理质量，同时又能得到甲方的认可呢？油田根据各个境外公司的不同情况采取了以下几种模式来解决这些问题。

1. 取得生产厂商的修理授权进行自主修理

沙特公司的甲方阿美公司对于设备的修理要求是非常严格的，修理方必须有授权或资质，修理结果才能被认可，而沙特公司现属对外经济贸易总公司装备部管理的顶驱装置有12台，其中北石顶驱占11台，占沙特公司顶驱总数的91.7%。北石厂生产的顶驱中原油田是2006年陆续引进并投入使用的，第一批引进的顶驱现在已经连续使用5年以上了，开始进入需大修阶段。

根据这一情况油田装备部通过与北石厂多次沟通，与北石厂达成协议。2009年底，第一台待大修北石顶驱拉到沙特公司基地，由北石厂委派一名资深工程师到现场指导顶驱大修，同时对油田在沙特的顶驱维护管理人员进行现场修理培训，经过近一个月的大修，该顶驱顺利通过出厂测试验收并投入使用。通过这次修理和现场培训，油田沙特公司的顶驱维护人员记录了完整的修理数据、积累了大量的修理经验，为油田装备部门制定完善修理规范提供了重要且准确的资料，更重要的是他们全部获得了北石厂的顶驱修理授权，为今后沙特公司北石顶驱的修理奠定了基础。

这种通过培训，争取厂家修理授权，自主修理的模式在沙特公司取得了很大的成功。到目前为止，沙特公司顶驱维护管理人员在基地已经进行了6台次的北石顶驱的中型修理（齿轮箱、旋转头修理），节约修理费用100万元人民币以上，更重要的节约了修理时间，保证了沙特公司生产任务的顺利进行。

2. 自主修理，厂家测试修理结果相结合

TESCO、VARCO等国外厂商生产的顶驱，在也门公司等其它几个境外公司的顶驱使用中占有比较大的比例。国外顶驱生产厂商为了利益最大化，一般是不会给油田人员修理资质和授权，油田自主维修后，如何通过甲方的认可，这方面也门公司有比较成功的经验。

也门公司有一台TESCO顶驱，使用周期都已经超过8年，很多总成部件开始出现问题，如果每次请厂家工程师到也门现场修理，不仅费用高昂且修理时间无法保证，这会直接影响到也门公司生产任务的完成。通过多次和这个厂家在迪拜的代表处接触，了解到这些厂家为用户提供一种“野外现场性能测试”的有偿服务，这种测试是对顶驱性能的全面测试，记录的各类数据十分完备，如果通过测试，厂家开具的证书是很有公信力的。因此，油田的修理方案是在也门公司基地自主承担顶驱修理任务，完成后请厂商进行“野外现场性能测试”的有偿服务并出具证书。这种修理模式不仅大幅的节约了修理费用和修理时间，同时在保证修理质量的前提下，十分容易得到甲方的认可。

也门公司从 2008 年开始，采用自主修理和厂家测试认证相结合的模式，已修顶驱 3 台次，节约修理费用数十万美元，同时，油田也采集到了生产厂家的完整修理测试数据，为油田今后的顶驱修理提供了准确依据。

3. 以修理制度和规范为标准，完全独立的自主修理

通过这些年的顶驱修理，油田装备部也积累了十分丰富的顶驱修理经验，采集到了一些来自生产厂家的完整修理数据和标准，同时陆续制定了一些修理规范和制度，以保证油田的顶驱修理质量。

在苏丹、也门部分区块及其他境外公司，甲方对修理的资质的要求相对宽松。结合这一实际情况，油田以修理规范和制度为准则，完成承担起顶驱修理、测试、验收的全部过程。现在采用这种修理模式修理的顶驱共 8 台次，占修理总数的 40%，还未发生因修理质量问题影响生产的事件。

4. 主动进行设备改造，消除设备诟病，降低今后使用成本

在沙特公司使用的一台 MH 顶驱，因电控房部件质量问题长期得不到生产厂家的有效技术支持，不仅花费了大量的修理费用，还多次造成顶驱停转，严重影响了正常生产，给沙特公司带来了极大的负面影响。

2010 年，油田将该顶驱电控房交由西安某公司重新设计生产，这样不仅摆脱了以前厂商服务和部件质量问题引起的诟病，还为今后的使用和维护找到了有力的技术支持，有效地降低了今后的使用成本。目前，该电控房尚在试用阶段，现场反映使用效果较好。

苏丹公司使用的 TESCO 液压顶驱，至购买以来一直存在着主轴材料质量问题，已经多次更换主轴，且多次向厂商反映问题并索赔都得不到有效回应。因此，2011 年，油田联系国内厂商对该主轴进行了测绘加工，准备将其国产化。目前，该主轴还在加工阶段，投入使用后可大大降低该顶驱的使用成本，挽回不必要的损失。

到目前为止，中原油田装备部在各境外公司从事顶驱修理作业约 18 台次，共节约修理费用数百万美元，在保证境外公司生产的同时，还创造了可观的经济效益，为海外市场的发展做出了一定的贡献。

第六章　设备管理信息系统

6.1　建立设备管理信息系统的目的意义和作用

油田设备的主要特点是分散在广阔地域，管理难度大；多数属于露天设备，不断受到日晒、雨雪、风沙等外部环境的影响；很多属于高压、易燃、易爆、有毒等危险设备。

网络的力量是信息，让全世界所有人都公平地分享信息，这是人类历史上从来没有过的事情。而信息系统由于网络条件的具备，其可延伸到第一手事物和事件的便利性，加之相应的审查事实的方法，从而为正确观念的建立、相互间的协作搭起了桥梁。

设备管理信息系统是以资产、设备台帐为基础，以工作单的提交、审批、执行为主线，按照缺陷处理、计划检修、预防性维修、预测性维修几种可能模式，以提高维修效率、降低总体维护成本为目标，将采购管理、库存管理、维修管理集成在一个数据充分共享的信息系统中的企业管理维护系统。其作用表现在保障设备的安全运行、削除设备管理的"信息孤岛、提高设备管理的效率及降低维护运营成本。

6.2　设备管理信息系统的功能介绍

油田设备的特点决定了安全可靠运行是保障生产的核心，企业对设备完好率及连续运转可利用率要求较高，故而工作的重点在于降低停机时间、提高设备可靠性以保障企业的连续稳定生产。另外设备品种多，分布范围遍及各地，维修工作异常琐碎，在手工管理的条件下，工单统计不及时，设备故障记录分散，不便于汇总；维修、维护的原始记录长时间保存累积后难以查询；设备的运行状态首先是以单个人的某一方面、某一角度的经验形式被贮存在脑子里；这些信息的汇总、提炼是个既费力又费时的事情。这种管理上的低效率难以满足现代企业生产运行实时性的要求。在 CMMS(Computerized Maintenance Management System 计算机化的设备维护管理系统)的广度和深度上更进一步，信息共享，利用更加先进的计算机网络技术时，就产生了一种新的管理思想 EAM(Enterprise Asset Management)。即用计算机系统辅助企业管理好设备，使设备能安全运行并保证生态环境不受侵害，同时提高维护效率、降低维修成本，使企业设备的投资回报最大化。

EAM 是与设备管理现代化同步发展起来的，其管理思想主要融合了三类维修管理理论和制度：前苏联的建立在磨损理论基础上的计划预防修理；欧美研究出的 RCM(Reliability Centered Maintenance)建立在可靠性理论基础上的可靠集中维修；日本发展的 TPM(Total Productive Maintenance)全员生产维修。不过 EAM 的思想已经超出了维护和维修管理的范围，EAM 系统把眼光放向管理一个公司的资产，以达到这些资产使用的最优化，因而也就能够使在这些资产上的投资回报最大化。换言之，EAM 用的是一种以企业流程或资产为中心的管理观点，而不是传统方式下的以产品为中心的观点。

设备管理信息系统的管理对象和目的决定了其发展和检修体制的演变是密不可分的。工业发展经历了从手工作坊到机械化、自动化再到集成化的变迁，因此各个时期的检修方式也随之不断更新和发展。从总体上看，可划分为4个阶段：

第一阶段：事后维修(从18世纪第一次产业革命到19世纪)。它是当设备发生故障或失效时进行的非计划性维修。

第二阶段：预防维修(从19世纪到20世纪30年代)。它是设备的预防医学，即实施定期的点检及早期维护，包括计划检修和定期检修两种方式。其中计划检修是以设备修理周期、结构和复杂系数等一套定额标准为主要依据，采用强制预修理的手段，即按计划周期图表对设备进行修理。定期维修是以设备日常点检和定期点检为基础，依据点检发现的缺陷，及时编制检修计划，对设备进行修理、排除隐患，恢复设备的性能。

第三阶段：经济检修，随后被全员维修所代替(从20世纪40年代至80年代)。包含了多种方式，如 事后维修(BM)、预防维修(PM)、改进维修(CM)和维修预防(MP)。其特点是设备现代化、管理现代化，开始有了设备寿命周期评价，产生了设备综合工程学、维修工程学等学科，维修组织向集中化发展，维修活动全员参与。

第四阶段：状态维修和预知维修(从20世纪80年代至今)。依据对设备运行状态的监测、预测和判别进行维修决策。其产生条件是科学技术领域向着分化和综合方向发展，对设备管理，不仅有各种理论作为指导，而且有监测和诊断的科学技术手段作为基础。同时，设备管理也向着社会化、专业化和国际化发展，出现运行人员参与检修的趋势。

由于传统设备维护观念和手工作业手段的束缚，使得目前的设备维护管理，面临以下问题：

(1) 对国际先进的设备维护管理思想与方法缺乏有效及时跟踪渠道，造成管理功能缺陷、数据不能共享和技术可扩展性差，因而已无法适应目前企业大量先进技术装备和其他资产的维护管理需求，阻碍了企业设备维护管理工作向更高的层次发展。

(2) 缺乏先进高效的维护计划编制、反馈和控制手段。年度维护计划的准确性和预见性较弱。月度维护计划的执行，缺乏监控与有效合理的反馈工具，造成上情下达不准确、欠力度，下情上达不及时、无规范。使得维护计划无法获得满意的执行结果，也无法对计划执行情况进行科学的定量比较分析。既不能有效的发挥指导作用，也不能为责任界定提供准确的依据。

(3) 缺乏对设备使用和维护的历史信息的跟踪管理，例如：无法精确和及时跟踪设备移动和送修的整个历史信息；无法全面进行设备的故障记录和分析；无法对设备维护工作进行细致的成本记录和分析。

(4) 备品备件的分级库存管理是传统管理和手工作业方式的不得已的对策，随着生产规模的不断扩大和生产技术装备的不断更新，给企业造成事实上的库存管理失控和资源的极大浪费。它产生了以下问题：备品备件的发放和领用无法正确地跟踪到机台设备；无法正确判断备品备件的发放和领用的合理性；备品备件无法在不同的基层队之间进行合理调剂；备品备件容易在基层队一级被有意或无意地浪费；设备工程部门无法判断采购需求是否合理。

(5) 缺乏有效的定量化管理工具，实现备品备件库存结构的合理化：备品备件和设备维修的关系没有完整定义；无法进行备品备件的ABC分类分析；备品备件的合理库存量无法确定。

(6) 缺乏对设备及其备品备件的基础数据的统一规范的管理和控制，主要存在编码规则不规范、不统一、不尽合理。设备和备品备件的文档资料如CAD图，技术规范，技术合同，维修手册等，和现在正在使用的软件无法连接，给实际工作带来诸多不便和管理上的困难。容易造成差错，不利于控制。

（7）与设备维护有关的部门，对设备维护重要性的认识与现代化管理的要求之间存在一定的差距，或对现代设备维护管理思想缺乏足够的了解。维护计划经常得不到很好执行，维修多于维护(坏了再修、坏了才修)；没有理解和充分应用多种维护管理模式(如预测性维护、预防性维护、维护定单控制、维护成本跟踪等)；没有形成全员维护的思想观念；现代化的管理工具应用普及率较低；缺乏有计划有针对性的专业管理工具技能培训。

（8）为了适应市场的需要，加强成本管理，降低成本支出，提高企业经济效益，对企业经营的所有的步骤都需进行成本控制。但是管理工作难度是很大的，特别是外部施工设备的可靠性和机械设备费用难以控制，成为控制成本的重要环节。要切实完善设备管理的台帐、技术档案，充分了解每台设备的技术状况，随时掌握准确可靠的数据和情况，以便合理使用，计划修理，确定机械设备使用费。而这些支出项目的控制只有借助于信息系统才能较好地及时取得数据，达到修理有记录，消耗有定额，统计有报表，损耗有分析，通过经常分析总结，提高修理质量，降低配件消耗，提高经济效益。

国内各油田80年代就开展了设备管理信息系统的开发及应用，大庆、胜利、中原、塔里木、物探局、江汉、南阳、吐哈油田等就分别开发了相应的系统。经过多年的发展，目前在用的主要是2002年由总部组织，江汉油田具体执行，2003年起在国内各油田推广应用的及胜利油田的，以下的功能介绍以总部开发的系统为主进行。

设备管理信息系统把要完成的业务与实现各项业务的计算机技术相分离。简言之，就是“将业务交给业务人员，把计算机技术留给计算机人员”。以EAM的理论为指导从设备的全员管理及全过程管理角度涵盖设备一生的管理(见图6-1)。

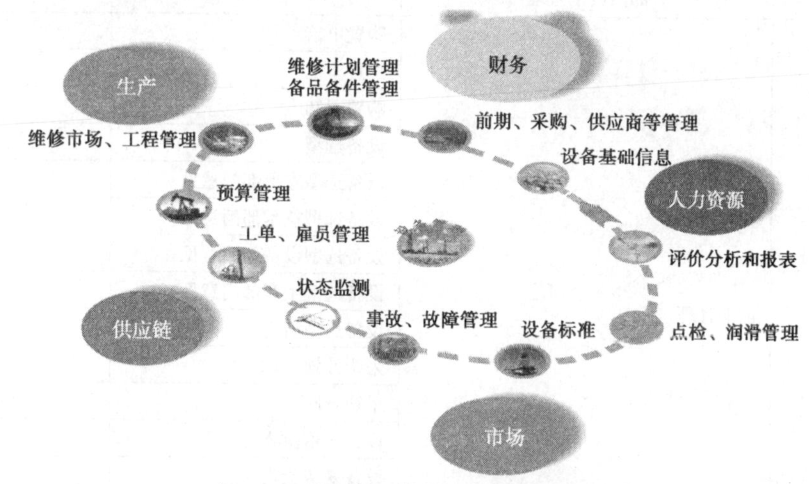

图6-1　设备管理信息系统功能模块表

按照这个思想，在系统开发中采用了一系列先进适用技术和方法，对油田的设备运行情况进行分析(见图6-2)采取模块化设计、分层分级授权技术等。同时，在满足管理要求的逻辑结构中，尽可能贴近现实，采用统一标准，优化工作流程等。

设备管理信息系统目前有17个基本模块，130多个功能点(见表6-1)。由于许多单位有适合其单位的设备、经营、及管理特点而形成的特色，系统需要适应这种特色有多个版本。如华东局的适应壳牌管理要求的单机版、吐哈油田具有抽油机检测功能的版本等，随着应用的不断深入，管理的进步，功能模块也在不断的变化中。

设备前期：对设备的选型及对供应商的询价进行管理；对设备采购单(合同)的管理，

包括对采购设备的型号、名称、描述、规格、数量和价格，以及要求交付的日期等信息进行跟踪管理。

设备基本信息：建立设备档案卡片和设备台帐，为每一个设备编号，定义设备的使用位置，收集和整理设备的基础数据及各种有用的技术资料，包括电子照片、电子文档等。

备品备件：定义设备所用的备品备件，建立备品备件的卡片和台帐，定义设备和备品备件的相应关系。

设备故障：定义设备的故障代码，建立故障分析树；设备故障跟踪分析：对设备的故障历史进行跟踪、反馈、统计和分析，通过分析和改进，以提高设备的完好率，减少设备故障对生产的影响，降低设备维护/维修的成本；建立设备维护计划：为设备(特别是主要设备)建立维护计划；预防性维护：为重要的设备建立预防性维护定义，以最大可能地减少非计划抢修。

设备变动：跟踪和管理设备的移动情况，包括设备的调拨使用、设备的故障送修，设备的使用、封存，设备的报废处理等历史信息，对设备从购进开始，直到报废处理为止的全过程跟踪管理。

备品备件采购管理：按照经济采购批量和最小库存量，自动产生建议的采购量。对由业务部门提出的采购需求(如请购单)进行分析后，建立采购单。对采购单进行全过程的跟踪管理，直到采购物品全部收到、并通过验收为止。

表 6-1　设备管理信息系统功能模块表

组织机构管理	部门组织机构管理		
	部门员工管理		
设备前期管理	前期管理	购置申请	
		购置审批	
		购置通知	
		设备选型	
		设备选型安保部门意见	
		设备选型技术部门意见	
		设备选型设备部门意见	
		设备选型生产部门意见	
		设备选型结论	
		采购计划	
		采购合同	
		设备开箱验收	
		设备安装验收	
		供货商管理	
		设备市场信息	
		四新技术	
	前期查询	设备购置浏览	
		设备选型浏览	
		采购计划浏览	
		采购合同浏览	
		设备开箱验收浏览	
		设备安装验收浏览	
		四新技术浏览	

续表

基础数据管理	设备基本信息		
	设备基本信息查询		
设备运转管理	运转记录管理		
	运转记录查询		
设备变动	变动处理	设备报废	设备报废申请
			报废部门审批
			报废领导审批
			设备报废通知
		设备调拨	设备调拨申请
			调拨部门审批
			调拨领导审批
			设备调拨通知
		设备转移	设备转移申请
			设备转移审批
			设备转移通知
		设备封存	设备封存申请
			封存部门审批
			封存领导审批
			设备封存通知
		设备闲置	设备闲置申请
			闲置部门审批
			闲置领导审批
			设备闲置通知
		设备启封	设备启封申请
			启封部门审批
			启封领导审批
			设备启封通知
		设备租赁	
		设备停用	
	变动查询	报废查询	
		调拨查询	
		转移查询	
		停用查询	
		封存查询	
		启封查询	
		租赁查询	
		闲置查询	

续表

备品备件管理	备件材料分类			
	备件材料管理			
	备件分类统计表			
	备件申请浏览			
	备品备件申请			
	备品备件审批			
	备品备件通知			
	储备备件清单			
设备维护管理	设备保养	设备保养计划		
		设备保养实施		
		保养实施		
	维修管理			
	设备技术改造			
	设备检查记录			
设备大修管理	设备大修计划申请			
	设备大修计划审批			
	设备大修计划通知			
	设备大修实施			
	大修计划浏览			
	大修实施浏览			
润滑管理	润滑管理	润滑五定管理		
		润滑换加油管理		
		润滑监测管理		
		油品消耗分析		
	润滑查询	润滑五定浏览		
		润滑换加油浏览		
		润滑监测浏览		
统计报表	主要专业设备技术状况(上报)			
	主要专业设备技术状况表(汇总)			
	主要设备经济技术指标报表(上报)			
	主要设备经济技术指标表(汇总)			
	设备管理十五项总体指标(上报)			
	设备管理十五项总体指标(汇总)			
	报表检查			
	设备事故报表			

续表

故障管理	设备故障录入		
	设备故障浏览		
事故管理	设备事故录入		
	设备事故浏览		
评价分析	备件消耗分析		
	人员类型统计图表		
	设备成新度		
	设备分布图表		
	设备提折旧管理		
	设备统计图表		
	设备故障频次		
	设备寿命周期费用		
	设备利用率(月)		
	设备经济技术指标		
	专业设备技术状况		
查询统计	分布统计	部门分布统计	
		类别分布统计	
	状态统计	部门状态统计	
		类别状态统计	
	增减统计	部门增减统计	
	年代构成统计	部门年代构成统计	
	资产统计	部门资产统计	
		类别资产统计	
	ABC 分类统计	部门 ABC 分类统计	
		类别 ABC 分类统计	
	类别分类统计	部门分类统计	
		类别分类统计	
	运转记录分类统计	部门运转记录分类统计	
	故障统计	部门故障分类统计	
	大修统计	部门大修统计	
		类别大修统计	
	维修统计	部门维修统计	
		类别维修统计	
	润滑统计	部门润滑统计	
		类别润滑统计	
	基础数据统计	设备分布状况	

续表

信息管理	闲置设备发布		
接口管理	读取资产数据		
	导入组织机构		
	导入设备基本信息		
	导入运转记录		
	导入上市资产数据		
	更新上市资产数据		
系统管理和维护	机动代码维护		
	部定三率参数维护		
	自定三率参数维护		
	局定三率参数维护		
	设备定标		
	统计范围维护		
	主要专业设备维护		
	部门标准代码维护		
	当前登录者信息		
	导数据工具(本单位数据)		
	导数据工具(接收上级单位数据)		
	导数据工具(接收下级单位数据)		
	历史数据处理功能		
	系统编码信息管理		
	修改数据库密码		

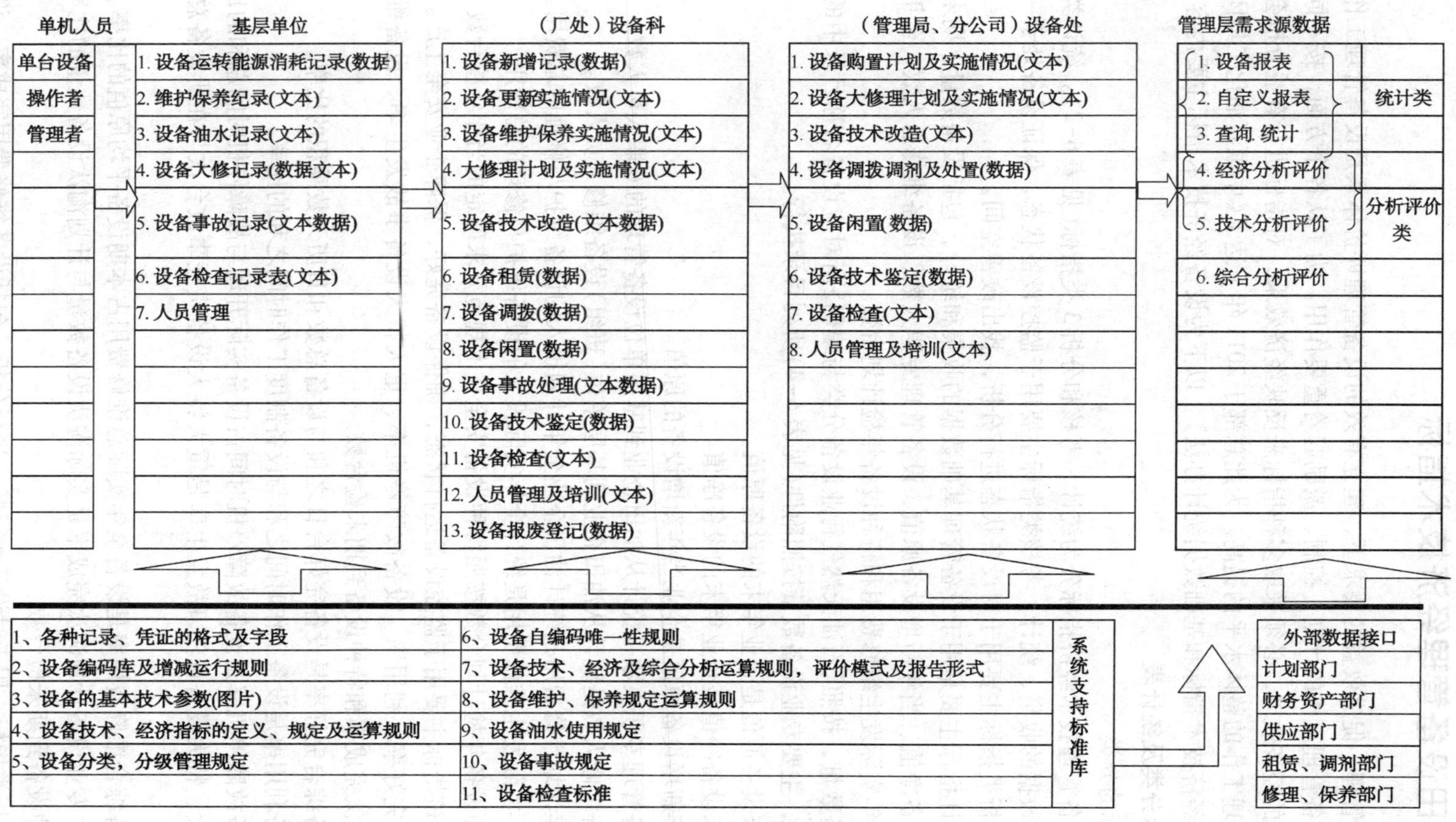

图 6-2 设备信息系统运行图

6.3 油田设备管理经济技术指标

在加强管理、促进效益的要求下，建立有效的设备管理评价体系是设备管理工作的重要部分，对设备管理工作的计划、控制、激励起着重要作用。为了从各个方面，按不同要求分析设备管理的经济效果，必须采取多种指标来反映经济效果，对指标进行有益分析会有助于提高设备管理工作的整体水平的提高。为此总部于2011年下达了《中国石油化工集团公司油田设备管理经济技术指标和基础数据统计办法》。以下为设备经济技术指标主要内容。

1. 指标分类及统计表

1）指标的分类

油田设备管理技术经济指标分为统计、考核和分析3类指标(见表6-2)。统计类指标主要用于基础数据的收集、统计。考核类指标主要用于监控设备状态，保证设备处于一个可控的状态。分析类指标主要用于对设备状态进行分析，找出改善空间。

(1) 统计指标主要是用于设备管理基础数据的收集和统计，包括设备数量、期末设备原值、期末设备净值、当年新增设备原值、设备管理专职人数、设备维修总人数、全年计划维修费用、全年实际发生维修费用和特种设备年检计划台数。

① 设备数量，按照《石油天然气行业设备分类与编码》所对应设备名称目录中的设备类型数量执行，主要专业设备数量按照附件(见表6-4)所列目录执行。

② 期末设备原值是企业年末的设备原值。

③ 期末设备净值是企业年末的设备净值。

④ 当年新增设备原值是企业当年新增设备的原值。

⑤ 设备管理专职人数是统计从油田企业到基层单位设备管理的专职人员人数。

⑥ 设备维修人数是统计从油田企业到基层单位(班组)设备维修人员人数。

⑦ 全年计划维修费用是统计油田企业全年计划投入的设备维护与修理的总费用。

⑧ 全年实际发生维修费用是统计全年实际投入的设备维护与修理的总费用。

⑨ 特种设备年检计划台数按照特种设备安全技术规范要求确定的当年年检台数。

(2) 考核指标主要用于监控设备运行状态，确保设备完好，保障企业安全生产。主要包括设备综合完好率、利用率、设备故障停机率、重大特大设备事故发生率、设备维修费用率、计划淘汰完成率和特种设备到期未检台数。

① 设备综合完好率是设备完好台日之和与设备总数和日历天数乘积的比率。

② 设备利用率是设备工作时间之和与设备制度工作时间之和的比率。

③ 设备故障停机率是设备故障停机时间占设备实际开动与故障停机时间总和的比率。

④ 重大、特大设备责任事故发生率是重大特大设备责任事故台次与在册设备总台次的比率。

⑤ 设备综合维修费用率是设备全年实际总维修费用占本期设备平均原值的比率。

⑥ 主要专业设备计划淘汰完成率是实际淘汰设备数量与计划淘汰设备数量的比率。

⑦ 特种设备到期未检台数。

(3) 分析类指标，用于对设备运行状态进行分析，包括设备维修费用完成率、设备新度系数、设备运转时率、设备资本性投入强度、设备平均故障间隔期、设备平均役龄、设备折旧维修费用率和主要专业设备更新改造计划完成率。

① 设备维修费用完成率是全年实际总维修费用占计划维修费用的比率。

② 设备新度系数是期末设备净值与期末设备原值的比率。

③ 设备运转时率是设备实际开动时间与设备制度工作时间的比率。

④ 设备资本性投入强度是本期内设备资本性投入总额与本期内设备总资产净值的比率。

⑤ 设备平均故障间隔期是实际开动时间之和与故障总次数的比率。

⑥ 设备平均役龄是同类设备役龄之和与同类设备台数之和的比率。

⑦ 设备折旧维修费用率是全年实际总维修费用与本期设备平均累计折旧的比率。

⑧ 主要专业设备更新改造计划完成率是设备更新改造完成数占设备更新改造计划数的比率。

2）指标分类汇总(见表6-2)

表6-2 指标列表

统计类指标	考核类指标	分析类指标
设备数量	设备维修费用率	设备维修费用完成率
期末设备原值	设备故障停机率	设备新度系数
期末设备净值	重大、特大设备事故发生率	设备运转时率
当年新增设备原值	特种设备到期末检台(套)数	设备资本性投入强度
设备管理专职人数	设备综合完好率	大型关键设备平均故障间隔期
设备维修总人数	设备利用率	设备平均役龄
全年计划维修费用	计划淘汰完成率	设备折旧维修费用率
全年实际发生维修费用		主要专业设备更新改造计划完成率
特种设备年检计划台数		

2. 统计报表

(1) 设备管理总体指标报表(见表6-6)。

(2) 主要专业设备技术状况月报、季报和年报报表内容(见表6-7)。

(3) 油田企业设备事故情况月报、季报和年报报表内容内容(见表6-8)。

(4) 主要专业设备经济技术指标月报、季报和年报报表内容(见表6-9)。

(5) 所有设备经济技术指标月报、季报和年报报表内容(见表6-10)。

(6) 主要专业设备运行动态季报年报报表内容表(见表6-11)。

(7) 设备状况和修理费统计表(年报)(见表6-12)。

3. 指标的说明

主要专业设备技术状况报表、主要专业设备经济技术指标报表的设备都是指的主要专业设备。

1）统计类指标

(1) 设备数量。

说明：按主要专业设备明细表规定统计的所有设备。

(2) 期末设备原值。

说明：统计企业的设备原值。

(3) 期末设备净值。

说明：统计企业的设备净值。

(4) 当年新增设备原值。

说明：统计企业的新增设备原值。

(5) 设备管理专职人数。

说明：统计到基层单位设备管理专职人数。

(6) 设备维修总人数。

说明：统计到基层单位设备维修人员人数。

(7) 全年计划维修费用。

说明：统计全年计划投入的设备维护与修理的总费用。

(8) 全年实际发生维修费用。

说明：统计全年实际投入的设备维护与修理的总费用。

(9) 特种设备年检计划台数。

说明：按特种设备检修标准确定本年到期应检设备数。

2) 考核类指标

(1) 设备综合维修费用率($SWFL$)

计算公式：$SWFL = \frac{全年实际总维修费}{本期设备平均原值} \times 100\%$

本期设备平均原值=(期初设备原值+期末设备原值)/2

说明：本指标属于考核类指标，用于考核设备维修费用的投入情况。设备维修费用的投入有利于对设备的状态功能进行恢复。每年的设备维修费用率应保持在一个相对稳定的水平(需要结合油田公司历史数据进行分析确定)，太低可能会造成维修投入不足，影响当年的设备正常维修；太高可能会导致维修费用投入太大，表明当年设备运行状况和日常维护不当。全年实际总维修费包括：大修、项修、小修、设备的耗零配件及各级保养和日常维护的全部费用。大修理费作为其中项在表中列出。

全年实际总维修费包括：大修、项修、小修、设备的耗零配件及各级保养和日常维护的全部费用。

(2) 设备故障停机率($SGTL$)

计算公式：$SGTL = \frac{故障停机时间}{实际开动时间 + 故障停机时间} \times 100\%$

$$SGTL = \frac{故障停机时间}{实际开动时间 + 故障停机时间} \times 100\%$$

说明：本指标属于考核类指标，用于考核当年设备运行状况，控制设备故障停机时间。故障时间全部以小时计。本公式仅用于连续运行，无备机的设备，间断运行，有备机设备不做统计。

较直接地反映了主要生产设备故障停机情况，这个指标不容易做假，可直接反映设备管理水平。

(3) 重大、特大设备责任事故发生率($SSFL$)

计算公式：$SSFL = \frac{重大特大设备事故台次}{在册设备台数} \times 100\%$

说明：本指标属于考核类指标，用于对出现重特大设备责任事故进行考核。设备责任事故指大型(含大型)以上的设备责任事故。重大、特大设备责任事故造成的人员、财产损失是不可估计的，应尽量避免重大、特大设备责任事故的发生。

由于设计、制造、安装、施工、使用、检维修、管理等原因造成机械、动力、电气、电信、仪器(表)、容器、运输设备、管道等设备损坏造成损失或影响生产的事故；SSFL只统计重大(含重大)以上的设备事故。

事故分类《中国石油化工集团公司安全生产监督管理制度》

① 一般事故。

凡符合下列情况之一者，为一般事故：

一次造成1~9人重伤；

一次造成1~2人死亡；

一次直接经济损失在10万元及以上、100万元以下(不含100万元)；

油田企业一次跑油在30t及以上；管道储运企业一次跑油在100t及以上；海上发生一次跑油在1t及以上。

② 重大事故。

凡符合下列情况之一者，为重大事故：

一次事故造成10人及以上重伤；

一次事故造成3~9人死亡；

一次事故造成直接经济损失100万元及以上，500万元以下(不含500万元)。

③ 特大事故。

凡符合下列情况之一者，为特大事故：

一次事故造成10人及以上死亡；

一次事故直接经济损失500万元及以上；

油田失控井喷事故。

(4) 特种设备到期未检台(套)数。

说明：用于考核期末特种设备未检台数，保证特种设备在规定的时期内一定要进行检验。

(5)设备综合完好率(*SZWL*)

计算公式：$SZWL = \dfrac{\sum \text{设备完好台日}}{\text{设备总数} \times \text{日历天数}} \times 100\%$

说明：本指标属于考核类指标，可以对月、季和年的设备综合完好率进行统计分析。原来要对单台设备的完好率进行统计，由于设备完好率对于考核单机设备的技术状况无太大意义，尤其是对于油田注采设备，有相当一部分设备是有备机的，都要求保证至少有一台完好备用的设备，而且用于主要生产设备完好率作为考核指标时，容易产生虚假，因此，只保留了计算设备综合完好率，用于分析某个单位的设备总体技术状况。设备正常保养算完好，超过正常保养期不算完好。设备大修不算完好，应计入在修、待修技术状况一栏数据中。

(6) 主要专业设备计划淘汰完成率=实际淘汰设备数量/计划淘汰设备数量

(7) 设备利用率(*SLL*)

计算公式：$SLL = \dfrac{\text{设备工作时间}}{\text{设备制度工作时间}} \times 100\%$

说明：本指标属于考核类指标，设备工作时间从设备进入工作状态开始算起，包括计划检修停工、搬运、安装、试车、规定的日常保养时间。注意设备利用率的计算公式与设备运转时率计算公式的区别。

根据油田生产特点，对主要生产设备的利用率统计作以下定义：

① 钻机利用率($ZJLL$)。

计算公式：$ZJLL = \dfrac{\sum 设备工作时间}{24\,小时 \times 年钻机天数 \times 设备总数} \times 100\%$

年钻机天数规定如下：季停(冬休)275 天，其余为 365 天。

② 钻采特车利用率($TCLL$)。

通井机、修井机：

$$\frac{\sum 设备工作时间}{7.5\text{h} \times 354\text{d} \times 设备总数} \times 100\%$$

其他特车：

$$\frac{\sum 设备工作时间}{6.5\text{h} \times 354\text{d} \times 设备总数} \times 100\%$$

③ 测井及物探设备利用率($CWLL$)。

$$CWLL = \frac{\sum 设备工作时间}{6.5\text{h} \times 354\text{d} \times 设备总数} \times 100\%$$

④ 录井设备利用率($LSLL$)。

$$LSLL = \frac{\sum 设备工作时间}{24\text{h} \times 365\text{d} \times 设备总数} \times 100\%$$

录井设备年工作天数同钻机。

⑤ 注采设备利用率($ZCLL$)。

$$ZCLL = \frac{\sum 设备工作时间}{24\text{h} \times 日历天数 \times 设备总数} \times 100\%$$

⑥ 运输车辆利用率($YSLL$)。

$$YSLL = \frac{\sum 设备工作时间}{354\text{d} \times 设备总数} \times 100\%$$

⑦ 起重搬运机械利用率($QBJLL$)。

$$QBJLL = \frac{\sum 设备工作时间}{6.5\text{h} \times 354\text{d} \times 设备总数} \times 100\%$$

⑧ 动力设备利用率($DSLL$)。

$$DSLL = \frac{\sum 设备工作时间}{24\text{h} \times 365\text{d} \times 设备总数} \times 100\%$$

⑨ 金属切削机床利用率($JQJLL$)。

$$JQJLL = \frac{\sum 设备工作时间}{7.5\text{h} \times 250\text{d} \times 设备总数} \times 100\%$$

⑩ 工程机械利用率($GJLL$)。

$$GJLL = \frac{\text{设备工作时间}}{\text{工作天数} \times \text{设备总数}} \times 100\%$$

工程机械的工作天数规定如下：季停为 275 天，其余为 354 天。

A. 停用、季停、封存、未投、闲置、备用、外包后设备不参与四率的计算。

B. 除总公司规定参加四率计算的设备外，其他设备不计算。

设备综合运转时率、综合利用率、综合新度系数：用加权平均计算，以设备台数作为权数，公式为：∑(各类设备利用率(运转时率、新度系数)×该类设备台数)/各类设备台数之和×100%。

注：对各单位的综合利用率(运转时率、新度系数)指标，应以各类设备的利用率(运转时率、新度系数)为准，用上述加权平均法求得。周转部件不参加利用率、运转时率、完好率的计算(指钻机部件)。

C. 以上公式中的 354 天为全年 365 天减去法定节假日 11 天所得，250 天为全年 365 天减去法定节日假 11 天和 52 星期的 104 天双休日所得，275 天为全年 365 天减去 1、2、3 月 90 天所得。具体至每月天数的规定见表 6-3。

表 6-3　数据统计每月天数查询表

全年	一季度			二季度			三季度			四季度		
354	86			88			91			89		
	1月	2月	3月	4月	5月	6月	7月	8月	9月	10月	11月	12月
	27	28	31	29	30	29	31	31	29	28	30	31
250	60			62			65			63		
	1月	2月	3月	4月	5月	6月	7月	8月	9月	10月	11月	12月
	18	20	22	21	20	21	23	21	21	19	21	23
365	90			91			92			92		
	1月	2月	3月	4月	5月	6月	7月	8月	9月	10月	11月	12月
	31	28	31	30	31	30	31	31	30	31	30	31
275	0			91			92			92		
	1月	2月	3月	4月	5月	6月	7月	8月	9月	10月	11月	12月
	0	0	0	30	31	30	31	31	30	31	30	31

注：表中的 354 天为全年 365 天减去法定节假日 11 天所得，250 天为全年 365 天减去法定节日假 11 天和 52 星期的 104 天双休日所得，275 天为全年 365 天减去 1、2、3 月 90 天所得。

D. 成套设备只考核主设备的各种指标，从属设备不做考核。

E. 数据的填报以日历天数为准。月统计周期以当月的 1 日到当月的最后一天。年报从元月一日到年末最后一天。

F. 设备正常二级以下保养(机床的一级以下定项检查)算完好，否则算非完好。进行大修、小修、项修及三级保养(机床的二级定项检查)的设备，应计入在修、待修技术状况一栏数据中。

G. 技术状况：分为完好设备、带病运转设备，在修待修设备，待报废设备四个子项。

H. 在用设备数：指本统计期内所使用过的设备。不包括未投产设备，库存封存设备，本期未使用设备。

在用设备数=设备数量-(已安装未投产+库存+封存+季节性停用+待报废)。

式中，设备数量含企业在用的、备用的、封存的以及正在检修的全部生产设备，但不包括尚未安装使用的设备。

I. 新增：当年1月1日至12月31日投产的新增设备。

J. 数据库管理的设备范围：根据企业的管理要求入库。

K. 各种统计报表按主要专业设备机动代码进行分类统计，数据库据实上报。

3）分析类指标

（1）设备维修费用完成率(*SWFWL*)。

计算公式：$SWFWL = \dfrac{\text{全年实际总维修费}}{\text{计划维修费}} \times 100\%$

说明：本指标属于分析类指标，用于分析当年设备维修费用计划的准确度，以便制定下一年度合理的设备维修计划费用，减少不必要的设备维修计划投入。

（2）设备新度系数(*SXDXS*)。

计算公式：$SXDXS = \dfrac{\text{期末设备净值}}{\text{期末设备原值}}$

设备净值=设备原值-累计提取折旧

它反映年末设备的新旧程度。它是瞬时指标，不能反映一个企业全年设备的新旧程度。

现在折旧是按平均年限法，各种设备的折旧年限由总部确定，而有些规定的折旧年限与实际寿命不符，设备大修或改造后，技术性能改善，应该是新度系数提高。但由于现行财务制度的规定，大修或改造的费用是进成本的，不能增加设备的净值，因此设备的新度系数不能提高，造成新度系数与实际新旧程度不符。

另外由于设备购置的规模由上级确定，设备新度系数的大小不是能够由自己努力而改变的，这样将其作为考核指标就没有意义了，只能作为统计指标，使上级了解下属单位设备的折旧程度，供作投资决策参考。

（3）设备运转时率(*SYSL*)。

计算公式：$SYSL = \dfrac{\text{设备实际开动时间}}{\text{设备制度工作时间}} \times 100\%$

说明：本指标属于分析类指标，继承了原来的设备利用率指标，可以真实反映设备的实际运转效率。

设备实际开动时间是指实际生产时间(不包括组织停工、机修停工时间、搬家、安装、正常保养时间)。

（4）设备资本性投入强度(*XSJZTQ*)。

公式：$XSJZTQ = \dfrac{\text{考核期设备资本性投入总额}}{\text{考核期末设备总资产净值}}$

说明：设备资本性投入总额指的是考核期新购置设备原值，由“新增+更新”设备组成。

（5）大型关键设备平均故障间隔期(*MTBF*)

计算公式：$MTBFi = \dfrac{\sum \text{实际开动时间}}{\text{故障总次数}}$

说明：本指标属于分析类指标。用于分析大型关键设备运行稳定性和维修质量。

（6）设备平均役龄（SPY）。

计算公式：$SPY = \frac{\text{所有同类设备役龄之和}}{\text{同类设备总台数}}$

说明：这个指标，既可计算各类设备的平均役龄，也可以计算单位的总设备役龄。在衡量某类设备的新旧程度时平均役龄与规定的设备使用寿命之比可较准确地反映出该类设备的新旧程度，在衡量单位的设备新旧程度时，相同单位的设备平均役龄具有可比性，应分专业统计。

（7）设备折旧维修费用率（$SZWFL$）

计算公式：$SZWFL = \frac{\text{全年实际总维修费用}}{\text{本期设备平均累计折旧}} \times 100\%$

设备平均累计折旧=（本期设备累计折旧+上期设备累计折旧）/2=[（本期设备原值-净值）+（上期设备原值-净值）]/2

上式中是将“设备维修费用率”定义的分母，由“设备平均原值”改为“设备平均折旧”分母改为折旧后便于比较设备新旧不同的单位间的设备维修费用，虽然单个设备的维修费用是按浴盆曲线发生的，但对每年都有新设备投入的一个单位来说，浴盆曲线就不显著了，可近似认为，设备的维修费用与折旧是同步增长。

设备维修费用率适合于分析一个单位或企业历年的维修费用变化情况，即纵向分析，设备折旧维修费用率适合于分析各个单位或企业同期的维修费用情况，即横向分析。

（8）主要专业设备更新改造计划完成率（$GXGZL$）

计算公式：$GXGZL = \frac{\text{设备更新改造完成数}}{\text{设备更新改造计划数}} \times 100\%$

6.4 油田设备管理信息系统的应用

在应用之前，各单位应该首先以设备资产树和生产线-单体设备-工作机构-设备部位-零部件的设备体系结构为基础，建立动态的设备管理体系。要求如下：

以设备部位为对象，为建立完整的设备技术工作标准打下基础：如基于设备部位的故障体系、维修标准、保养标准及设备点检、完好检查、精度检验、状态检测、润滑五定标准等使这些体系成为运行、维护、与维修的现场工作依据。

集成有关一台设备的各种数据信息记录，包括现场数据采集、历史数据整理与指标的处理与分析等，成为衡量基础管理工作质量的重要方法。

数据来源于生产现场的第一手真实资料，避免使用经过处理后的数据。实现设备资产、运行、维修、备件管理工作的一体化计算机管理，形成设备整个寿命周期的完善的基础管理体系。

6.4.1 油田设备管理信息系统在设备规划中的应用

设备部门根据设备综合管理关于设计、制造与使用相结合的要求将在现场掌握的以及利用信息系统提供的操作者通过系统提供的第一手的同类设备的运行情况进行反映，对利用率、运转时率、MTBF、设备维修费用率、故障率等指标及数据进行分析。根据企业发展规划的要求和掌握的国内外新技术现状及发展趋势，将设备规划定格在相应的技术水平上，达到设备综合管理不断提高企业技术装备素质的要求。

6.4.2 油田设备管理信息系统在设备选型、更新改造中的应用

设备选购的基本原则是“技术上先进、经济上合理、生产上需要”。

生产性：即设备的生产效率，一般以设备在单位时间内的产品产量来表示。

可靠性：可靠度是在规定的时间内，在规定的使用条件下，无故障地发挥机能的概率。从广义上讲，可靠性指的是设备的精度、准确度的保持性、零件耐用性、安全可靠性等。

设备经济性评价可根据设备的几种原始费用和使用费用，参考寿命周期，复利率等，测算每种设备的寿命周期费用，按照寿命周期费用最优的原理，选择最佳设备。常用的计算方法有年费法、现值法、投资回收期法，动态投资回收期法、净现值法等。

技术更新与改造是补偿设备磨损的最好方法，因为这可保持设备的先进性，使企业技术素质跟上时代的进步。作为整体补偿的技术更新，主要是选择新设备并对其进行经济评价的问题。作为局部补偿的技术改造，只能结合检修来进行。设备的经济寿命的计算是设备的合理更新周期，计算经济寿命的方法很多如低劣化数值法、列表计算法等。

生产效率、可靠性、经济寿命等设备经济性评价及计算都需要借助设备管理信息系统才能完成。

6.4.3 油田设备管理信息系统在设备保养维修中的应用

设备管理的一个趋势是以管理为中心代替以检修为中心且逐步由预防维修、在线检修代替事后维修，这就要求将设备运行重点放在提早发现隐患、对隐患整改、对故障进行预测分析等。

计算机系统可通过运行记录、停机记录、点检、完好检查、定期检查、精度检验、故障记录、事故记录、状态监测等常规管理方法和现代化技术手段，记录设备以往状况并临控设备当前运行状况，分析设备运行的可靠性与经济性，为制定合理的维修与维护策略，提供量化依据。

为了适应市场的需要，加强成本管理，降低成本支出，提高企业经济效益，对企业经营的所有的步骤都需进行成本控制。但是管理工作难度是很大的，特别是外部施工设备的可靠性和机械设备费用比较难以控制，成为控制成本的重要环节。要切实完善设备管理的台帐、技术档案，充分了解每台设备的技术状况，随时掌握准确可靠的数据和情况，以便合理使用，计划修理，确定机械设备使用费。控制成本，降低可变费用支出，在责任成本核算中，设备管理的重点是设备使用费的管理。而这些支出项目的控制只有借助于信息系统才能较好地及时取得数据，达到修理有记录，消耗有定额，统计有报表，损耗有分析，通过经常分析总结，提高修理质量，降低配件消耗，提高经济效益。

6.4.4 油田设备管理信息系统在设备检测中的应用

工欲善其事，必先利其器。随着科学技术与现代化生产的高度发展，各学科相互渗透，相互交叉，相互促进，使得设备信息管理系统的内容得到丰富和发展，设备状态监测与故障诊断信息成为信息系统中不可或缺的重要内容。

维修是设备管理的重要内容之一，因此，也是设备管理信息系统中的主要内容。过去，设备管理信息系统功能设计中能按标准规定的时间定期弹出维修计划表就可以了；因为，国内大多数工矿企业设备的维修、一直沿袭原苏联的预防性计划维修体制，即按预先制定的检修计划，对设备进行定期检查与修理。随着科学技术的迅猛发展，生产设备随着生产工艺向高、精、尖的大型设备，和机电一体化发展，计划维修已经不能满足要求，其弊端一是可能造成维修过甚，既该设备因为设计可靠、制造优良，加之安装、使用各环节操作、管理人员都很负责任，到计划检修时运行状态良好，造成设备实际的维修过甚。二是可能造成设备欠修，即因为该设备存在设计缺陷、制造品质低，产品性能差，或则是安装、使用各环节出现失误，所以设备提前失效，就会提前发生设备故障或事故，这种情况对企业生产的影响是很不好的。因此，随着电子计算机技术、现代测量技术和信号处理技术等技术的迅速发展，设备状态监测与故障诊断技术应运而生。其监测与诊断信息也成为设备管理信息系统中不可或缺的重要内容。

信息与监测的有机结合，是追求设备最佳经济寿命的有效手段。由于设备状态监测与故障诊断技术在工矿企业设备管理中的重要作用，特别是视情维修理论的不断发展和完善，其监测信息也成为设备管理信息系统中不可或缺的重要内容。设备管理信息系统中监测与诊断信息的丰富发展与完善，有效推动了现代现代设备科学管理的进程，使得追求设备最佳经济寿命成为可能。在设备管理信息系统中建立设备状态监测信息，一是因为信息系统是网络版，具有共享功能，因此，将设备状态监测与故障诊断信息及时录入设备管理信息系统中，可使共享范围内的终端用户及时掌握设备运行状态，避免管理的盲目性；二是根据监测信息，设备管理信息系统可以及时提出检维修计划，实现真正意义上的视情维修，避免了“维修过甚”或“欠修”所致的经济损失；三是可以根据系统信息合理确定后期更新改造计划，充分发挥设备潜能，实现设备效益最大化。所以说，设备管理信息系统与设备状态监测信息的有机结合，是追求设备最佳经济寿命的有效手段。

如吐哈油田开发的注水泵专家诊断系统就对有效遏制注水泵故障起到显而易见的积极作用。通过拓展监测范围，进行定期监测，大大降低了设备故障率，吐哈油田设备故障停机率始终控制在0.1%以下。以大型压缩机组为例，2002年大型压缩机故障停机率为2.5%，开展压缩机监测诊断后已控制在0.5%以下，仅这一项每年减少直接经济损失约400多万元。通过多年监测诊断，解决了注水泵电机断轴、皮带轮偏斜、曲轴轴向窜动、轴瓦磨损、泵阀损坏、管线振动等故障隐患。

避免“过剩维修”，减少了维修时间，经济效益明显。根据监测诊断结果，及时进行故障部位检查、检修，将故障隐患消灭在萌芽状态，延长维护保养周期，避免过剩维修，经济效益、社会效益明显。如吐哈油田丘陵16SGT/W74原料气压缩机组最初二保周期为4000~4500h，三保13000~14000h；通过日常监测显示1#、4#机组运行状况良好，连续运行时间分别延长到19100、18200h；鄯善2台原料气压缩机一直是监测的重点，一直运行可靠、平稳，被评为公司的“红旗设备”，三保后除进行4次项修，累计运行时间达到20000h，避免了“过剩维修”，发挥了设备潜能。吐哈油田从开展监测诊断工作起步，一直坚持每月1次的定期监测、分析，发现隐患及时整改，目前已经基本实现了状态维修，计划二、三保工作量减少了一半以上。

推动设备管理水平的整体上升，设备状态监测与故障诊断技术在油田的全面应用，有力的推动了设备管理整体水平的上升。一是提高了设备管理的技术含量，实现了设备由被动、定性管理向主动、定量管理的转变，做到了公司主要生产设备运行状况的及时掌控；二是提高了设备维修管理水平，实现了由事后维修向预知、视情维修的转变，是公司设备维修体制的革命；三是培养了高素质专业技术人才，提高了设备技术管理队伍的素质，监测诊断体系队伍不断壮大，勤奋好学、刻苦钻研技术蔚然成风。

随着维修体制的变革，特别是预知维修理论的发展与不断完善，设备管理信息系统也在不断发展。因此，我们说设备管理信息系统中融入其状态监测与故障诊断信息，是设备管理追求最佳经济寿命的有效手段，是我们进行设备全寿命周期管理的必由之路，是现代设备管理的趋势。尤其是随着云技术的研究、应用逐步发展成熟，设备管理信息系统作为多种信息的集合体也必须应用这种技术成果，以进一步提高维修决策的完整性、准确性、及时性和有效性。

6.4.5 油田设备管理信息系统在设备调剂、报废处置中的应用

设备管理信息系统是一个工作平台，通过信息系统将相关的设备选型、维修、设备调剂、报废处置等企业的工作流程固化，通过设备管理信息系统协同工作。打破地理、工作上的壁垒。

总之，作为管理信息系统，设备管理信息系统不属于生产过程控制系统，也不完全是一个维修专家系统，其核心是要建立一个企业数据库，它提供信息的价值在于使人们能利用这些信息做出正确的决策或作为优化管理的依据指导管理工作。

6.5 设备信息系统说明

6.5.1 设备基本信息字段说明

(1) 设备的自编号是区别设备的代码。自编号编码以自然数按顺序编制，并附加了管理级别标识符、单位码和进口设备标识符。自编号码共16位。

自编号包括4项内容：

① 分级管理标志：主要专业设备用B代表，局管设备用J代表，厂管设备用C代表。

② 单位码：分油田代码和油田二级单位代码。

③ 自编号：后9位数为二级单位的自编号；不够9位数的，前边以零补齐。

④ 引进设备标志：Y为进口设备，G为国产设备。

(2) 铭牌参数：指单台设备标牌上所标注的主要工作能力参数。

(3) 机动代码：指由中国石化、中国石油颁布的《石油天然气行业设备分类与编码》，按统一目录编写。

(4) 月折旧金额、年折旧率、累计折旧金额：按平均年限折旧法计算。

(5) 效用年限：设备的效用年限按资产管理规定的效用年限填写。

(6) 特种设备类是指涉及生命安全、危险性较大的锅炉、压力容器(含气瓶，下同)、压力管道、电梯、起重机械、客运索道、大型游乐设施和场(厂)内专用机动车辆。

(7) 技术状况：分为完好、带病运转、在修、待修、待报废。

①设备正常二级以下保养(机床的一级以下定项检查)算完好。

② 进行小修、项修、大修及三级保养(机床的二级定项检查)的设备，应计入在修、

待修。

(8) 使用情况：分为在用、停用、季停、闲置、在航、坞修、停航、备用。

(9) 实际开动时间：是指设备实际生产时间(组织停工，机修停工时间以及非生产时间扣除)。

(10) 耗能种类：耗电、耗原油、耗汽油、耗煤油、耗柴油、耗天然气、耗煤、其他。

(11) 设备维修分类：小修、项修、大修。

(12) 事故分类：特大事故、重大事故、一般事故(按照中国石油化事故管理规定执行)。

(13) 设备综合利用率、运转时率、新度系数：以设备台数作为权数，采用加权平均方法计算。

① 公式为：Σ[各类设备利用率(运转时率、新度系数)×该类设备台数]/各类设备台数之和；

② 周转部件不参加完好率、综合利用率和运转时率的计算。

③ 成套设备只考核主设备的各种指标，从属设备不做考核。

(14) 数据的填报以日历天数为准。月统计周期从当月的 1 日到当月的最后 1 天。年报从 1 月 1 日到年末最后 1 天。

(15) 期末在用设备数：指本统计期末所使用过的设备。不包括未投产设备、库存封存设备、本期末未使用设备。

(16) 新增设备：当年 1 月 1 日至 12 月 31 日投产的设备。

6.5.2 设备分级

B：部管；J：局管；C：厂管。

1. 集团公司(部)管设备范围

(1) 各型大、中型成套钻机、钻井船；

(2) 各型井下作业机；

(3) 钻采特车；

(4) 8t 以上抽油机；

(5) 500kW 以上的机泵组；

(6) 500HP 以上的内燃机；

(7) 起重量 16t 及以上的汽车式、轮船式、履带式起重设备；

(8) 载重量 8t 及以上的运输车辆；

(9) 300kW 以上发电机组；

(10) 大型地球物理仪器(包括地球物理仪器车及控震源车)；

(11) 140HP 以上的施工机械；

(12) 大型、重型、稀有、高精度的金属切削机床及锻压设备；

(13) 原值在 15 万元以上的上述各项以外的其他设备；

(14) 原值在 15 万元以上的全部引进设备。

2. 局管设备范围

(1) 钻机：石油钻机。

(2) 钻采特车：通井机、修井机、联合作业机、汽车通井机、洗井机、水泥车、压裂车、固井配套等特车、酸化压裂配套特车、试井车、蒸气清蜡车、压风机车、地球物理仪器车以及引进车上配套装置。

(3) 注采设备：各型抽油机、抽油泵、各型注水泵、100kW 以上的输油泵、200kW 以上的低压电机，6kV 以上的高压电机。

(4) 内燃机：300 马力以上的大功率柴油机。

(5) 拖拉机：100 马力以上的轮式，履带式拖拉机。

(6) 起重机械：全部引进汽车吊车、国产 16t 以上汽车吊车、30t 以上龙门吊及双梁桥式吊车。

(7) 车辆：8t 以下汽油、柴油运输卡车、10t 以上平板、罐、拖、翻斗车、通道大客车。

(8) 发电机组：100kW 以上的各型发电机组。

(9) 变压器：容量 100kV · A 以上变压器。

(10) 金属切削机床：

原值≥50 万元的金切机床。

车床：① 加工直径 1000mm 及以上普通车床。

② 工作台直径 3400mm 及以上的单柱、双柱立式车床。

③ 花盘直径 1600mm 及以上的落地车床。

④ 加工精度误差小于或等于 0. 001/1000mm，椭园度小于或等于 0. 001/1000mm 的精密机床。

钻床：Φ75mm 以上摇臂钻床。

镗床：① 座标镗床。

② 卧式镗床和落地镗床(搪杆直径 125mm 及以上)。

磨床：

① 加工件直径 500mm，长 2m 及以上的外园磨床和万能外园磨床。

② 工作台 400mm，长 2m 及以上平面磨床。

③ 导磨床。

④ 齿轮磨床、螺蚊磨床、丝杆磨床。

铣床：龙门铣床、座标仿形铣床。

刨床：刨削的宽度 1000mm 及以上的单臂龙门刨床。

插床：行程 1000mm 及以上的插床。

高精度滚齿机。

数控线切割机床。

(11) 施工机械：引进的推土机、平路机、挖掘机、铲运机、压路机、沥青滩布机、吊管机、水平穿越机、装载机及其他引进筑路机械和施工机械。

(12) 锅炉：10t/h 以上的各型锅炉。

(13) 价值量≥100 万元的其他类别设备。

3. 厂管设备

除部管设备、局管设备外其余均为厂管设备。

6.6 附表

6.6.1 主要专业设备明细(表6-4)

表6-4 主要专业设备机动代码和设备名称对应目录

机动代码	设备名称	机动代码	设备名称
0111	陆上石油钻机	097	管道施工机械
0112	海洋钻井平台	0981	水平定向穿越机
0125	顶部驱动装置	0991	履带拖拉机
021	井下作业机	0992	轮胎式拖拉机
022	固井配套设备	10	船舶
023	压裂酸化车	121	发电机组
024	清腊车	122	内燃机
025	洗井车	123	电站锅炉
026	压风机车(撬)	124	工业锅炉
027	捞油车	127	工业泵
028	作业辅助车	128	气体压缩机
02T	其他钻采特车	1411	数控车床
031	测井设备	1417	立式车床
032	录井设备	1421	数控钻床
033	试井设备	143	镗床
034	地震及物探设备	1441	数控铣床
041	抽油机	1442	龙门铣床
042	地面驱动螺杆抽油泵	146	拉床
046	注水泵	1471	数控磨床
047	热采锅炉	148	齿轮加工机床
05	油气处理与集输设备	1491	数控螺纹车床
0611	公路式汽车起重机	14A	特种加工机床
0612	越野式轮胎起重机	19	炼油化工设备
0613	场地式轮胎起重机	231	并行机及集群
0614	履带式起重机	232	服务器及工作站
0711	重型载货汽车	072	拖挂车
0712	中型载货汽车	091	挖掘机械
0715	自卸车	092	土方铲运机械
0716	集装箱运输车	0967	路面铣刨机
0717	散装水泥车	0969	摊铺机
0718	成品油罐车	096B	混凝土拌和站
0719	油水罐车	096C	沥青混凝土拌和站
071T	其他货运车辆	096D	稳定土厂拌设备
08	辅助专用车辆	096E	混凝土运输设备

6.6.2 参加四率计算设备表(表6-5)

表6-5 参加四率计算设备目录

机动代码	设备名称	综合完好率	利用率	停机率	运转时率	制度时间	单位	参数	全年制度时间
0111	陆上石油钻机	Y	Y	Y	Y	24	时	1	365
0112	海洋钻井平台	Y	Y	Y	Y	24	时	1	365
0125	顶部驱动装置	Y	Y	Y	Y	24	时	1	365
021	井下作业机	Y	Y	Y	Y	24	时	1	354
022	固井配套设备	Y	Y	N	Y	6.5	时	1	354
023	压裂酸化车	Y	Y	N	Y	6.5	时	1	354
024	清腊车	Y	Y	N	Y	6.5	时	1	354
025	洗井车	Y	Y	N	Y	6.5	时	1	354
026	压风机车(撬)	Y	Y	N	Y	6.5	时	1	354
027	捞油车	Y	Y	N	Y	6.5	时	1	354
028	作业辅助车	Y	Y	N	Y	6.5	时	1	354
02T	其他钻采特车	Y	Y	N	Y	6.5	时	1	354
031	测井设备	Y	Y	N	Y	6.5	时	1	354
032	录井设备	Y	Y	N	Y	24	时	1	365
033	试井设备	Y	Y	N	Y	6.5	时	1	354
034	地震及物探设备	Y	Y	N	Y	24	时	1	365
041	抽油机	Y	Y	Y	Y	24	时	1	365
042	地面驱动螺杆抽油泵	Y	Y	Y	Y	24	时	1	365
046	注水泵	Y	Y	Y	Y	24	时	1	365
047	热采锅炉	Y	Y	Y	Y	24	时	1	365
048	注聚合物装置	Y	Y	Y	Y	24	时	1	365
049	注气设备(装置)	Y	Y	Y	Y	24	时	1	365
04A	海洋注采设备	Y	Y	Y	Y	24	时	1	365
051	输油泵	Y	Y	Y	Y	24	时	1	365
052	天然气压缩机	Y	Y	Y	Y	24	时	1	365
053	天然气膨胀机	Y	N	Y	N	24	时	1	365
054	加热炉	Y	N	N	N	24	时	1	365
055	专用炉	Y	N	N	N	24	时	1	365
056	塔类	Y	N	N	N	24	时	1	365
057	容器	Y	N	N	N	24	时	1	365
058	换热器	Y	N	N	N	24	时	1	365
059	撬装设备	Y	N	N	N	24	时	1	365
05T	其他油气处理与集输设备	Y	N	N	N	24	时	1	365
0611	公路式汽车起重机	Y	Y	N	Y	6.5	时	1	250

续表

机动代码	设备名称	综合完好率	利用率	停机率	运转时率	制度时间	单位	参数	全年制度时间
0612	越野式轮胎起重机	Y	Y	N	Y	6.5	时	1	250
0613	场地式轮胎起重机	Y	Y	N	Y	6.5	时	1	250
0614	履带式起重机	Y	Y	N	Y	6.5	时	1	250
0711	重型载货汽车	Y	Y	N	Y	1	日	6	250
0712	中型载货汽车	Y	Y	N	Y	1	日	6	250
0715	自卸车	Y	Y	N	Y	1	日	6	250
0716	集装箱运输车	Y	Y	N	Y	1	日	6	250
0717	散装水泥车	Y	Y	N	Y	1	日	6	250
0718	成品油罐车	Y	Y	N	Y	1	日	6	250
0719	油水罐车	Y	Y	N	Y	1	日	6	250
071T	其他货运车辆	Y	Y	N	Y	1	日	6	250
072	拖挂车	Y	Y	N	Y	1	日	6	250
08	辅助专用车辆	Y	Y	N	Y	1	日	6	354
091	挖掘机械	Y	Y	N	Y	1	日	6	354
092	土方铲运机械	Y	Y	N	Y	1	日	6	354
0967	路面铣刨机	Y	Y	N	Y	1	日	6	354
0969	摊铺机	Y	Y	N	Y	1	日	6	354
096B	混凝土拌和站	Y	Y	N	Y	1	日	6	354
096C	沥青混凝土拌和站	Y	Y	N	Y	1	日	6	354
096D	稳定土厂拌设备	Y	Y	N	Y	1	日	6	354
096E	混凝土运输设备	Y	Y	N	Y	1	日	6	354
097	管道施工机械	Y	Y	N	Y	1	日	6	354
0981	水平定向穿越机	Y	Y	N	Y	24	时	1	354
0991	履带拖拉机	Y	Y	N	Y	1	日	6	354
0992	轮胎式拖拉机	Y	Y	N	Y	1	日	6	354
101	起重铺管船	Y	Y	Y	Y	24	时	1	365
102	驳船	Y	Y	Y	Y	24	时	1	365
103	辅助工程船	Y	Y	Y	Y	24	时	1	365
104	海洋运输船	Y	Y	Y	Y	24	时	1	365
105	海洋工作船	Y	Y	Y	Y	24	时	1	365
106	海洋地质调查船	Y	Y	Y	Y	24	时	1	365
107	地球物理勘探船	Y	Y	Y	Y	24	时	1	250
108	港口作业船	Y	Y	Y	Y	24	时	1	365
109	FPSO 浮式储油轮	Y	Y	Y	Y	24	时	1	365
10T	其他船舶	Y	Y	Y	Y	24	时	1	365
121	发电机组	Y	Y	Y	Y	24	时	1	365

续表

机动代码	设备名称	综合完好率	利用率	停机率	运转时率	制度时间	单位	参数	全年制度时间
122	内燃机	Y	Y	Y	Y	24	时	1	365
123	电站锅炉	Y	Y	Y	Y	24	时	1	365
124	工业锅炉	Y	Y	Y	Y	24	时	1	365
127	工业泵	Y	Y	Y	Y	24	时	1	365
128	气体压缩机	Y	Y	Y	Y	24	时	1	365
1411	数控车床	Y	Y	Y	Y	7.5	时	1	250
1417	立式车床	Y	Y	Y	Y	7.5	时	1	250
1421	数控钻床	Y	Y	Y	Y	7.5	时	1	250
143	镗床	Y	Y	Y	Y	7.5	时	1	250
1441	数控铣床	Y	Y	Y	Y	7.5	时	1	250
1442	龙门铣床	Y	Y	Y	Y	7.5	时	1	250
146	拉床	Y	Y	Y	Y	7.5	时	1	250
1471	数控磨床	Y	Y	Y	Y	7.5	时	1	250
148	齿轮加工机床	Y	Y	Y	Y	7.5	时	1	250
1491	数控螺纹车床	Y	Y	Y	Y	7.5	时	1	250
14A	特种加工机床	Y	Y	Y	Y	7.5	时	1	250
19	炼油化工设备	Y	Y	Y	Y	24	时	1	250
231	并行机及集群	Y	Y	Y	Y	24	时	1	365
232	服务器及工作站	Y	Y	Y	Y	24	时	1	365

注 1. “Y”是参与计算，”N”是不参与计算。

2. 非主要专业设备制度时间为每日 7.5h，全年制度时间为 250 天。

3. 封存、未投及周转设备，不参与四率的计算。

6.6.3 设备管理相关报表(表 6-6~表 6-10)

表 6-6 设备管理总体指标年报报表内容

序号	项　目	单位	备　注
1	在册设备数量	台	• 范围为设备数据库中所有设备
	主要专业设备数量		• 范围为主要专业设备
	在册设备原值	万元	• 范围为设备数据库中所有设备
	主要专业设备原值		• 范围为主要专业设备
	在册设备净值	万元	• 范围为设备数据库中所有设备
	主要专业设备净值		• 范围为主要专业设备
2	设备更新改造投资	万元	总部下达的非安装设备投资
3	新增设备台数	台	• 范围为主要专业设备
	新增设备原值	万元	• 范围为主要专业设备

续表

序号	项　　目	单位	备　　注
4	闲置设备台数	台	•范围为主要专业设备
	闲置设备原值	万元	•范围为主要专业设备
	闲置设备净值	台	•范围为主要专业设备
5	设备年折旧值	万元	•范围为主要专业设备
6	报废设备台数	台	•范围为主要专业设备
7	设备管理总人数	人	•统计到基层单位所有专、兼职设备管理人数
	其中：专职设备管理人数	人	手工填写
	设备维修总人数	人	•统计到基层单位所有设备维修人数
	人均管理设备台数	台	•(设备数量/设备管理总人数，保留到个位)
	人均管理设备价值	万元	•设备原值/设备管理总人数
8	全年计划维修费用	万元	手工填写
	实际总维修费	万元	•范围为设备数据库中所有设备
	本期设备平均原值	万元	•(期初设备原值+期末设备原值)/2
	设备综合维修费用率	%	•(实际总维修费/本期设备平均原值)
9	设备维修费用完成率	%	•(实际总维修费/计划维修费用)
10	特种设备年应检台(套)数	台(套)	手工填写
	特种设备到期未检台(套)数	台(套)数	手工填写
11	设备更新改造完成数	台	•范围为主要专业设备
	设备更新改造计划数	台	手工填写，总下达计划非安装设备
	主要专业设备更新改造计划完成率	%	•完成数/计划数()
12	本期设备平均累计折旧	万元	•范围为设备数据库中所有设备
	设备折旧维修费用率	%	•实际总维修费/本期设备平均累计折旧
13	实际淘汰设备数		手工填写
	计划淘汰设备数		手工填写
	设备计划淘汰完成率	%	实际淘汰设备数/计划淘汰设备数
14	设备装机总功率	万千瓦	•范围为设备数据库中所有设备

表 6–7　主要专业设备技术状况月报、季报和年报报表内容

填报单位：　　　　　　　　　　　　　　　　　　　　年　月

机动代码	设备类别	设备名称	设备数量	技术状况				在用设备数量	设备分布情况						库存	设备增减		设备平均役龄		设备平均故障间隔期			超期服役设备数量	装机总功率/kW
				完好设备	带病运转	在修待修	待报废		单位1	单位2	单位3	单位4	单位5	…		增加	减少	设备役龄	平均役龄	实际开动时间	故障次数	平均故障间隔期		
1	2	3	4	5	6	7	8	9	10	11	12	13	14	15	16	17	18	19	20	21	22	23	24	25

注：“设备平均故障间隔期”和“设备平均役龄”在年末统计。

表 6-8　油田企业设备事故情况月报、季报和年报报表内容

填报单位　　　　　　　　　　　　　　　　　　　　　　年　月　日　　至　　年　月　日

序号	发生事故单位	设备名称型号	事故发生		事故次数	事故类别		事故名称									事故原因						事故直接经济损失金额（元）	备注
			时间	地点		特大	重大	冻坏	火烧	碰、撞车	断轴断曲轴	顶缸	顶天车	倒井架	烧瓦	其他	违章操作	维修不周	检修不良	设计制造差	外界	其他		
	合计																							
一	特、重大事故小计																							
二	大型事故小计																							

本年本月止累计发生事故　　次，其中累计大型事故　　次、重大事故　　次、特大事故　　次。

单位负责人：　　　　　　　　　　　　　　　　　　　　填报人：

表 6-9 主要专业设备经济技术指标月报、季报和年报报表内容

填报单位： 年 月

机动代码	设备类别	设备名称	设备数量	设备综合完好率			设备利用率			设备运转时率		设备故障停机率			设备重大、特大事故发生率			新度系数			设备资本性投入强度	
				完好台日	设备台日	综合完好率(%)	工作时间	制度工作时间	利用率(%)	实际开动时间	运转时率(%)	故障停机时间	运转+停机时间	停机率(%)	事故台次	重大特大台次	发生率(%)	期末设备原值	期末设备净值	新度系数	资本性投入总额	资本性投入强度
1	2	3	4	5	6	7	8	9	10	11	12	13	14	15	16	17	18	19	20	21	22	23
	一																					
	二																					
	三																					
	·																					
	·																					

注：“设备资本性投入强度”在年末统计。

表 6-10 所有设备经济技术指标月报、季报和年报报表内容

填报单位：　　　　　　　　　　　　　　　　　　　　年　　月

机动代码	设备类别	设备名称	设备数量	设备综合完好率			设备利用率			设备运转时率		设备故障停机率			设备重大、特大事故发生率			新度系数			设备资本性投入强度	
				完好台日	设备台日	综合完好率（%）	工作时间	制度工作时间	利用率（%）	实际开动时间	运转时率（%）	故障停机时间	运转+停机时间	停机率（%）	事故台次	重大特大台次	发生率（%）	期末设备原值	期末设备净值	新度系数	资本性投入总额	资本性投入强度
	一																					
	二																					
	三																					
	四																					
	…																					
	二十四																					

6.6.4 主要专业设备运行动态季报年报报表(表 6-11~表 6-20)

表 6-11 陆上石油钻机及海洋钻井平台运行动态表

序号	设备名称	油田名称	使用单位	队号	规格型号	出厂编号	厂家名称	井架检测			投产年月	本期实际开动时间(小时)		新度系数		使用情况	使用或停放地点	技术状况	备注
								检验机构名称	下次检验日期	级别				设备原值(万元)	新度系数				
1	陆上石油钻机																		
2																			
3																			
1	海洋钻井平台																		
2																			

填表说明：1. 此表只统计陆上石油钻机、海洋钻井平台。2.“油田名称”填写简称，如胜利石油管理局简称“胜利”；西南石油局简称“西南”。“使用单位”填写二级单位简称。3.“队号”按现有钻井队填报，无队号钻机在“备注”栏说明情况。海洋钻井平台填写平台号。4. 陆上石油钻机出厂编号填写井架编号。5.“设备动态”填写“使用”、“停用”。6.“使用或停放地点”：国内填写油田名称、国外填写国家名称。7.“设备现状”填写：完好、待修、在修。7、级别分 A、B、C。

表 6-12　顶部驱动装置和无线随钻测量仪器运行动态表

序号	设备名称	油田名称	使用单位	规格型号	出厂编号	厂家名称	投产年月	本期实际开动时间（小时）	新度系数		设备动态	使用或停放地点	设备现状	备注
									设备原值（元）	新度系数				
1	顶部驱动装置													
2														
3														
1	无线随钻测量仪器													
2														
3														

填报说明：1. 此表只统计顶部驱动装置和无线随钻测量仪器中的 LWD、MWD。2. “油田名称”填写简称，如胜利石油管理局简称“胜利”；西南石油局简称“西南”。“使用单位”填写二级单位全称。3. “设备动态”填写“使用”、“停用”。4. “使用或停放地点”：国内填写油田名称、国外填写国家名称。5. “设备现状”填写完好、待修、在修。

表 6-13　防喷器运行动态表

序号	设备名称	油田名称	使用单位	规格型号	出厂编号	厂家名称	投产年月	设备动态	检测		使用或停放地点	设备现状	备注
									检验机构名称	下次检验日期			
1	环形防喷器												
2													
1	双闸板防喷器												
2													
1	单闸板防喷器												
2													

填报说明：1. 此表只统计通径 350mm 且压力 70MPa 及以上级别的防喷器。2.“油田名称”填写简称，如胜利石油管理局简称“胜利”；西南石油局简称“西南”。“使用单位”填写二级单位全称。3.“设备动态”填写“使用”、“停用”“周转”。4.“使用或停放地点”：国内填写油田名称、国外填写国家名称。5.“设备现状”填写完好、待修、在修。6. 高抗硫防喷器在“备注”栏注明“高抗硫”。

表 6-14　物探设备运行动态表

序号	设备名称	油田名称	使用单位	车牌号	规格型号	能力	出厂编号	厂家名称	投产年月	本期实际开动时间(小时)	新度系数		设备动态	使用或停放地点	设备现状	备注
											期末设备原值(元)	新度系数				
1	地震仪(主机)															
2																
1	采集链														*	
1	VSP 测井仪															
2	可控震源车															

填报说明：1. 此表只统计地震仪、VSP 测井仪、可控震源车。2.“油田名称”填写简称，如胜利石油管理局简称“胜利”；西南石油局简称“西南”。“使用单位”填写二级单位全称。3.“能力”指地震仪仪器带道能力，其他项目不填。4.“设备动态”填写使用、停用或入库。5.“使用或停放地点”：国内填写油田名称、国外填写国家名称。6. "设备现状”填写完好、待修或在修。7. 待报废的在“备注”栏填写待报废。8. 采集链填写带(＊)的内容。

表 6-15　测井仪器运行动态表

序号	设备名称	油田名称	使用单位	车牌号	规格型号	出厂编号	厂家名称	投产年月	本期实际开动时间(小时)	新度系数		设备动态	使用或停放地点	设备现状	备注
										设备原值(元)	新度系数				
1	测井仪器(地面系统)														
2															
1	下井仪器(成像)														
2															
1	测井绞车														
2															

填报说明：1. 此表只统计测井仪器地面系统、下井仪器(成像)、测井绞车。2.“油田名称”填写简称，如胜利石油管理局简称“胜利”；西南石油局简称“西南”。“使用单位”填写二级单位全称。3.“设备动态”填写使用、停用或入库。4.“使用或停放地点”：国内填写油田名称、国外填写国家名称。5."设备现状"填写完好、待修或在修。6.“备注”栏填写成像、数控和快速测井平台。

表 6-16 录井仪器运行动态表

序号	设备名称	油田名称	使用单位	录井队号	规格型号	出厂编号	厂家名称	投产年月	本期实际开动时间(小时)	新度系数		设备动态	使用或停放地点	设备现状	备注
										设备原值（万元）	新度系数				
1	综合录井仪														
2															
1	气测录井仪														
2															

填报说明：1. 此表只统计综合录井仪和气测录井仪(定录一体化仪器在备注栏注明)。2. “油田名称”填写简称。3. “使用单位”填写二级单位全称。4. “队号”按现有录井队填报，无队号录井仪在“备注”栏说明情况。5. “设备动态”填写使用、停用或入库。6. “使用或停放地点”：国内填写油田名称、国外填写国家名称。7. "设备现状”填写完好、待修或在修。8、综合录井仪在“备注”栏注明进口、进口组装。

表 6-17　井下作业设备运行动态表

序号	设备名称	油田名称	使用单位	规格型号	出厂编号	厂家名称	井架检测				投产年月	本期实际开动时间（小时）	新度系数		设备动态	使用或停放地点	技术状况	备注
							检验日期	检验机构名称	下次检验日期	级别			设备原值（元）	新度系数				
1	修井机																	
2																		
1	压裂泵车（撬）																	
1	海洋修井机																	
2																		
1	连续油管作业车																	
2																		

填报说明：1.“油田名称”填写简称，如胜利石油管理局简称“胜利”；西南石油局简称“西南”。“使用单位”填写二级单位全称。

2.“设备动态”填写使用、停用或入库。

3.“使用或停放地点”：国内填写油田名称、国外填写国家名称。

4."设备现状”填写完好、待修或在修。

5. 修井机只统计 600kN 及以上级别，修井机在备注栏说明队号。

6. 压裂泵车（撬）只统计 2000 型及以上级别。

表 6-18　海洋地质调查船和地球物理勘探船运行动态表

序号	设备名称	油田名称	使用单位	船号	规格型号	出厂编号	厂家名称	投产年月	本期实际开动时间（小时）	新度系数		设备动态	使用或停放地点	设备现状	备注
										期末设备原值（元）	新度系数				
1	起重铺管船														
1	海洋运输船														
1	海洋工作船														
1	海洋地质调查船														
1	地球物理勘探船														

填报说明：1.“油田名称”填写简称，如胜利石油管理局简称“胜利”；西南石油局简称“西南”。“使用单位”填写二级单位全称。

2.“设备动态”填写使用、停用或入库。

3.“使用或停放地点”：国内填写油田名称、国外填写国家名称。

4.“设备现状”填写完好、待修或在修。

表 6-19　固井水泥车运行动态表

序号	设备名称	油田名称	使用单位	车牌号	规格型号	出厂编号	厂家名称	投产年月	本期实际开动时间(小时)	新度系数		设备动态	使用或停放地点	设备现状	备注
										期末设备原值(元)	新度系数				
1	固井水泥车														
2															

填报说明：1. 此表只统计用于固井的水泥车及水泥撬。2.“油田名称”填写简称，如胜利石油管理局简称“胜利”；西南石油局简称“西南”。“使用单位”填写二级单位全称。3.“设备动态”填写使用、停用。4.“使用或停放地点”：国内填写油田名称、国外填写国家名称。5. "设备现状"填写完好、待修或在修。6. 备注栏填写：双机双泵、单机单泵。

表 6-20　设备状况和修理费统计表（年报）

填报单位：　　　　日期：

序号	设备类型	数量（台/套）	原值（万元）	净值（万元）	新度系数	服役年限≤5 年	5<服役年限≤10 年	10 年<服役年限≤15 年	服役年限>15 年	年度设备修理费预算（万元）	年度修理费下达指标（万元）	年度实际发生修理费（万元）	备注
一	钻井设备												
二	钻采特车												
三	物探设备												
四	测井设备												
五	录井设备												
六	试井设备												
七	注采设备												
八	油气处理与集输设备												
九	起重搬运机械												
十	运输设备												
十一	辅助专用车辆												
十二	工程机械												
十三	船舶												
十四	动力设备												
十五	电气设备												
十六	焊接设备												
十七	科研仪器												
十八	输油气管道												

参 考 文 献

1 亓和平，崔金兰．油田企业设备管理[M]．北京：中国石化出版社，2005：1-311.

2 李葆文．图外设备管理与维修概论[M]．广州：华南理工大学出版社，1997：1-126.

3 李宁会．油田设备管理概论[M]．北京：石油工业出版社，2005：1-187.

第 7 章　设备资产经营管理

7.1　设备资产经营管理的重要意义

7.1.1　设备资产经营管理的概念

设备资产经营管理是设备资产经营与设备资产管理的通称。具体地说，设备资产经营管理是指企业经营管理者，以企业设备资产为经营管理对象，以设备资产配置与使用为经营内容，运用设备资产管理职能与手段，为实现设备资产经营管理目标而进行的经营与管理活动。通常来说，设备资产经营管理只是企业资产经营管理的重要构成内容，设备资产的经营管理同企业资产经营管理的目标相统一，企业资产经营管理的目标是提高资产配置与使用效率，实现企业资本的增值，而对于设备资产来说其具体目标是实现设备资产的保全和保值，从而实现设备资产经营管理为企业资产经营管理目标服务的目的。

7.1.2　设备资产管理是企业管理的重点

设备资产管理是影响企业生产能力的重要因素，是企业主要的技术物质基础。为了确保企业资产完整，充分发挥设备效能，提高生产技术装备水平和经济效益，必须严格实施设备固定资产管理。

1. 实物管理

设备实物管理是企业正常生产的保证，设备实物管理的主要任务是设备实物形态完整和完好，正常维护、正确使用和有效利用。为企业提供优良而又经济的技术装备，使企业的生产经营活动建立在最佳的物质技术基础之上，保证生产经营顺利进行，以确保企业提高产品质量、生产效率，降低生产成本，进行安全文明生产，从而使企业获得最高经济效益。

2. 资产价值管理

设备资产价值管理是设备全寿命周期、全运行过程的技术经济管理。前期要做好技术经济论证，中期应注重经济运行管理，后期应加强延长使用寿命和挖掘资产的剩余价值。在价值管理上，还要根据设备资产企业做好固定资产清理、核算和评估等工作，确保价值形态清楚、完整和无误。

3. 资产保值增值

关键要重视提高设备利用率与设备资产经营效益。首先，要保证设备完好率，通过各种手段，开发和利用好设备，提高设备利用率，在相同时间，生产出更多更好的产品；其次，要让设备资产使得其所。如用先进设备生产一般产品，会使生产成本增加，失去市场竞争能力，造成极大的浪费；最后，应保证设备性能，让它始终处于最优的运行状态下，确保其使用价值。

4. 动态管理资产

实时动态管理设备资产，及时反映性能和运行效率，使企业设备资产保持高效运行状态。

5. 盘活存量，优化配置

积极参与设备及设备市场交易，调整企业设备存量资产，促进企业设备资源的优化配置和有效运行。

6. 资产产权明晰

在企业经营活动中，企业不得使资产及其权益遭受损失。企业资产如发生产权变动时，应进行设备的技术鉴定和资产评估。

7.2 设备资产评估方法介绍

7.2.1 资产评估的内涵

根据我国资产评估基本准则的规定，资产评估是指专业机构和人员，按照国家法律、法规和资产评估准则，根据特定目的，遵循评估原则，依据相关程序，选择适当的价值类型，运用科学方法，对资产价值进行分析、估算并发表专业意见的行为和过程。资产评估主要由八大要素组成，即资产评估的主体、客体、依据、特定目的、原则、程序、价值类型和方法。

资产评估的主体是指从事资产评估的机构和人员，是资产评估工作的主导者。

资产评估的客体，即资产评估对象，具体是指被评估资产。

资产评估依据是指资产评估工作所遵循的法律、法规、经济行为文件、重大合同协议及取费标准和其他参考依据。这是资产评估赖以进行的根据，是决定资产评估工作过程和结论客观、真实的基础。

资产评估目的，即资产业务引发的经济行为对资产评估结果的要求，或资产评估结果的具体途径。这是资产评估工作赖以进行的原因，也是资产评估服务的最终目标。

通常把资产业务对评估结果用途的具体要求成为资产评估的特定目的，主要包括以下几个方面：

(1) 资产转让。即资产所有者或占有使用者有偿转让其拥有资产的经济行为，通常主要是指转让非整体性资产。

(2) 企业兼并。即兼并方企业以承担债务、购买、股份化和控股等形式有偿接收其他企业的产权，使被兼并方丧失法人资格或改变法人实体的经济行为。

(3) 企业出售。即独立核算企业或企业内部的分厂、车间及其他整体资产产权的出售行为。

(4) 企业联营。即国有企业、单位之间以固定资产、流动资产、无形资产及其他资产投入组成各种形式的联合经营实体的行为。

(5) 股份经营。即资产占有单位实行股份制经营的方式行为，包括法人持股、内部职工持股、向社会发行不上市股票和上市股票。

(6) 中外合资、合作。即我国的企业和其他经济组织与外国企业和其他经济组织或个人在我国境内举办合资或合作经营企业的行为。

(7) 企业清算。包括破产清算、种植清算和结业清算。

(8) 担保。即资产占有单位以本企业的资产为其他单位的经济行为进行担保，并承担连带责任的行为。

(9) 企业租赁。即资产占有单位在一定期限内，以收取租金的形式，获将企业全部或部分资产的经营使用权转让给其他经营使用者的行为。

(10) 债务重组。即债权人按照其与债务人达成的协议或法院的裁决同意债务人修改债务条件的事项。

资产评估原则即资产评估的行为规范，是调节评估当事人各方关系、处理评估业务的行为准则。资产评估的原则包括工作原则和技术原则。

资产评估的工作原则是指评估机构和人员在进行资产评估过程中应当遵循的基本准则。包括独立性原则、客观性原则和科学性原则。

资产评估的技术原则是评估人员在业务操作过程中应遵循的技术准则，主要有预期收益原则、供求原则、贡献原则、替代原则和评估时点原则。

7.2.2 主要资产评估方法介绍

资产评估方法是指资产评估所运用的特定技术，用以分析和判断资产评估价值的手段和途径。目前，被广泛接受的设备评估方法有：重置成本法，现行市价法，收益现值法等三种。评估时以评估对象、特定目的、计价标准三者应具有匹配性的特点而选定。

1. 重置成本法在设备评估中的应用

1) 重置成本法及其基本公式

重置成本法是指在评估设备资产时，按被评估设备资产的现时完全重置成本(简称重置全价)减去应扣损耗或贬值来确定被评估设备资产价格的一种方法。

重置成本法的基本公式为:

被评估设备资产的重置成本=重置全价-有形损耗-功能性损耗

2) 影响设备资产重置成本的基本因素

(1) 原始成本。即固定设备资产制造时实际发生的全部费用，包括购置费、运输费、安装费等，是固定设备资产评估时的基本依据之一。

(2) 物价指数。它是反映商品价格变动程度的相对数。

(3) 重置全价。即按现行价格制造与被评估设备资产相同的全新设备资产所发生的全部费用。重置全价是反映设备资产在全新状况下的现时价格，是直接计算被评设备资产价格的重要依据。

(4) 成新率及累计折旧、磨损、寿命。成新率是反映设备资产新旧程度的指标；累计折旧在正常情况下可反映设备资产新旧程度，也可以反映设备资产价值变化状况；磨损是指固定设备资产在使用与保管过程中，在实物形态上和经济技术上所发生的损耗以及价值变化；寿命是指固定设备资产的使用年限。

(5) 功能性贬值。功能性贬值是指由于科学技术进步而导致的原有设备资产价值的相对降低，实质上是设备资产的一种无形磨损。

3) 成新率的测定

设备资产由于受使用、维修保养等各方面因素的影响，在确定成新率时，必须根据设备资产的实际情况，采取不同的方法进行测定。

(1) 在正常情况下，可按现行设备资产折旧条列规定计算。当设备资产的寿命更能反映成新率时，可用以下公式:

成新率=(1-已使用年限÷规定使用年限)×100%

当累计折旧更能反映设备资产的成新率时，则可用以下公式：

成新率=(1-按重置全价计算的累计折旧额÷重置全价)

(2) 通过工程技术鉴定的方法确定成新率。其方法有：

① 组织有关人员采用工程技术评定的方法确定成新率。

② 利用工程技术检测手段确定成新率。计算公式为：

成新率=[1-已使用年限÷(已使用年限+尚可使用年限)]×100%

式中设备资产尚可使用年限，是通过工程技术检测手段，根据设备资产的磨损程度来确定的。

4) 有形损耗的估算方法

在设备资产评估中，通常采用使用年限法估算固定设备资产的有形损耗。对某些特定固定设备资产，如大型稀有设备资产也可采用其他直接法，如用工作量、工作时间、里程等进行估算。

(1) 成新率法。是指对被评估设备资产由具有专业知识和丰富经验的工程技术人员，对设备资产的实体主要部位进行技术鉴定或则通过与有关人员交谈了解情况来确定其磨损程度，再与同类或相似全新设备资产进行比较、分析、判断被评估设备资产的成新率，从而估算其有形损耗的一种方法。其计算公式为：

重置设备资产有形损耗=重置成本×(1-成新率)

(2) 使用年限法。是指对被评估设备资产找出其相关指标数据，利用计算折旧的方法取得。计算公式为：

重置设备资产有形损耗=重置成本×实际使用年限/总使用年限

式中，总使用年限是已使用年限与尚可使用年限之和。

5) 用重置成本法评估设备资产净价的方法及程序

(1) 重置成本的估算方法。重置成本由于内涵不同(如有复原重置成本和更新重置成本之分)，所掌握的资料和计算的依据不同，因此，评估设备资产的重置成本的方法亦有多种。一般采用的评估重置净价的方法有：重置核算法、指数调整法、功能成本法、点面推算法等。

(2) 评估的程序。应用重置成本评估设备资产的程序如下：

第一步，被评估设备资产一经确定即应根据该设备资产实体特征等基本情况，用现时(评估基准日)市价估算其重置全价。

第二步，确定被评估设备资产的已使用年限、尚可使用年限及总使用年限。

第三步，应用年限折旧法或其他方法估算设备资产的有形损耗和功能性损耗。

第四步，估算确认被评估设备资产的净价。

2. 现行市价法在设备评估中的应用

现行市价法指按市场现行价格作为价格标准，确定设备资产价格的一种设备资产评估方法。

1) 评估现行市价的方法

(1) 直接法。指在市场上能找到与被评估设备资产完全相同的设备资产或制造时限较短的全新设备资产的现行市价，可依其价格作为被评估设备资产的现行价格。

(2) 类比法(市场成交价格比较法)。所谓类比法，就是根据市场类似或相同设备资产的交易价格，通过因素对比分析、调整差额，然后确定设备资产重估价格。

(3) 物价指数调整法。指利用物价指数来估算被评估设备资产的现行市价的一种方法。这种方法的基本原理是，用物价指数调整设备资产的原价(账面价值)，以求得设备资产的现行价格。

2) 现行市价法的设备资产评估程序

评估对象一经确定，应明确评估设备资产的评估指标(也叫比较项目)

第一步：进行市场调查，收集相同或类似设备资产的市场基本信息资料。

第二步：分析整理资料并验证其准确性，确定参照物。评估人员对从市场收集的资料应认真分析，验证其真实程度，然后在多个可供选择的参照物中判断选定一个或一组相似性较强的参照物。

第三步：将被评估设备资产与参照物进行比较。

第四步：分析调整差异。通过与参照物的比较，一般都可发现一些差异，为了得到正确的评估结论，就需要进行定量分析、调整差异。

一般来说市场越活跃，用现行市价评估结论越准确。

现行市价法设备资产评估程序如图：

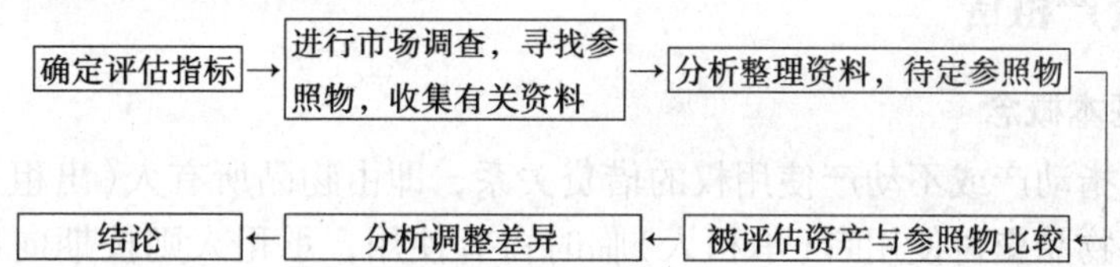

3. 收益现值法在设备资产评估中的应用

1) 收益现值法

收益现值法是指通过估算被评估设备资产的未来预期收益并折算成现值，借以确定被评估设备资产的一种设备资产评估方法。

2) 收益现值评估的方法—市场法

如果在近期市场上有与被评估设备资产相同或相似的设备资产成交，可以把成交价作为基础，并对差异因素作必要调整，估算被评估设备资产的收益现值。预期收益折现法分别不同情况有所区别。

其一，有限期间各年收益折现法，其计算公式是：

$$收益现值=\sum(各年预期收益额\times各年折现系数)$$

其二，在未来收益是无限期的条件下，有两种情况：未来收益是等额年金的；年收益是不等额的。应分别采取不同方法：

(1) 年金法。适用于未来预期收益年金为等额收益的，可采用直接本金处理。其计算公式：

$$收益现值=年收益额/适用本金化率$$

(2) 分段法。适用于未来预期收益高低不等，且没有明显稳定增长趋势的情况下使用。办法是以若干年为界划分前期和后期，对前期(前期一般取 5 年)，预测各年预期收益额折现加总；对于后期，先设定各年收益为适当额度的年金，并经本金化得出后期第一年为基础的本金，再把这个后期本金进行折现处理；最后将前后期两段的收益现值即本金相加。其计算公式为：

预期收益现值总额=∑(前期各年收益额×各年折现系数)+后期各年年金化收益/适用本金化率×后期第一年的折旧系数

3）收益现值评估设备资产价值的优缺点

优点：真实和较准确的反映企业本金化的价格；与投资决策相结合，应用此法评估的设备资产价格易为买卖双方所接受。

缺点：预期收益额预测难度较大，受较强的主观判断和未来收益不可预见因素的影响；在评估中适用范围较小，一般适用企业整体设备资产和可预测未来收益的单项设备资产评估。

7.3 设备资产经营方法

设备资产经营方法主要是指经设备资产作为企业资源而进行的旨在为企业经营目标服务的经营活动，主要包括设备资产租赁、对外投资、内部调剂、出售转让等经营方法，下面对以上主要经营方法进行介绍。

7.3.1 设备资产租赁

1. 租赁的基本概念

所谓租赁是指动产或不动产使用权的借贷关系，即由物品所有人(出租人)按租赁合同，在一定期限内将物品交付使用者(承租人)临时占有使用，承租人则按期向出租人交纳租金的一种经济行为，在整个租赁期内，物品的所有权始终属于出租人。

设备租赁是指需要设备的使用单位，按契约规定向设备所有单位支付租金，在一定期限内获得设备使用权的活动。

从性质上看，租赁是一种借贷资本的运动形式：从作用上看，租赁制既是一种信贷贸易方式，也是一种承租资金的手段。作为信贷贸易方式，租赁制是由承租方定期定额交付租金，取得一个时期甚至整个寿命周期的设备使用权，这与分期付款购买商品颇为相似，作为筹资手段，设备租赁是承租人初期只支付了相当于设备原值一小部分的租金，就获得了需要一次投入大量资金才能购得设备的使用权，这又类似于信用贷款，让承租企业借入了发展生产所需的长期资金。因此，可把租赁设备比喻为“借鸡下蛋，以蛋还钱”。现代的设备租赁业务是第二次大战后50年代最先在美国出现的，60年代发展到西欧和日本，70年代末期逐步扩展到发展中国家。

我国融资租赁始于80年代，虽然起步较晚，但发展较快，并具有国际租赁业务占有绝对比重的特点，主要用于引进国内急需的先进技术设备，租赁物件从小型单机到成套设备，从硬件到附带专利和软件，从新设备到二手设备，范围不断扩大，有力地促进了企业更新技改，提高了企业的技术装备水平、产品档次和国际竞争能力。

现代租赁在我国的发展与我国的经济规模还很不适应，租赁设备市场占有率不足1%，年交易额不足美国的1%，但这也预示着现代租赁在我国有着良好的市场前景和巨大的发展潜力。

2. 设备租赁的优越性

(1) 有力于推动企业的设备更新和技术改造。通过设备租赁，企业可以在资金紧张的条件下取得设备的使用权。就租金而言，承租企业可以在设备投产后以产品所得分期支付，每期支付的费用仅为设备价值的一小部份，相当于“借鸡下蛋，以蛋还租，最终还可以得鸡”。对于某些价值昂贵的关键生产设备，租赁的意义就更加明显。

(2) 有利于企业提高资金可利用率。

(3) 有利于企业增加自有资产的积累。在我国，对于以融资租赁方式租入的设备，折旧年限可按租期与法定折旧年限孰定的原则加以确定，这在实际上相当于允许企业采用加速折旧，一些国家对租赁资产采用不同形式的税收减免政策，使得承租企业可以分享这些优惠，这些措施都有利于企业增加自有资产的积累。

(4) 有利于企业改善对设备的经营管理。与购置设备相比，租赁设备的管理可得以简化。如属于经营性租赁的设备，承租企业就无须考虑维修、技改及报废处理等诸多环节的管理；财务管理中只需支付租金，一些事务性工作可以被省略。

对于承租企业来说，租赁设备不管使用与否需按时支付租金，这就迫使企业必须强化经营意识与经营机制，优化设备配置，提高设备使用率。

从成本管理的角度来看，租金在签订租赁合同时便已固定下来，这就便于企业加强成本管理和合理安排资金。租金固定，还可使企业免遭通货膨胀带来的损失。

3. 设备租赁的形式

世界各国开展租赁业务的种类繁多，按租赁的目的和一次租赁投资的多少，大体可分为融资性租赁和经营性租赁两种基本形式。

(1) 融资性租赁。对于融资性租赁来说，其租赁期限一般较长，在一项租赁中出租方可以收回全部投资并获取利润。按不同的租赁方式，融资租赁又可分为直接租赁、转租赁及回租、杠杆租赁等多种形式。

① 直接租赁。是融资租赁的主要形式，即租赁公司通过筹集资金，直接购回承租企业选定和租赁物品，并租给承租企业使用。

② 转租赁。是指由租赁公司作为承租人，向其他租赁公司租回用户所需的设备，再将该设备租赁给承租企业使用。

③ 回租租赁。又称卖而后租，即企业在既需要继续使用原有的设备和厂房，同时又缺乏流动资金的情况下，将原有的设备、厂房等资产的产权出售给租赁公司，然后再将这些设备、厂房租回使用。

④ 杠杆租赁。又称衡平租赁，是融资租赁的一种特殊形式。租赁公司在进行大型的资金密集型项目租赁或巨额投资时，由于资金实力不足，无力单独筹集所需的所有资金，即以代购设备作为贷款抵押物，以转让收取租金的权利作为贷款的额外保证，从银行、保险公司或其他金融机构获得购买设备的大部分贷款。租赁公司自身只付出设备资金的 20%~40%，其余部分以设备作抵押向其他金融机构举债。租赁公司作为出租人将购置的使用权转让给承租人使用。

(2) 经营性租赁(也叫营业性租赁)。承租者采用这种方式，只是为了在一定时间内使用某种设备，而不想长期拥有这种设备，而不想长期拥有这种设备。这种方式的租赁时间较短，一般是几周、几个月，不超过一年。承租人可以中途解约退租。租用设备的维修由租赁公司负责。由于出租方承担了较大的风险，故收取的租金比融资性租赁要高。

4. 租金的构成与计算

(1) 租金的构成。对于经营性租赁，租金中除资产购置成本、租赁期间利息及相关手续费外，还应包括租赁资产的维修费、保险费、营业费、技术落后的风险费用及租金等；在融资租赁中，除前三项费用外，其余费用均由承租方承担，故其租金通常由租赁资产的购置成本、租赁期间的利息和手续费三项要素构成。

（2）租金的计算。

① 附加率法。

所谓附加率法就是在租赁资产的概算成本上再附加一定比率以计算租金的办法。一般每期期末等额支付租金，平均租金的计算公式为：

$$R=\frac{P(1+ni)}{n}+P\cdot r$$

式中 P——概算成本；

n——租期；

i——每期借款利率；

r——附加率。

式中借款利率即在金融市场利率的基础上加担保费、法律费等相关费用后得出的利率。

② 年金法。年金法是以现值概念为基础，将租赁资产在未来各租期内的租金金额按一定的组零利率(借款利率和附加利率之和)予以折现，使其现值总和等于租赁资产的概算成本。年金法又可分为等额年金法和变额年金法，其中等额年金法因其计算简便及用户易于承受租金负担等优点，为我国租赁行业所广泛采用。

等额年金法的计算有先付、后付之分。

每期期末支付等额租金的公式： $R=\frac{i(1+i)^{n}}{(1+i)^{n}-1}$

每期期初支付等额租金的公式： $R=\frac{i(1+i)^{n-1}}{(1+i)^{n}-1}$

③ 平均分摊法。平均分摊法是一种租赁成本计算法，其利息按复利法计算后再按期分摊，计算公式为：

$$R=\frac{(P-L)+I+S_{C}}{n}$$

式中 L——租赁资产的预计残值；

I——按复利计算的利息费用；

S_{C}——租赁手续费。

5. 油田企业设备资产经营管理形式

（1）内部融资租赁的具体做法。企业成立经营性的由企业控股的设备租赁有限责任公司；企业的生产单位需用设备时需向租赁公司申请办理租赁手续，双方签订租赁合同后由租赁公司付款购置设备交付生产单位即租赁方使用，从送达租赁单位时起计算租金，租金通过企业财务部门计算并每年由内部银行收转，直至租金全部付清后，租赁方再付给租赁公司少部分设备残值，设备即归租赁单位所有。

租赁设备的管理：企业设备管理部门及租赁单位设备管理部门对租赁设备建立档案资料，与租赁公司一起对租赁设备的安装、调试、使用、维修等进行管理，并纳入年度设备检查、考核和评比中。

(2) 设备内部融资租赁的意义。

① 内部租赁一改国有企业内部对设备的无偿占用为有偿占用。

在租赁合同制约下，使用部门克服了盲目争投资、争设备，造成设备资产积压浪费严重，投资效益低下的现象。转而注重提高设备资产经营效益而非数量上的占用，并且注重对设备的正确使用和维护保养，有利于提高设备管理水平。

② 有利于集中使用设备资金，加快企业的设备更新及技术改造。

资金短缺一直是制约企业设备更新技改，走内涵式自我发展之路的重要因素，资金的多头管理，分流使用又使这一问题更加突出。实施内部租赁后，租赁公司可以集中管理和使用租金，根据不同时期生产的需要，有重点、有选择对设备进行更新技改，以更有效地使用有限的设备资金，保证企业生产的顺利进行。对于租赁方，可以在资金紧张的条件下取得设备的使用权，设备投产后以产品的收益分期支付租金，每期支付设备价值的一小部分。

③ 融资租赁租金的构成与计算。

租金构成：由租赁资产的购置成本、租赁期间的利息和手续费三项要素构成。租赁资产的购置成本包括租赁资产的价格、运输费用及中途保险费。租赁期间的利息及租赁公司为购置租赁资产向银行贷款需支付的利息。租赁手续费是租赁公司为租赁方办理资产租赁过程中所发生的营业费用，如办公费、差旅费、工资、租金及租赁公司赚取的利润。

租金的计算

公式：设备租赁年租金=本金/n+本金余额×租赁年利率

其中：n——租金返还年数，或折旧年限；

租赁年利率等于贷款利率与附加利率之和。

例：某100万元的租赁设备，租赁年利率10%，以5年折旧完，也就还清全部租金。每年租赁费(万元)如下：

项目	第一年	第二年	第三年	第四年	第五年	总数
100万设备	30	27	24.3	21.87	20	126.17

④ 设备资产的有偿占用。

实施设备资产有偿占用，就是企业对于国家，企业内部各部门对于企业，都要为占用国有设备资产交纳租金或支付费用，作为对投资的补偿。实施设备资产有偿占用，可以减少企业中普遍存在的争投资、争设备、设备不够用的现象，并且能够促使企业将多余或不需要的闲置设备及时通过有偿的方式转让出去，从而提高设备资产的利用率及投资效益，解决设备数量达不到满足的问题。

西南油气田在物探设备的集中管理、有偿使用方面进行了有效的尝试。例如云南物探公司将地震仪器及辅助设备、空气钻机、测量仪器设备，统一归口公司租赁中心集中管理，地震队有偿使用，收到了很好的效果。具体做法是：租赁中心与各地震队之间，实行设备有偿使用制，收取设备租赁费，设备租赁费包括基本折旧、技术服务费、维修保养和管理费等。各地震队不固定采集设备，根据工作量的情况和生产需要使用采集设备，与租赁中心签订协议，仪器设备起算日为从设备到达工区后正常生产之日开始、其他设备从办理交接手续之日开始；采集工程结束时为截止日。租赁设备数量以地震队与租赁中心签订的租赁合同所确认设备清单为据。计划财务部门根据租赁中心提供的当期设备租赁费清单列进地震队成本，公司拨款按全成本给地震队划拨资金。在划拨工程进度款时，扣除工程费的5%~10%作为设备租赁的保证金。在设备完全交接完毕后，根据设备移交的情况按公司设备租赁管理办法用设备预留保证金进行决算，设备的租赁费用在租赁结束后签认。利于充分发挥物探采集设备的技术及经济潜能，提高完好率和利用率，减少材料消耗和维修费用，促进企业设备资产的保值增值，促使各方管好、用好、维护好设备。

7.3.2 设备资产对外投资

油田企业可以自有设备资产对外投资，用于投资设立新企业、投资入股企业、对已投资企业追加投资等。以设备资产对外投资时，应完善对被投资企业的监管，有效防范风险，依据《中华人民共和国公司法》及《中华人民共和国国有企业资产法》等国家有关法律、法规和有关规章制度履行相应的程序。

(1) 以设备资产对外投资时，应做相应的可行性研究报告，根据权限报有关部门审批，并对设备资产进行评估。经批准后方可对外对资。

(2) 以设备资产对外投资时，须按企业财务会计制度的规定及时入账，正确反映对外投资情况。

(3) 应建立或指定相应的管理机构，明确责任人，落实投资协议、合同，并对投资项目进行跟踪管理，监督和记录协议、合同执行过程中产生的偏差，对可能发生的风险做出预见并制定相应的对策。

(4) 企业作为被投资企业的出资方，应加强并规范对被投资企业的监管，切实履行出资人职责。

7.3.3 设备资产内部调剂

1. 原则

为促进企业国有资产合理流动，优化国有资产配置，提高企业国有资产营运质量和效益，根据国家有关政策和规定，结合实际，制定设备资产内部调剂办法。

闲置设备的调剂利用，是为解决企业设备闲置给国家和企业造成的浪费而采取的有偿转让、无偿调拨、对外投资、租赁、代销、修复改造再利用等调剂利用措施和信息、技术服务活动。

做好闲置设备的调剂利用工作，是落实企业资产经营责任制，盘活企业存量资产、提高设备使用效益、实现优化资源配置的重要措施，是当前企业设备管理工作的重要内容和基本职责。各企业要加强对这项工作的组织领导，采取多种方式搞好闲置设备资源的开发利用，最大限度地减少因设备闲置造成的资金占用和浪费，充分发挥其能力和潜力，提高企业的整体资产营运效益。

2. 闲置设备的界定

闲置设备是指企业固定资产配置中多余、不需用、低效的机械动力设备、运输设备和传导设备中的电力设备、变配电设备等。

连续停用(封存)1年以上或新购、自制两年以上没有投产使用的设备；加工精度、范围即使经大修改造也无法满足本单位生产工艺要求且不具备报废条件的设备；企业在市场经营活动中，因企业结构、生产布局、产品结构调整和生产任务发生变化，不再使用或不再适合本企业继续使用、但仍有使用价值的设备。以上设备，已按照固定资产管理规定列入不需用固定资产的属必须调剂范围；已确定需要进行调剂处置的在用、未使用和封存设备，应按照固定资产管理权限报经批准转不需用固定资产进行调剂处置。

3. 闲置设备的处置

闲置设备调剂按其去向分为企业内部调剂、企业之间调剂和对外出售处置三种，调剂的优先权顺序依次为企业内部调剂、和对外出售，对外出售的受让方必须为具有民事能力的企业法人、团体组织和自然人。

对闲置设备的调剂处置，应依照有偿为主、无偿为辅的原则，调剂利用的方式可采取无偿调拨、有偿转让、对外投资、出租、修复改造再利用、提前报废等形式。

4. 调剂的组织管理

开展闲置设备调剂利用工作，建立形成设备管理和闲置设备调剂信息网络。

闲置设备调剂利用工作，实行统一政策、分工负责、分级管理的管理体制，由各级设备综合管理部门具体负责、会同财务及有关业务主管部门组织实施。

各直属企业是调剂运作的主体，负责本系统闲置设备调剂利用工作的具体实施和管理，依照固定资产管理、设备管理的有关规定制定内部管理制度和操作程序。组织企业内闲置设备的界定和信息的汇总上报，建立和维护企业内信息数据库，组织进行余缺调剂，推动闲置设备的再利用。

闲置设备的调剂处置，由各直属企业按照规定的管理权限和操作程序组织进行，并按照国家有关规定进行帐务处理。

5. 调剂的有关政策

闲置设备的调剂利用，必须依照设备分级管理的原则，按其权限，严格履行审批手续。

闲置设备调剂价格，应以调剂余缺、物尽其用为宗旨，以互利互惠、按质论价为原则，由调剂利用双方协商定价，通过签订合同确定。成交价格一般不低于设备的净值，不高于同类设备的现行价格。各油田企业有内部调剂管理办法的，按其办法执行，同时应遵守国家的有关规定。

7.3.4 设备资产出售转让

为了规范企业国有资产转让行为，加强国有资产交易的监督管理，维护国有资产出资人的合法权益，防止国有资产流失，根据有关法律、行政法规，制定设备资产出售转让办法。

拟转让的企业设备资产权属关系应当明晰。权属关系不明确或者存在权属纠纷以及法律、行政法规和国家有关政策规定禁止转让的设备资产不得转让。

转让已经设立担保物权的设备资产，应当符合《中华人民共和国物权法》、《中华人民共和国担保法》等有关法律、行政法规的规定。

以境外投资人为受让方的，应当符合国家有关外商投资的监督管理规定，由转让方按照有关规定报经政府有关部门批准。

转让方应当制定转让方案，并按照内部决策程序交股东会或者股东大会、董事会或者其他决策部门审议，形成书面决议。

转让方案包括转让标的企业产权的基本情况、转让行为的论证情况、产权转让公告以及其他主要内容。

转让方应当依照国家有关规定，委托资产评估机构对转让标的设备资产价值进行评估。

在不违反相关监督管理要求和公平竞争原则下，转让方可以对意向受让方的资质、商业信誉、行业准入、资产规模、经营情况、财务状况、管理能力等提出具体要求。

采取拍卖方式转让设备资产的，应当按照《中华人民共和国拍卖法》及其他有关规定组织实施。

采取招投标方式转让设备资产的，应当按照《中华人民共和国招标投标法》及其他有关规定组织实施。

采取协议转让方式的，转让方应当与受让方进行充分协商，依法妥善处理转让中所涉及的相关事项后，签订设备资产产权转让协议(合同)。

确定受让方后，转让方应当与受让方签订设备资产产权转让协议。

转让协议应当包括下列内容：

(1) 转让与受让双方的名称与住所；

(2) 转让标的企业产权的基本情况；

(3) 转让方式、转让价格、价款支付时间和方式及付款条件；

(4) 产权交割事项；

(5) 转让涉及的有关税费负担；

(6) 协议争议的解决方式；

(7) 协议各方的违约责任；

(8) 协议变更和解除的条件；

(9) 转让和受让双方认为必要的其他条款。

转让方应当按照设备资产产权转让协议的约定及时收取产权转让的全部价款，转让价款原则上应当采取货币性资产一次性收取。如金额较大、一次付清确有困难的，可以约定分期付款方式，但分期付款期限不得超过1年。

采用分期付款方式的，受让方首期付款不得低于总价款的30%，并在协议生效之日起5个工作日内支付；其余款项应当办理合法的价款支付保全手续，并按同期金融机构基准贷款利率向转让方支付分期付款期间利息。在全部转让价款支付完毕前或者未办理价款支付保全手续前，转让方不得申请办理设备资产产权变更登记手续。

受让方以非货币性资产支付设备资产产权转让价款的，转让方应当按照有关规定委托资产评估机构进行资产评估，确定非货币性资产的价值。

7.3.5 设备资产的其他经营方式

设备资产的其他经营方式主要还有以设备资产作为出资进行联营、中外合资、合作、兼并、担保、股份经营等。不再详述。

7.4 设备资产管理

7.4.1 设备、资产、固定资产定义与区别

企业的资产分为流动资产、长期投资、固定资产和无形资产等多种。

(1) 资产，一般是指各类经济社会主体拥有或控制的，能以货币计量的经济资源，包括各种财产、债券和其他权力。就具体用途而言，资产可分为经营性资产和非经营性资产。经营性资产是指投入生产经营过程，能为企业和个人带来经济利益的经济资源。非经营性资产

是指为政府或非营利组织占有，用于为社会提供行政管理、教育、文化、科技、卫生等社会公共服务的经济资源。国有资产与一般资产的区别，实际上就是所有权主体不同而已，因而两者在管理上即有相同点，又有不同点。

油田企业的资产属国有资产。国有资产是指在法律上由国家代表全民拥有所有权的各类资产。具体来讲，其是指国家以各种形式投资及其收益、拨款、接受馈赠、凭借国家权力取得或依据法律认定的各种类型的财产或财产权力。这是广义的国有资产概念，即包括经营性国有资产，也包括非经营性国有资产，以及以自然资源形态存在的国有资产。狭义的国有资产是指投入社会再生产过程，从事生产经营活动的资产，存在于各类国有及国家参股、控股的企业中。

(2) 固定资产，根据企业会计准则固定资产准则规定，是指同时具有下列特征的有形资产：为生产商品、提供劳务、出租或经营管理而持有的；使用寿命超过一个会计年度。固定资产同时满足下列条件的，才能予以确认：与该固定资产有关的经济利益很可能流入企业；该固定资产的成本能够可靠地计量。对油田企业来说，房屋、建筑物、机器、机械、运输工具、油气(水)井、管道、道路等都是固定资产。

(3) 设备是固定资产的一部分，并不是所有的固定资产都是设备。关于设备管理专业管理的设备的定义，有多种解释：

其一，设备是指符合固定资产条件的，直接将投入的劳动对象加以处理，使之转化为预期产品的机器和设施以及维持这些机器和设施正常运行的附属装置，既生产工艺设备和辅助设备。

其二，设备是人们在生产中所需的机械、装置和设施等可供长期使用、并在使用中基本保持原有实物形态和功能的劳动资料和物质资料的总称。是固定资产的重要组成部分。

其三，设备是企业的主要生产工具，也是衡量企业现代化水平的重要标志。对一个国家来说，设备即是发展国民经济的物质技术基础，又是衡量社会发展水平与物质文明程度的重要尺度。

其四，设备是实际使用寿命在 1 年以上，在使用中基本保持其原有实物形态，单位价值在规定限额以上，且能独立完成至少一道生产工序或提供某种功能的机器、设施以及维护这些机器、设施正常运转的附属装置。

根据上述定义，我们归纳为在企业管理中，同时符合以下两个条件的才算设备管理专业管理的设备：

① 符合固定资产的两个条件。

② 在运行中直接消耗能源、或虽不耗能但存在直接能量交换、或具有工艺功能的机器、装置。消耗能源指耗油、耗气、耗煤、耗电等等。

根据上述划分，油气(水)井、管道、阀门、房屋、土地等不算设备，属其他类固定资产。车辆、锅炉、泵、分析仪器、测试装置、计算机、塔类、换热器、分离器等都算设备，属设备资产。

7.4.2 设备资产的折旧、报废及盘点

1. 设备折旧管理

1) 设备折旧定义

设备在使用过程中，虽然保持原有的实物形态，但由于有形磨损和无形磨损，使其价值

逐渐降低，这一部分以货币形式表现出来的设备因磨损而减少的价值称为设备的折旧。

设备折旧是由损耗决定的，但折旧并不就是损耗，折旧是高度政策化了的损耗。在设备资产使用过程中，价值的运动依次经过价值损耗、价值转移和价值补偿，折旧作为转移价值，是在损耗基础上确定的。

设备因磨损而减少的价值转移到产品成本中，构成产品成本的一项生产费用，就是设备的折旧费。折旧费是企业生产成本的一部分。正确提取折旧，才能真实反映成本和利润。如果少提折旧，会虚降成本、虚增利润。

2）设备资产分类

按 GB/T 14885—2010《固定资产分类与代码》，固定资产分为 6 个门类，其中第 2 门类为通用设备，第 3 门类为专用设备。

按石油天然气行业设备分类，设备资产分为 24 大类。现中石油、中石化、中海油三大石油公司设备管理部门使用的《油田设备管理系统》按此分类执行。

3）折旧年限

在财政部规定的年限范围内，企业结合实际情况确定、执行。目前中石化设备资产折旧年限按 2012 年集团公司颁布的《固定资产分类与代码及单项固定资产确认规则》中规定折旧年限执行。

设备资产分类折旧年限表

编　码	设备分类名称	折旧年限	编　码	设备分类名称	折旧年限
0100-000	钻井设备	12	1300-000	电气设备	12
0200-000	钻采特车	12	1400-000	金属切削机床	12
0300-000	测井及物探设备	10~18	1500-000	工业炉	12~14
0400-000	注采设备	14	1600-000	铸造设备	12
0500-000	油气处理与集输设备	14	1700-000	锻压设备	12
0600-000	起重搬运机械	14	1800-000	焊接及切割设备	10
0700-000	运输车辆	8	1900-000	炼油化工设备	12~14
0800-000	辅助专用车辆	8	2000-000	清洗涂镀设备	12
0900-000	工程机械	12	2100-000	检测设备	10
1000-000	船舶	12	2200-000	通讯设备	5~15
1100-000	环保设备	14	2300-000	计算机及办公设备	4
1200-000	动力设备	12~18	2400-000	其他设备	5~20

4）折旧计提

（1）设备计价。

原值：购置或建造设备所发生的全部费用，包括购置费、建造费、购置税、运杂费、安装费、调试费等。

净值：原值减去折旧的余额。

残值：设备报废时的残余价值。

净残值：残值减去清理费用后的余额。财政部规定，净残值按固定资产原值的3%~5%确定。

(2)《工业企业财务制度》规定：企业固定资产折旧方法一般采用平均年限法；油田企业设备折旧方法一般采用是平均年限法（直线折旧法），即在设备使用年限内平均分滩设备的价值。其计算方式如下：

$$设备资产年折旧额=\frac{原值-（残值-清理费用）}{使用年限}$$

$$设备资产月折旧额=设备年折旧额\div 12$$

设备资产的其他折旧方式还有直线折旧法（包括工作时间折旧法、行驶里程折旧法、工作量法）、快速折旧法（包括年限总额法、余额递减法、双倍余额递减法）、复利法（包括偿债基金法、年金法）等。不再详述。由于三大石油公司均在海外上市，当向海外披露信息时，油气资产的折旧要按工作量法进行转换。

2. 设备报废

设备经长期运行使用，不断磨损、老化，生产效率、安全性、可靠性不断下降，对这些设备应进行报废处理。按国家规定，凡满足下列情况之一者，就可以办理设备报废。

(1) 经过预测，继续大修后技术性能仍不能满足工艺要求和保证产品质量的。

(2) 设备老化，技术性能落后，耗能高（超过定额标准20%以上），效率低，经济效益差的。

(3) 大修理虽能恢复精度，但不如更新设备经济的。

(4) 严重污染环境，危害人身安全与健康，进行改造又不经济的。

(5) 其他应当淘汰的。

3. 设备盘点

设备资产作为企业资产的重要组成部分，具有价值高、使用周期长、使用地点分散、管理难度大等特点。为避免资产管理中帐、卡、物不符，资产不明、设备不清，闲置浪费、虚增资产和资产流失问题，应定期进行盘点清查。

盘点就是将设备管理台帐与实物设备清点核对，并对正常或异常的数据做出处理，得出设备资产的实际情况。盘点和操作方法如下：

1) 设备资产盘点前的准备

(1) 组成设备资产盘点小组，明确责任分工。企业根据自身实际情况，组成由资产管理部门、使用部门、财务部门等人员组成的设备资产盘点小组，明确具体的责任分工，以及问题的协调、上报和处理机制。

(2) 进行设备资产盘点前的摸查。由于设备资产的种类及数量多，使用情况变动多、产权情况可能较复杂，因此，各单位在设备资产清查时，应组织有前后任领导、前后任资产管理及财务人员、资产使用人员、以及其他知情人员，召开资产清查准备会，充分了解设备资产的购建、分布、占用及使用、产权及其变动、抵押及担保、在未入账资产等情况。

(3) 利用账务清理结果，编制盘点用的设备资产明细表。

2) 实地盘点并核实有关情况

3) 根据盘点情况编制“设备资产盘点表”，与基准日“设备资产明细表”进行核对，并对盘点中出现的差异情况进行说明

4）根据设备资产盘点中的问题提出处理意见

（1）盘亏的设备资产。对盘亏的设备资产，将其账面净值扣除责任人赔偿后的差额部分，依据下列证据，认定为损失：

① 设备资产盘点表；

② 盘亏情况说明（单项或批量金额较大的设备资产盘亏，要逐项做出专项说明，由社会中介机构进行职业推断和客观评判后出具经济鉴定证明；

③ 社会中介机构的经济鉴定证明；

④ 内部有关责任认定和内部核准文件等。

（2）盘盈的设备资产。对盘盈的设备资产，依据下列证据，确认为设备资产盘盈入账：

① 设备资产盘点表；

② 使用保管人对于盘盈情况说明材料；

③ 盘盈设备资产的价值确定依据（同类设备资产的市场价格、类似资产的购买合同发票或竣工决算资料）；

④ 单项或批量数额较大设备资产的盘盈，企业难以取得价值确认依据的，应当委托社会中介进行估价，出具估价报告。

（3）毁损报废设备资产的处理。对报废、毁损的设备资产，将其账面净值扣除残值、保险赔偿和责任人赔偿后的差额部分，依据下列证据，认定为损失：

① 单位内部有关部门出具的鉴定证明；

② 单项或批量金额较大的设备资产报废、毁损，由单位做出专项说明，应当委托有技术鉴定资格的机构进行鉴定，出具鉴定证明；

③ 不可抗力原因（自然灾害、意外事故）造成设备资产毁损、报废的，应当有相关职能部门出具的鉴定报告。如消防部门出具的受灾证明；公安部门出具的事故现场处理报告、车辆报损证明；房管部门出具的房屋拆除证明；锅炉、电梯等安检部门的检验报告等。

④ 设备资产报废、毁损情况说明及内部核批文件；

⑤ 涉及保险索赔的，应当有保险理赔情况说明。

（4）被盗的设备资产的处理。

对被盗的设备资产将其账面净值扣除责任人的赔偿后的差额部分，依据下列证据，认定为损失：

① 向公安机关的报案记录；公安机关立案、破案和结案的证明材料；

② 企业内部有关责任认定、责任人赔偿说明和内部核批文件；

③ 涉及保险索赔的，应当有保险理赔情况说明。

（5）报告清查结果。

① 根据盘点核实结果，填报设备资产盘点明细表；

② 录入设备资产电子卡片；

③ 进一步完善设备资产清查明细表；

④ 编辑损失材料并呈批。

5）设备资产盘点表和明细表

设备资产盘点表，除以上信息外，还要多两列实盘数量、盈亏，盘点完后，要有盘点人、监督盘点人签字，注明盘点日期。

设备资产明细表，只要有序号、设备资产名称、卡片编号、数量、购进日期、原值、存放地点、使用人(保管人)等要素就可以。

设备资产盘点表

使用部门：　　　　　　　　　　　　　　　　　　　　年　　月　　日

财产编号	固定资产			单位	登记卡数量	盘点数量	盘盈		盘亏		备注
	名称	规格	厂牌				数量	金额	数量	金额	

使用部门负责人：　　　　会点人：　　　　盘点人：　　　　制单：

注：本单一式两联：第一联财产管理部门留存，第二联报会计室。

设备资产明细表

单位名称：　　　　　　　　　　　　　　　　　　　　　　日期：

序号	设备名称	编号	规格型号	生产厂家	购进日期	计量单位	数量	原值	地点	备注

7.4.3 设备资产动态管理

设备调拨、设备租赁、设备资产报废、闲置设备和报废设备处置都应及时办理相关的资产手续。

设备对外处置前，应先进行资产评估。处置应以评估值作为处置的底价。处置应公开、公正，尽量采取拍卖的形式。

参　考　文　献

1　姜楠，王景升，等．资产评估(第二版)[M]．大连：东北财经大学出版社，2011.

2　亓和平，等．油田企业设备管理[M]．北京：中国石化出版社，2005.

3　上海国家会计学院主编．资产经营管理[M]．北京：经济科学出版社，2011.

第 8 章　设备综合管理

中国石化集团公司设备管理的对象是用于油田勘探开发、储运设备及设施、产品销售及其他生产运营的机械设备、工艺设备、动力设备、机修设备、起重运输设备、电气设备、仪器仪表、工业管道、工业建筑物和构筑物等。设备管理应遵照国家有关设备管理工作的方针、政策和相关法律、法规，按照建立现代制度的要求，从技术、经济、组织等方面采取措施，对设备的实物形态和价值形态进行综合管理，做到产权清晰，权责明确，优化设备资产配置，保证设备资产的安全完好和经济有效使用，为各单位生产经营奠定坚实的物质基础。

油田的发展越来越多的依赖设备，在整个油田管理中，设备综合管理也越来越受到人们的重视。因为设备综合管理是油田生产经营工作的基础。设备的正常运转是油田生产保持连续性的重要保障，只有加强设备综合管理，搞好设备的维护保养，才能为油田的生产经营打下良好的基础。

8.1　设备综合管理

8.1.1　设备综合管理(Total Plant Management)概念

设备管理是随着工业生产的发展，设备现代化水平的不断提高，以及管理科学和技术的发展逐步发展起来的，它经历了传统设备管理和设备综合管理两个阶段。

传统设备管理的理论核心是设备使用过程中的维修管理，其工作集中在设备的维修阶段，侧重技术管理，把设计、制造过程的管理与使用过程的管理严格分开，忽视了全面管理。

设备综合管理是在设备维修管理的基础上为了提高设备的管理技术、经济效益和社会效益，以适应市场经济的进一步发展要求，运用设备综合工程学的成果，吸取了现代管理理论，综合了现代科学技术的新成果，而逐步发展起来的设备管理理论和方法。

设备综合管理是运用长远的、全面的、系统的观点，采取一系列技术的、经济的、组织的措施，力求设备寿命周期费用最经济，综合效率最高，从而获得最佳经济效益。

8.1.2　设备综合管理的形成

1971 年，在英国工商部的指导下，英国设备综合工程中心的丹尼斯·帕克斯(Dennis Parkes)在国际设备工程年会上发表了一篇设备综合工程学研究报告，运用系统论、控制论、信息论的基本原理，提出了一种新的设备管理理论——设备综合工程学(Terotechnology)。概括来说，设备综合工程学主要内容如下：

(1) 设备综合工程学的研究目标是设备的寿命周期费用的最经济。

(2) 它综合了与设备相关的工程技术、管理、财务等各方面的内容，是综合的管理科学。

(3) 它提出了进行设备可靠性、维修性设计的理论和方法。

(4) 它全面考虑设备一生机能，是全过程的管理科学。

(5) 它强调关于设计、使用效果及费用信息反馈在设备管理中的重要性，要求建立相应的信息交流和反馈系统。

丹尼斯·帕克斯的这篇报告最终引起了设备管理领域的重大改革，使设备管理进入了一个新的时期——设备综合管理时期。他所提出的设备综合工程学也成了设备综合管理的主要代表理论。

同一时期，日本在吸收欧美最新研究成果的基础上，结合他们自己丰富的管理经验，也创建了富有特色的全员生产维修制度 TPM(Total Productive Maintenance)。其主要内容是:

(1) 目标是使设备的总效率最高。

(2) 建立包括设备整个寿命周期的生产维修系统(即管理设备的一生)。

(3) 包括与设备有关的所有部门，如设备规划、使用、维修部门等等。

(4) 从最高管理部门到基层工人全体人员都参加。

(5) 加强思想教育，开展小组自主活动，推进生产维修。

可以看出，TPM 与设备综合工程学在本质上是一致的，只不过 TPM 更具操作性，设备综合工程学更具理论性。

8.1.3 设备综合管理的特点

设备综合管理是以提高设备综合效益和实现设备寿命周期费用最小为目标的一种新型设备管理模式。概括地说，它具有以下有别于传统设备管理模式的特点:

(1) 设备综合管理是一种全过程的系统管理。它强调对设备的一生进行管理，认为设备的前期管理与后期管理密不可分，二者同等重要，决不可偏废任何一方。

(2) 设备综合管理是一种全方位的综合管理。它强调设备管理工作有技术、经济、组织三个方面的内容，三者有机联系、相互影响。在设备管理工作中要充分考虑三者的平衡。

(3) 设备综合管理是一种全员参与的群众性管理。它强调设备管理不只是设备使用和管理部门的事情，企业中的所有与设备有关的部门和人员都应参与其中。

8.2 设备基础资料管理

设备基础资料管理是设备管理的一部分，担负着设备经济、技术资料的收集、记录、积累整理、鉴定、归档、统计、查询和分析等任务。设备基础资料是设备在调研、论证、签约、设计、制造、监造、安装、调试、验收、使用、维护、修理、改造、封存、租赁、调拨、调剂、报废、处置全寿命周期中各个环节形成的原始资料，是沟通设备经营管理各个环节的重要依据。通过基础资料支持，用户、设计人员、生产人员、维护保养人员建立沟通，使用人员得到培训，现场设备才能正常运行使用和维护保养。

8.2.1 设备基础资料的分类

1. 设备的技术资料

(1) 主要设备的技术标准、技术规程、质量标准、图纸。

(2) 关键设备、进口设备选购可行性研究报告、技术经济论证报告；采购计划、招投标记录、谈判记录、采购合同、海关进口手续和相关检验检疫资料、免税资料、制造和监造记录、安装调试验收记录等。

(3) 主要设备使用说明书、维修手册、配件目录、易损件图册、有关检测、试验记录、资质证书、出厂合格证、装箱单等。

(4) 重特大设备检测、评估、审验报告、跟踪评价及后评估报告。

(5) 特种设备的检测、评估、审验报告。

2. 设备的管理及工作资料

(1) 管理机制、制度及规定。

(2) 设备日常运行、保养记录，维修记录，设备交接班记录，自检及巡回检查记录，润滑及油水管理记录，维修保养验收记录，备件及主要零部件更换消耗记录、能源消耗记录等。

(3) 设备统计台账、定额、报表。

(4) 设备事故报告、调查报告、处理结果等。

(5) 设备封存、租赁、调拨、调剂、报废、处置记录及相关手续、申请报告及批文等。

(6) 工作计划、工作要点、工作总结、检查考核、评优资料、设备管理活动资料等。

(7) 培训资料。

(8) 设备数据库管理、设备信息化、网络化管理。

(9) 技术成果、技术创新、科技项目管理。

8.2.2 设备基础资料的档案管理

设备的档案是设备制造、使用、修理等各个过程中的历史记录，是管理和修理过程中不可缺少的基本资料。设备档案管理在油田企业的设备管理中起着相当重要的作用。

做好油田企业设备档案管理工作的方法主要有：

1. 明确设备档案的内容

(1) 确定本单位应建立档案与资料明细、分类编码。

(2) 按设备类别和使用要求，确定设备档案资料明细，建立目录。

(3) 明确各项资料的来源、收集途径和责任人员，以及供阅方法、修改补充与取舍权限。

(4) 明确每台设备档案的存放地点和保管人员。

(5) 根据油田生产的发展和现代化管理水平的提高，对档案与资料的内容和表格形式应不断改进，对资料明细应进行分类，实现数字化、网络化管理。

2. 明确设备档案管理的要求

(1) 设备管理部门应设立设备档案室和设备资料室以及相应的管理人员，负责设备档案、资料的汇集、保管和供阅工作。维修部门和基层单位应设立设备资料员，保存常用资料。

(2) 档案资料人员按目录要求定期收集、整理有关资料，完善档案资料条目，充实档案资料内容。

(3) 设备档案实行“一机一档”保管办法。设备档案应随设备购置而建立，随设备转让而转出，随设备报废而注销(有借鉴价值的转为资料保存)。

(4) 进口设备的图纸、资料应及时组织翻译复制。

（5）设备档案仅供查询或复制，不得借出，防止丢失。

（6）加强油田企业知识产权保护，防止档案资料的泄密和流失，造成不可估量的损失和不良的社会影响。

3. 建立相应的设备档案管理的规章制度

建立健全各项规章制度，如：制订归档制度、借阅制度、维护保养制度、统计制度等，使设备档案资料的管理工作逐步走向制度化和规范化。

（1）购置设备在开箱验收时，购置者应主动和档案工作人员联系，应由档案管理人员参加，及时收集设备前期档案资料，保证其齐全完整，并形成制度，使这一系列工作都有章可循。

（2）主要生产设备均要按单台建立档案，档案袋应附有目录，并随材料汇入时增添。档案目录卡要包括归档时间、材料内容、页数、经手人等项。

（3）新设备购建转入固定资产时，即应建立档案，随机原始记录资料应随即转入档案，有关说明、图纸、资料均应归入；旧设备转入时，应向原单位索取档案资料，经核对无误重新建档案，继续管理。

（4）设备调出时，档案应随机调走，设备报废但尚未拆除时，档案应暂存；报废拆除后，其档案中有价值的部分可转给资料室，其他撤销。

（5）各单位应建立设备档案室或设备档案专柜，由专人专职或兼职负责设备档案的集中管理；管理人员调动工作时，必须履行清点，交接手续。

（6）档案管理人员要按期将设备档案的材料收集、汇总、登记入档，档案材料的纸张应完整清洁。

（7）设备管理部门要定期对设备的档案材料进行检查，原存档材料不齐全的，应积极采取措施进行收集与补充。

4. 建立设备档案管理机构，为搞好档案管理提供组织保证

（1）建立健全设备档案管理机构，负责贯彻国家有关设备档案管理的方针政策，因地制宜地制定本单位设备档案资料管理的规章制度，组织设备档案资料管理的经验交流和业务培训，为油田企业的设备管理提供信息和咨询服务。

（2）设备用户单位要在本单位设备管理部门负责人领导下，建立设备档案室专柜由专人专职或兼职负责设备档案的集中管理。

（3）建立设备档案资料管理机构，是为了方便其他管理工作而开展。一是使设备档案资料的管理有一个归口，责任到人；二是在使用维护中充分发挥档案资料的作用，使操作人员和维护人员对自己操作或维护的设备在技术性能上有充分了解、掌握，以提高生产、保养及维修的工作效率。

5. 建立现代化的设备档案管理系统

充分利用计算机、网络等手段加强设备档案与资料管理。计算机辅助设备档案与资料管理，是设备档案与资料管理的重要组成部分，由计算机和管理软件构成的人机系统，是设备档案与资料管理现代化的重要手段。它可以大大加快信息传递的速度，减少重复劳动，减轻管理人员的劳动强度，提高工作效率，更为重要的是优化设备档案与资料管理方法，提高管理水平。设备档案与资料管理系统在电脑中建立以后可以通过局域网或者广域网实现数据共享，通过网络设备档案与资料能更直接、更方便、更安全的为我们提供服务。

8.3 设备管理人员培训

随着技术的进步，设备系统日趋复杂，对设备管理人员的素质要求也越来越高。对设备管理部门而言，人的因素是影响产品质量、生产效率等一个非常重要的因素，更应充分遵从个人发展的要求，创造良好的环境和条件，分配相应的任务，使设备管理人员成为“多面手”，熟悉设备管理的各项业务。

企业要舍得智力投资，既要在内部举办不同层次、不同内容的技术培训和岗位培训，为保证设备的正常运转提供可靠保证；又要为设备管理人员、技术人员、维修人员创造条件，学习国内外先进的设备管理理念、现代设备管理知识和先进维修技术，使企业设备管理满足油田现代化管理的需要。

8.3.1 培训的层次和侧重点

（1）设备管理人员的培训。设备管理人员是指企业中决策设备管理和维修工作中的重大问题，审定设备管理的各项规章制度，监督检查设备维护检修人员的管理者，其主要职责在于通过管理的手段提高设备综合效益。设备管理人员培训的侧重点在于把握国家、石油石化行业有关设备管理的方针、政策、法规，及时了解国际、国内石油装备的新技术、新工艺、新材料、新设备的发展趋势，国内外先进的设备管理理念、现代设备管理知识等。

（2）技术人员的培训。技术人员是指在油田从事技术研究、开发、设计活动，通过专门的技术知识、方法、程序和设备解决相关领域技术问题的专业人员，其主要职责在于用技术知识解决技术问题。技术人员培训的侧重点在于提高其对石油石化行业技术发展趋势的敏感度，更新其知识结构和能力结构，更新其使用先进技术手段的能力，并为在更大范围内从事技术活动和晋升到高一层次的技术职位提供知识和能力基础。

（3）一般人员的培训。一般人员是指在油田从事具体作业活动、无下属指挥的操作性工作人员，这些人员直接使用设备、工具，其主要职责在于提高效率、保证质量、降低成本，按时完成作业活动。一般员工还可分为两类：一类是体力工人，以体力劳动和基本技能为主要工作方式；另一类是智力型员工，是知识含量较高的业务工作者或现代技术装备的操作者，如地质资料员、化验员、检测监测人员、作业监督等。智力型员工经过培训和发展，将会兼具操作工人和技术人员的双重身份。对一般人员培训的侧重点在于提高其理解能力和实际操作能力，例如不断提高其对业务流程、方法、图纸、规则的理解能力和对新设备、新工艺、新材料的使用能力等，并为其在更大范围内从事业务活动和晋升到高一级的技术等级提供知识和能力基础。在对一般人员培训过程中，应特别注意按照中国石化集团公司规定的初、中、高级和技师的基本要求、任职资格来培训技术工人和智力型员工，使这些人成为操作技术上的资深骨干，起到示范和指导作用。

8.3.2 培训方式及其选择

（1）课堂讲授。通过视听技术，运用视觉和听觉的感知方式，由教师在课堂上讲授，传播知识和技术，在讲授中途和课后允许学员提问和交流。在企业内部的培训中心和外部的大专院校经常采用这种传统的方式进行培训，这种方式有利于概念性知识的学习。

（2）网络培训。通过信息网络技术，将培训内容以字、音、像的方式传递给受训者，这种方式可节省学员集中培训而发生的各种费用，信息传播面广，使用方便，有利于知识性传输和分散学习。但需要计算机和网络系统，投资较大，需要对培训效果有严格的监控和监测。

（3）自学。按规定的目标和计划，有一定学习能力和自觉性的学员自己读书学习，进行自我培训，这种方式适宜于知识性学习，有利于学员自主安排学习，比较灵活实用，但缺乏交流和互动的效果，缺乏群体监督，因而需要强大的坚持力。

（4）群体讨论。围绕中心目标，通过学员的积极参与，以全通道的信息交流方式，研讨所关心的问题。这种方式有利于培训学员的分析问题、解决问题的能力和人际沟通能力，对培训者的素质要求较高。经营案例分析就采用这种方式，效果很好。

（5）角色扮演。学员在所设计的特定环境中扮演某种角色，在处理各种关系中得到亲身体验，并由其他学员对其扮演效果进行点评。这种方式信息传递多向化，反馈效果好，实践性强，有利于培训学员的解决问题的能力和人际交往技能，其效果很大程度上取决于培训者的设计和指导水平。

（6）工作轮换。有意识使受训者在不同的岗位上工作，取得不同的经验，培训其协作精神和全局观念及全面的工作能力，这种方式有利于培训综合性的管理人员，但需要有良好的职前培训，否则会降低新岗位的工作效率和干扰新领域的正常工作。上述培训方式各有利弊，企业可以根据不同的培训目标、受训者的职务特征、岗位可离度等因素进行选择使用。

8.3.3 建立合理的培训机制

建立培训激励、绩效考评、动态改进三位一体的员工培训保障机制，可以保证员工培训的有效性及动态适应性。

有效的员工培训激励机制，可以导向油田企业及员工对培训的积极态度与行为。首先，应把培训绩效纳入对员工绩效考评的范畴，所设置的员工绩效考评制度，应包含对员工知识与技能水平提高的目标要求；其次，应把个体知识与技能水平改进状况作为动态合理配置人力资源的依据，使培训与员工晋升、职业发展密切关联；再次，应把培训作为激励员工的重要途径，依据员工绩效状况及对企业的贡献大小，确定员工受培训机会的多少及所参与培训档次的高低。充分强化员工积极主动参与培训、企业持续规范开展员工培训的有效行为。

激励机制建立需以有效性的培训绩效考评为基础。多样化的绩效考评对于保证绩效考评效度与信度的提高具有积极的作用，主要通过畅通培训过程的反馈机制，多了解学员的反映；测评学员知识、能力水平的变化；观测学员培训后行为方式的转变；评价工作绩效的改变等 4 种方式进行评价。其中测评的具体方法有学习前后测试对比；控制小组法；目标评价法；成本收益法等。

员工培训的动态改进机制是企业员工培训体系长期性与持续有效性的根本保障。企业应根据培训绩效考评中发现的问题，对员工培训行为进行动态改进，并通过培训效果进一步强化培训理念，促使形成员工培训的良性发展机制。

8.4 设备监督检查与量化考核

随着企业管理的深化，对设备管理工作的监督检查与考核越来越重要。考核的准确性、公正性及其对工作的诱导和激励作用成为企业普遍关心的问题。建立有效的设备管理检查和考核体系，是设备管理工作的重要部分，对设备管理工作的计划、控制、激励起着重要作用。

中国石化集团公司在各级企业中均建立了定期的设备检查制度和日常设备检查制度，定期开展设备管理创先争优活动。

8.4.1 检查考核的管理职责

把设备监督检查职责纳入责任制考核中，按照"逐级负责、逐级考核"的原则，逐级对设备监督检查职责的履行、制度的落实和检查的成效进行定期、定性、定量考核。

(1) 油田设备管理的主管部门，负责定期组织对油田各单位设备管理的检查与考核，督促指导设备检查中发现问题的整改，促进各单位不断改进和加强设备管理工作，全面提高油田设备技术水平和管理水平。

(2) 下级设备管理部门定期组织对各基层单位设备管理的检查与考核，负责落实整改检查中发现的问题。

(3) 基层单位建立设备管理小组，健全设备管理网络，定期开展小组活动和设备月度自查考核工作。

8.4.2 设备管理监督检查的方式方法

(1) 设备监督检查采取定期与不定期相结合、普遍检查与专项检查相结合、白天检查和夜间检查相结合、定点检查与随机检查相结合、重点调研和专项剖析相结合等灵活多样的方式。

(2) 根据作业区域、作业环境和检查条件的不同，监督检查采取查阅资料、交流座谈、问卷测试、现场检查、检测、抽样化验、事故应急演练等方式进行。

8.4.3 设备监督检查的依据

(1)《中国石化化工集团公司设备管理办法》、《中国石化油田设备检查细则》、《中国石油化工集团公司油田设备管理经济技术指标和基础数据统计办法》等。

(2)《中国石化物探设备专业管理规定》、《中国石油化工集团公司石油钻机设备管理规定》、《中国石化海洋钻井设备专业管理规定》、《中国石化注采设备专业管理规定》、《中国石化作业设备专业管理规定》、《中国石化录井设备专业管理规定》、《中国石化测井设备专业管理规定》、《中国石化施工设备专业管理规定》、《中国石化油(气)罐车及汽车起重机管理规定》、《中国石化仪表设备管理规定》、《中国石化压力容器管理规定》等专业设备管理规定。

(3) 油田企业根据自身特点和要求，自行制定的执行类、实施类设备管理细则、办法等。

8.4.4 设备检查考核主要项目

(1) 主要技术经济指标

(2) 设备管理体制、制度和机制

(3) 设备前期管理

(4) 维修管理

(5) 状态监测
(6) 基础资料管理
(7) 培训
(8) 自检情况
(9) 设备现场使用管理
(10) 上次检查问题整改情况
(11) 其他集团公司设备管理要求的项目
根据各个项目的比重，赋予不同的分值，进行量化考核。

8.4.5 设备管理考核指标体系的分类

中国石化油田企业设备管理基础数据指标分为三类：一是统计类指标：主要用于基础数据的收集、统计。二是考核类指标：主要用于监控设备状态，保证设备处于一个可控的状态。三是分析类指标：主要用于对设备状态进行分析，找出改善空间。如下表所示：

统计类指标	考核类指标	分析类指标
设备数量	设备维修费用率	设备维修费用完成率
期末设备原值	设备故障停机率	设备新度系数
期末设备净值	重大、特大设备事故发生率	设备运转时率
当年新增设备原值	特种设备到期末检台(套)数	设备资本性投入强度
设备管理专职人数	设备综合完好率	大型关键设备平均故障间隔期
设备维修总人数		设备平均役龄
全年计划维修费用		设备利用率
全年实际发生维修费用		设备折旧维修费用率
特种设备年检计划台数		主要专业设备更新改造计划完成率

8.4.6 设备管理考核指标体系的基本原则

1. 评价的指针原则

评价考核应有不同的指向：
(1) 日常考核重现场、行为规范。
(2) 长周期考核重经济指标(效率、成本)。

2. 评价的层次原则

不同的管理层次，评价的侧重应有所不同。
管理层考核：应重资金、设备利用率，组织管理效率和技术含量的评价。
执行层考核：应重故障损失、停机损失、废品损失、事故损失及行为规范表现评价。

3. 评价的综合与全面原则

综合，应该作为考核评价的最重要原则。综合表现为单一评价指标的全面性和多种评价指标的组合、综合。单一评价指标具有全面性，可以避免评价指标的片面、粗糙，进而减少了评价结果的过大差异，增加了部门之间的可比性。多种指标的综合性，可以全面、准确评价设备管理工作。

8.4.7 国外设备管理检查考核指标体系实例

1. 瑞士 ABB 公司

总部位于瑞士苏黎世的 ABB 集团在全球 100 多个国家拥有 13.5 万名员工，是电力和自动化技术领域的全球领先公司，其对设备管理和维修评价的指标体系构建上主要侧重于以下指标：

设备利用率指标(Availability)、设备综合效率(OEE)、维修成本(Maintenance cost/unit)、预防维修率(Preventive Maintenance,%)、完成的预防维修比率(Completed PM,%)、紧急纠正性维修(Urgent maintenance work)、客户满意度(Customer satisfaction)、维修人员培训天数(Training days)、员工多技能状况(Employee survey)。

从上述指标可以看出，其评价指标设计也基本涵盖了设备综合绩效指标、设备维护策略与结构绩效指标、维修组织绩效指标和维修技术绩效指标等。

2. 西班牙设备管理组织

西班牙设备管理协会对设备管理的评价工作基本上按照平衡计分卡(BSC)的思路展开。平衡记分卡(Balanced Score Card)源自于哈佛大学教授 Robert Kaplan 与诺朗顿研究院(Nolan Norton Institute)的执行长 David Norton 于 20 世纪 90 年代所从事的“未来组织绩效衡量办法”研究计划。由一组四项观点组成的绩效指标架构来评价组织的绩效。此四项指标分别是财务(Financial)、顾客(Customer)、企业内部流程(Internal Business Processes)、学习与成长(Learning and Growth)。

通过平衡计分卡(BSC)评价维修组织达成以下目的：阐明和传递策略、任务；将策略目标和任务指标联系起来；支持企业战略的中长期计划；量化企业长期规划的结果；优化为达到目标所提供的必要资源；改进反馈和持续的战略更新。

8.5 设备安全环保管理

石油石化业属于高危行业，生产经营环节的任何一项工作疏忽、违章作业、设备隐患，都可能造成安全、环保事故，带来生命和财产的损失，以及国内、国际声誉的恶劣影响。设备管理是企业安全生产的重要保障，企业安全生产就是保证生产过程中人身和设备的安全。石油石化企业设备是造成公害的主要污染源，它与环境污染密切相关，设备工程的内容之一，就是解决设备对环境的污染，实现无事故、无公害。

8.5.1 设备的安全管理

造成企业生产不安全的因素主要是“人—设备”这一系统的硬件和软件。如设备的防护装置不完整，设备结构不安全，存在缺陷；违反操作规程、超负荷使用设备，劳动组织不合理；设备维护管理不善等等。所以，必须在设备一生全过程中考虑安全问题，进行安全管理。

从安全技术的角度考虑，在设备的设计阶段，就应该考虑各种安全装置，不应该只考虑降低制造成本，而忽略安全装置。在制造时应确保这些安全装置的功能和质量，在使用时应注意精心维护，使其处于完好状态。这些装置包括：防护装置、保险装置、联锁装置、制动装置、信号装置以及危险牌示、色标和说明标记等。

1. 防护装置

防护装置是在生产过程中，对于设备容易发生事故的部分均应设置的有防护功能的装置。以免操作者不慎而触及到的危险部分，比如联轴器、旋转机构、光电保护开关和平移机构等。

2. 保险装置

保险装置是指设备在运行中出现危险情况时，应该能够自行消除危险功能的装置，比如安全阀、熔断器、限位器、安全销以及各种自动脱落装置等。

3. 联锁装置

联锁装置是保证设备的动作能够按顺序进行，即使误操作发生时也能够起到保护作用的装置，比如门机连锁机构等。

4. 制动装置

制动装置是保证设备能够按照操作员的指令停止工作的装置，对于钻井设备、作业设备、运输设备来讲至关重要。

5. 信号装置

利用声、光发出的信号，告诉和提醒操作人员目前设备的状态，以便于及时处理，比如电控柜的报警装置、各类指示灯等。

6. 危险指示牌、色标和说明标记

利用各种醒目的标示，时刻提醒人员注意自己的行为。比如高压危险、禁止通行、小心驾驶、严禁吸烟等等。

8.5.2 设备环境保护管理

环境是指围绕着我们人类的全部空间以及其中可以影响人类的生存与发展的各种自然要素。人类社会的全面发展和我们所处的环境是息息相关的，密不可分的。如果只注意经济的快速发展而忽略了环境的保护工作，那么人类将会付出惨重的代价。自从19世纪工业革命以来，各种设备层出不穷，工业飞速发展，给人类带来了翻天覆地的巨大的变化，然而同时也给人类带来了各污染，比如酸雨、沙尘暴、臭氧层的破坏、温室效应以及江河湖泊的严重污染，更有甚者，局部地区的各种污染已经威胁到人类的生存。

因此我们在设计和制造设备时必须对该设备在使用过程中，可能对环境造成的各种影响提前考虑全面，各种风险的评估必须到位，比如有毒有害气体、废水、废气、废碴、粉尘、噪音、各种放射物质、光和热污染等等。在设计这个阶段如何采取措施不产生污染，或者如何采取措施治理所产生的污染，使之达标。

8.5.3 设备安全环保管理措施

随着油田企业的不断发展和国际国内对安全环保的要求日益增强，油田企业将更加注重自身的安全环保工作，着力增进油田与区域经济、油田与社会、油田与自然和谐发展，努力建成资源节约型、环境友好型企业。

(1) 设备设计、制造时需全面考虑各种安全装置，并确保装置的功能和质量；在进行工艺布置和设备安装时不仅要考虑安全上的合理性，更重要的要考虑生产技术上的安全性；定期对设备尤其是功能动力设备进行安全性检查和试验；严格遵守设备的安全操作规程，经常对操作人员进行安全教育，牢固树立“安全第一”的观念。

(2) 关键设备(指油田生产所需的耗能大、生产中发挥关键作用、安全控制点较多的设备，如钻机、特车、穿越机、大型施工设备、抽油机、注水泵、输油泵、注聚泵、注汽锅炉、加热炉、修井机及运输车辆等)监测技术是实现设备科学管理的重要手段。通过采用现场油液分析及振动、温度、压力、噪声和有关重要参数的监测，进行设备技术性能和安全可靠性评价。

(3) 设备管理部门依据检测结果对存在缺陷的主要生产耗能设备制定相应的维修计划，对达到设备使用期限的生产耗能设备进行技术改造和更新，对仍能继续安全使用的生产耗能设备进行主动维护和预知维修。

(4) 编制设备事故应急预案，并提出有效的技术组织措施，定期检验和评估现场事故处理预案的有效性并在必要时进行修订。

(5) 为消除设备运转过程中产生的污染，企业必须对有污染源的老旧设备制定更新改造计划；加强设备前期管理，确保污染设备不进厂；保持设备运行状态良好，防止出现污染泄漏事故；对于排放、存储、处理污染源的设备均应实行定人定机定责操作制度，并进行定期测试、定期检查、视情维修的管理制度，环保设备必须开动在生产设备运行之前，停机在生产设备之后。

(6) 大力发展低碳经济、循环经济，推进污水资源化利用技术研究与应用。加强伴生气回收利用，加强二氧化碳驱油与封存示范工程建设，强化钻井作业废液、油泥砂等污染物全过程监控，努力减少“三废”排放。

(7) 健全设备节能减排统计、监测、考核指标体系，统筹规划油气生产与设备节能技术改造、减排等工作，加快淘汰高能耗设备，加强环境风险防控。

8.6 设备节能管理

我国人口众多，能源资源相对不足，人均拥有量远低于世界平均水平。由于我国正处在工业化和城镇化加快发展阶段，能源消耗强度较高，消费规模不断扩大，特别是高投入、高消耗、高污染的粗放型经济增长方式，加剧了能源供求矛盾和环境污染状况。能源问题已经成为制约经济和社会发展的重要因素，要从战略和全局的高度，充分认识做好能源工作的重要性，高度重视能源安全，实现能源的可持续发展。加强油田设备节能管理工作是缓解能源约束，减轻环境压力，保障油田经济安全，实现石油行业可持续发展的必然选择，体现了科学发展观的本质要求，是一项长期的战略任务。

8.6.1 建立健全设备节能长效机制

首先是完善机构。国家有关部门和中国石化集团公司都明确规定了节能减排重点企业必须建立专职管理机构，明确职责，落实考核。一方面，负责加强与政府相关部门沟通，了解国家和集团公司的政策动向；另一方面，负责制订完善集团公司节能减排、达标和绿色低碳发展方针、目标和年度工作计划，建立管理和服务体系。油田各企业作为责任主体，要强化节能减排管理，切实把绿色低碳战略作为大事来抓，明确管理机构，强化管理职责，落实工作措施，确保取得实效。

其次加强宣传和培训工作。把绿色低碳战略与企业文化建设密切结合，采取相应措施大力宣传绿色低碳发展理念，有针对性地对重点人员开展绿色低碳培训，增强全体干部员工绿色低碳发展意识。

8.6.2 设备节能监督管理

（1）健全油田企业设备节能规章制度，制定油田主要耗能设备能耗准入标准、能效标准、设备运行标准。

（2）建立设备节能目标责任制和评价考核体系。将能耗指标纳入各油田企业发展综合评价和年度考核体系，作为企业负责人经营业绩的重要考核内容，实行节能工作问责制。

（3）建立非安装设备以及固定资产投资项目节能评估和审查制度。对未进行节能审查或未能通过节能审查的项目一律不得审批、核准，从源头杜绝能源的浪费。对擅自批准项目建设的，要依法依规追究直接责任人的责任。

（4）加大设备节能监督检查力度。重点检查高耗能企业的用能情况、固定资产投资项目节能评估和审查情况、禁止淘汰设备异地再用情况，以及设备能效标准和标识。严禁生产、销售和使用国家明令淘汰的高耗能产品。严厉打击报废机动车和船舶等违法交易活动。

8.6.3 设备节能措施

（1）积极推广应用技术成熟、实施可能和效益显著的设备节能“四新”技术，注重减少生产经营全过程的能源损失与浪费。油田设备节能“四新”技术推广应用工作的重点放在油田能源消费结构调整，机采、输油、注水、供热、供电耗能设备(系统)运行效率的提高，不加热集输、能源梯级利用、井口套管气回收、淘汰型耗能设备的更新改造和太阳能与地热等自然资源的有效利用等方面。提高能源利用效率，努力节约非生产用能。

（2）加强用能产品和设备的规范管理，严禁使用、转让国家明令淘汰的高耗能产品和设备，对淘汰产品和设备按规定进行处理。

（3）积极开展节能合理化建议活动，不断对现有工艺和设备进行节能改进，优化操作，提高用能效率。

（4）鼓励各单位采用高效、节能的电动机、锅炉、加热炉、风机、泵类等设备；改革生产工艺，优化能源消费结构，减少原油、天然气、汽柴油等优质能源的消耗；鼓励开展油田伴生气及轻烃资源回收、余热余压回收利用；发展和推广应用太阳能、风能等优质、清洁能源。

（5）利用信息技术促进设备节能降耗。重点用能企业对主要用能设施、设备实行数字化监控，建设能源管理和控制中心，完善能源利用信息管理系统，实施能源系统数字化、智能化改造。

8.7 油田设备管理活动实践经验介绍

石油企业设备具有数量大、种类多和专业性强等特点，设备管理是企业生产经营管理的重要工作内容。在传统管理模式基础上，各油田积极借鉴国际国内优秀企业的现代管理理论和先进的设备管理经验，根据企业生产实际状况，创新设备管理模式，为油田的发展奠定了坚实的基础。

8.7.1 西北局设备管理经验

西北油田分公司是中国石化油田板块中“油公司”管理模式的企业，在设备管理方面，西北油田分公司建立了“以市场化机制为主导，专业化服务为核心”的设备运维管理管理机制以适宜“油公司”模式的要求。实践证明，推行上述设备管理机制，对西北油田分公司做好设备的运维管理起到了积极作用，现将西北油田分公司在设备运维管理方面的一些经验做法介绍如下：

一、推行市场化机制设备运行维护管理的做法

利用市场化机制，对大型关键设备的运行和维修进行承包管理是西北油田分公司(下文简称为“分公司”)设备管理的重点策略。分公司与市场运行维修队伍采取以“甲乙方合同制”的形式来明确双方的义务、责任、风险等要求。在该种运行模式下，分公司坚持以下原则，一是必须做到设备安全、环保、平稳、高效运行；二是力争做到最新的设备运行和维修管理技术得到及时的应用；三是努力做到设备运行维护成本最经济。遵循上述原则，分公司建立健全了适应市场化机制的设备管理体系，建立了对市场运维队伍从准入、监督、考核等方面进行管理的规章制度，并合理地划分需要市场化服务的项目和设备，通过周密的管理策划和部署，使得分公司的设备管理工作顺利进行，具体做法有以下几点。

1. 建立与市场化机制相适应的设备管理机构

按照“油公司”的管理模式，不适宜组建“纵向一体化，大而全小而全”的设备管理机构。以“市场机制为主导，专业化服务为手段”的管理原则，分公司建立了与之相适应的设备管理机构，设立了分公司装备管理处、厂(院、中心)设备科、厂(院、中心)下属分队三级设备管理机构。装备管理处负责部署、指挥、督促检查、考核各单位的设备管理工作，并负责市场运维队伍的准入、考核管理工作。厂(院、中心)设备科负责落实分公司设备管理各项指令，制定设备运行维护保养等方面的制度和规程，负责对市场运维队伍的调度指挥、考核评价以及设备的技改和革新工作，厂(院、中心)下属分队负责对市场运维队伍的设备运行操作、维护保养进行监督管理、质量验收、工作量派遣和确认。

2. 合理划分市场化运行服务项目，明确市场化运行、维护的设备范围

分公司对大型关键设备的“运行操作”和“维护保养”二项工作进行市场化机制的运作。

(1) 对部分电厂、联合站压缩机、注水泵等设备，依托市场队伍进行运行操作，例如，分公司发电二厂的二台总功率为5MW的约翰布朗发电机组的运行由中石化内部油田中专业的电力运行公司进行。

(2) 将输油泵设备依托市场队伍进行维护保养。例如，各类输油泵的维护保养由社会上专业从事机泵维修的公司进行；

(3) 将采油(气)树、井口装置、天然气压缩机、抽油机等特殊设备，依托设备生产厂家进行检测、试验和维护保养。例如，采油(气)树、井口装置的生产厂家承担采油(气)树、井口装置工作；压缩机生产厂家承担压缩机的维修保养工作；抽油机生产厂家承担抽油机的维护保养工作等。

3. 建立市场队伍准入考核机制

对运维队伍的准入，先由分公司生产单位推荐到装备管理处，经装备管理处的初审后，对满足初审条件的运维队伍进行现场考察，考察工作由装备管理处组织分公司相关专业部门进行。对满足准入条件的运维队伍，装备管理处提报给分公司市场管理委员会召开专题会议进行审核，审核通过的企业，经过分公司主管领导批准后，方可准入。按照各类设备的专业特点不同，分公司分别制定了准入标准，标准紧密围绕设备的运行和维护保养要素制定。

经过严格的准入审核，目前，已有15支整建制的设备运维队伍在塔河油田建立了生产服务基地，人员规模近千人。

4. 强化分级管理，确保运行和维修价格合理、质量保证

随着分公司油气产量不断增长，在设备运行管理人员没有同比例增加的前提下，分公司尝试先由部分生产单位自行开展设备市场化运行和维修工作。通过几年的市场运作，取得了一定的成效。例如，通过市场化运行机制的探索，使分公司积累了利用市场化机制进行设备运行管理的经验；通过市场化运行机制的运作，使分公司筛选出了一批技术过硬、管理有序、吃苦耐劳的市场运维队伍。但也存在一些问题，例如，出现同类设备的运行、维修服务价格高低不同，服务质量参差不齐等现象。从2008年开始，分公司总结以往的经验和存在的问题，提出对市场运维队伍的管理进行“三集二分”的管理模式。“三集中”管理由分公司层面运作，一是准入集中管理，二是商务招标集中管理，三是年终考核集中管理。“二分散”管理由各生产单位运作，一是对市场运维队伍的调度和质量监督管理由各生产单位进行，二是合同签订和费用结算管理由各生产单位进行。通过这种运作方式，保证了分公司设备的运行和维修服务价格合理，维修质量有了明显的改善。

5. 加强沟通和交流，统一思想，树立双赢的战略意识

分公司充分认识到加强与市场运维队伍沟通交流的重要性，只有加强沟通交流，才能准确掌握市场运维队伍的资源信息和思想动态，及时了解其管理工作中存在的不足，为分公司设备运行和维修管理的改进和决策提供可靠的依据。近年来，本着“统一思想，坚定信心，充分发挥市场运维队伍在油田生产中不可替代作用”的思想宗旨，分公司每年不定期组织市场运维队伍召开各种交流会。通过沟通和交流，使得市场运维队伍充分认识到，油公司的管理模式给其提供了广阔的发展潜力和空间，市场化、专业化协作的设备运行和维修管理是“油公司”模式的必然的结果。

6. 开展技能培训，提高市场化队伍的安全意识和技能水平

为确保分公司设备的安全运行和维修质量，分公司经常性地组织市场运维队伍举办安全管理、运行管理、维修管理培训班，促使其安全意识和技能素质不断提高。例如分公司组织市场运维队伍举办机泵类、采油(气)树类、井口装置运行维修培训工作，举办硫化氢安全防护培训班等。有效地提高了市场运维队伍的安全意识和技能水平。

7. 加强监督检查，实行业绩考核

为确保市场运维队伍的服务质量和效率，分公司加强对其内部管理情况的监督检查，并定期对其进行业绩考核。

在监督检查方面，分公司生产单位密切关注市场运维队伍的管理动态和工作效率，对其内部管理情况开展定期和不定期的监管检查，及时指正市场运维队伍内部出现不利于分公司利益的管理行为，防患于未然；并且及时建议或要求市场运维队伍不断完善或调整内部管理方式，以不断适应分公司设备管理的要求。例如，为了适应分公司油气场站分散的特点，分公司要求机泵维修队伍在油田成立了项目部，分多点设立了维修班组，增加了必要的设备维修维修器具和监测仪器。

对市场运维队伍的业绩考核方面，实行三级考核。各生产单位下属分队每季度对市场运维队伍进行一次业绩考核；各生产单位每半年对市场运维队伍进行一次业绩考核；分公司物资装备处组织各生产单位每年年底对市场运维队伍进行一次业绩考核。通过对市场运维队伍的考核管理，西北油田分公司已经筛选出了一批技术实力强，有研发能力、能够长期扎根塔河的市场运维队伍。

二、取得的成效

1. 管理成本降低，管理效率提高

按照分公司目前的设备规模，如果每个设备管理岗位和工种全部配齐专业人员，势必会是一个很大的管理队伍，设备管理人员的数量将比现在的人员要成加增长。依托专业化、市场化运行的设备管理模式，将优良的社会技术服务资源有效地融入分公司设备运行维护管理体系中，完成大型关键设备的运行管理，对精简分公司设备管理人员，提高管理效率，降低管理成本起到了积极的作用。实践证明，现有的管理模式相比“大而全小而全”的模式，成本要低 1/3 以上，主要体现在人员的工资成本、培训成本、管理成本大幅度降低。并且通过不断优胜劣汰的考核，使能吃苦耐劳、工作效率高、技能素质高的市场运维队伍得到了保留，为提高分公司设备的运行和维修质量、管理效率起到了积极的作用。

2. 实现设备精细化管理，保证设备利用率的提高

分公司充分利用市场队伍专业技能特点，督促其对设备的运行、维护保养进行精细化的管理，例如，针对分公司掺稀井多、临时装车流程多、机泵调动频繁的特点，为及时掌握机泵的动向，提高设备利用率，分公司充分利用机泵维修队伍技术特点，督促其建立了柱塞泵、齿轮泵、罗茨泵动态分布表，随时变动、随时更新；对由于采油工艺改变所拆下的机泵，督促机泵维修队伍及时进行登记造册、检查、保养，随时保持设备处于良好的技术状态，做到随用随到。并且，针对分公司机泵种类繁杂，数量较多的特点，督促机泵维修队伍对每台机泵建立维修台帐，对维修中所更换的配件建立电子数据库，详细记录更换配件的名称、规格型号、数量、单价、更换时间、更换备件的技术现状，并及时进行统计分析，分析关键备件损坏的原因，判断属于正常损坏或是非正常损坏。对于非正常损坏的备件，进一步追溯原因，从运行操作、维护保养或设计缺陷、备件质量上找问题。严格要求机泵维修队伍做到不找到原因不放弃，找到原因立即制定整改措施，为今后该类设备的运行管理、预防性维修提供了精细的理论和实践依据。

3. 促进市场队伍建厂储物，降低分公司资金占用

在有序、规范、公开、透明的市场环境中，分公司已经培育出一批技术实力强，有研发能力、长期固定的市场运维队伍，他们扎根塔河，以油田为家。目前，已有多家市场运维队伍自筹资金，在塔河油田设立生活基地、维修车间，零备件库房，有效降低了分公司的资金占用率。例如：

专门负责机泵维修的检维修商自筹资金在塔河油田建设了 2 万平米的维修基地，包括维修车间和配件库房，维修车间内配置了车床、万能铣床、刨床和钻床等设备，库房储备配件上千万元。

维修井口装置和采油（气）树的检维修商自主投资 2000 多万元在塔河油田修建了采油（气）树检维修车间，并装备了机械加工设备，建立的一定规模的配件库存。

三、管理体会

实践证明，以“市场化机制为主导，专业化服务为核心”的管理模式，符合现代“油公

司”企业管理的理念。近年来，分公司在设备的运行维修管理中，通过市场化机制的管理模式，在提高设备的利用率，保障设备的完好率，降本增效方面取得了一定的成效，有效地保证了设备安、稳、长、满、优地运行。市场化机制的管理模式在分公司从几年前的初步探索到目前的成功应用，是分公司精心策划、精心组织实施的结果。

在今后的设备管理工作中，分公司要坚持持续推进市场化机制的设备运行和维修管理模式，并且要随着分公司生产规模的扩大，要不断扩大利用市场化机制进行运行维护管理的设备范围。在市场运维队伍的管理中，要不断加大竞争的力度，不断优中选优，培育出更多技能素质高的设备运行和维修队伍，为备运行和维护管理提供有利的保障。

8.7.2 江苏油田设备管理经验

随着江苏油田不断发展壮大和“走出去”发展战略的实施，设备总量大幅增加、电子化自动化设备大量运用、使用地域范围不断扩大，一些传统的设备管理方法和手段已不适应新形势的要求。在继承优良传统和学习运用现代管理方法的基础上，秉承江苏油田“四精四镜”理念，经过不断的探索和创新完善，逐步形成了设备精细管理理念和设备综合管理的“四精”管理模式。主要做法介绍如下：

一、在基础工作上精耕细作，夯实设备精细管理根基

1. 加强设备管理制度建设

建立健全了油田、二级单位、基层单位三级设备管理网络体系，全面修订下发了《江苏油田设备管理办法》、《江苏油田设备管理检查考核办法》等覆盖设备一生的各项设备管理制度。

2. 加强检查考核一体化建设

将设备管理目标列入各二级单位的双文明检查考核指标体系，各单位再将设备管理目标量化分解到基层单位、班组和岗位。同时坚持开展设备管理评优活动，分别树立了采油、钻井、特车、后勤车队等管理样板，组织相关单位设备管理人员召开现场经验交流会，相互借鉴管理经验，不断将设备管理“比学赶帮超”活动推向深入。

3. 加强“三支队伍”建设

制定年度培训计划，分管理、技术和操作3个层次组织开展培训。同时结合基本功训练要求，开展岗位“每日一练、每周一讲、每月一考、每季一赛”的教学活动，营造互动教学、学教结合的氛围。另外每三年组织一次油田主力工种职业技能竞赛，进一步提升设备操作手及修理人员的岗位技能和理论水平。

4. 加强设备信息化建设

积极推进设备信息管理网络建设，装备处加强了设备数据库的培训与应用，二级单位、基层队、站和岗位通过油田设备技术数据库系统进行数据实时传输和信息录取，实现了全油田设备信息数据共享。

二、在配置运行上精雕细刻，提升设备保障能力

1. 加强前期管理，优化装备配套，满足油田生产发展需要

结合油田生产需要与发展目标，与计划、技术、安全等部门密切配合，从调研论证、设备选型、设计制造、监造验收、投产使用等各个环节实行全过程跟踪管理。

2. 加强使用管理，优化运行措施，提高设备运行效率

开展了重点耗能设备的能效对标活动，通过对设备的精心维护、科学调参，使其达到最优工况。

针对施工作业设备分布点多、面广、线长，且移动频率高的情况，在作业系统推行了“设备动态跟踪管理法”，在网上及时发布“一日一查一报”信息，实现了准确传递、及时掌握每台设备的工作地点、完好状况、技术性能等动态信息，提高了设备使用管理的效率；并打破地域界限，实行就近或跨油区统筹调剂调配。

3. 开展科研和技术攻关，优化设备使用性能，解决生产实际问题

通过开展科研、技术攻关和“小改小革”，群众性创新创效见成效，解决了一个个制约生产的瓶颈问题，实现了设备的优化运行。

根据江苏油田供电特点，成功应用模块化钻机网电改造技术并普遍推广，获得了油田科技进步二等奖。2011 年度，18 个降低设备故障、提高设备使用效益和设备工具研制应用项目获得油田 QC 成果奖，22 个设备创新项目获得油田改善经营管理奖，其中物探处的《挖掘已淘汰设备的应用潜力和再利用价值》建议，将已报废的 10 台 GPS 控制器进行修复和软件升级，与 Trimber 系列配套使用，使淘汰设备获得了新生。井下作业处《压裂机组控制系统兼容技术改造》已成功实施并运用，年创效近 300 万元。

4. 合理调整运行参数，优化设备匹配方式，降低设备能源消耗

在钻井设备上推行“单机单泵一千米”的动力配置，获得中国石化技能创新成果三等奖。优化了锅炉全自动燃烧器，将二段燃烧改为三段燃烧，改进火嘴和配风盘结构，使锅炉热效率从 82%提高到 89.5%。

5. 努力盘活存量资产，优化组合闲置资源，挖掘设备最大效益

建立了油田闲置设备调剂平台，及时掌握设备动态，鼓励对闲置设备合理调剂利用，盘活设备存量。

三、在修理改造上精打细算，保障设备技术性能

1. 加强维修与市场管理，提高修理质量和能力

一是统一归口管理设备修理费用。下达年度设备修理计划和费用指标，并纳入考核。二是认真组织设备修理计划的实施。超过 10 万元的修理项目须先申报修理技术方案，由装备处组织招标实施。三是坚持先内后外的原则，严格控制设备送外修理。四是加强设备修理的过程控制和监督，把好修理进厂、过程和出厂检验关。五是加强机修市场管理。修订了《江苏油田机修机加工及市场管理细则》，开展了机修机加工厂商的资质认证工作。

2. 加快装备技术改造，实现节能降耗和性能提升

始终将设备技改与建设节约型油田，石油工程提速、提质、提效紧密结合。根据江苏油田电网的实际情况，采用模块化电驱动装置组合方案，最大限度地满足了不同类型钻机适应不同电网能力的要求。

3. 充分挖掘设备潜力，发挥设备使用效能

一是将老旧闲置的抽油机、试油井架等设备修复后用于新区产能项目，年节约投资近千万元。二是组织开展车辆延期报废，对技术性能尚可逾龄车辆申请延期使用，缓解了投资压力。三是对施工间隙闲置的施工设备、地震仪器等对外租赁。四是开展了群众性的修旧利废、小改小革活动，降低了生产成本。

四、在现场管理上精抓细管，保证设备安全高效运行

现场管理是设备管理工作的重点和落脚点，通过抓制度落实，责任落实，开创了现场管

理“六化”的良好局面。

1. 使用操作标准化

一抓标准制定。修订了设备使用维护规范112个，制作了酸化压裂车、通井机、修井机、热油车、锅炉等主要设备的“操作保养、巡回检查示范教学片”，规范了设备的操作和巡检动作。二抓标准宣贯。将设备使用、操作的标准化融入岗位练兵题库中，从理论上提高操作者应知应会水平。三抓标准执行。对一些长期在野外工作的基层队长、司机等关键操作岗位实行了年度风险抵押金制度。

2. 维护保养制度化

严格按照设备保养规程进行设备的分级维护、定期保养。从保养计划制订、维护保养实施、过程监督验收，到保养对号入座率的汇总分析，做到环环相扣。润滑油检测与设备保养同步进行，实现按质换油。通过强化“十字作业”落实，促进设备安全平稳运行。

3. 巡回检查规范化

根据巡检规程的要求，规范岗位工人的巡检路线、动作、工具和记录；通过对设备典型故障的解剖分析，提高发现问题的能力。

4. 基础资料模板化

着力推进现场设备基础资料规范化管理，对各类设备资料报表进行了规范，档案和记录分类、分册归档装订，便于查阅和使用；同时规范了设备运转维护记录等基础资料的填写，确保了设备数据的真实性、及时性、准确性。

5. 设备状态监测科学化

一是建立江苏石油勘探局油品质量检验站，开展专业化油品检测。站长是经国际润滑协会Ⅱ级(高级)设备润滑分析师资质认证的“国际润滑大师”，并担任全国石油产品和润滑剂标准化技术委员会润滑油换油指标技术委员会委员。油品质检测站开设了燃料油检验室、润滑油检验室、润滑脂检验室、光谱分析室、铁谱分析室等，从美国、日本引进了一批国际上先进的光谱仪、颗粒计数仪、分析仪等，专用油品分析仪器设备39台，辅助设备18台，开展85个检测项目。

二是配套现场分析仪器，开展设备定性监测。利用设备综合诊断仪、润滑油分析仪、振动仪等对注水泵、抽油机、离心泵等设备开展监测和故障预测分析。

三是利用随机诊断设备，开展重要部位故障自检。利用奔驰INS系统、WS智能保养系统定期对设备进行自检；运用自带的DDDL软件对底特律柴油机运行参数及变化情况进行检测和故障判断，解决了电路与油路故障。

四是委托专业检测机构，开展特种设备专项检测。

6. 单机核算定量化

定期分析设备的经济技术状况，对单台设备在生产经营过程中各种消耗支出和经济收入进行统计比较，用数据说话，哪怕一个垫片、一团棉纱都要纳入核算，精打细算设备运行成本，并建立相应考核机制。

江苏油田通过持续开展“四精”设备精细管理实践活动，夯实了设备的基础管理，强化了设备的本质安全，优化了资源结构，有效地推进了技术进步和管理升级，为油田生产经营提供了强有力的技术支撑和装备保障。

8.8 设备管理创新

设备管理总的发展趋势是向设备管理的现代化方向发展，即设备管理集成化、全员化、计算机化、网络化、智能化；设备维修社会化、专业化、规范化；设备要素市场化、信息化。这一全局性的发展，对石油企业的设备管理提出了更高的目标和要求，同时也带来了机遇与挑战。在现今企业转换经营机制、建立现代企业制度的形势下，机构在改革，人员在减少，要求在提高，克服困难与迎接挑战的重要工作之一，是使用现代化的管理工具与技术手段，增强自身的管理实力与水平。

8.8.1 我国石油企业设备管理现状

重视设备管理，发挥设备效能，不断改善设备面貌，保证生产发展的需要，是我国石油石化企业从20世纪60年代开始就逐步形成的优良传统。特别是，近些年来，在不断提高设备的可靠度、改善设备状况、满足装置长周期运行方面取得了较好地进展。设备管理正向着健康发展、稳步提高的方向不断迈进。但我们还应清楚地看到，由于历史和现实条件的缘故，石油石化企业设备管理还存在着许多问题和困难：如由于国内制造、国外引进，大多数石油石化企业普遍存在着设备品种繁杂，设备前期和后期管理缺乏协调统一，设备役龄增加，“三基”工作加强不够，设备管理人员流失，这一切都给企业的设备管理工作增加了难度，给设备管理工作的程序化、规范化、标准化和现代化带来了较大的困难。近年来，油田勘探开发有了长足的发展，新装置、新设备不断增加，设备向大型化、集约化方向发展，设备的长周期、高负荷运行，也给设备管理工作提出了更高要求。因此传统的设备管理方式已经跟不上油田可持续发展的需要，还有许多方面要加以改进。

(1) 完善与石油企业制度相适应的设备管理新机制。完善企业设备管理激励机制和约束机制；完善企业设备管理人员、技术人员、维修人员、操作人员的培养机制、用人机制；完善企业设备采购机制、维修机制、更新改造机制等。

(2) 完善设备管理基础工作。推进设备管理标准化、规范化工作；加强设备的现场管理，严格执行设备的操作、维护、保养、巡回检查规程。

(3) 完善设备修保方式。推进视情维修、主动维护技术等在现场的运用；推广普及设备状态监测和故障诊断技术。

(4) 完善设备管理信息化建设。完善设备数据库管理系统，利用网络，实现多系统、多部门数据共享与协同管理。

8.8.2 设备管理机制创新

(1) 管理理念创新。管理理念创新是先导，只有通过管理理念的创新才能引发管理活动其他方面的创新，从而提高企业的核心竞争力。在实践中，不仅要在油田企业内部大力倡导管理理念的转变与更新，还要通过学习、教育和培训的方式，引入新的管理理念，开阔设备管理人员、技术人员及基层操作人员的视野和思路，广泛树立起市场观念、竞争观念、经营观念、信息观念、战略观念，运用现代科学管理理念来指导管理实践，运用现代科技成果为手段，实现科学管理。近年来，在继承传统、实践探索、认真提炼的基础上，中国石化集团公司总结提升了以“精细卓越”为核心的管理理念。精细管理理念在设备管理上的具体体现是选用技术上先进、经济上合理的设备，通过精细管理，确保设备高效率、长周期、安全环保、经济运转。精细管理理念在设备方面的应用着重强调设备基础管理和设备专业技术管理，积极采用新技术、新材料、新工艺、新设备，严格执行各项规程和专业技术标准，加强状态监测和故障预防措施，提高在役设备运行的稳定性和可靠性。

(2) 管理组织创新。管理的目标得以实现就必须有相应的管理组织创新作保证，组织机构是实现企业发展战略的保证，是企业运行赖以支撑的架构。近年来，石油企业进行了一系列的内部机构变革和资产重组，通过精干主体、剥离辅助、压扁管理层次及精简管理人员，提高科技含量等举措，不仅大大提高了劳动生产率和企业经济效益，降低了安全风险，也提升了企业的竞争能力。建立开放型的设备管理组织，充分利用社会资源，加强油田企业在设备维修、制造、改造等环节的质量和时效；依托国内高等院校，加强油田企业“四新”技术开发和运用；利用国际国内有专业资质的检测评估机构，保障油田特种设备、重大装备、仪器仪表等的安全运行。

(3) 管理制度创新。随着石油企业重组整合，为适应管理开发需要，“标准化设计，模块化建设，数字化管理，市场化运作”的管理方针是开创大规模工业化发展的新局面、迈向国际化管理的新阶段所必需的，是贯彻科学发展观的具体体现，是形成核心竞争力的根本途径。理顺企业内部关系，真正解除制约着石油企业发展的体制障碍，按照现代企业管理制度的要求，充分整合各种资源，建立一种低成本、高效益和规模效益一体化的管理模式。

(4) 管理方法创新。改革开放以来，国内石油企业比较重视引进先进的管理方法，例如TPM 管理、定置管理等在全国具有广泛影响，然而由于缺乏制度性保证，有些已经流于形式。随着国际化竞争、市场需求的快速变化，要求管理者动用先进的设备管理技术，尤其是现代信息技术来提高反应速度、管理的效率和质量。近年来，制造资源规划(MRP-Ⅱ)、计算机集成制造系统(CIMS)、计算机辅助设计技术(CAD)、计算机辅助制造技术(CAM)等在石油企业得到了一定程度的应用，并结合企业情况创造了许多设备管理方面的新方法，在实践中取得了较好的效果。

(5) 人力资源管理创新。现代企业的竞争，归根到底还是人才的竞争，企业管理的核心也是对人的管理。引入竞争、激励机制，改革和完善晋升、分配制度，健全监督约束机制，做到依靠优秀的人才创造优良的业绩，再依靠优良的业绩吸引优秀的人才。

8.8.3 设备管理技术创新

设备管理更重要的要体现技术创新，技术创新领域包括以下几方面。

1. 设备管理信息系统

随着中国经济的市场化进程加快，石油企业面临着巨大的挑战，企业信息化是企业精确管理的必由之路。设备管理信息化的建设不是仅仅将现有管理体系搬到计算机中，更重要的是能够引进新的管理观念、优化管理、提高管理预知性、可控性和准确性，为企业的设备管理水平上台阶打下基础。

2. 设备远程诊断与维修支持技术

随着科学技术的发展，设备朝着大型化、复杂化的方向发展，针对大型复杂设备开展故障诊断和基于状态的视情维修显得越来越重要。传统的设备故障诊断系统功能单一、相对独立，无法实现复杂的诊断任务。现代通讯技术、信息技术的发展，使得诊断系统朝着智能化、网络化的方向发展。借助远程通讯网络，使不同地域的诊断资源进行整合，共同为诊断对象提供远程诊断服务。借助于故障诊断、维修技术与网络通讯相结合的远程诊断与维修支持技术，可以充分发挥各部门的技术力量，为各种大型复杂设备的状态监测与故障诊断服务。构造基于网络的远程设备诊断与维修支持系统，可以实现对设备的远程信息管理，提供故障诊断和维修过程中的资源共享。

3. 设备点检

传统的专业点检工作的开展是点检员根据预先制订的点检路线和点检标准对设备状态进行巡视和记录。然而实际工作中，存在点检员随意更改路线，容易遗漏点检要点等问题。使用现代 IT 技术可以使点检工作变得便捷与可靠，如采用手持终端指导巡检和录入数据，采用 RFID 射频技术识别设备，对于关键设备还可以采用物联网技术进行实时在线检测，以确保设备安全，与传统人工点检记录相比，使用手持终端规范了流程，减少了遗漏，而且使得点检数据得到及时的上传记录，便于管理信息系统对数据进行分析和共享。

4. 维修技术

纳米颗粒复合电刷镀技术、高速电弧喷涂技术、纳米固体润滑干膜技术、划伤快速填补技术、纳米减摩与原位动态自修复技术、离子复合渗技术、无电焊接技术、激光修复技术、不停车带压堵漏技术、防腐清洗技术等先进而实用的表面工程新技术、新材料、新设备、新工艺对实现装备维修的快速化、自动化、智能化、信息化将发挥重要作用，并将在油田企业不断完善和发展，为设备维修提供更有效的技术手段。

（1）设备状态监测、故障诊断与预测技术。针对现代石油装备系统复杂、技术密集等特点，以现场和快速诊断为核心，研究设备原位快速无损检测与智能自诊断技术、大型复杂设备关键系统、状态监测技术、基于信息融合的设备故障综合诊断技术、复杂设备故障预测与健康管理技术等，设备故障诊断时间大幅缩短，为实现设备视情维修、精确维修提供技术支撑。

（2）设备修复关键技术。针对现代石油装备技术含量高、维修难度大的特点，以先进维修技术为核心，重点研究设备表面及新型材料结构的检测与修复技术，软件密集型设备的保障技术，以及设备腐蚀、污损防护与治理技术等，实现设备维修技术的创新，形成先进和较为系统的维修技术。

（3）设备维修保障综合化信息化关键技术。针对设备维修保障精确化、集约化和高效化的要求，研究设备维修保障信息系统关键技术、设备虚拟维修技术，发展基于网络和计算机的信息化保障技术和优化技术，各项专题成果均应实现计算机辅助决策，并能在网络环境下集成运行。

（4）设备延寿与再制造技术。针对现有石油装备使用、存储和技术改造，研究现有设备及重要零部件剩余寿命预测技术、现有设备及重要零部件延寿关键技术，使现有设备剩余寿命预测相对误差小于 30%，延寿后的设备主要零部件使用寿命延长 50%以上。针对现有设备质量的提升、损伤和报废设备的处理，研究设备再制造与质量控制技术，再制造后的设备零部件使用寿命不低于原机新品寿命，实现节能、节材和减少环境污染，节省设备全寿命周期费用。

（5）设备维修新技术创新。针对设备研发和技术改造的需要，研究设备维修性论证、验证、评价与增长技术，提供定性、定量的研究成果，新研设备的维修性提高 20%以上。同时加强维修技术探索研究，包括预先维修、智能维修、自主维修与自修复技术研究，系统功能重构技术研究，绿色维修、仿生表面等技术，促进维修技术的创新发展。

（6）设备现场抢修技术。针对油气勘探开发进行的野外作业，使用的新装备越来越多，向现场及原位抢修提出了新的挑战，以高技术和应急为核心，研究设备损伤机理模式和仿真技术、设备现场损伤快速评估技术、设备损伤应急修复技术、设备零部件数字化快速制造技术，为现场条件下设备抢修提供快速有效的技术和方法，使损伤设备的应急抢修时间缩短1/3~1/2满足不同设备的要求。

5. 绿色制造技术

随着石油装备制造业高速增长的态势，环境污染问题变得日益突出，也制约了企业经济的健康和持续发展。绿色制造就是实现制造业可持续发展的必由之路。绿色制造，又称环境意识制造（environmentally conscious manufacturing）、面向环境的制造（MFE）等，是一个综合考虑环境影响和资源消耗的现代制造模式，其目标是使得产品从设计、制造、包装、运输、使用到报废处理的整个生命周期中，对环境负面影响最小，资源利用率最高，并使企业经济效益和社会效益协调优化。绿色制造不同于传统的生产方式，也与其他先进的制造模式不同，作为一种环保的制造方式，已广泛被应用于钢铁业、汽车业、纺织业、机械制造业等领域，受到了各国越来越多的重视。

（1）绿色设计技术。绿色设计就是为实现产品绿色要求而进行的设计。其目的就是要克服传统设计的不足，使所设计的产品具有绿色产品的各个特征。在新的形势下，企业需要形成新的绿色设计理念，它应当包括产品使用后的回收、重用、处理，要做到“制造—使用—回收处理—再制造”，以实现产品的再利用，因为产品的性能70%由设计阶段决定的。为了实现绿色，我们还要尽量选择无污染，可回收的材料，此外还要考虑今后便于制造，易于回收等问题，而对于润滑剂或润滑油也要选择无毒性的材料，以实现真正意义上的绿色设计。

（2）绿色制造技术。随着新技术、新工艺的发展，绿色制造已成为可能。在传统的机床加工过程中，很多企业都是采用浇注的冷却方式，这样既浪费了切削液，又不环保。据德国专家预测，加工中采用传统切削液所用的相关费用约占加工总费用的15%~30%，多使用切削液无疑就增加了企业成本。为了节约切削液使用量，可以使用干式切削技术，即不使用切削液的制造技术。此外，我们也可以通过改变切削液喷嘴结构、控制切削液流量来减少使用切削液。

而为了实现绿色制造，还可以通过改变切削液成份、开发新型水基切削液或开发新型无毒切削液。水基切削液具有导热系数大、冷却性能优良、生产率高及加工成本低等特点。此外，切削液的回收利用和无害化处理，制造工艺的优化和改进等，也是为实现绿色制造需要考虑和解决的问题。

（3）回收处理再制造技术。产品的回收是在产品报废以后，对产品进行回收处理的过程。产品的回收一般包括重用、零部件回收、材料回收和报废等；产品的处理就是要采用绿色技术进行回收处理；而再制造就是利用产品中可以再利用的零部件和材料进行制造。如果一个产品不进行回收处理或者再制造，将造成资源的浪费并污染环境。

6. 润滑技术

（1）润滑油添加剂技术。减摩、耐磨、自修复问题是摩擦副需解决的关键问题，润滑油添加剂技术是延长零件摩擦副寿命的重要手段，也是国外表面工程的重要发展方向。纳米减摩自修复添加剂技术是一项新型的原位自修复技术，当含有纳米颗粒（如铜粒）的复台添加剂被加入润滑油后，纳米颗粒随润滑油分散于各个摩擦副接触表面，在一定温度，压力、摩擦力作用下，摩擦副表面产生剧烈摩擦和塑性变形，添加剂中的纳米颗粒就会在摩擦表面沉积，并与摩擦表面作用。当摩擦表面的温度高到一定值时，纳米材料颗粒强度下降，与金属表面摩擦的微观颗粒产生共晶，填补表面微观沟谷，从而形成一层具有减摩耐磨的修复膜。

纳米自修复添加剂用于修复发动机气缸—活塞摩擦副的磨损，效果十分明显，修复后的活塞基本达到了"零磨损"。

(2) 固体润滑技术。固体润滑是指利用固体材料本身的润滑性，尤其是涂层的润滑性来减轻接触表面之间磨损程度的润滑方式，它是对流体润滑的有力补充，一般用于高温、高负荷、超低温、超高真空、强氧化、强辐射等特殊工况。纳米固体润滑是通过特别处理使润滑涂层具有纳米结构特征，且减摩耐磨性能更为优异的固体润滑方式。

8.8.4 设备管理的理念和技术的整合

管理理念引导技术实现，技术实现表现管理理念。理念不能解决实际问题，单靠技术也不能提升系统能力，两者必须相辅相成。

1. 设备管理理念与信息化平台的融合

在信息化上线过程中，往往出现上线成功，运用却不成功的案例，忽视了其管理思维和习惯导入的过程。为此，应以三种方式构建设备管理应用平台：第一种，理念导入后，设备管理水平达到一定阶段，需要有大量的数据处理后，再来实施信息化。第二种，根据企业管理实际情况，制定符合自身特点的信息化模块，在此基础之上，通过管理理念的深化，逐步补充信息化模块。第三种，理念导入与信息化实施同步进行，以确保上线一个模块，吸收一种管理方法，达到信息化上线与理念提升的同步到位。

2. 维护技术

设备管理最好的措施便是使其不发生故障。TPM 及 TnPM 所提供的自主维护观念，便是在设备初始故障期实施"5S"活动为基础的维护策略。在此过程中，将润滑管理纳入自主维护活动中来，使得机械性故障得到及早预防，实现设备的主动维护管理。

3. 点检与诊断技术的应用场合

点检不同于传统巡检，是通过时间与空间上的一个点，按照特定的作业标准，运用感官和检测工具进行判定，而实施的一项故障预防机制。在资产密集型行业，将繁琐的点检项目交于维修人员是非常不现实的。

现代设备点检理念强调日常点检与专业点检相结合的原则，即通过感官能判定的点检项目，应由生产一线人员承担；而需要凭借专业技能进行的点检，则由专业维护人员或专职点检员来承担，这部分点检作业中，涉及振动、速度等专业方面点检项目以及点检困难的部位，需要检测工具来辅助完成，避免经验判断出现的失误。

参 考 文 献

1 蓝文谨．当前形势下的设备综合管理[J]．工程机械与维修，2004(08)：66~67.

2 张勇．油田设备管理刍议[J]．中国设备工程，2010(02)：25~26.

3 岳伟民．对促进档案信息化建设的思考建议[J]．中国新技术新产品，2012(01)：246.

4 姜永亮，刘延军，陈立峰，等．浅析状态监测与故障诊断的应用[J]．中国新技术新产品，2011(02)：127.

5 郭晓红．设备档案管理的几点做法[J]．兰台世界，2007(15)：13.

6 胡邦喜，邹江华，肖永刚．现代企业设备资产管理信息化系统的研究与实践[J]．中国设备工程，2011

(05)：21~23.
7　黄栋，张怀强．装备技术资料管理问题探讨[J]．中国科技信息，2005(17)：40.
8　赵艳萍，贞文伟．企业设备管理指标体系的设置[J]．机械设计与制造工程，2002(01)：51~52，59.
9　谢德成．设备管理考核指标探讨[J]．西部探矿工程，2005(06).
10　李宁会，等．对设备管理评价考核指标的分析[J]．中国设备工程，2004(8)：12~13.
11　郁君平．设备管理[M]．北京：机械工业出版社，2002：1~14.
12　李葆文．设备管理新思维新模式[M]．北京：机械工业出版社，2001：1~10.
13　刘希宋，工辉坡．现代设备管理的新趋势[J]．设备管理与维修，2005(1)：11~12.
14　李葆文．与时俱进的设备管理与维修[J]．设备管理与维修，2002(6)：44~45.
15　Su Yuan，Gao Wei-Jun，Wei Xin-dong. Research on current situation and development trend of FM in Japan [J]. Journal of South China University of Technology VoL35，Supplement，October，2007.
16　刘昊，徐保强，李葆文．欧洲国家设备管理及维修评价模式综述及启示[J]．中国设备工程，2010(02)：19~20.
17　Seiichi Nakajima. TPM DevelopmentProgram Implementing TPM[M]. Portland，Oregen：Productivity Press，2008. 21~22.
18　盛兆顺，尹琦岭. 设备状态监测与故障诊断技术及应用[M]. 北京：机械工业出版社，2003.
19　范国平．结合 IT 的设备管理创新模式研究[J]．中国科技信息，2010(19)：146~147.
20　何忠义，熊丽萍，周晌等．绿色润滑油的研究概况[J]．润滑与密封，2008(09).
21　郑华林，刘清友，张金伟等．制造业可持续发展的绿色制造技术及其实施对策[J]．机械制造，2006(06)：49~51.
22　孙萃萃，张志红. 钢铁行业传统制造与绿色制造的比较研究[J]. 环境保护，2008，(09)54~55.

附录　中国石化化工集团公司设备管理主要制度

制度名称	文　号
《中国石化化工集团公司设备管理办法》	中国石化生〔2010〕698
《中国石化压力容器管理规定》	中国石化生〔2011〕162
《中国石化压力管道管理规定》	中国石化生〔2011〕163
《中国石化常压储罐管理规定》	中国石化生〔2011〕161
《中国石化生产装置过程控制仪表电源供电系统技术管理规定》	中国石化生〔2011〕157
《中国石化电气设备及运行管理规定》	中国石化生〔2011〕156
《中国石化电力系统主网结构技术管理规定》	中国石化生〔2011〕155
《中国石化仪表设备管理规定》	中国石化生〔2011〕62
《中国石化电涌保护器标准符合性认定管理办法》	中国石化生〔2011〕654
《中国石化油田设备检查细则》	中国石化工〔2011〕610
《中国石化海洋石油工程船舶设备专业管理规定》	中国石化工〔2011〕836
《中国石化油（气）罐车及汽车起重机管理规定》	中国石化工〔2011〕835
《中国石化作业设备专业管理规定》	中国石化工〔2011〕840
《中国石化油田大型压缩机组设备专业管理规定》	中国石化油〔2011〕967
《中国石化注采设备专业管理规定》	中国石化油〔2011〕968
《中国石化海洋开发设备专业管理规定》	中国石化油〔2011〕969
《中国石油化工集团公司石油钻机设备管理规定》	中国石化工〔2011〕609
《中国石化物探设备专业管理规定》	中国石化工〔2011〕834
《中国石化施工设备专业管理规定》	中国石化工〔2011〕839
《中国石油化工集团公司定向井仪器设备管理规定》	中国石化工〔2011〕611
《中国石化录井设备专业管理规定》	中国石化工〔2011〕837
《中国石化测井设备专业管理规定》	中国石化工〔2011〕838
《中国石化海洋钻井设备专业管理规定》	中国石化工〔2011〕841
《中国石化加热炉管理规定》	中国石化炼〔2011〕617
《中国石化电站汽轮机组管理规定》	中国石化资〔2011〕514
《中国石化锅炉设备及运行管理规定》	中国石化资〔2011〕515
《中国石油化工集团公司油田设备管理经济技术指标和基础数据统计办法》	中国石化工〔2011〕612
《中国石油化工集团公司钻机、修井机和通井机检测评估分级管理办法》	中国石化工〔2011〕842